U1016709

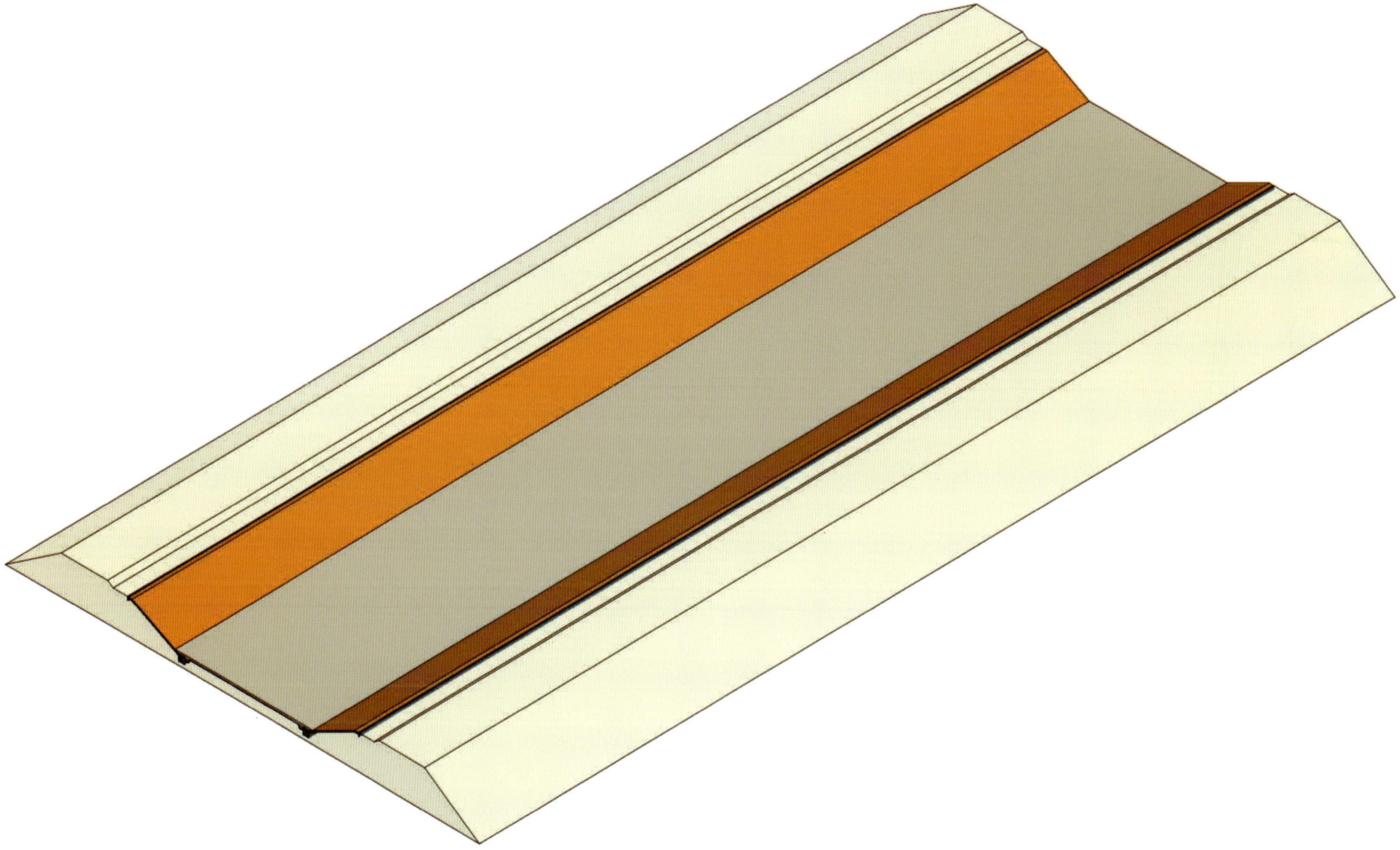

扫描看三维模型效果图

现浇混凝土衬砌梯形渠道三维模型

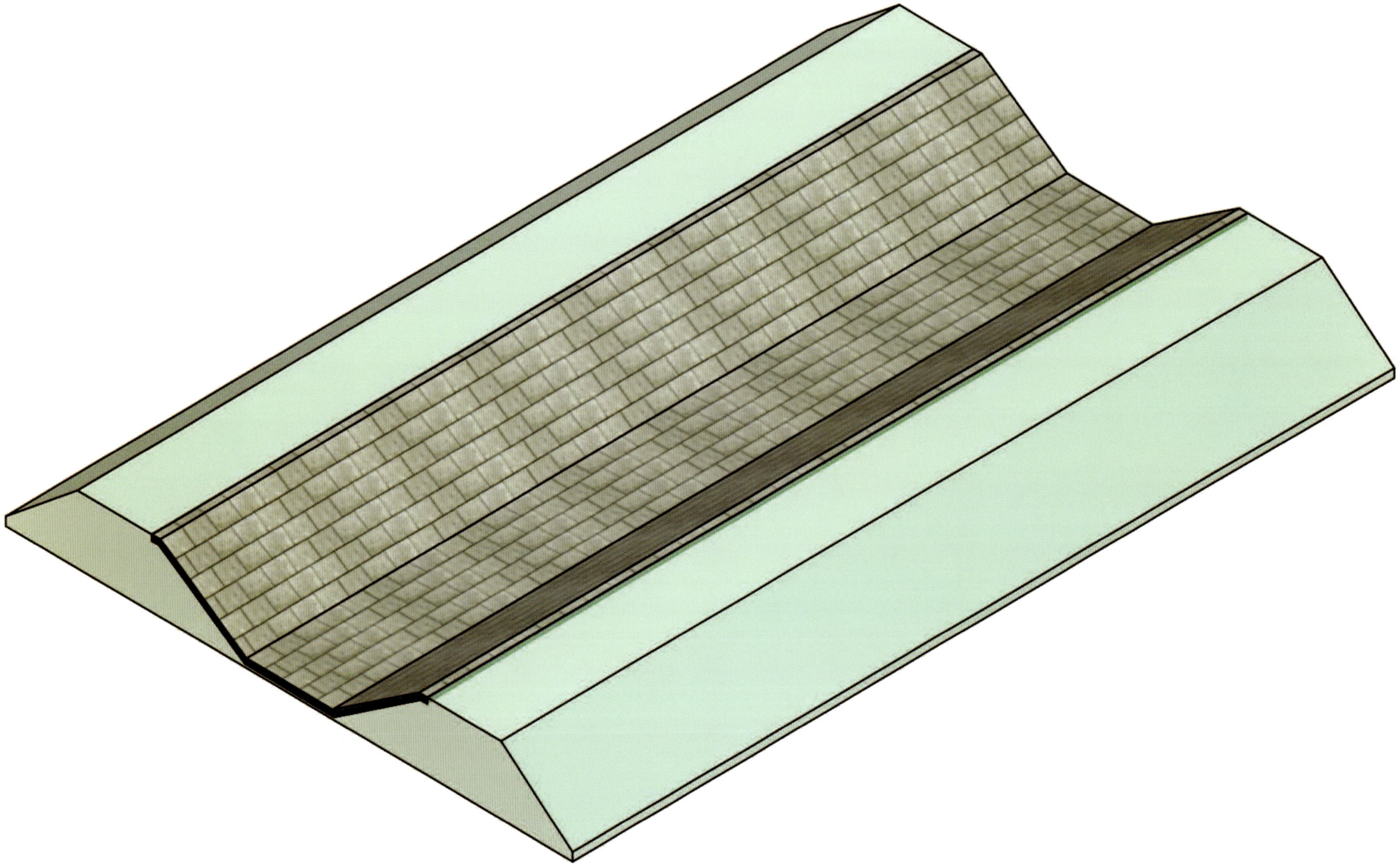

扫描看三维模型效果图

预制混凝土板衬砌渠道三维模型

灌区典型建筑物 BIM 数字化图集

主编　樊忠成　李国宁

中国水利水电出版社
www.waterpub.com.cn
·北京·

内 容 提 要

本书系统总结了BIM技术在灌区典型建筑物三维参数化多实体建模的应用情况。全书分为渠道、水闸、智能水闸、泵站、桥、渡槽、倒虹吸、跌水和田间装配式建筑物九部分，基本涵盖了灌区农田水利工程的主要基础设施，内容全面，模型经过施工和应用的充分实践，参考性较强。无论是初步接触BIM技术的水利水电工程设计人员，还是工程设计及BIM技术平台搭建和管理方面的技术人员，都能够从本书中了解BIM技术在灌区典型建筑物设计的应用现状。

本书可为水利行业BIM技术研究应用者和技术爱好者的学习提供依据和参考。

图书在版编目（CIP）数据

灌区典型建筑物BIM数字化图集 / 樊忠成，李国宁主编. -- 北京 : 中国水利水电出版社，2022.12
ISBN 978-7-5226-1191-4

Ⅰ. ①灌… Ⅱ. ①樊… ②李… Ⅲ. ①灌区－水工建筑物－计算机辅助设计－图集 Ⅳ. ①TV6-39

中国国家版本馆CIP数据核字(2023)第000832号

书　　名	**灌区典型建筑物 BIM 数字化图集** GUANQU DIANXING JIANZHUWU BIM SHUZIHUA TUJI
作　　者	主编　樊忠成　李国宁
出版发行	中国水利水电出版社 （北京市海淀区玉渊潭南路1号D座　100038） 网址：www.waterpub.com.cn E-mail：sales@mwr.gov.cn 电话：(010) 68545888（营销中心）
经　　售	北京科水图书销售有限公司 电话：(010) 68545874、63202643 全国各地新华书店和相关出版物销售网点
排　　版	中国水利水电出版社微机排版中心
印　　刷	清淞永业（天津）印刷有限公司
规　　格	420mm×297mm　横8开本　20.25印张　586千字　12插页
版　　次	2022年12月第1版　2022年12月第1次印刷
定　　价	**288.00**元

凡购买我社图书，如有缺页、倒页、脱页的，本社营销中心负责调换

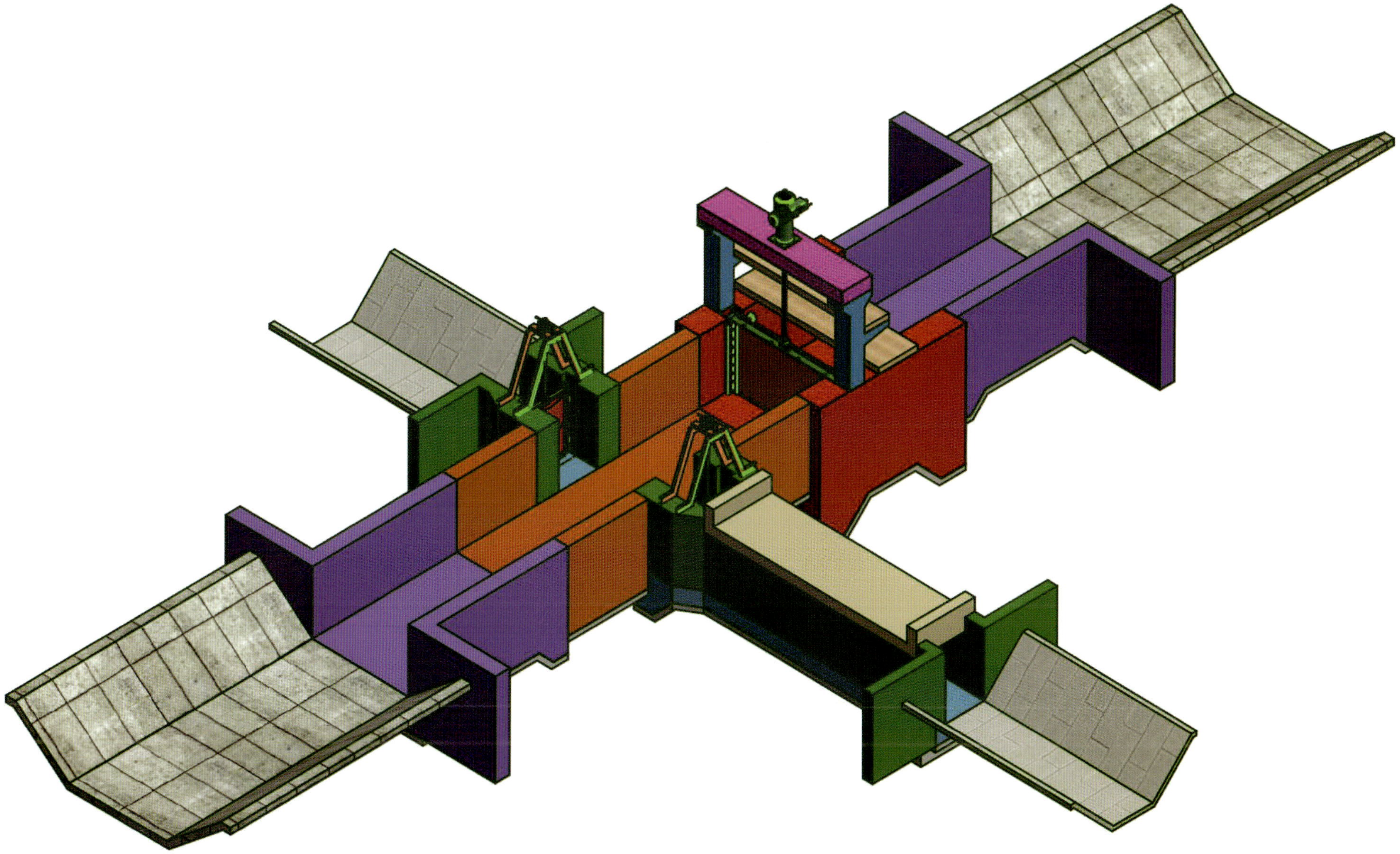

扫描看三维模型效果图

单孔开敞结构节制闸+两侧分水闸三维模型

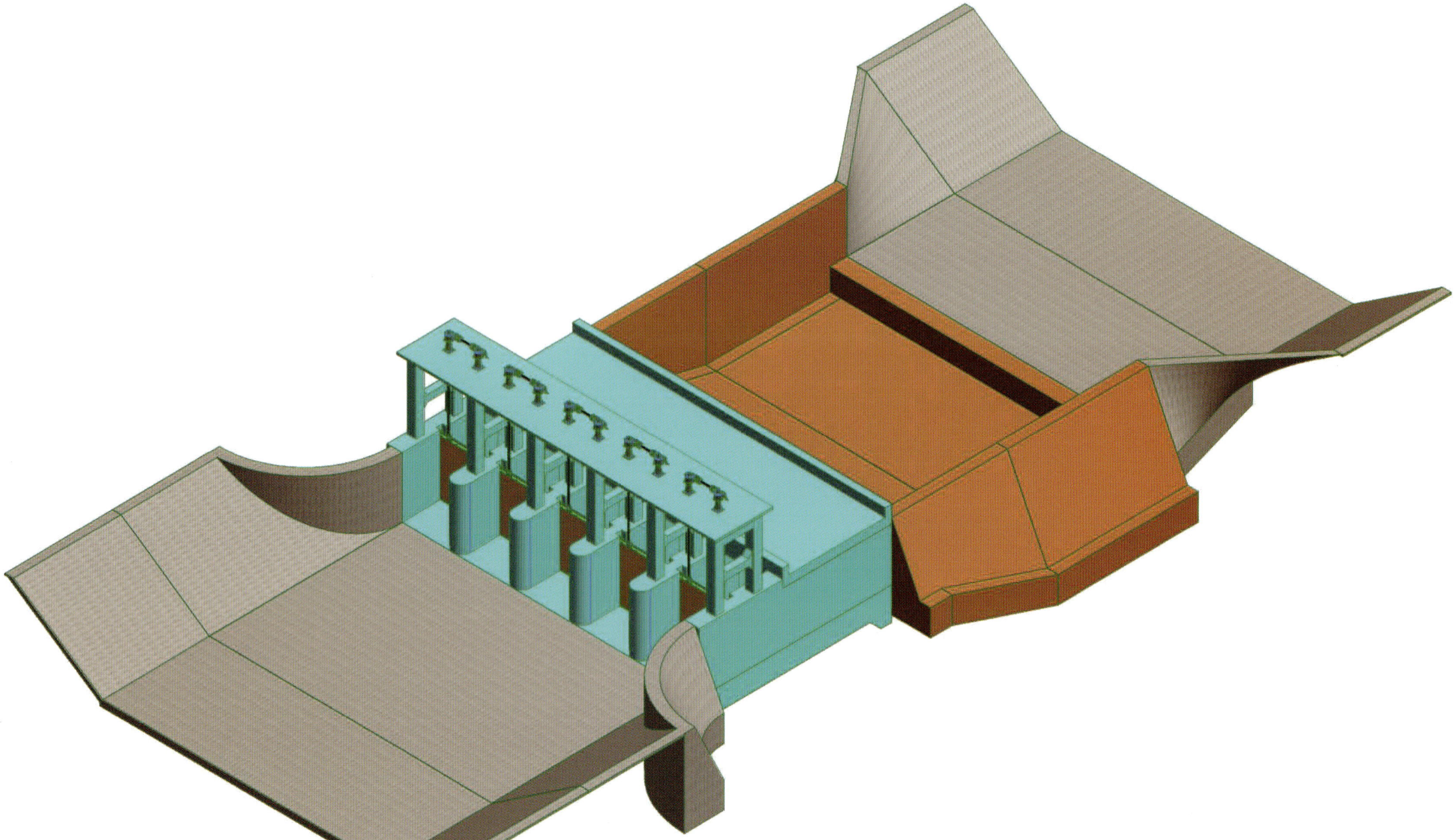

扫描看三维模型效果图

箱涵结构节制闸三维模型

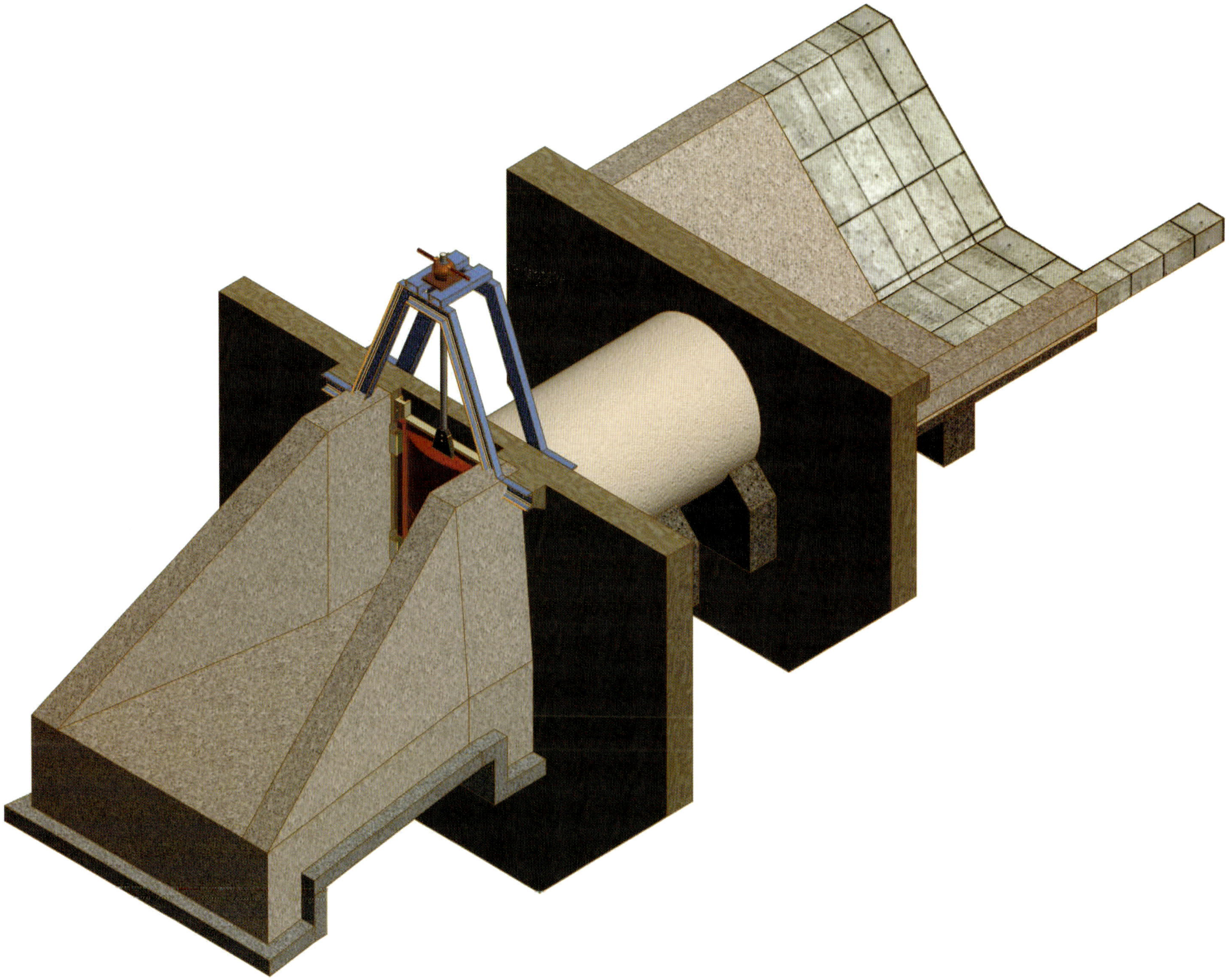

扫描看三维模型效果图

一字板结构进水闸三维模型

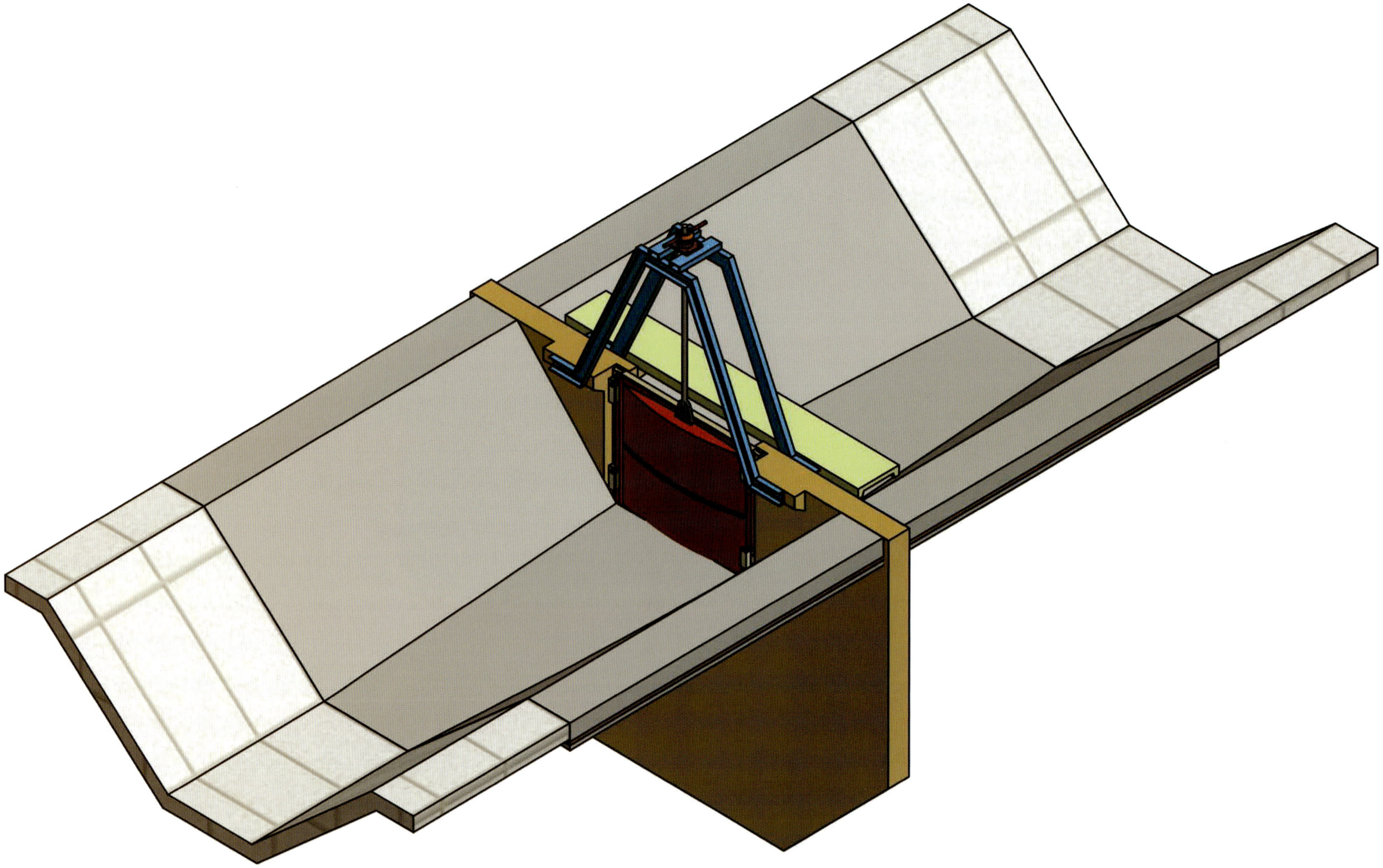

扫描看三维模型效果图

一字板结构节制闸三维模型

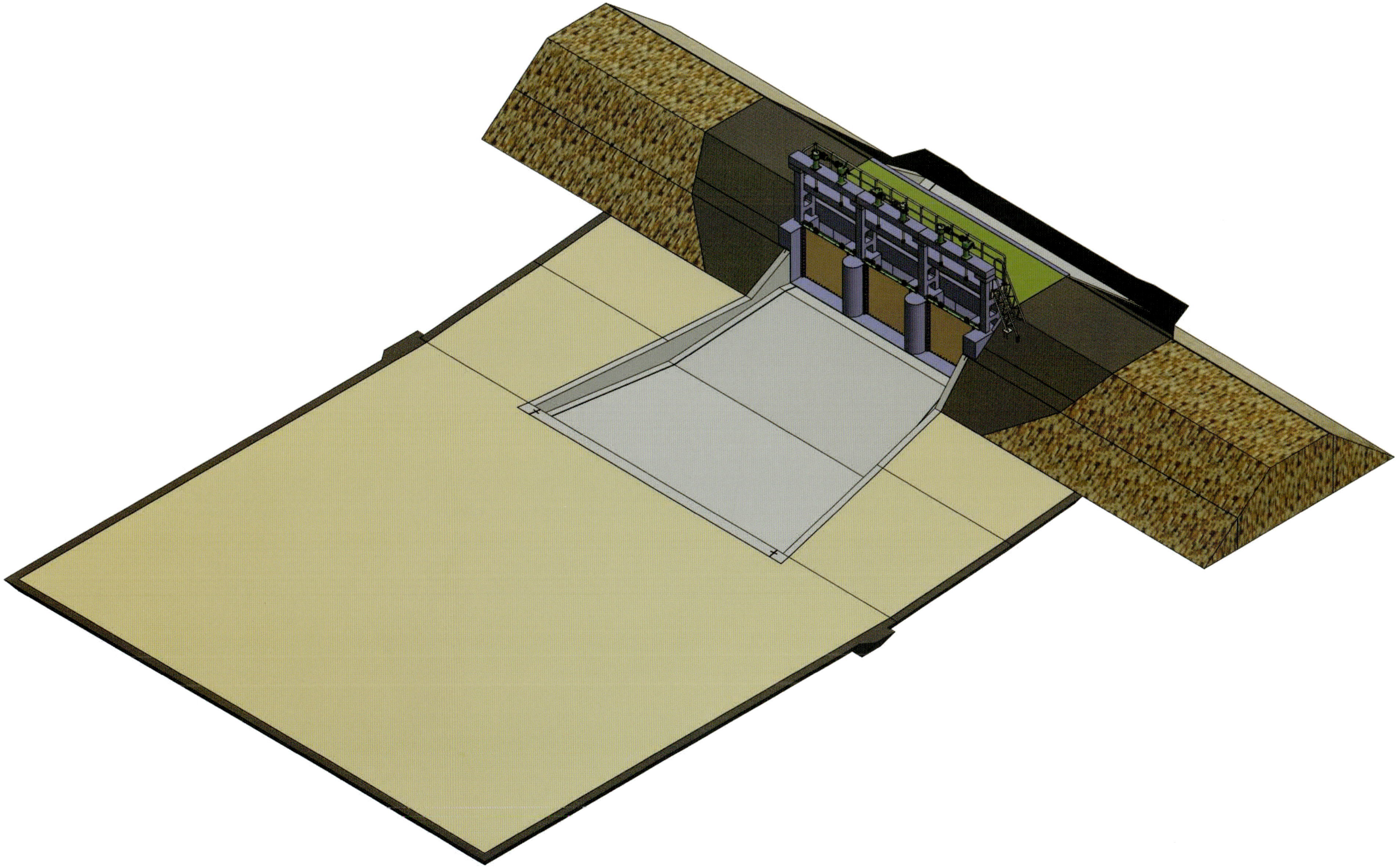

扫描看三维模型效果图

箱涵结构排洪闸三维模型

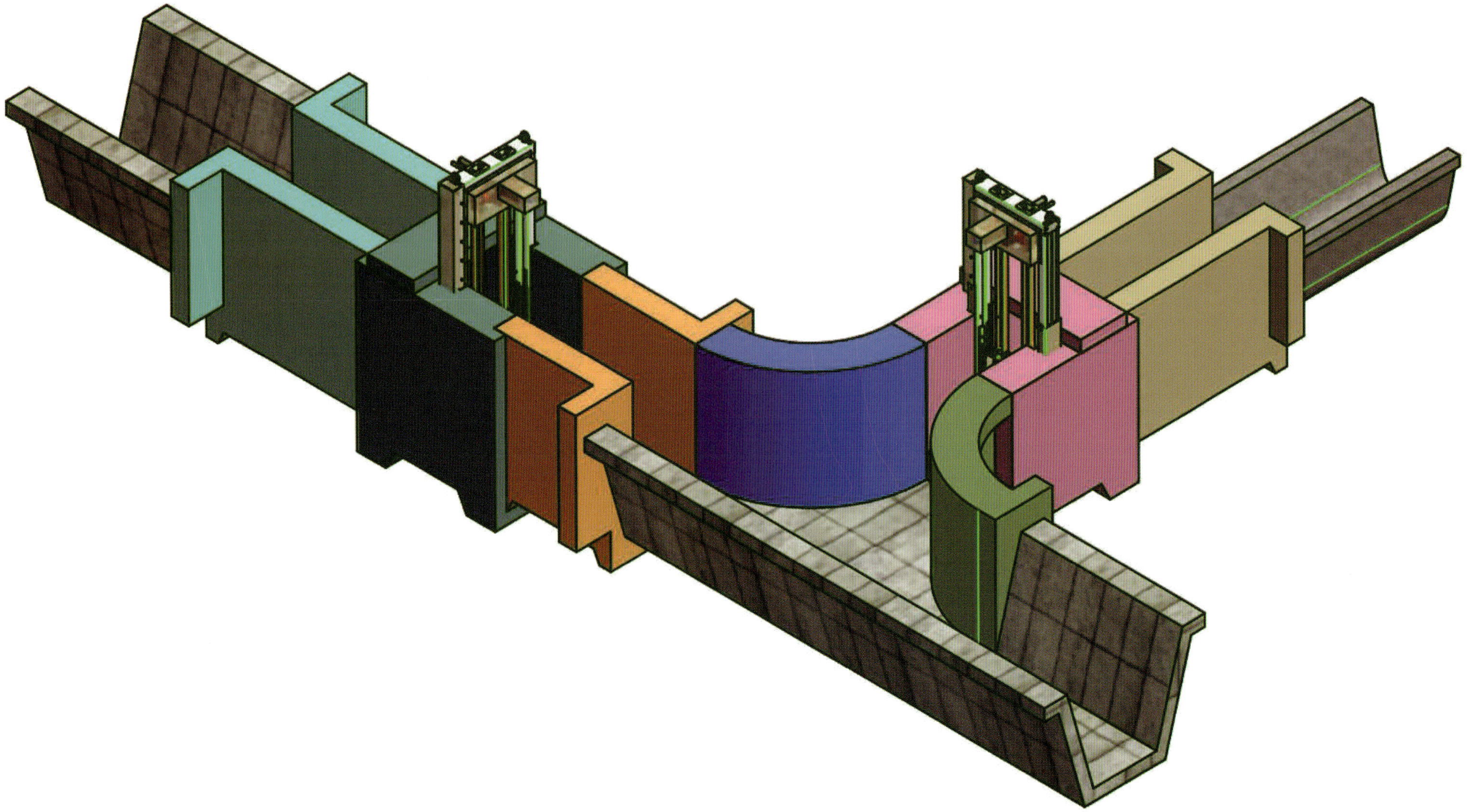

扫描看三维模型效果图

智能水闸三维模型

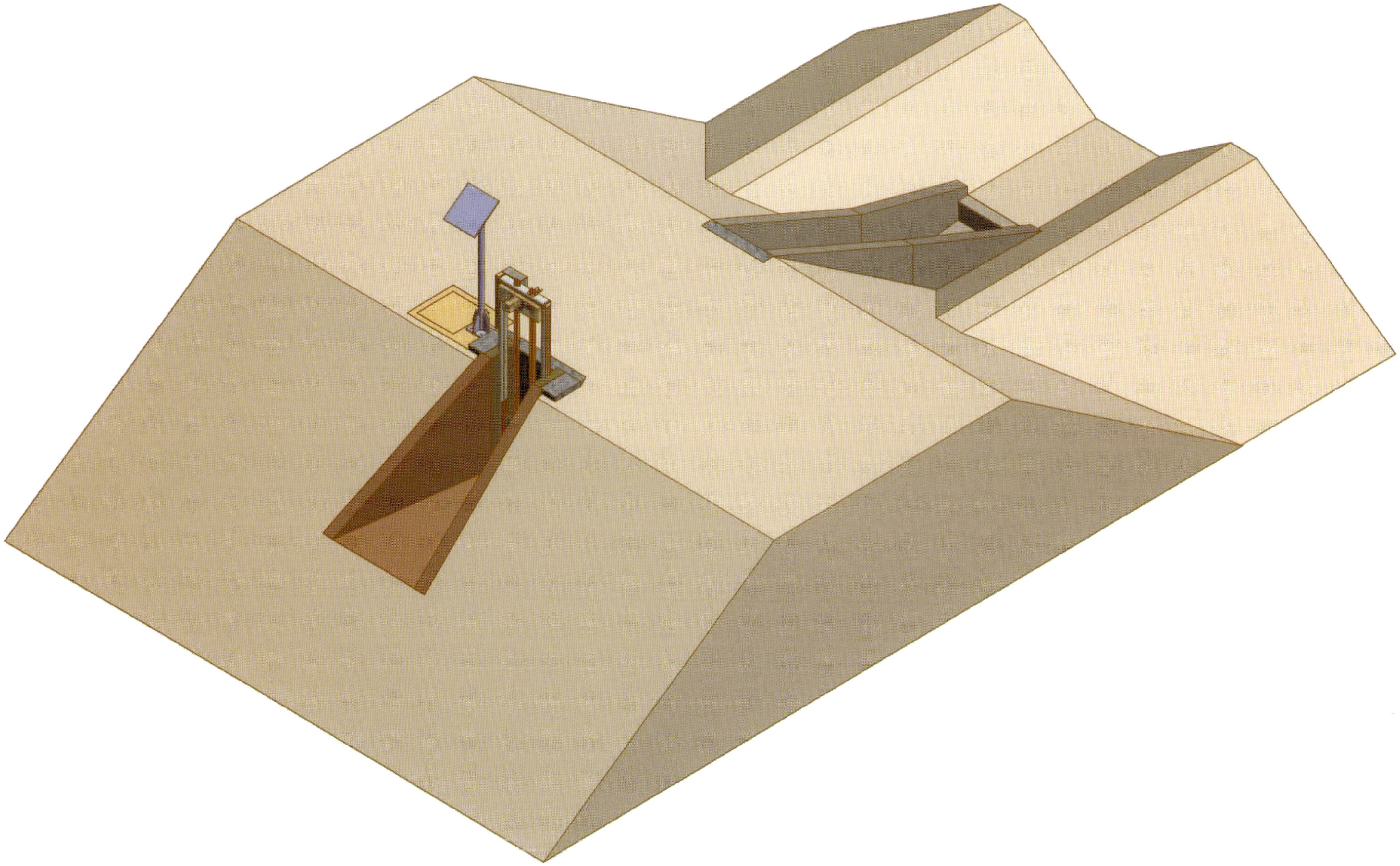

扫描看三维模型效果图

智能箱涵结构进水闸三维模型

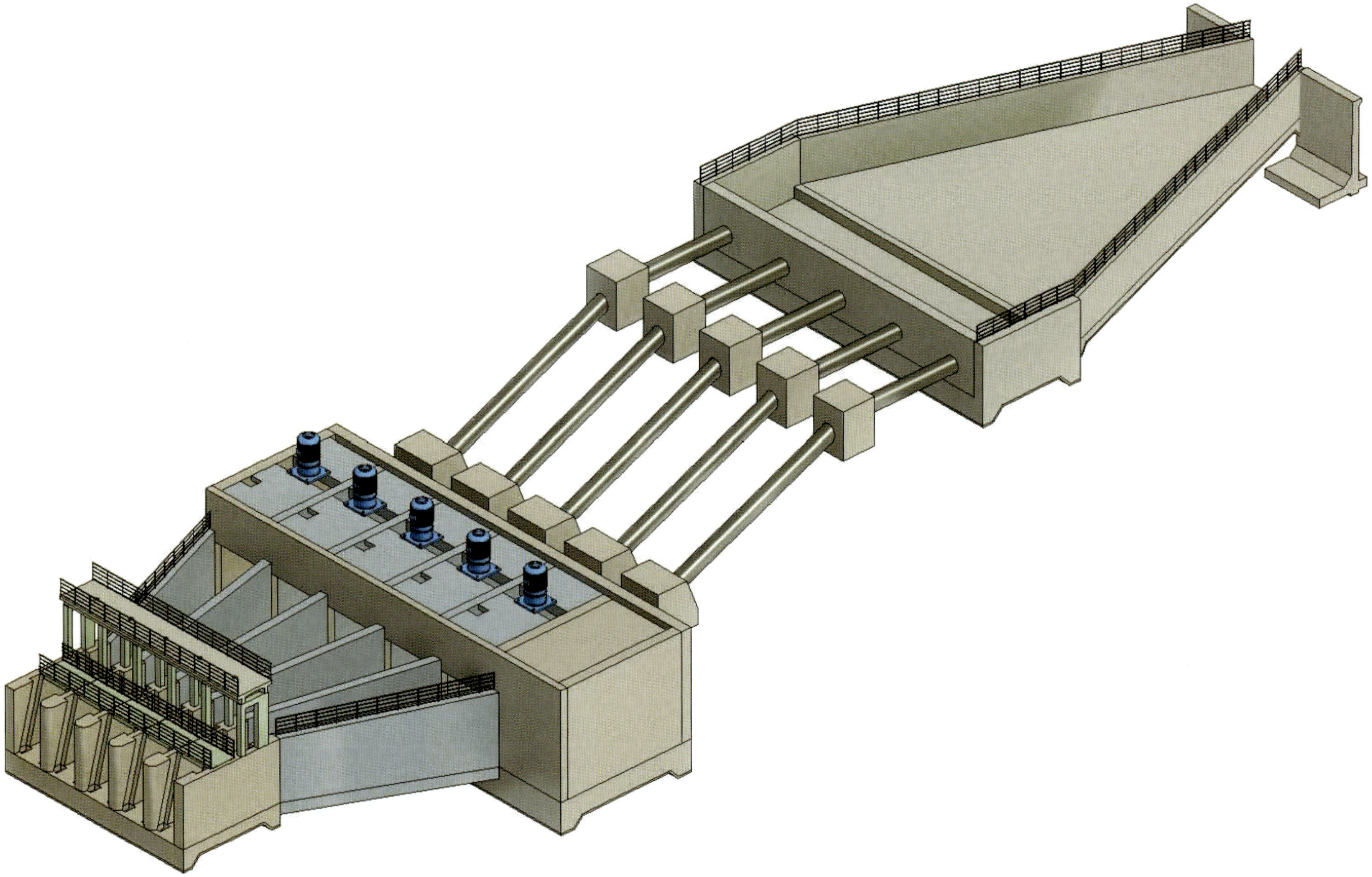

扫描看三维模型效果图

扬水泵站三维模型

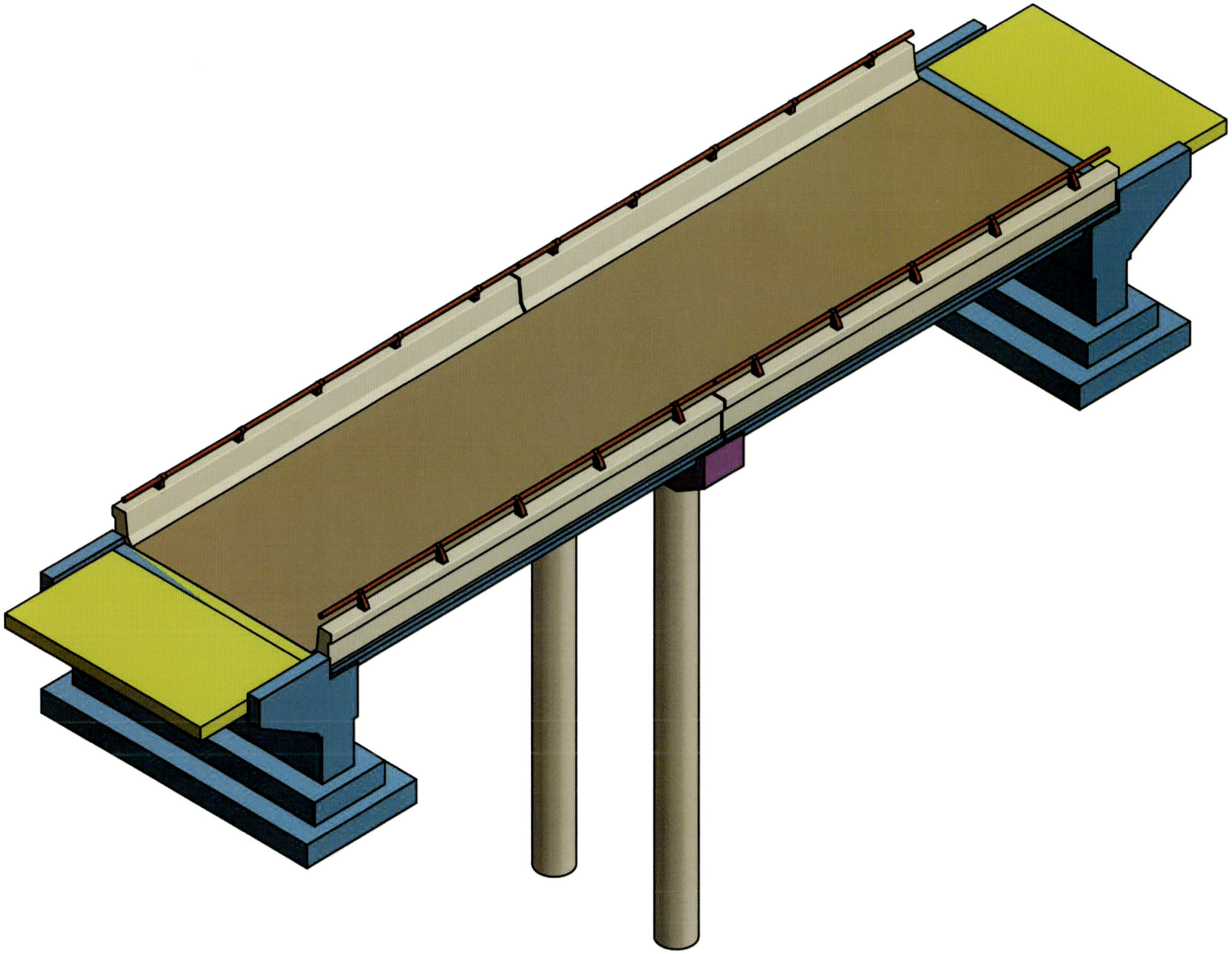

扫描看三维模型效果图

简支板结构农桥三维模型

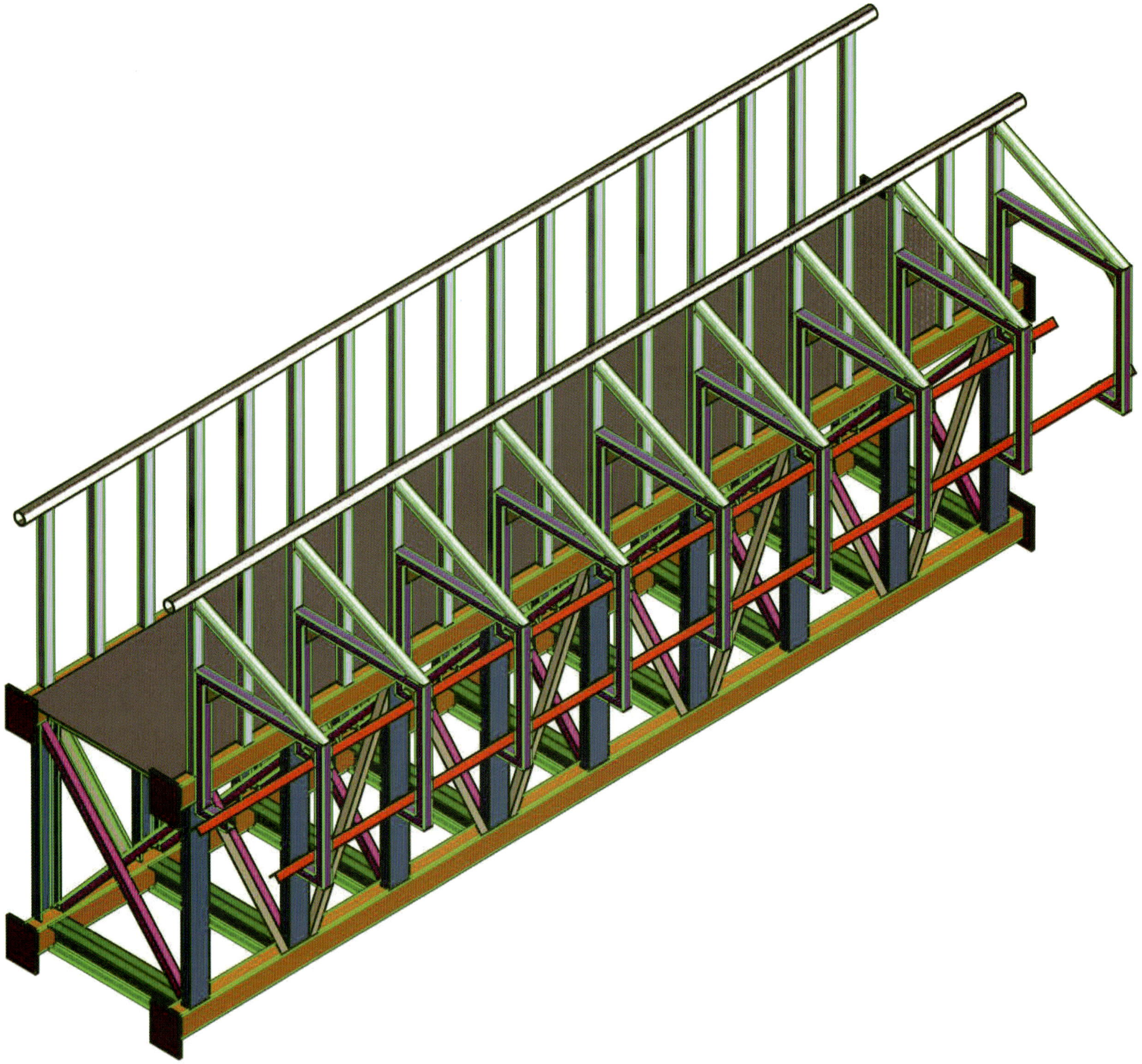

扫描看三维模型效果图

桁架测流桥三维模型

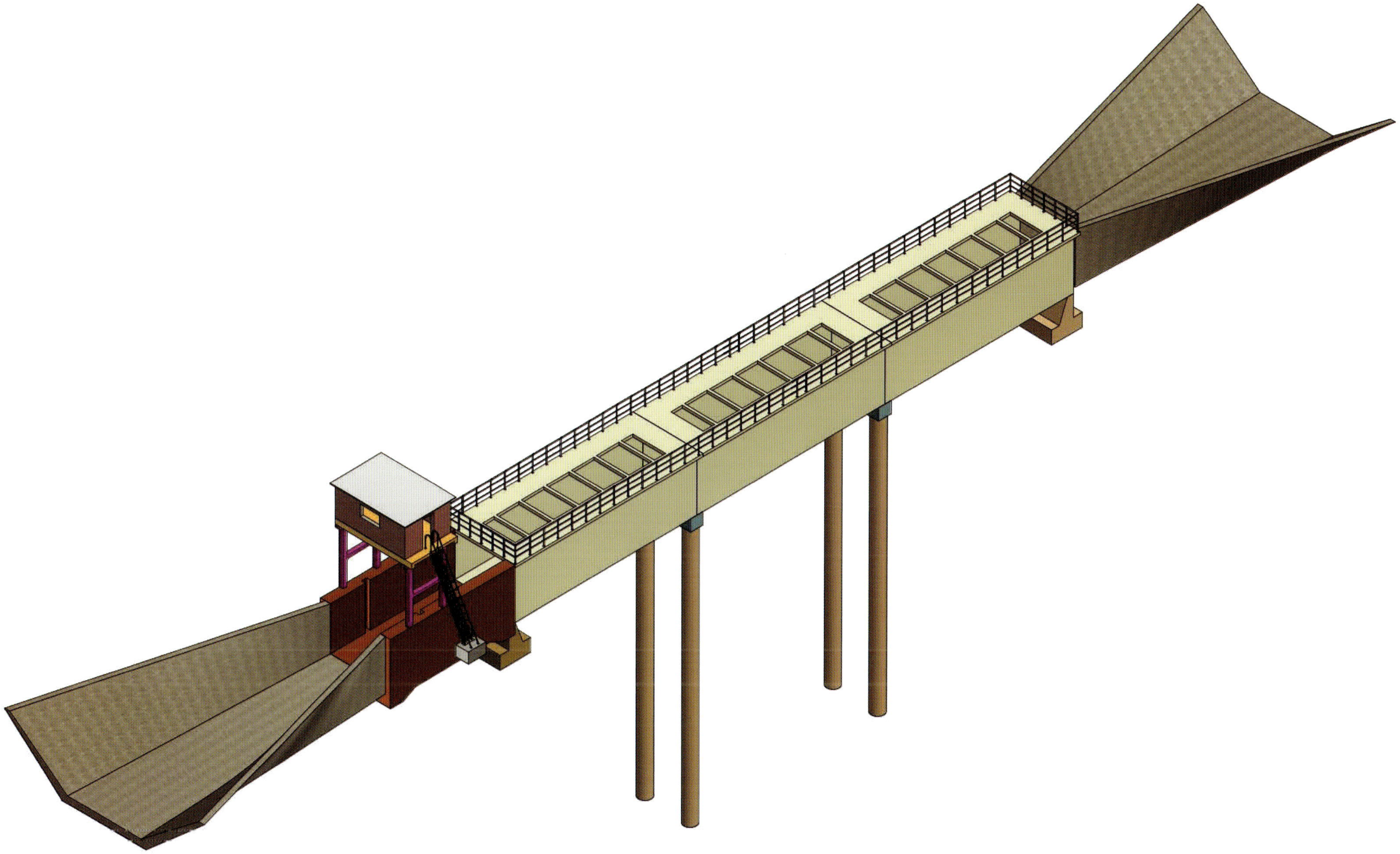

扫描看三维模型效果图

矩形结构渡槽三维模型

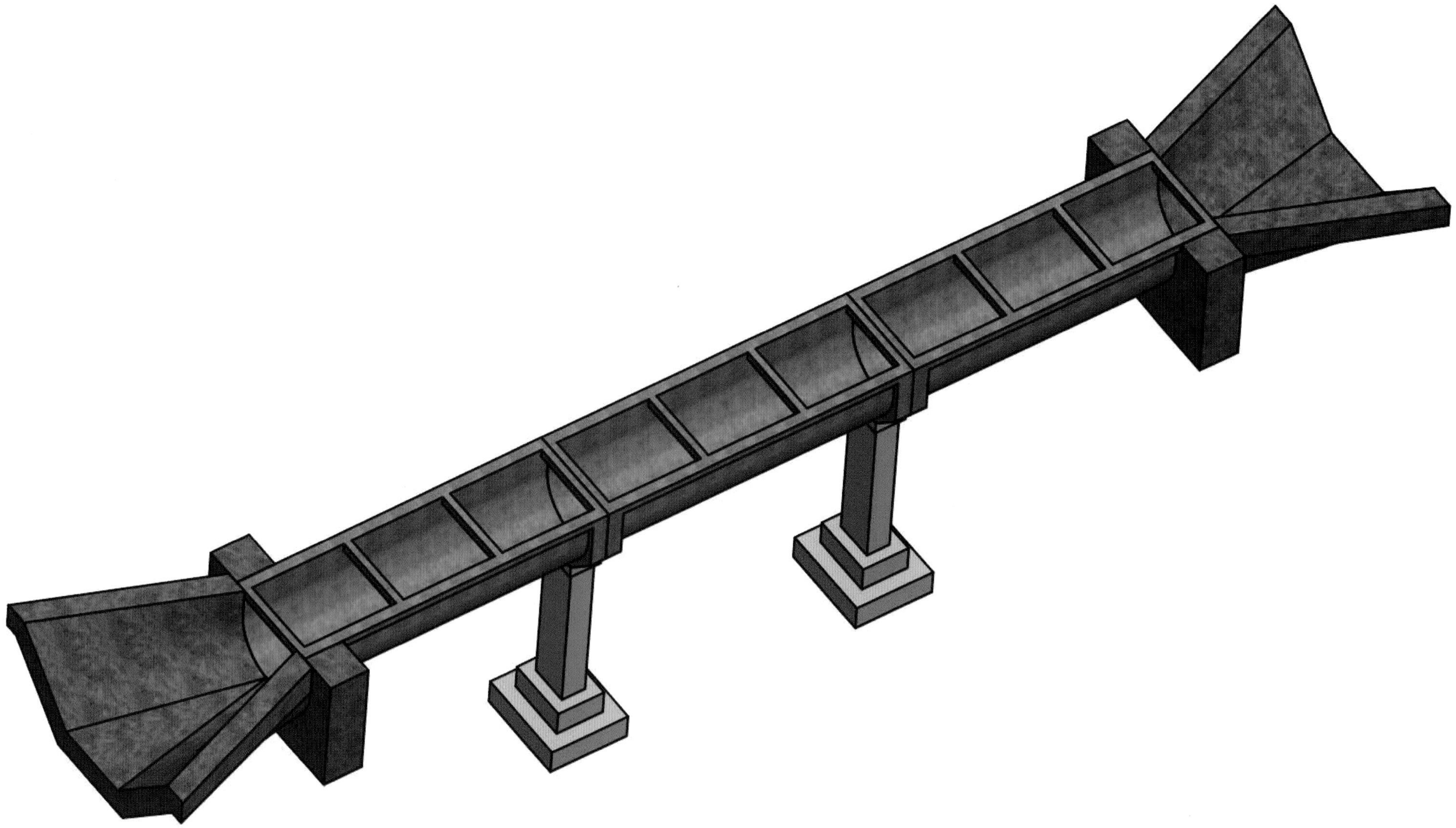

扫描看三维模型效果图

U型渡槽三维模型

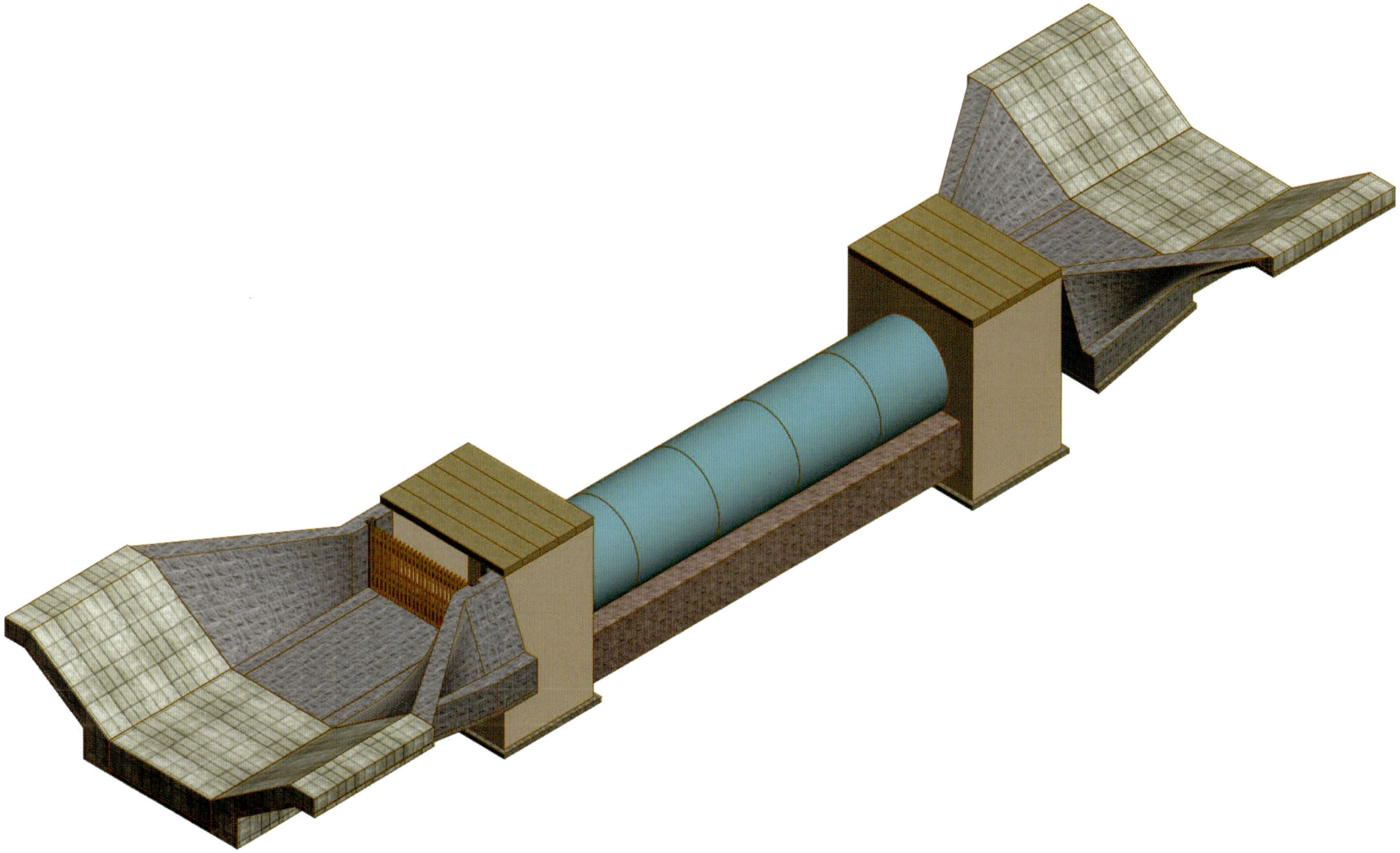

扫描看三维模型效果图

竖井结构倒虹吸三维模型

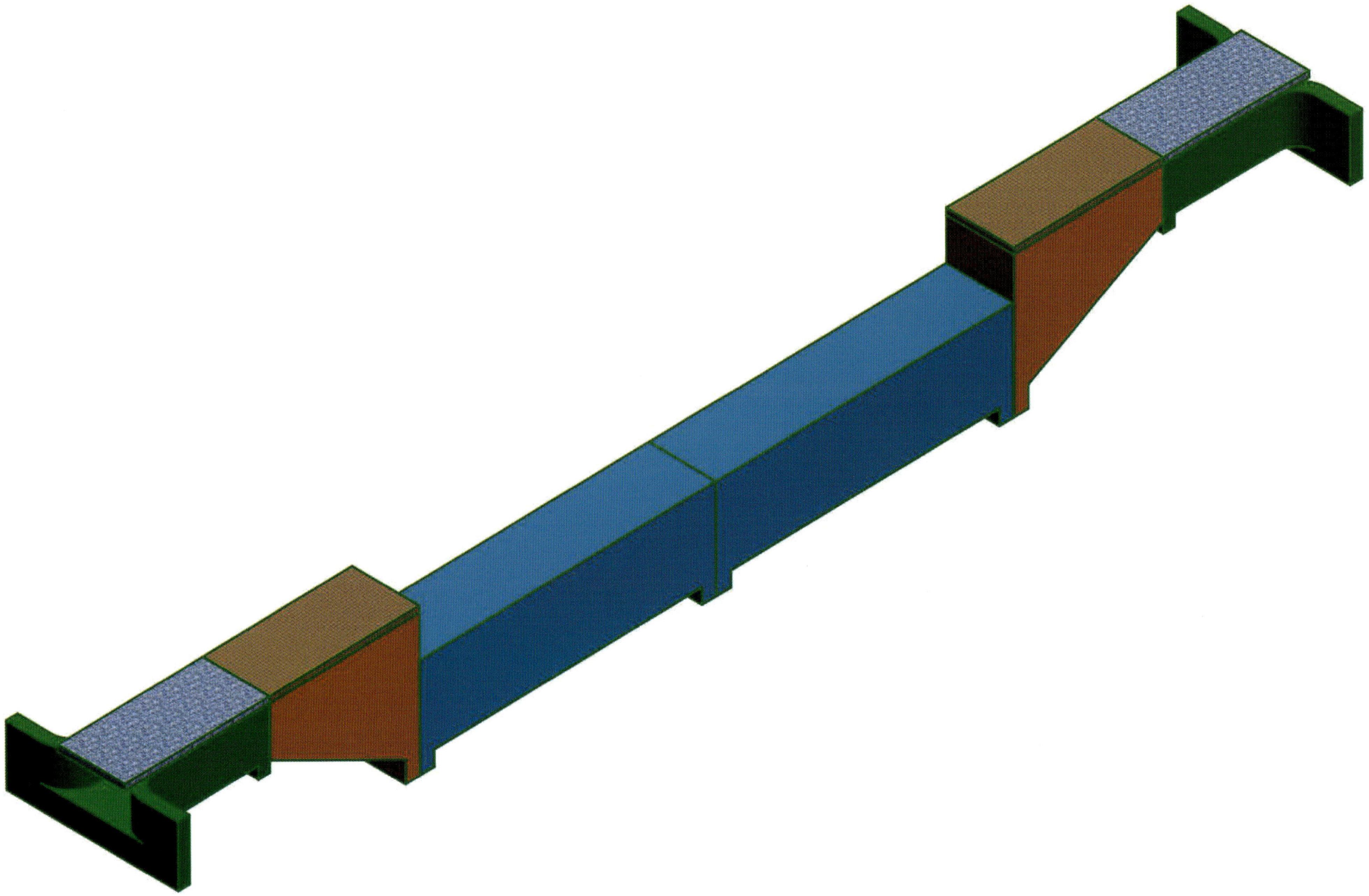

扫描看三维模型效果图

缓坡结构倒虹吸三维模型

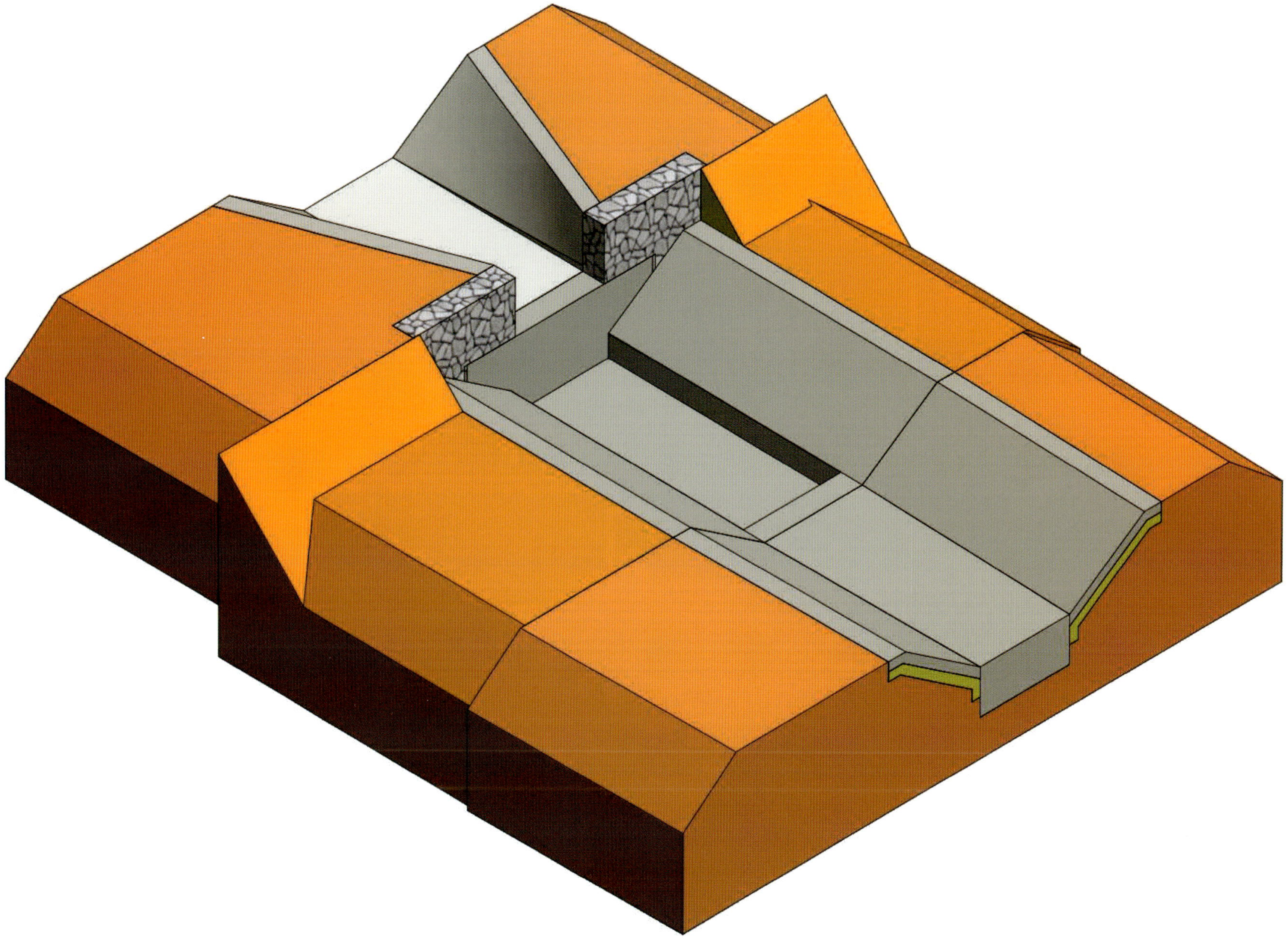

扫描看三维模型效果图

跌坎结构跌水三维模型

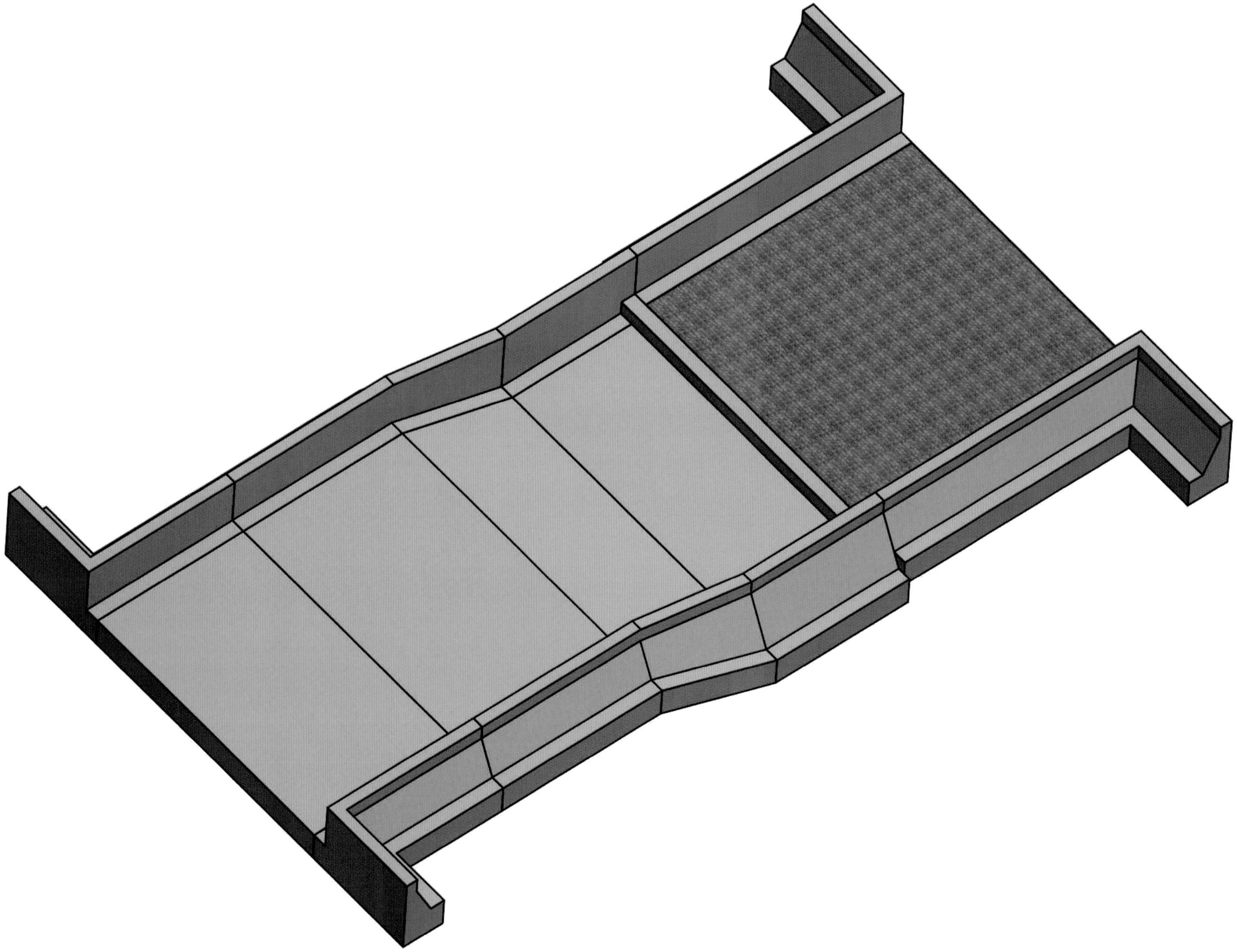

扫描看三维模型效果图

陡坡三维模型

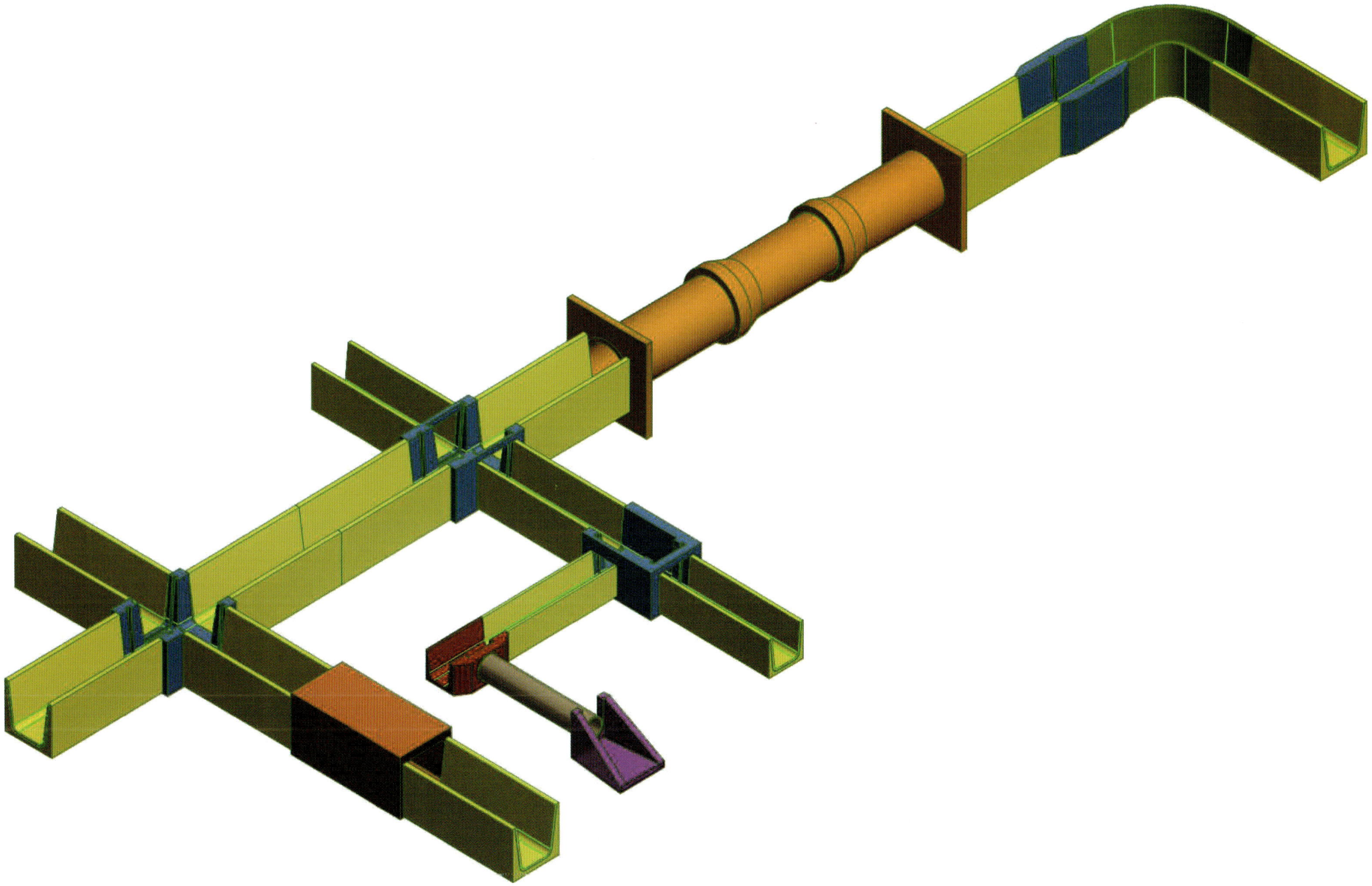

扫描看三维模型效果图

田间预制件三维模型

《灌区典型建筑物 BIM 数字化图集》
编　委　会

主　　任　王亚东

副 主 任　樊忠成　李国宁

委　　员　李新民　钟吉眼　张国铸　丁明友

主　　编　樊忠成　李国宁

副 主 编　陈　晨　赵瑞廷

主　　审　钟　重　李利荣　郭志玲

编写成员　李国宁　陈　晨　赵瑞廷　陈晓鹏　卢伯楠　郑　明　钟　重
范　岳　郭　嘉　王雪岩　赵　慧　严坤钦　于明舟　阿木古楞
王　敏　嘉晓辉　王　静　吴宏伟　张鹤瑶

前言

灌区建筑物指为了安全输水、合理配水、精确量水，以达到灌溉、排水及其他用水目的而在灌溉渠道上修建的水工建筑物。灌区具有建筑物总体数量多、单体规模小、建筑物类型基本固定、结构相对简单的特点。基于以上特点，在灌区建筑物设计中引入BIM技术，应用推广灌区建筑物三维参数化多实体建模，可以减少不必要的重复设计工作和工程变更后的反复修改，提高工程量计算精度和出图效率，推动灌区典型建筑物向定型化、标准化、装配化及机械化施工方向发展。

近年来，内蒙古自治区水利水电勘测设计院大力推进BIM技术在灌区农田水利方面的应用。BIM技术在以灌区续建配套和现代化改造工程等为代表的规划设计工程中得到充分实践，建立了灌区典型建筑物三维参数化多实体模型库，提高了生产效率和设计产品的质量。

本图集展现了灌区渠道衬砌和渠系建筑物三维参数化多实体建模的应用情况，主要包括渠道、水闸、智能水闸、泵站、桥、渡槽、倒虹吸、跌水和田间装配式建筑物九部分19套BIM模型和设计图纸。其中，第一部分渠道由王敏编制，第二部分水闸由陈晨、陈晓鹏、卢伯楠、严坤钦、嘉晓辉编制，第三部分智能水闸由李国宁、王雪岩、于明舟、卢伯楠编制，第四部分泵站由郭嘉编制，第五部分桥由赵瑞廷、阿木古楞编制，第六部分渡槽由陈晨、赵慧编制，第七部分倒虹吸由卢伯楠、钟重编制，第八部分跌水由郑明、范岳编制，第九部分田间装配式建筑物由陈晓鹏编制。图集的审核修改由陈晨、钟重、李利荣、郭志玲完成，文字编辑、美工设计、平台维护由王静、吴宏伟、张鹤瑶完成，BIM模型平台由北京东晨工元科技发展有限公司提供。

图集基本涵盖了灌区农田水利工程的主要基础设施，具有技术成熟、设计合理、结构型式先进、施工方便和实用性强的特点，充分展现了内蒙古自治区水利水电勘测设计院BIM数字工程中心在灌区农田水利工程方面的设计成果。希望通过本图集进一步推动灌区BIM技术研究应用和创新发展，提高工程设计效率和设计产品质量，同时为BIM技术爱好者的学习提供参考。

内蒙古自治区水利水电勘测设计院的灌区BIM技术研究应用还处在学习探索阶段，书中如存在不足之处，敬请读者提出宝贵意见和建议。

作者

2022年9月

目录

第三部分　智　能　水　闸

第四部分　泵　　站

第五部分　桥

第六部分　渡　槽

第七部分　倒　虹　吸

第八部分　跌　水

第九部分　田间装配式建筑物

第一部分

渠　道

预制混凝土板衬砌渠道轴测图

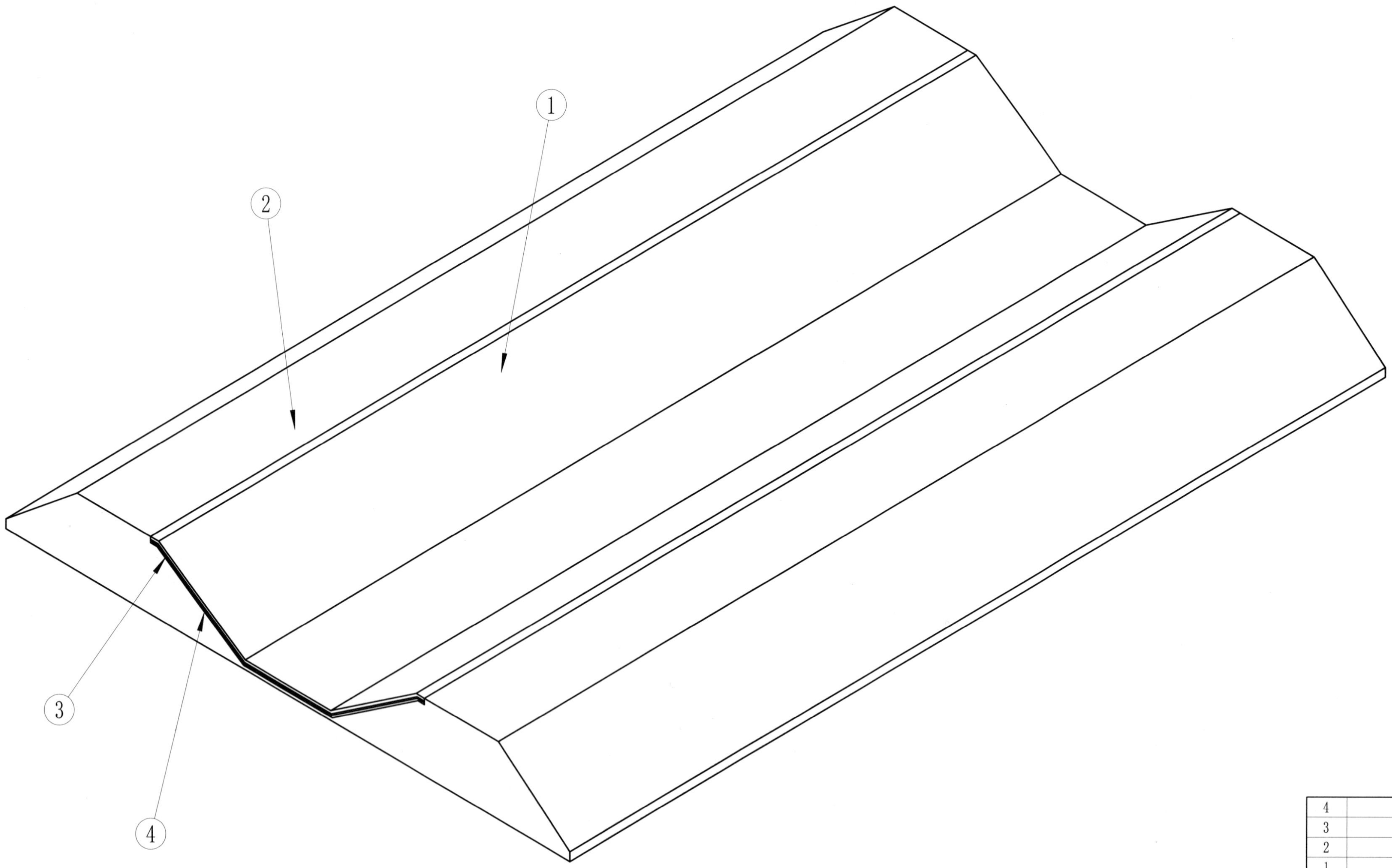

4	保温板	1
3	水泥砂浆	1
2	渠道填土	1
1	衬砌板	1
序号	名称	数量

结构类型	预制混凝土板衬砌渠道
图　名	预制混凝土板衬砌渠道轴测图
图　号	1/2

预制混凝土板衬砌渠道标准断面图 1:50

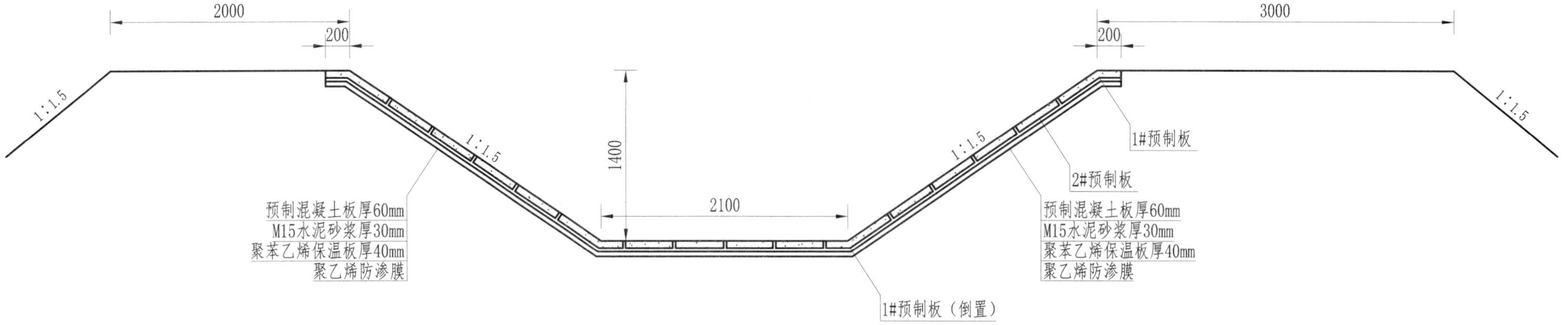

说明：

1. 图中尺寸单位以mm计。
2. 预制混凝土板强度等级为C30。
3. 结构缝为矩形缝，填缝材料为M15水泥砂浆。
4. 顺水流方向每隔6.225m分一道横向伸缩缝，缝宽25mm，填缝材料为聚乙烯闭孔泡沫板。
5. 渠道衬砌长度6.225m内预制板数量共计166块，其中：1#预制板数量为40块，2#预制板数量=整板+半板=114+12=126块。

预制混凝土板衬砌渠道断面展开图 1:50

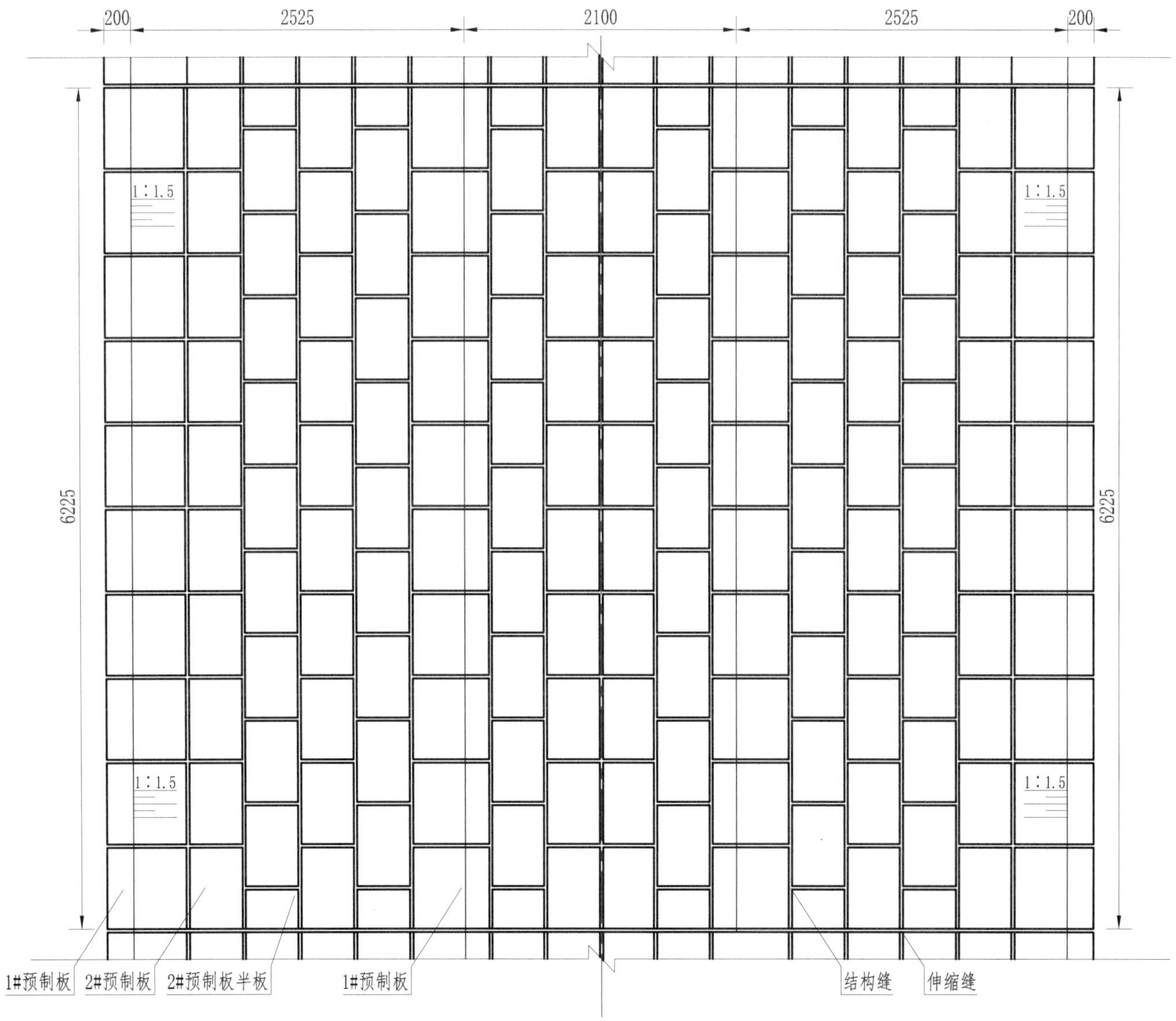

1#预制板 1:20

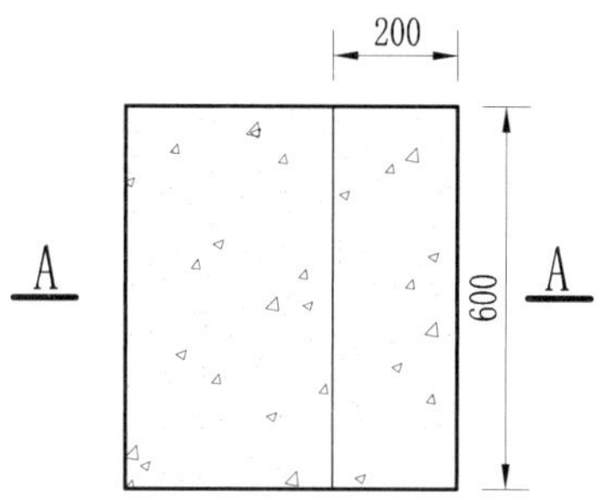

2#预制板 1:20

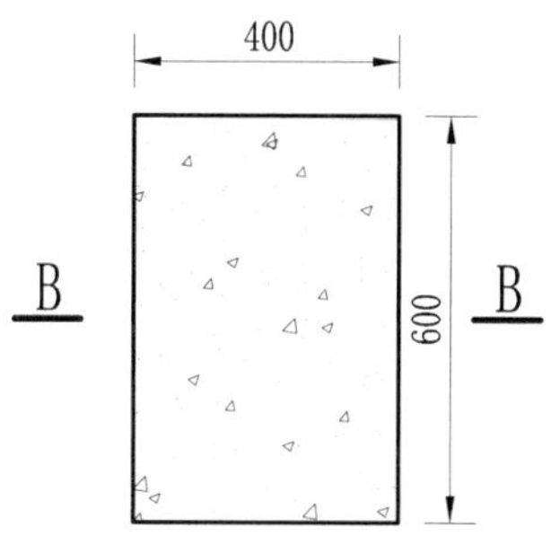

2#预制板半板 1:20

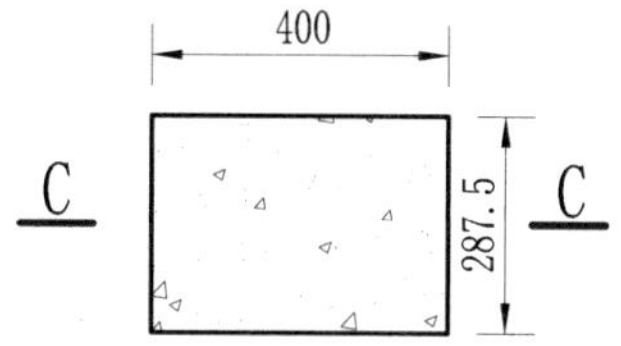

A—A剖面 1:20

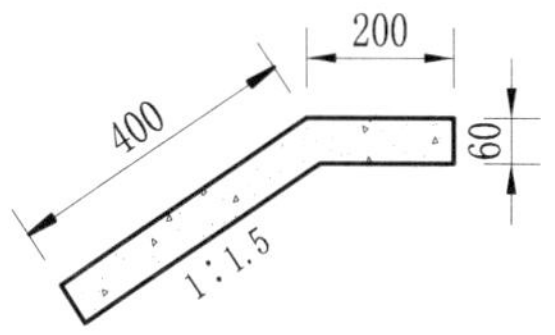

B—B剖面 1:20

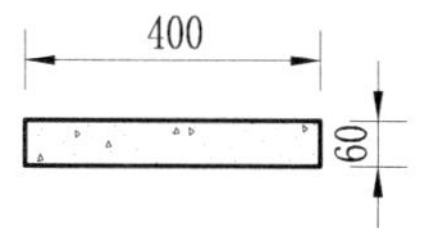

C—C剖面 1:20

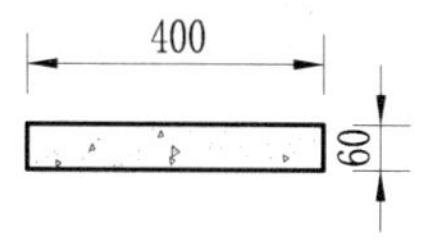

伸缩缝详图 1:10

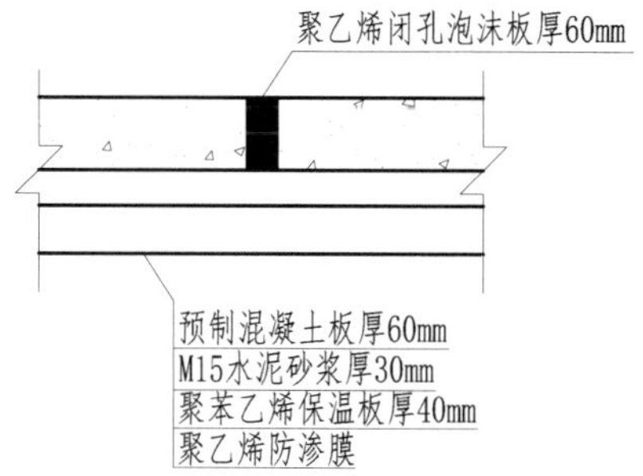

结构缝详图 1:10

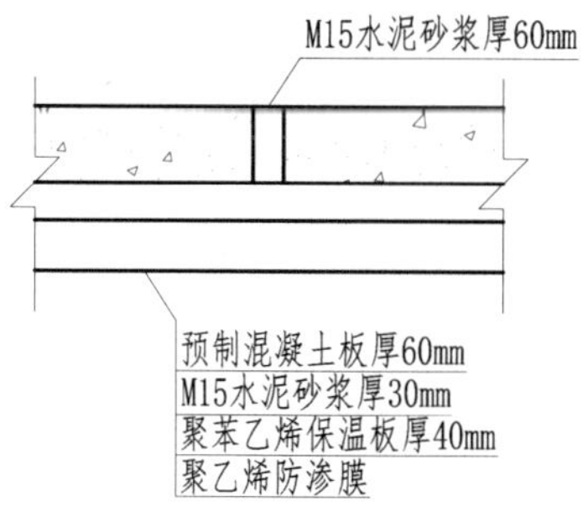

结构类型	预制混凝土板衬砌渠道
图　　名	预制混凝土板衬砌渠道结构图
图　　号	2/2

现浇混凝土衬砌渠道结构图 1∶50

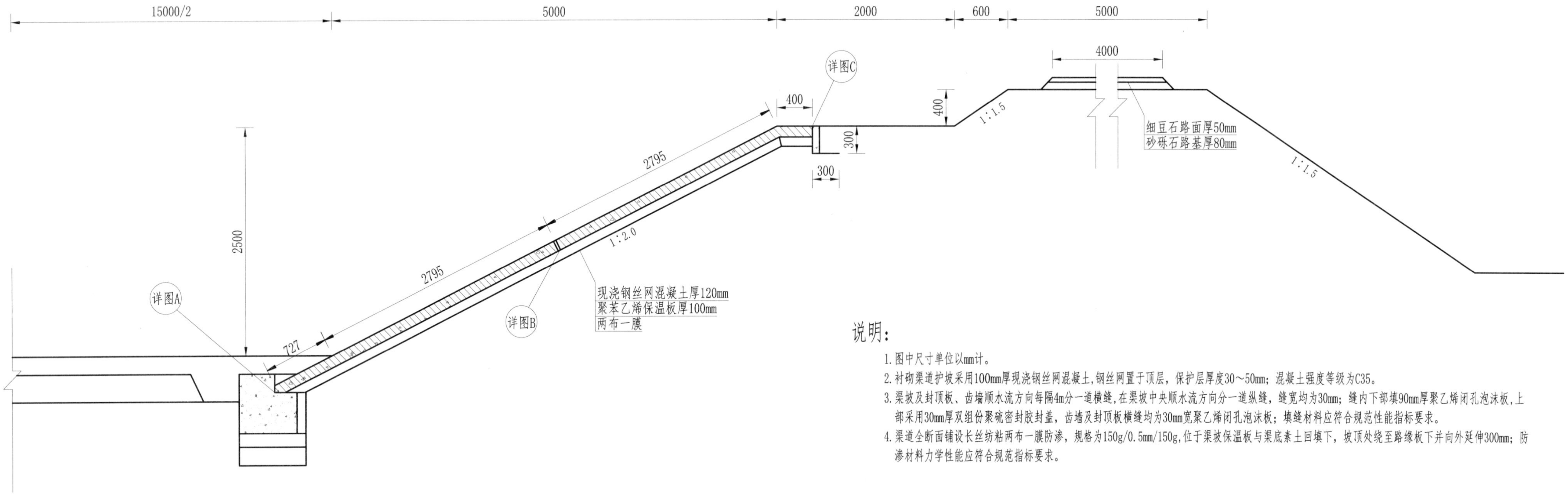

说明：

1. 图中尺寸单位以mm计。
2. 衬砌渠道护坡采用100mm厚现浇钢丝网混凝土，钢丝网置于顶层，保护层厚度30～50mm；混凝土强度等级为C35。
3. 渠坡及封顶板、齿墙顺水流方向每隔4m分一道横缝，在渠坡中央顺水流方向分一道纵缝，缝宽均为30mm；缝内下部填90mm厚聚乙烯闭孔泡沫板，上部采用30mm厚双组份聚硫密封胶封盖，齿墙及封顶板横缝均为30mm宽聚乙烯闭孔泡沫板；填缝材料应符合规范性能指标要求。
4. 渠道全断面铺设长丝纺粘两布一膜防渗，规格为150g/0.5mm/150g，位于渠坡保温板与渠底素土回填下，坡顶处绕至路缘板下并向外延伸300mm；防渗材料力学性能应符合规范指标要求。

详图A 1∶25

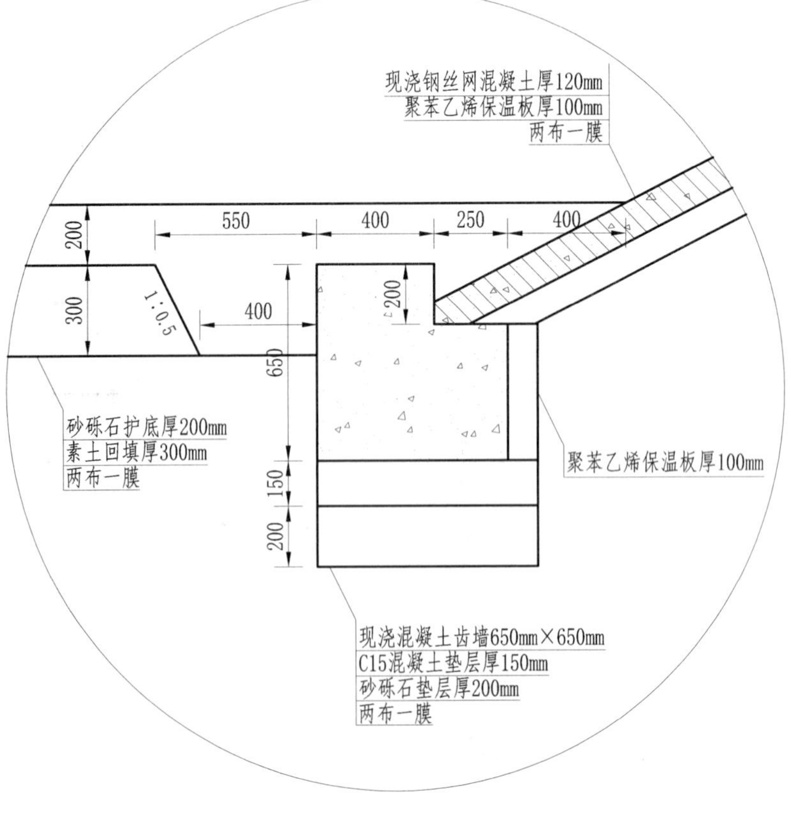

详图B 1∶25

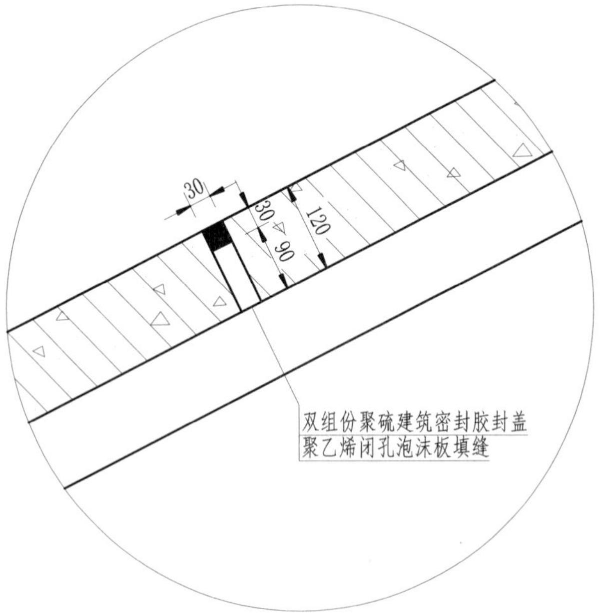

详图C 1∶10

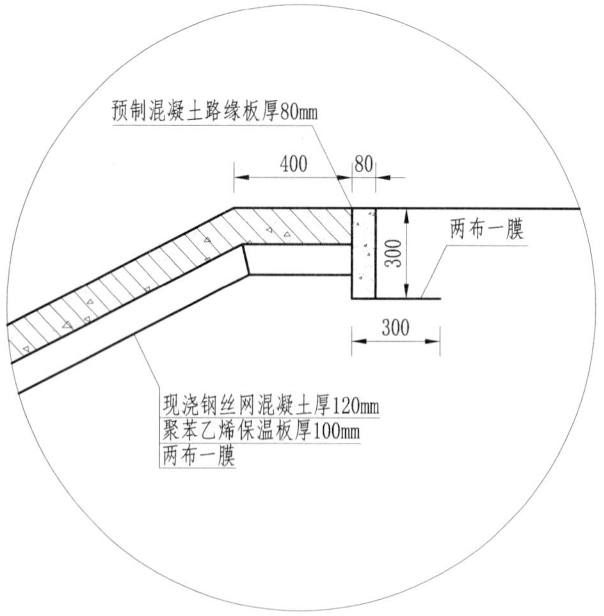

结构类型	现浇混凝土衬砌渠道
图　名	现浇混凝土衬砌渠道结构图
图　号	1/1

第二部分

水　　闸

单孔开敞结构节制闸+两侧分水闸轴测图

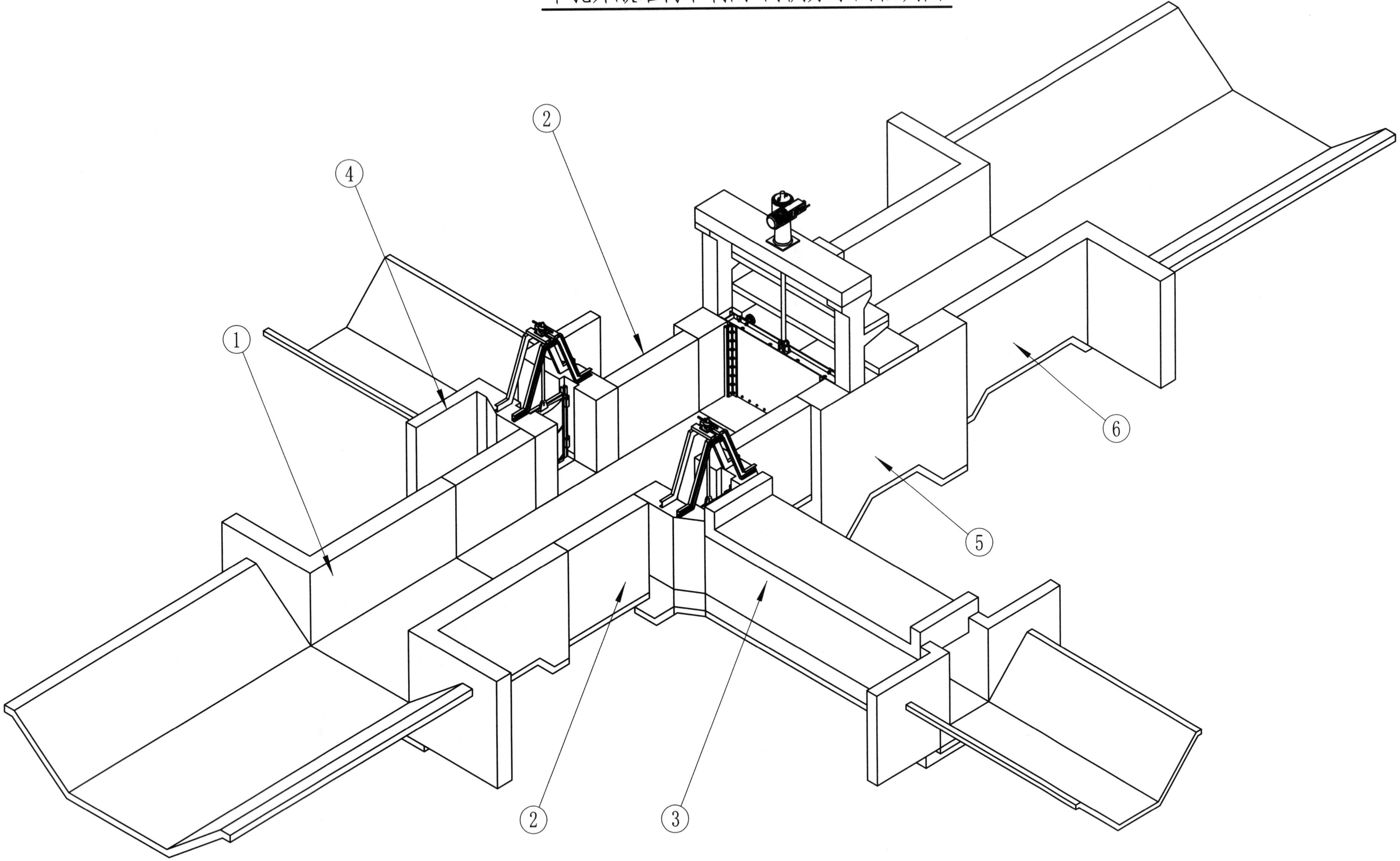

序号	名称	数量
6	下游连接段	1
5	闸室段	1
4	小分水闸	1
3	大分水闸	1
2	节制闸铺盖段	1
1	上游连接段	1

结构类型	单孔开敞结构节制闸+两侧分水闸
图　名	单孔开敞结构节制闸+两侧分水闸轴测图
图　号	1/19

单孔开敞结构节制闸+两侧分水闸平面图 1∶100

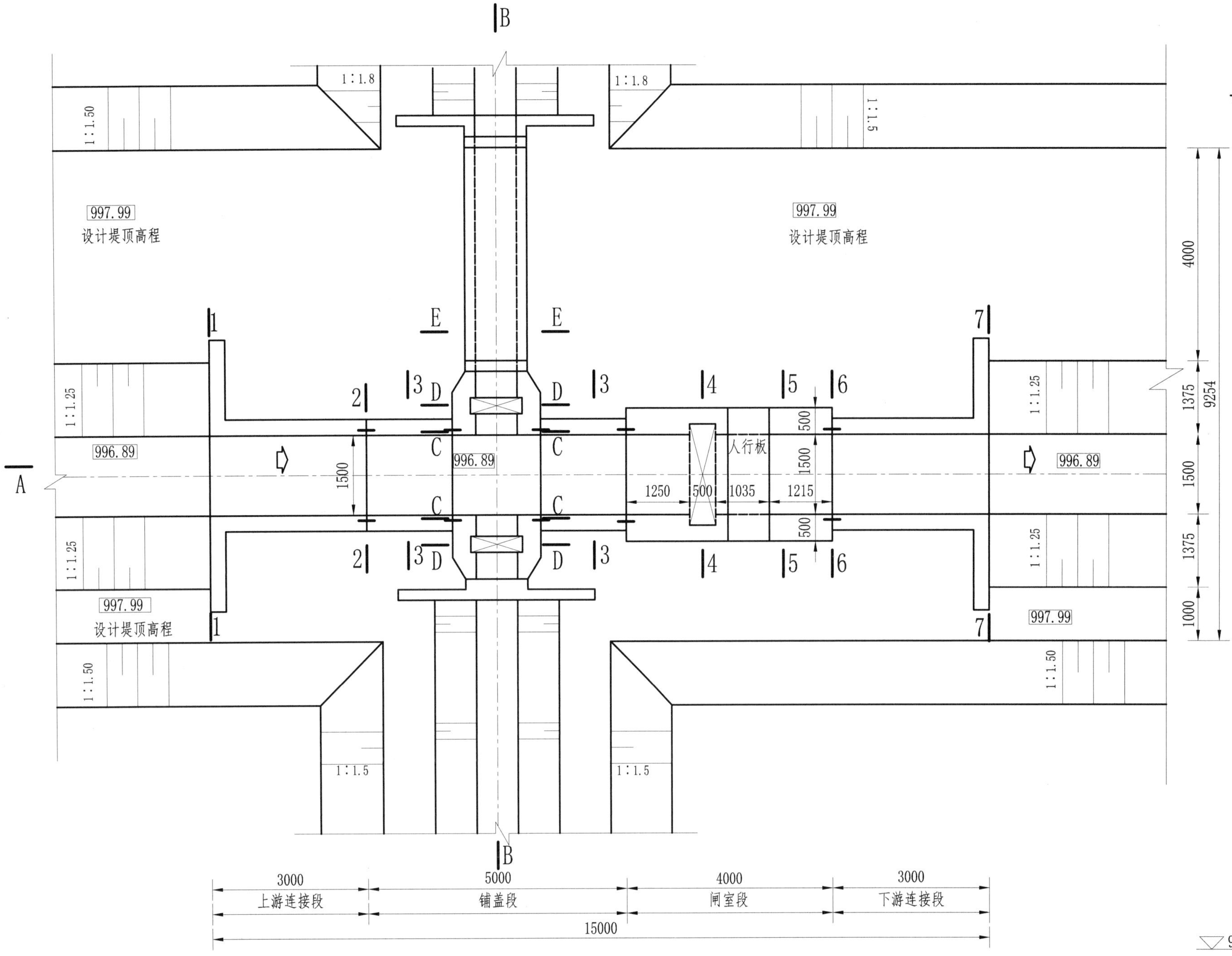

1—1剖面图 1∶100

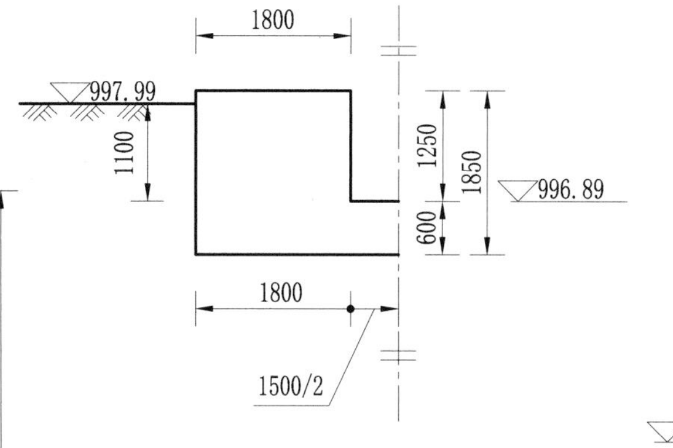

2—2剖面图 1∶100

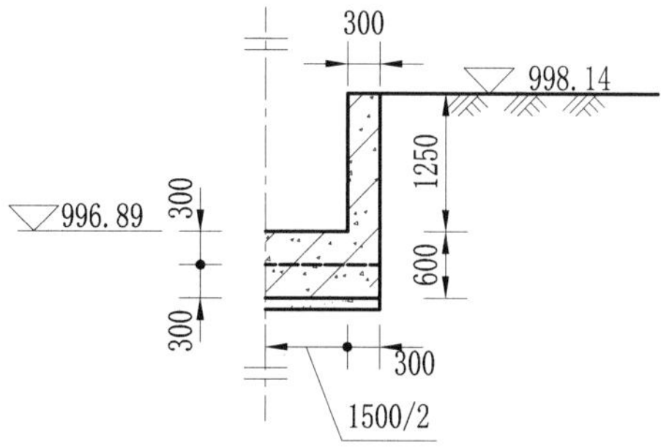

3—3剖面图 1∶100

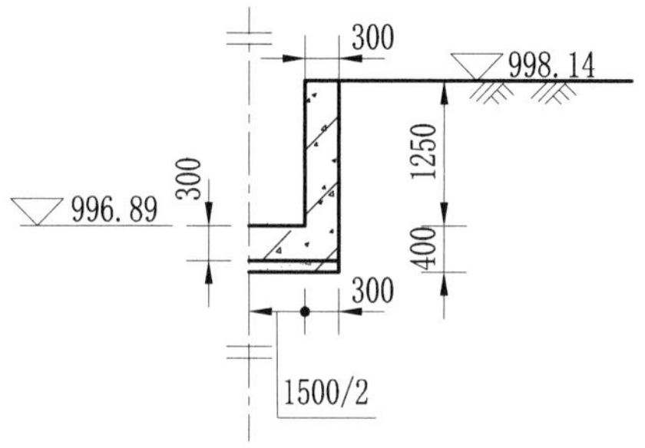

6—6剖面图 1∶100

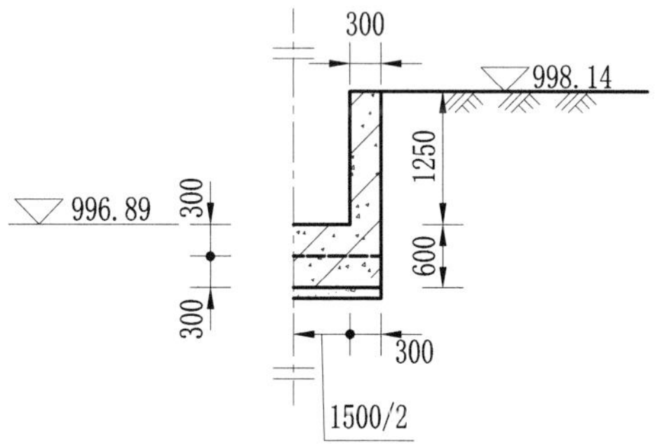

7—7剖面图 1∶100

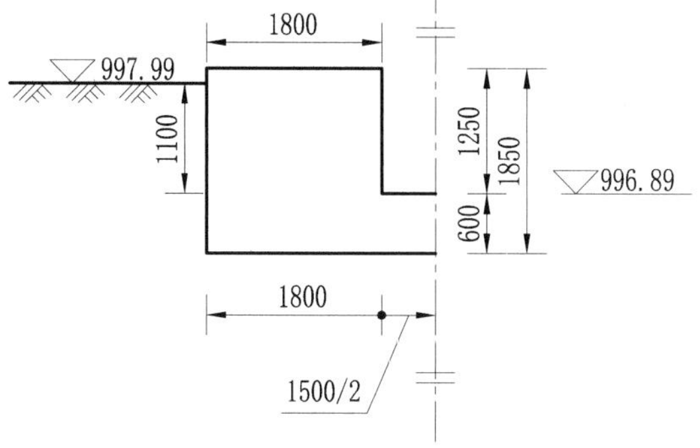

4—4剖面图 1∶100

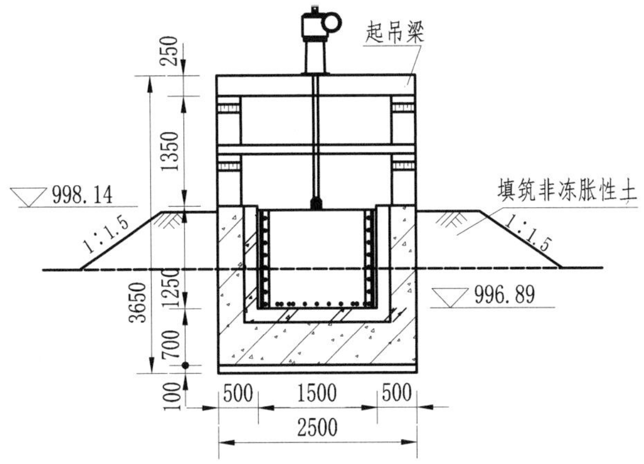

5—5剖面图 1∶100

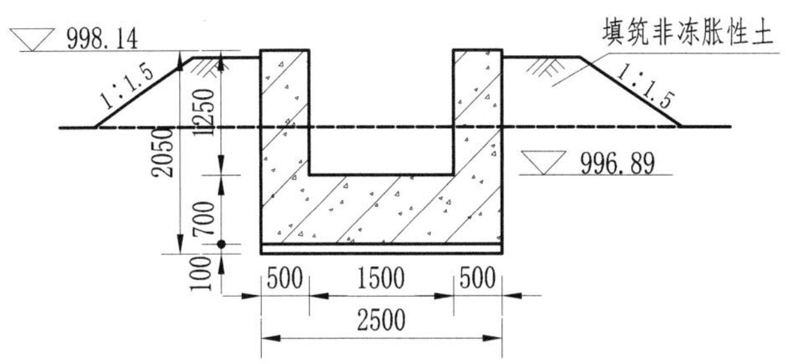

说明：

1. 图中尺寸单位以mm计，高程单位以m计。
2. 混凝土强度等级为C25。

结构类型	单孔开敞结构节制闸+两侧分水闸
图　　名	单孔开敞结构节制闸+两侧分水闸结构图(一)
图　　号	2/19

单孔开敞结构节制闸+两侧分水闸A—A纵剖面图 1:100

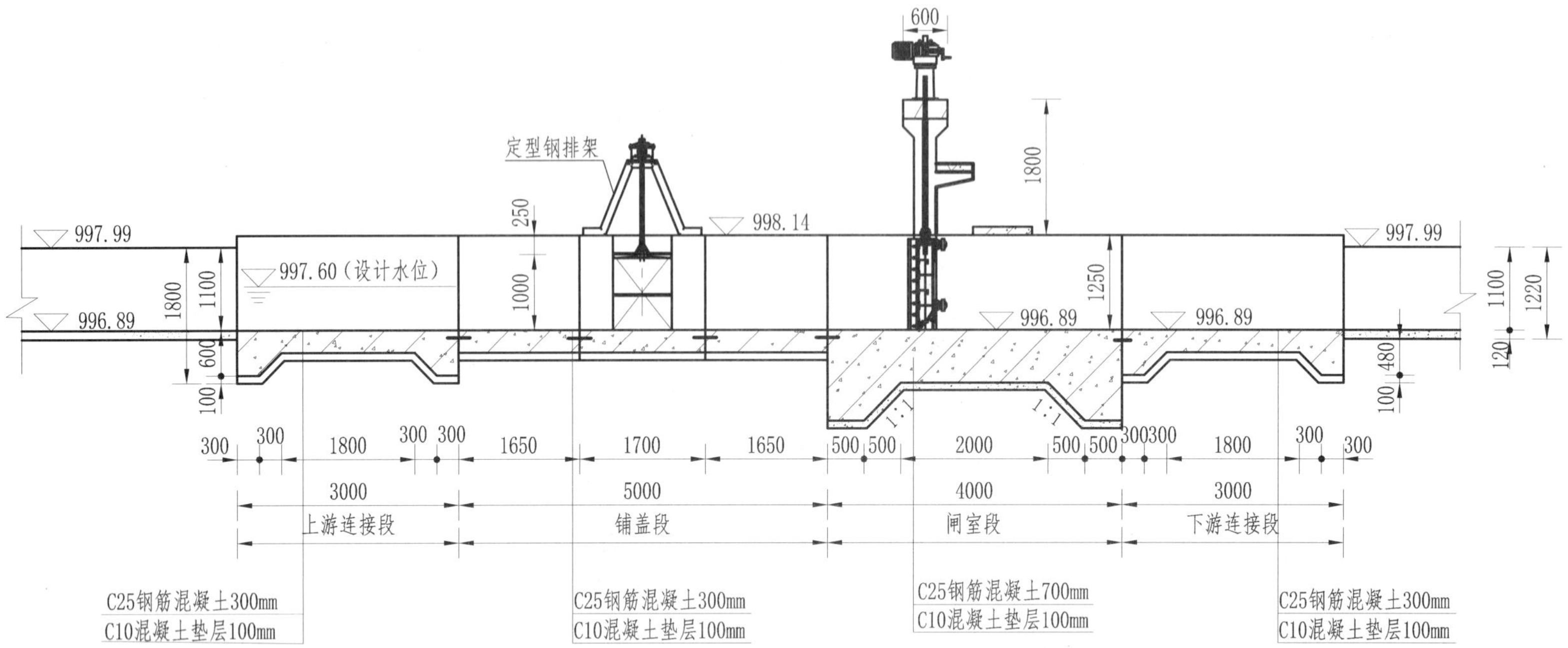

伸缩缝止水大样图 1:10

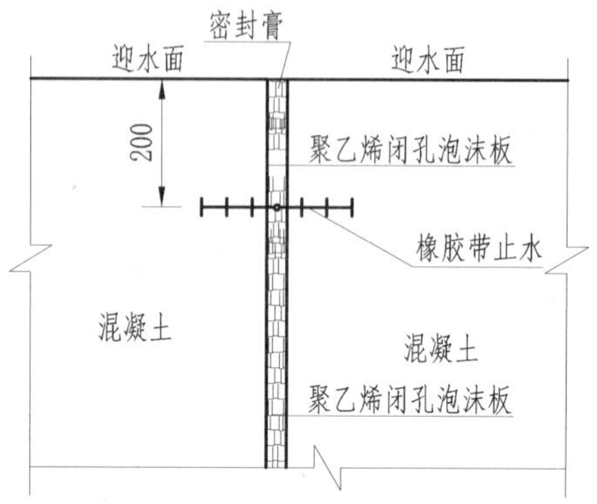

B—B剖面图 1:100

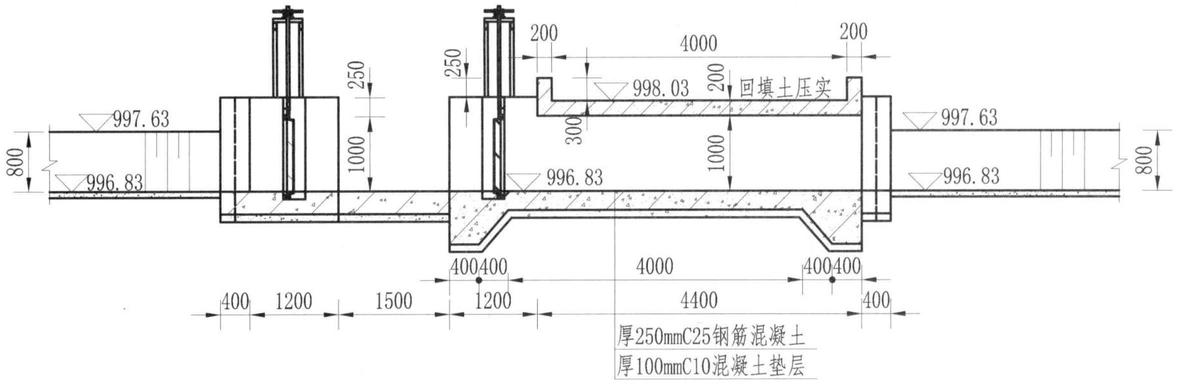

C—C剖面图 1:100

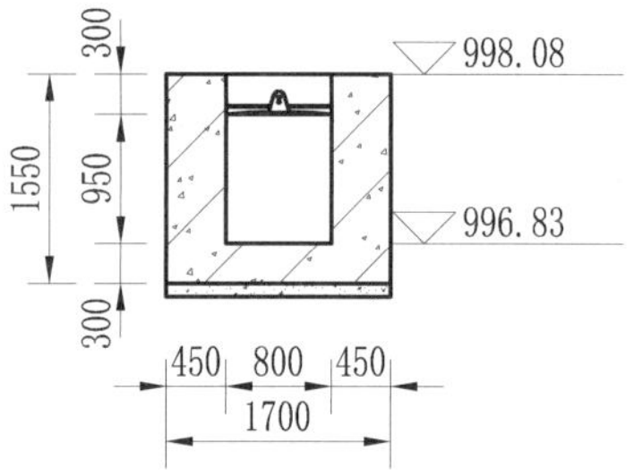

D—D剖面图 1:100

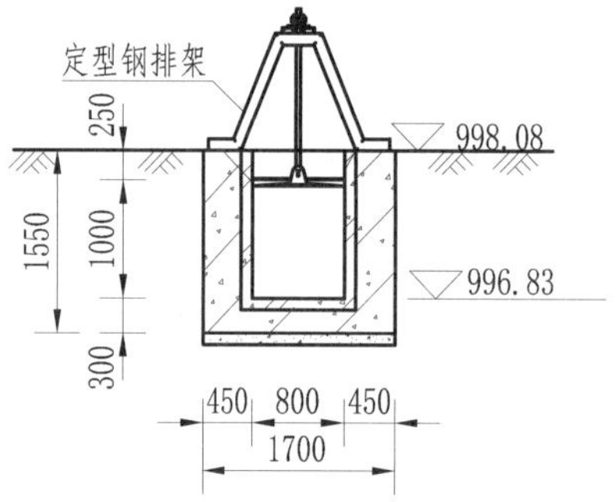

E—E剖面图 1:100

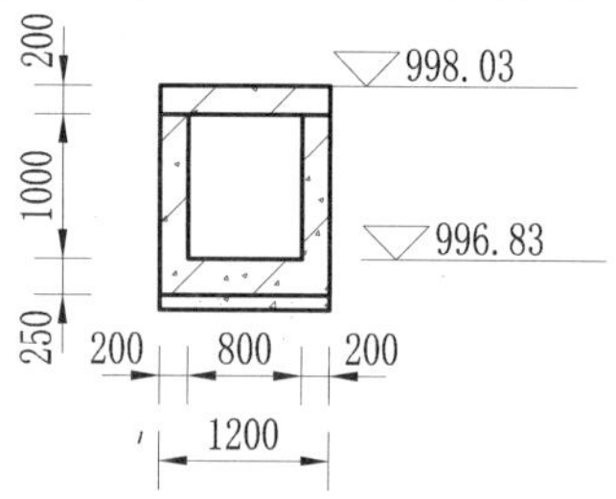

橡胶带止水大样图 1:5

(651)型

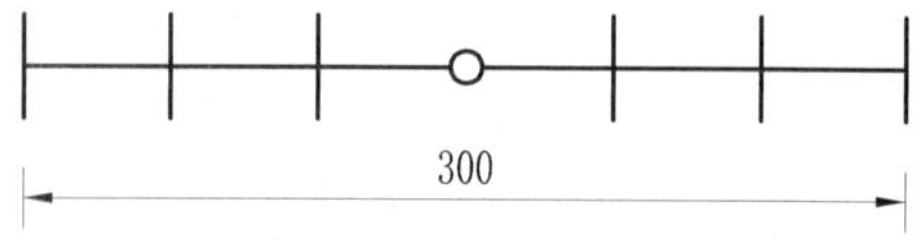

说明:

1. 图中尺寸单位以mm计，高程单位以m计。
2. 混凝土强度等级为C25。

结构类型	单孔开敞结构节制闸+两侧分水闸
图　　名	单孔开敞结构节制闸+两侧分水闸结构图(二)
图　　号	3/19

1—1 1:50

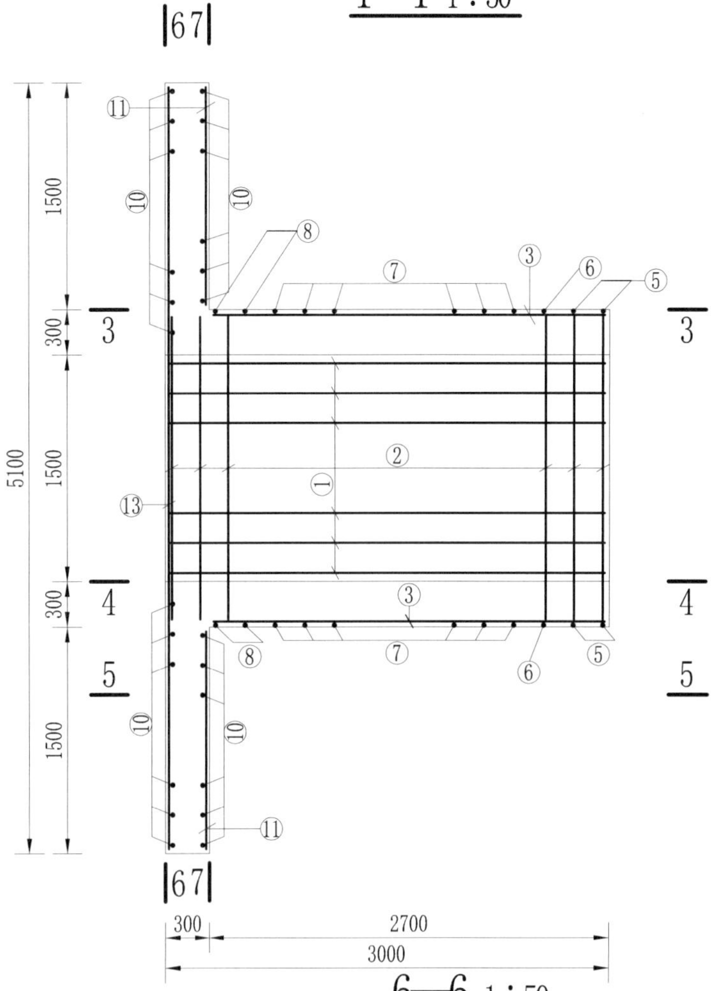

2—2 1:50

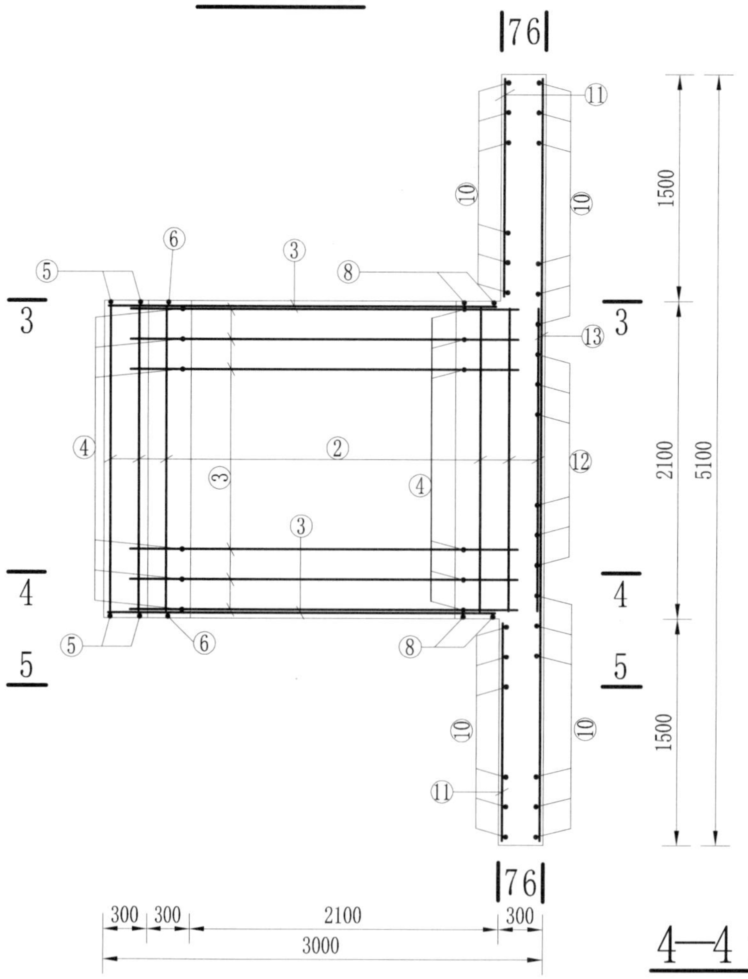

5—5 1:50

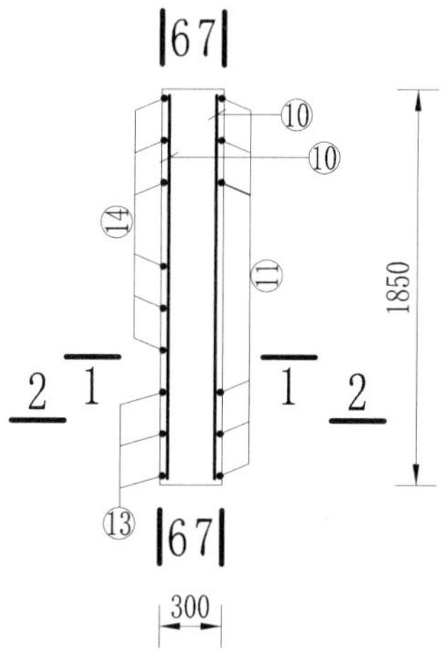

钢筋表

编号	直径(mm)	型式	间距(mm)	单根长(mm)	根数	总长(mm)
①	⌀12	2940	200	2940	22	64.68
②	⌀14	2000	—	2000	16×2	64.00
③	⌀12	2640	200	2640	27	71.28
④	⌀12	509 135° 255 420	200	1184	11×2	26.05
⑤	⌀14	1790	200	1790	2×2	7.16
⑥	⌀14	1632	—	1632	1×2	3.26
⑦	⌀14	1490	200	1490	9×2	26.82
⑧	⌀14	1533~1735	200	1533~1735	2×2	6.54
⑨	⌀14	1190	—	1190	16×2	38.08
⑩	⌀12	1790	200	1790	34	60.86
⑪	⌀14	1440	—	1440	10×2	28.80
⑫	⌀12	540	200	540	8	4.32
⑬	⌀14	5040	—	5040	3	15.12
⑭	⌀14	1740	200	1740	7×2	24.36

材料表

规格	总长度(mm)	单位重(kg/m)	总重(kg)
⌀12	227.19	0.888	201.74
⌀14	214.14	1.210	259.11

6—6 1:50

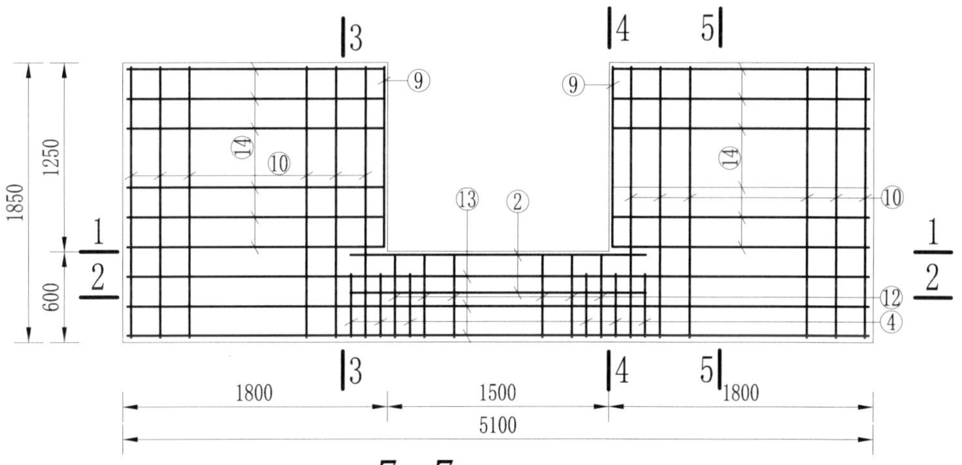

4—4 1:50

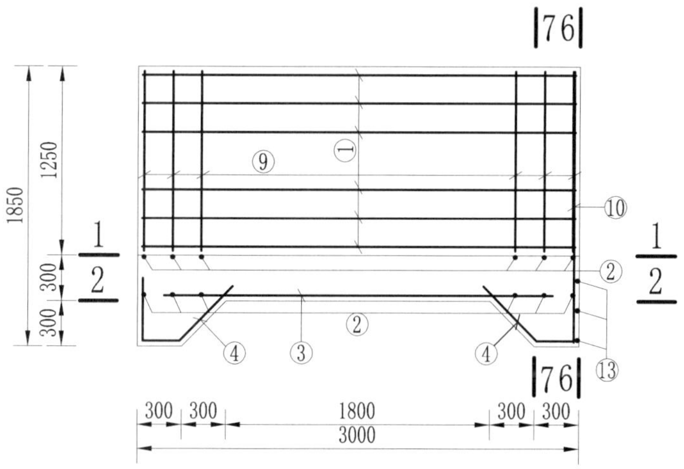

上游连接段轴测图

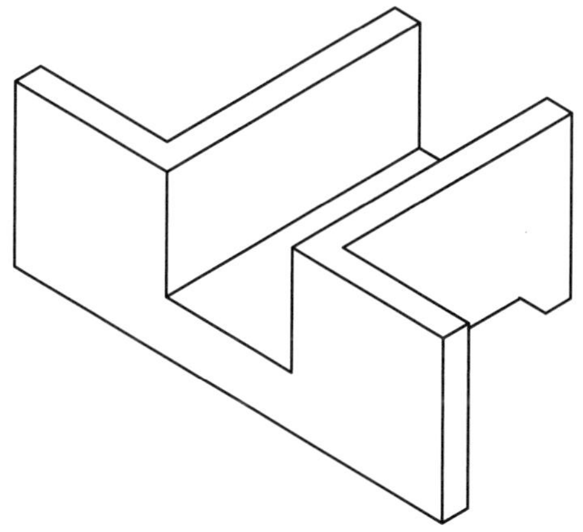

7—7 1:50

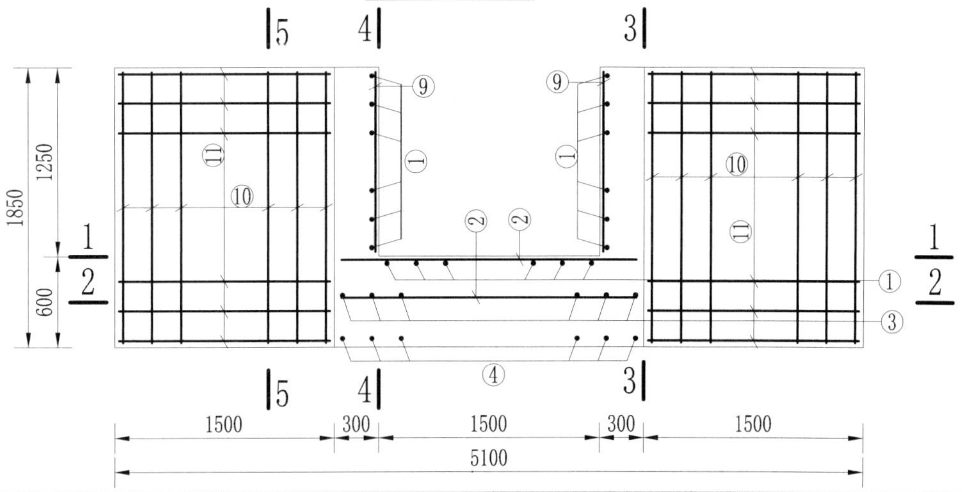

3—3 1:50

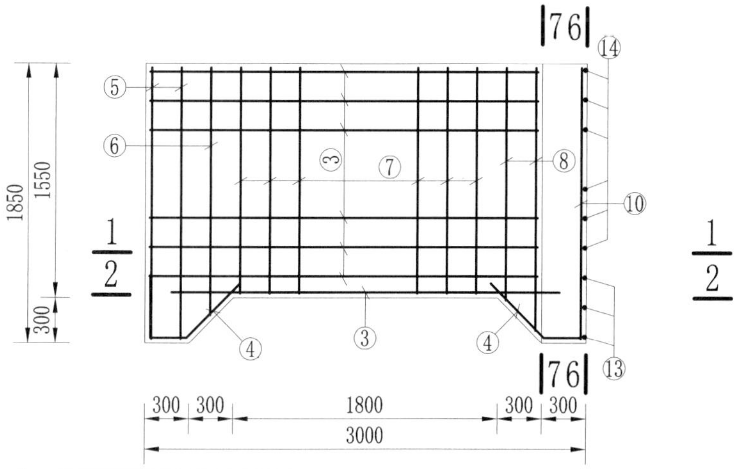

说明：

1. 图中尺寸单位以mm计。
2. 混凝土强度等级为C25。

结构类型	单孔开敞结构节制闸+两侧分水闸
图　名	上游连接段配筋图
图　号	4/19

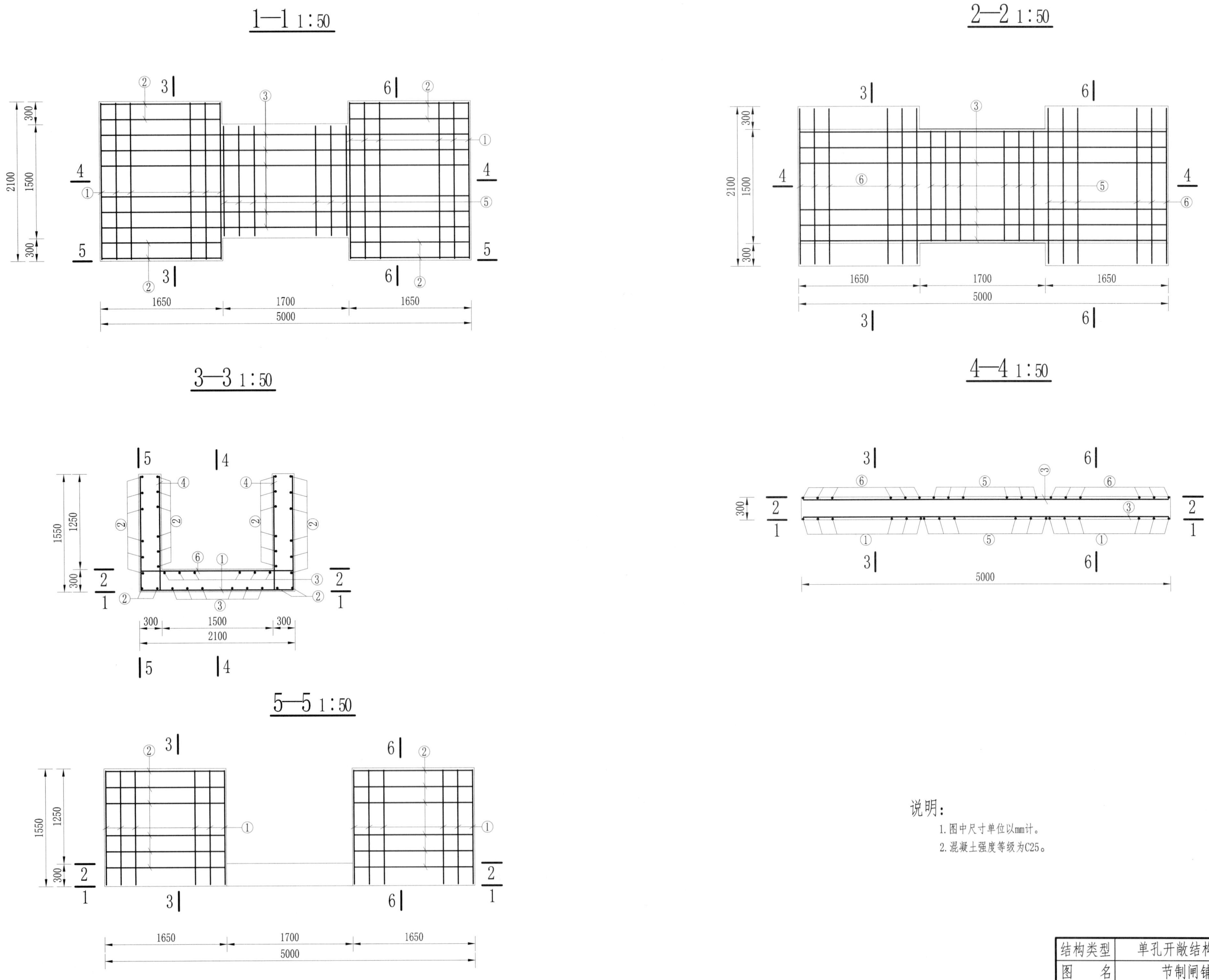

说明:

1. 图中尺寸单位以mm计。
2. 混凝土强度等级为C25。

结构类型	单孔开敞结构节制闸+两侧分水闸
图　　名	节制闸铺盖段配筋图(一)
图　　号	5/19

钢筋表

编号	直径(mm)	型式	间距(mm)	单根长(mm)	根数	总长(mm)
①	⌀14	1490 2040 1490	200	5020	9×2	90.36
②	⌀12	1590	200	1590	64	101.76
③	⌀12	4940	200	4940	15	74.10
④	⌀14	1490	—	1490	9×4	53.64
⑤	⌀14	1440	200	1440	17	24.48
⑥	⌀14	2040	200	2040	9×2	36.72

材料表

规格	总长度(mm)	单位重(kg/m)	总重(kg)
⌀12	175.86	0.888	156.16
⌀14	205.20	1.210	248.29

6—6 1:50

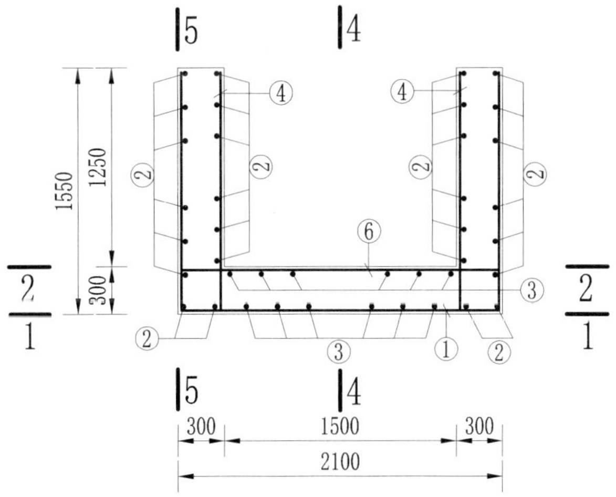

节制闸铺盖段轴测图

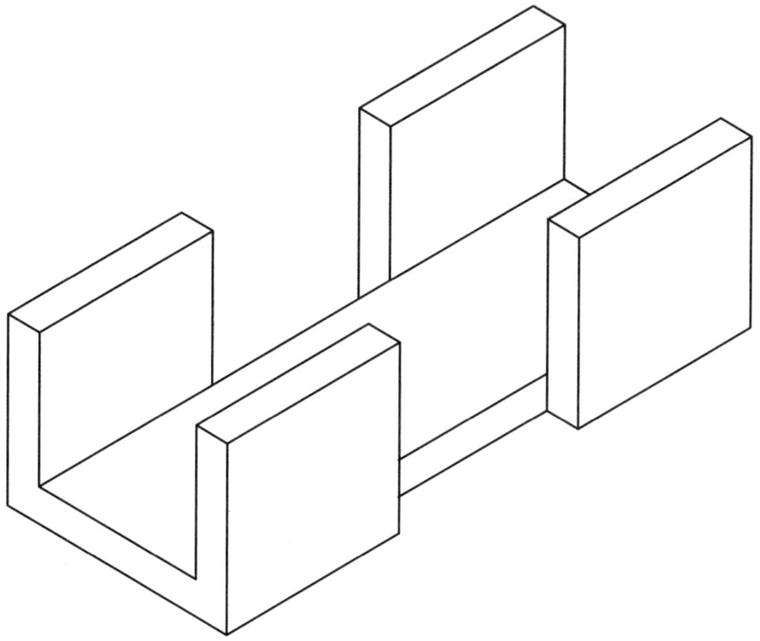

说明：

1. 图中尺寸单位以mm计。
2. 混凝土强度等级为C25。

结构类型	单孔开敞结构节制闸+两侧分水闸
图　名	节制闸铺盖段配筋图(二)
图　号	6/19

1—1 1:50

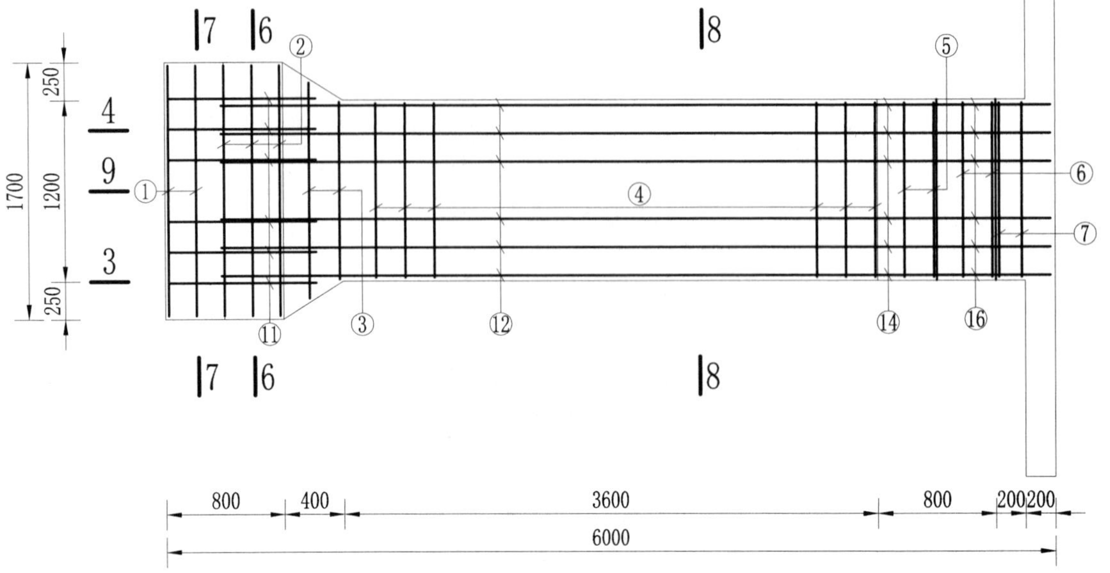

2—2 1:50

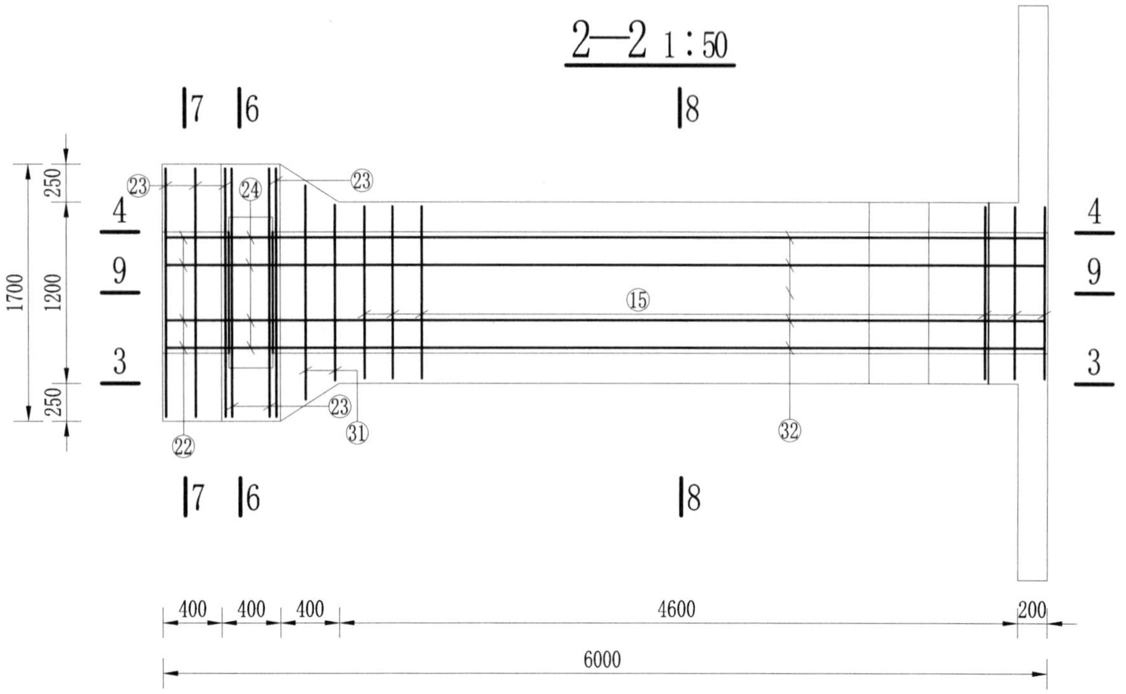

3—3 1:50

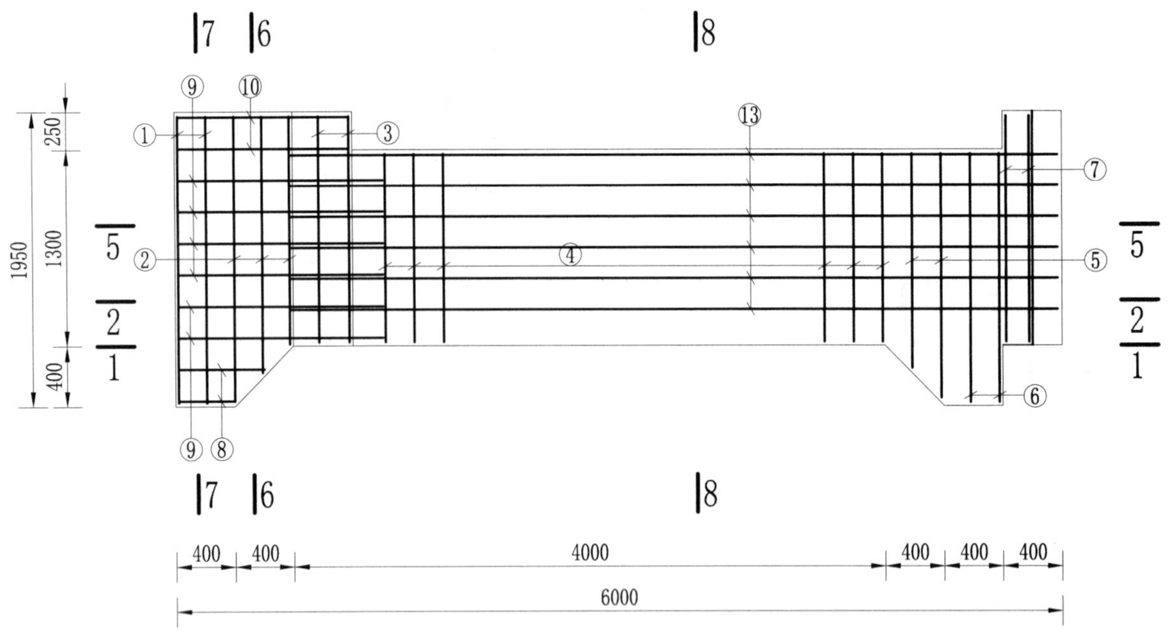

4—4 1:50

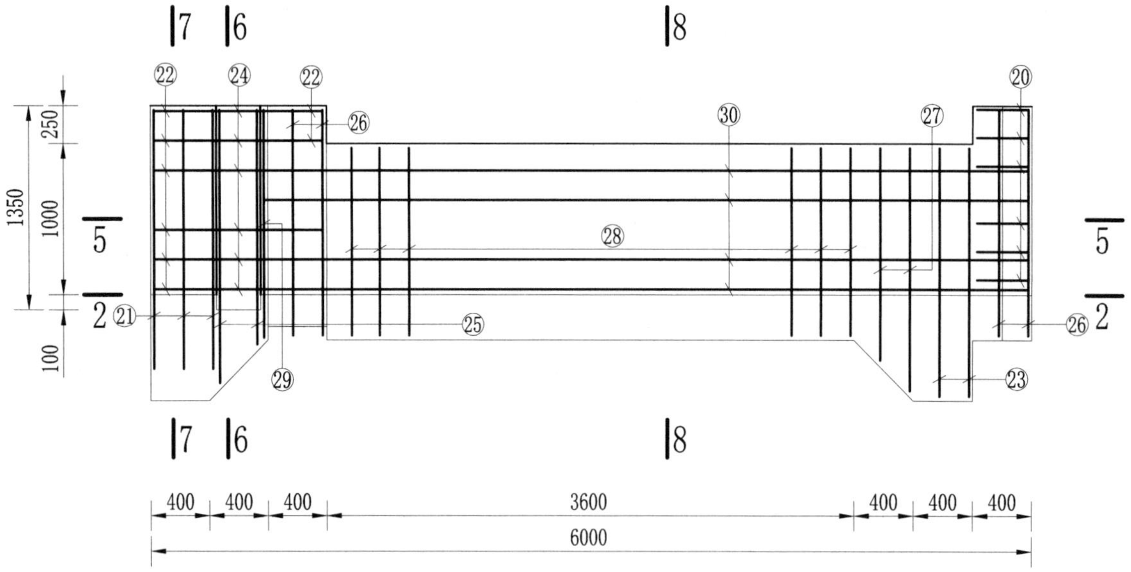

说明：

1. 图中尺寸单位以mm计。
2. 混凝土强度等级为C25。

结构类型	单孔开敞结构节制闸+两侧分水闸
图　　名	大分水闸底板、边墙配筋图(一)
图　　号	7/19

5—5 1:50

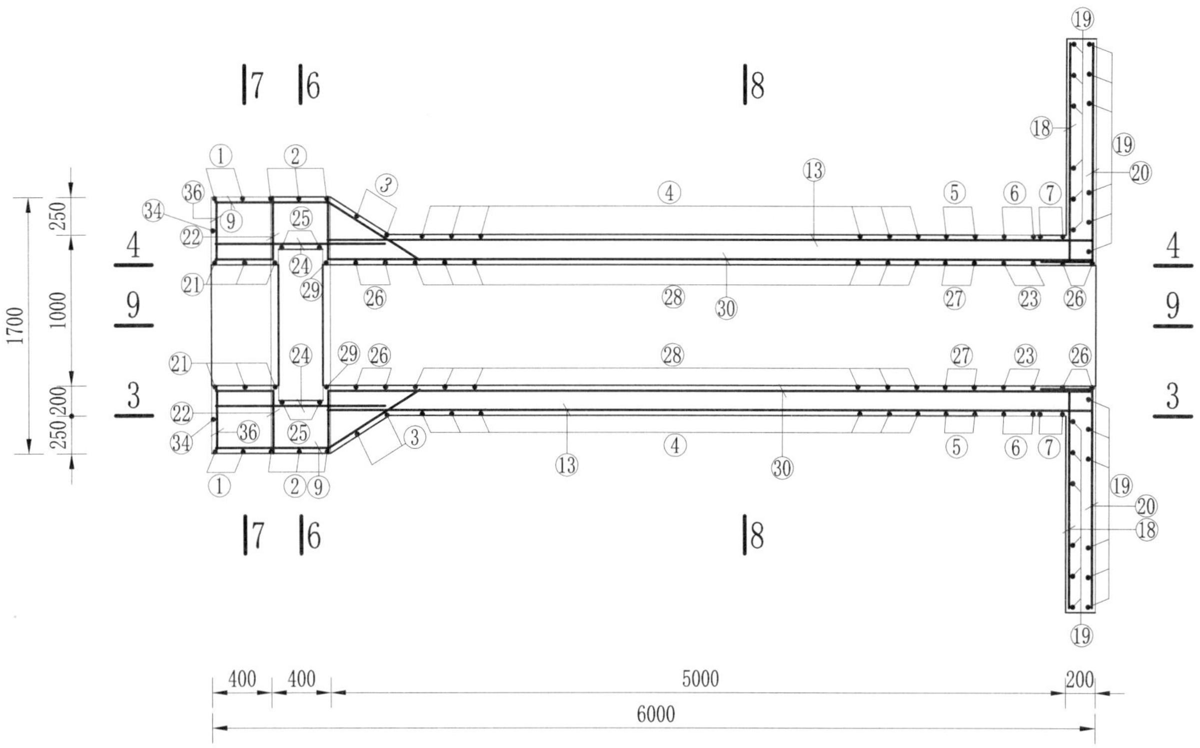

6—6 1:50

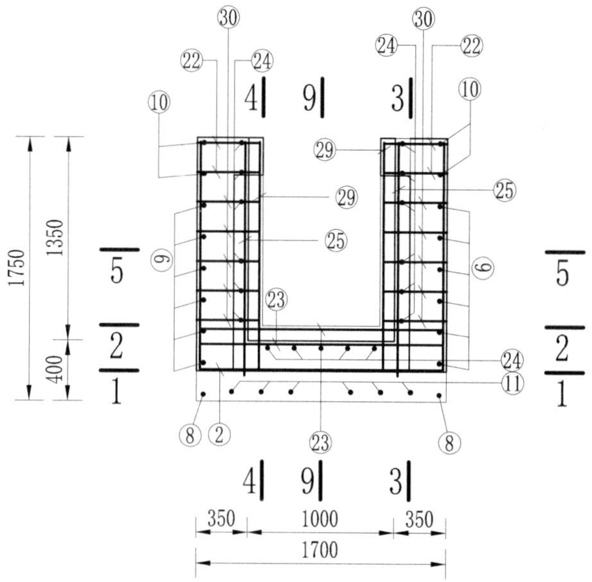

7—7 1:50

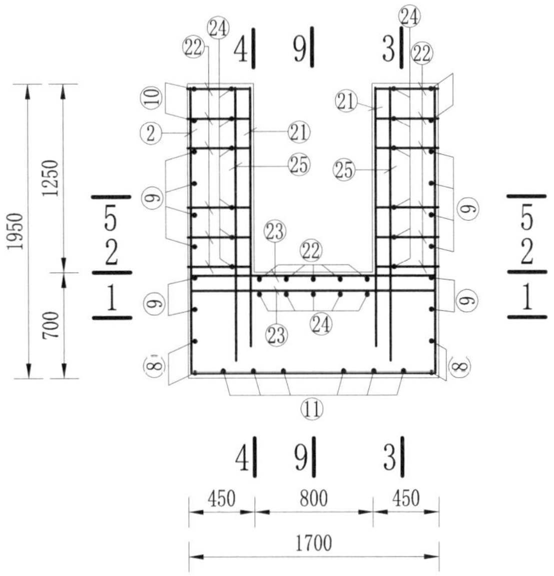

8—8 1:50

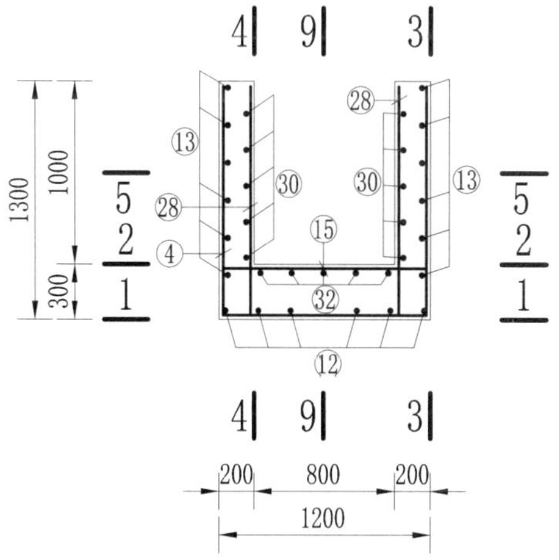

9—9 1:50

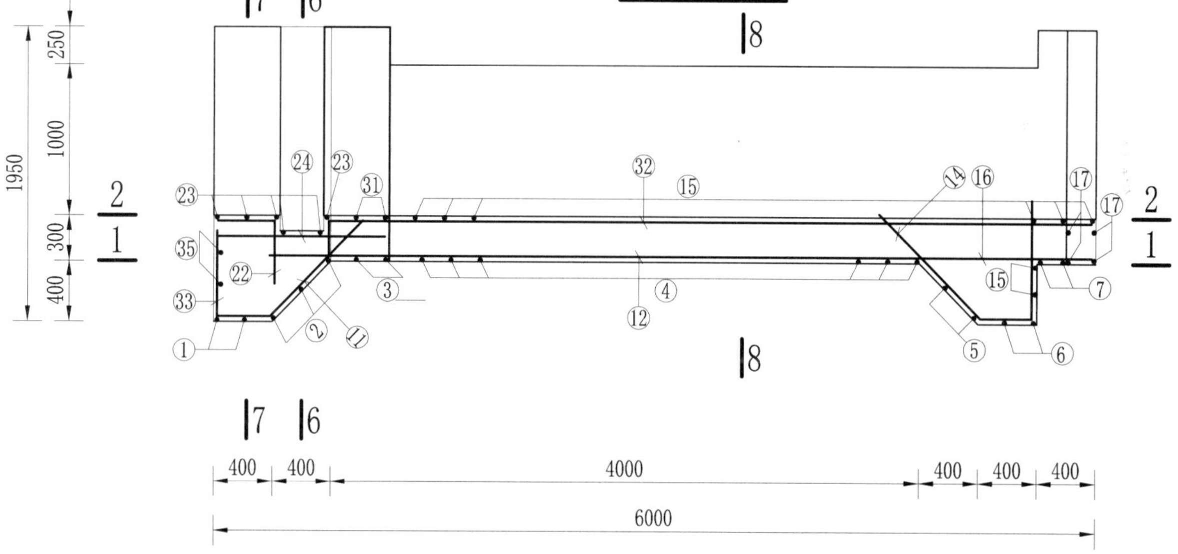

说明：

1.图中尺寸单位以mm计。

2.混凝土强度等级为C25。

结构类型	单孔开敞结构节制闸+两侧分水闸
图　名	大分水闸底板、边墙配筋图(二)
图　号	8/19

钢筋表

编号	直径(mm)	型式	间距(mm)	单根长(mm)	根数	总长(mm)
①	ф14	1890 1640 1890	200	5420	2	10.84
②	ф14	1503~1880 1640 1503~1880	200	5400~4646	3	15.07
③	ф14	1490 1161~1413 1490	200	4393~4141	2	8.53
④	ф14	1240 1140 1240	200	3620	18	65.16
⑤	ф14	1414~1612 1140 1414~1612	200	4364~3968	2	8.33
⑥	ф14	1640 1140 1640	200	4420	2	8.84
⑦	ф14	1490 1140 1490	200	4120	2	8.24
⑧	ф12	1640 364~572 1640	200	572~364	2×2	1.87
⑨	ф12	725 148° 760	200	1485	12	17.82
⑩	ф12	448 148° 760	200	1208	2×2	4.83
⑪	ф12	448 148° 897	200	1252	7	8.76
⑫	ф12	4840	200	4840	7	33.88
⑬	ф12	5190	200	5190	6×2	62.28
⑭	ф12	971 135° 355 790	200	2116	7	14.81
⑮	ф14	1140	200	1140	26	29.64
⑯	ф12	790	200	790	7	5.53
⑰	ф14	3740	200	3740	2×2	14.96
⑱	ф14	1440	200	1440	7×2	20.16
⑲	ф12	1490	200	1490	30	44.70
⑳	ф14	340 1440	—	1780	7×2	24.92
㉑	ф14	1710	200	1710	3×2	10.26
㉒	ф12	390 420	200	810	23	18.63
㉓	ф14	1640	—	1640	10	16.40
㉔	ф12	1140	200	1140	19	21.66
㉕	ф14	1805~1551	—	1805~1551	2×2	6.71
㉖	ф14	1490	200	1490	2×4	11.92
㉗	ф14	1604~1404	200	1604~1404	2×2	6.02
㉘	ф14	1240	200	1240	18×2	44.64
㉙	ф14	1505	—	1505	1×2	3.01
㉚	ф12	420 5190	—	5610	5×2	56.10
㉛	ф14	1163~1413	200	1413~1163	2	2.58
㉜	ф12	242 6190	200	5432	5	27.16
㉝	ф14	570	200	570	3	1.71
㉞	ф14	1890	200	1890	1×2	3.78
㉟	ф12	1640	200	1640	2	3.28
㊱	ф12	390	—	390	6×2	4.68

材料表

规格	总长度(mm)	单位重(kg/m)	总重(kg)
ф12	326.00	0.888	289.49
ф14	321.72	1.210	389.28

大分水闸底板、边墙轴测图

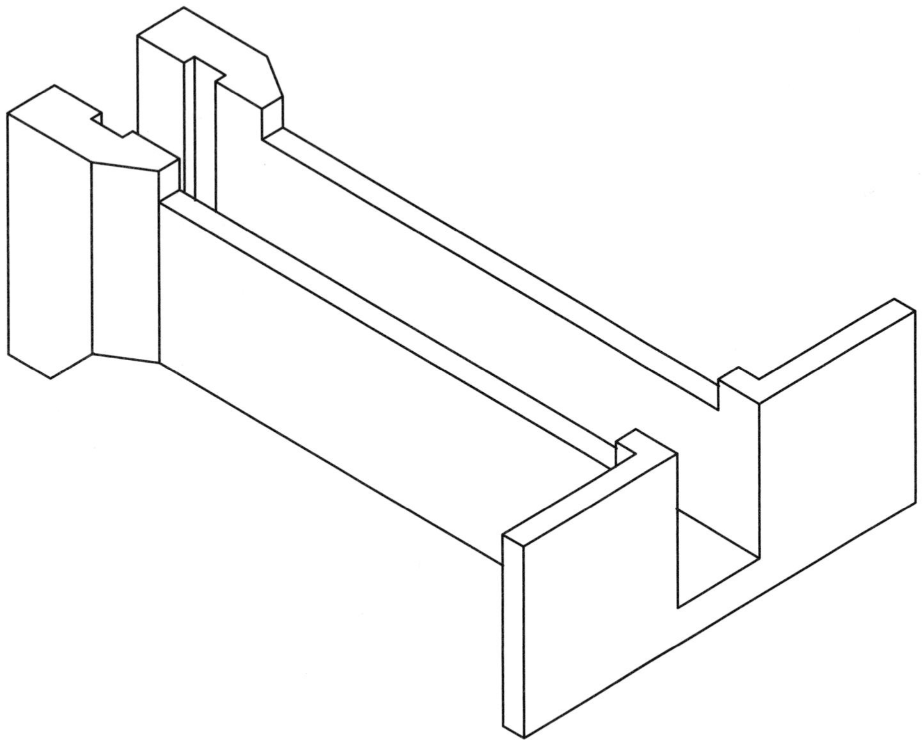

说明:

1. 图中尺寸单位以mm计。
2. 混凝土强度等级为C25。

结构类型	单孔开敞结构节制闸+两侧分水闸
图　　名	大分水闸底板、边墙配筋图(三)
图　　号	9/19

1—1 1∶25

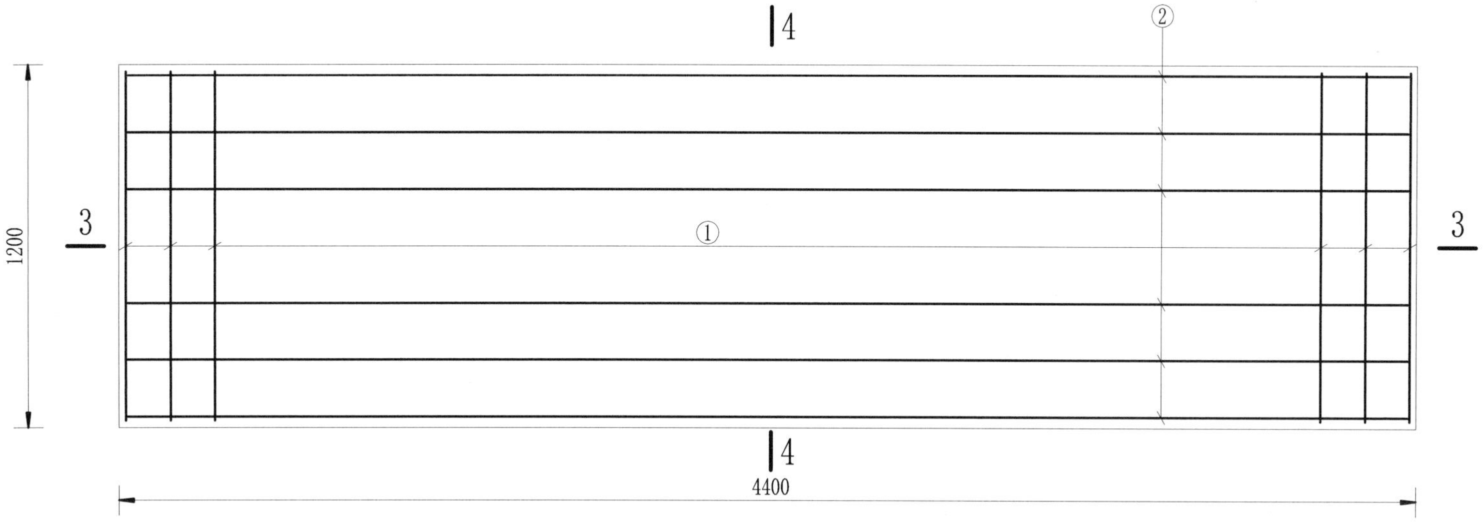

2—2 1∶25

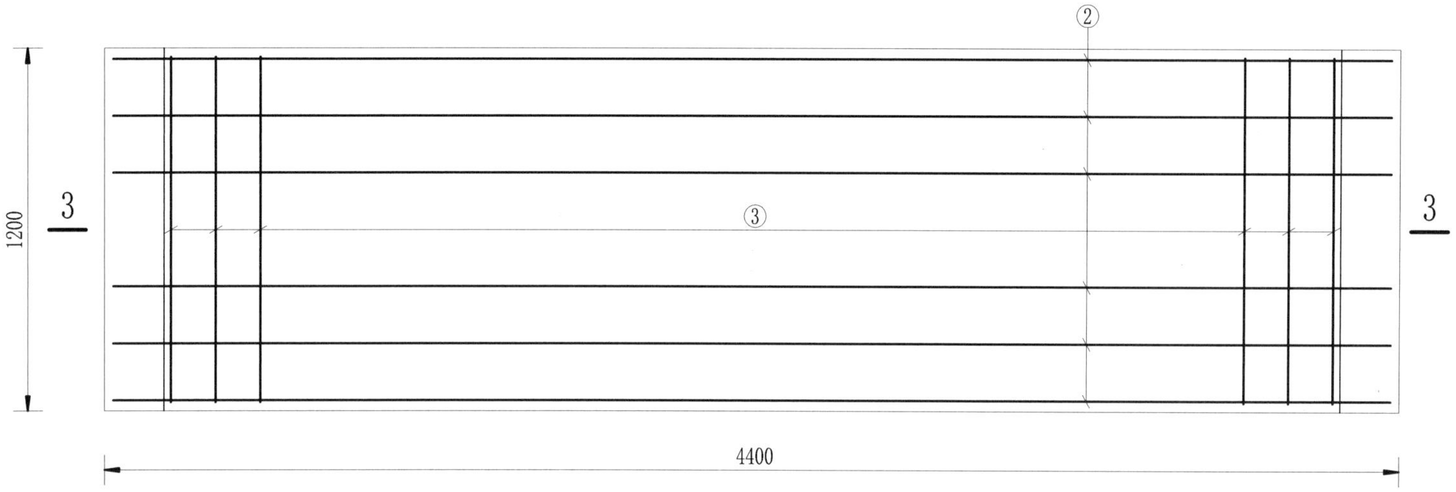

3—3 1∶25

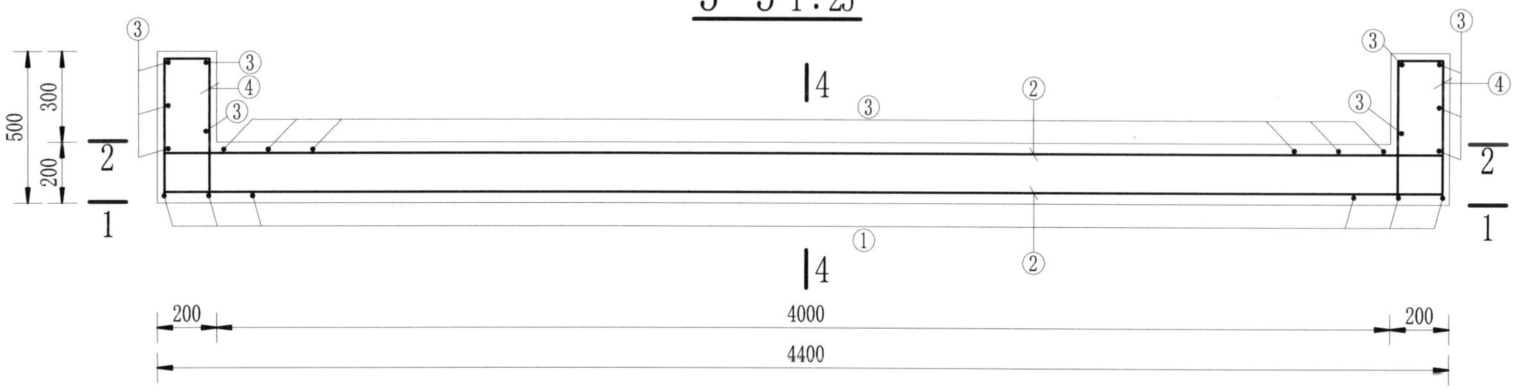

4—4 1∶25

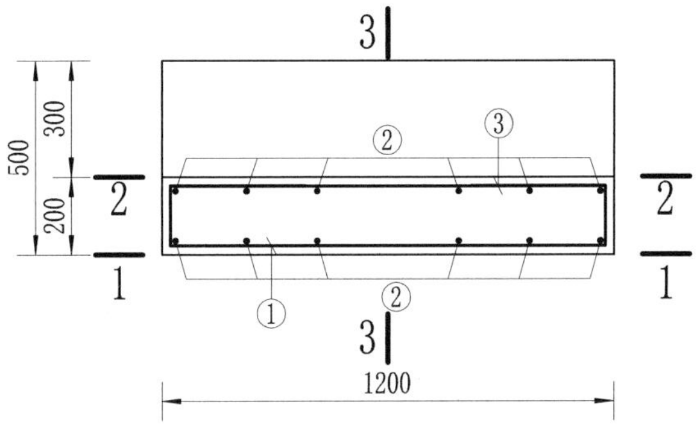

钢筋表

编号	直径(mm)	型式	间距(mm)	单根长(mm)	根数	总长(mm)
①	⌀14	140 350 1140 350 140	150	2120	30	63.60
②	⌀12	4340	200	4340	7×2	60.76
③	⌀12	1140	150	1140	37	42.18
④	⌀12	440 140 440	—	1020	7×2	14.28

材料表

规格	总长度(mm)	单位重(kg/m)	总重(kg)
⌀12	117.22	0.888	104.09
⌀14	63.60	1.210	76.96

大分水闸交通桥轴测图

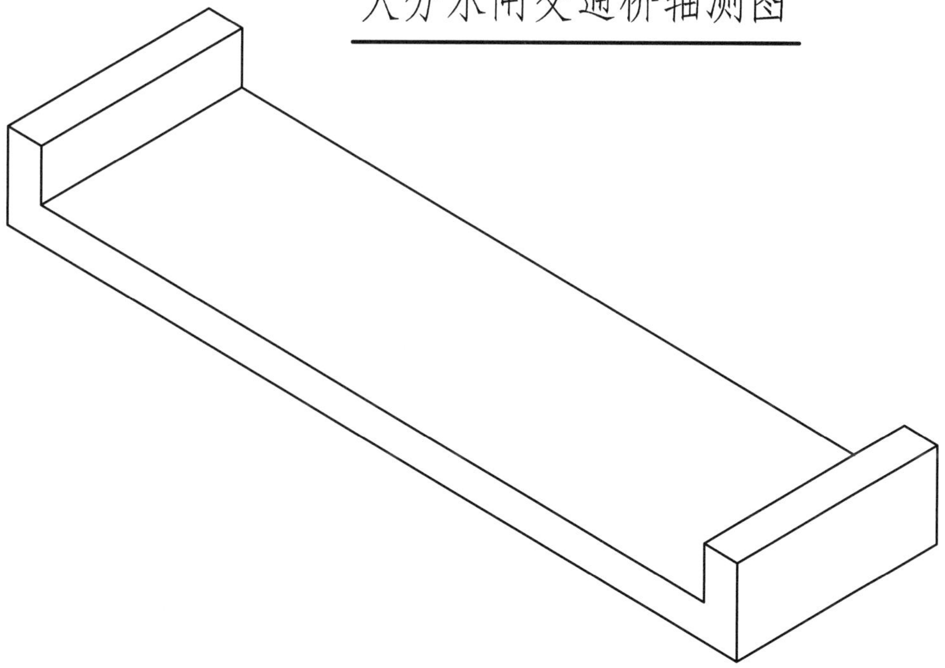

说明：

1. 图中尺寸单位以mm计。
2. 混凝土强度等级为C25。

结构类型	单孔开敞结构节制闸+两侧分水闸
图　　名	大分水闸交通桥配筋图
图　　号	10/19

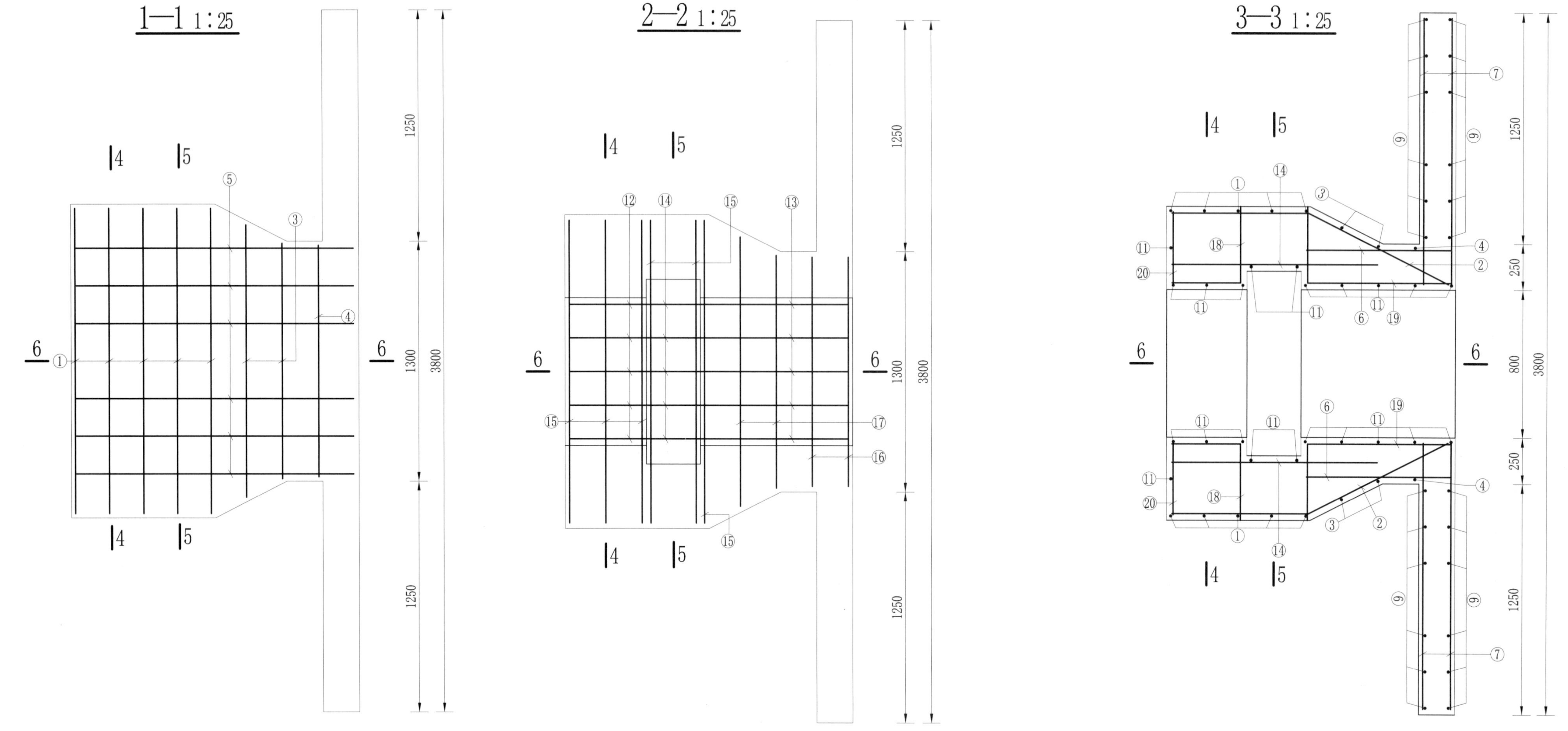

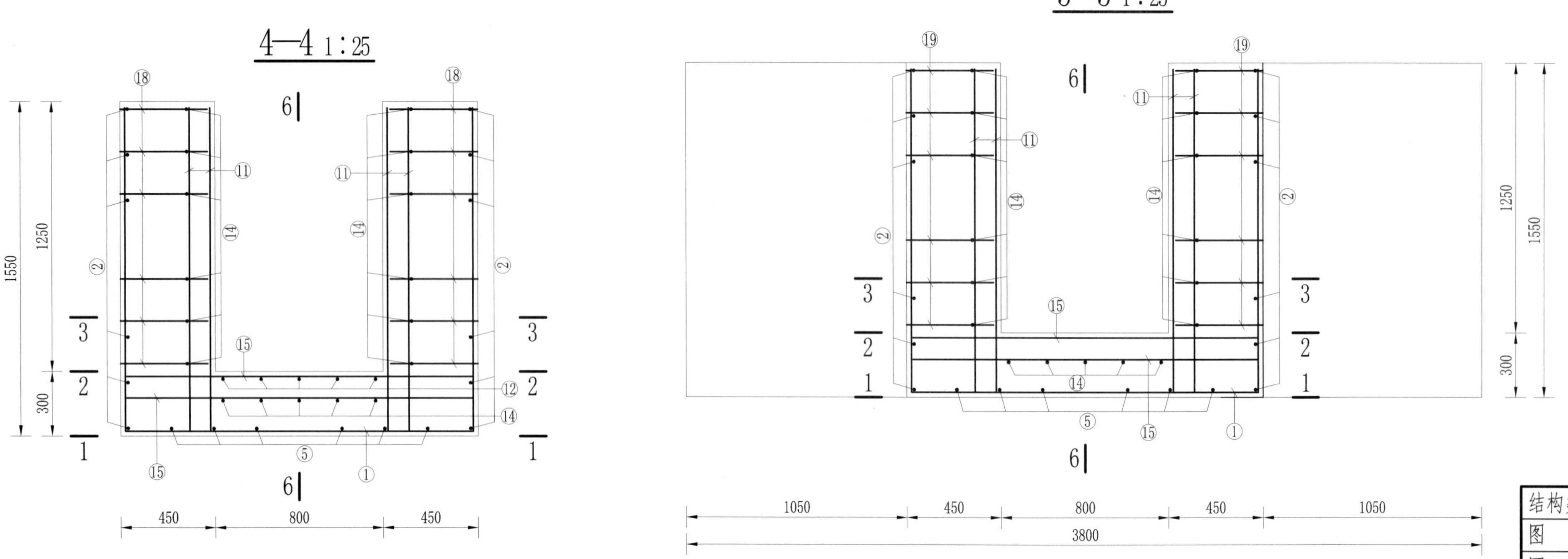

说明:

1. 图中尺寸单位以mm计。
2. 混凝土强度等级为C25。

结构类型	单孔开敞结构节制闸+两侧分水闸
图　　名	小分水闸配筋图(一)
图　　号	11/19

6—6 1∶25

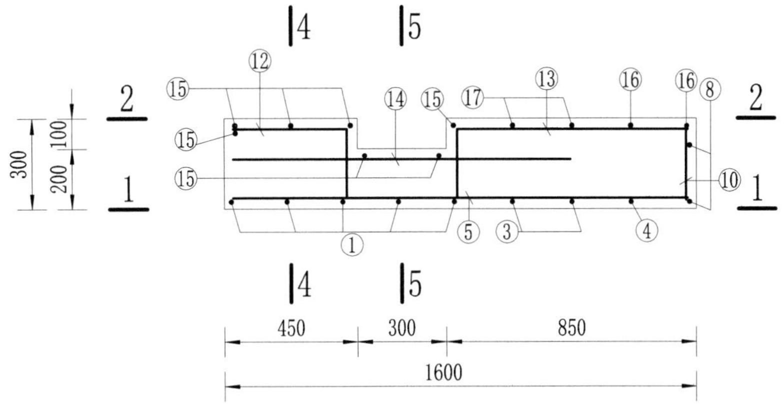

小分水闸轴测图

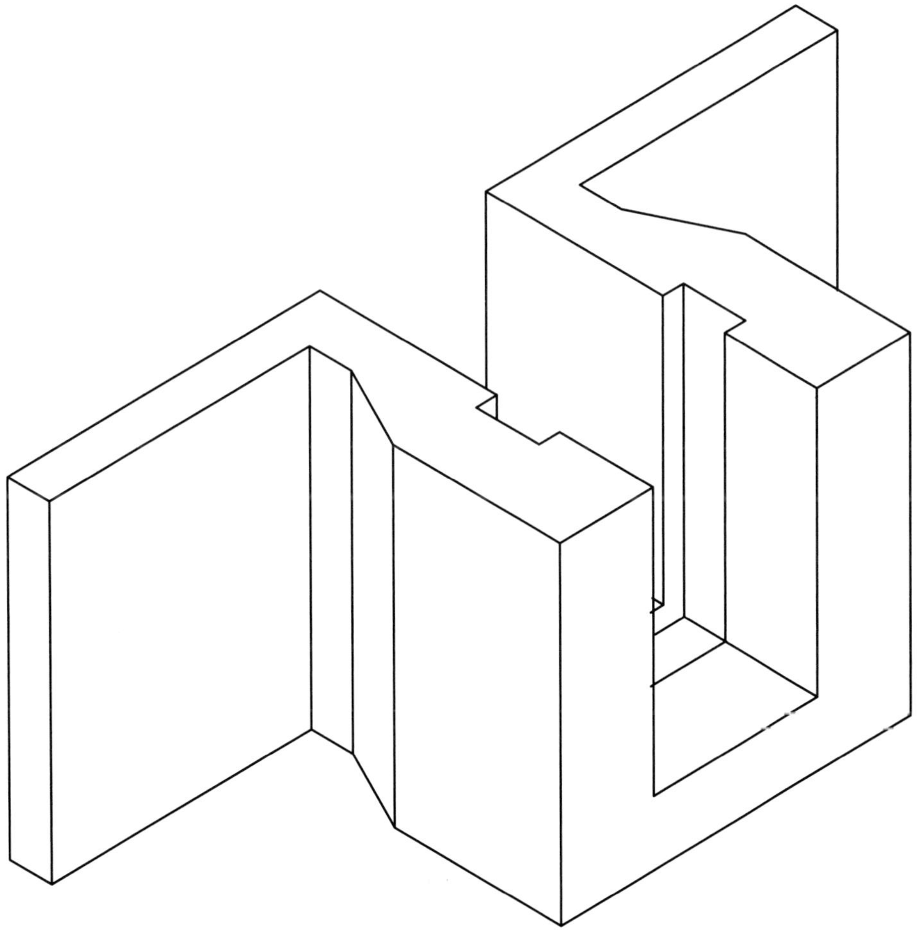

钢筋表

编号	直径(mm)	型式	间距(mm)	单根长(mm)	根数	总长(mm)
①	ф14	1490 1640 1490	200	4620	5	23.10
②	ф12	762 153.4° 859	200	1621	8×2	25.94
③	ф14	1490 1260~1661 1490	200	4240~4441	2	8.68
④	ф14	1490 1240 1490	—	4220	1	4.22
⑤	ф12	1540	200	1540	7	10.78
⑥	ф12	790	200	790	7×2	11.06
⑦	ф14	1440	—	1440	32	46.08
⑧	ф14	3740	200	3740	2	7.48
⑨	ф12	1490	200	1490	7×4	41.72
⑩	ф12	240	—	240	5	1.20
⑪	ф14	1490	200	1490	22	32.78
⑫	ф12	390 180 240	200	810	5	4.05
⑬	ф12	240 180 790	200	1210	5	6.05
⑭	ф12	1140	200	1140	19	21.66
⑮	ф12	1640	200	1640	7	11.48
⑯	ф12	1240	200	1240	1×2	2.48
⑰	ф12	1258~1458	200	1458~1258	2	2.72
⑱	ф12	390 420	200	810	7×2	11.34
⑲	ф12	420 790	200	1210	7×2	16.94
⑳	ф12	390	—	390	6×2	4.68

材料表

规格	总长度(mm)	单位重(kg/m)	总重(kg)
ф12	172.09	0.888	152.82
ф14	122.34	1.210	148.03

说明：

1. 图中尺寸单位以mm计。
2. 混凝土强度等级为C25。

结构类型	单孔开敞结构节制闸+两侧分水闸
图　名	小分水闸配筋图(二)
图　号	12/19

1—1 1:50

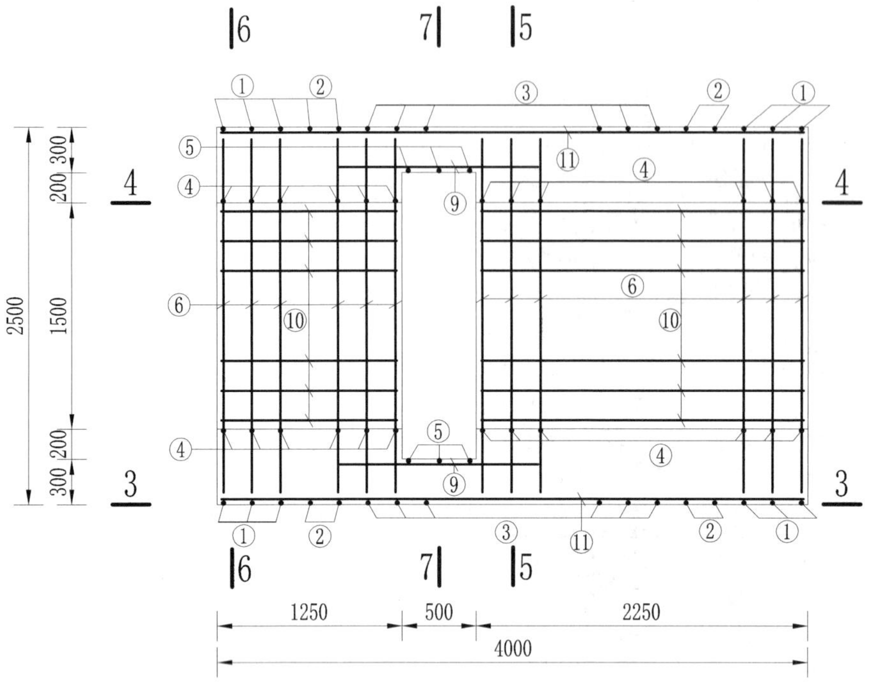

2—2 1:50

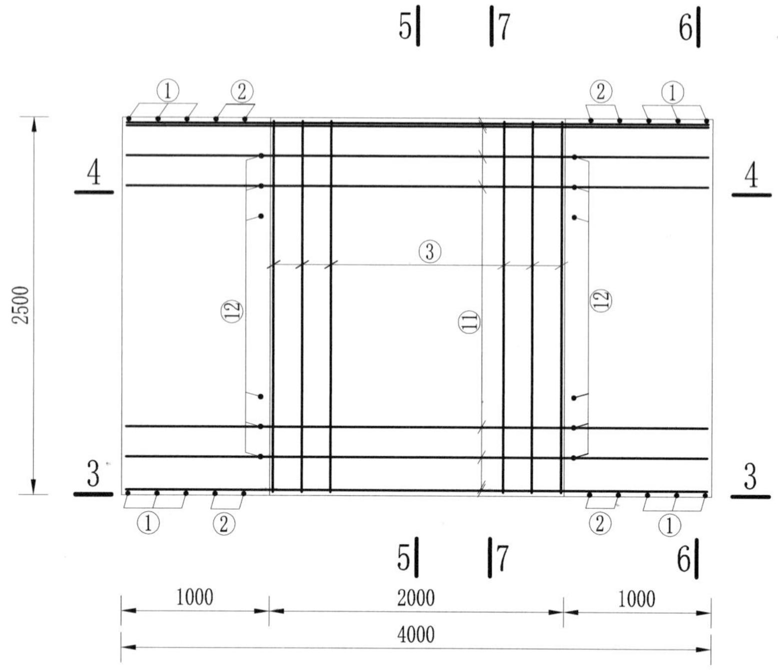

3—3 1:50

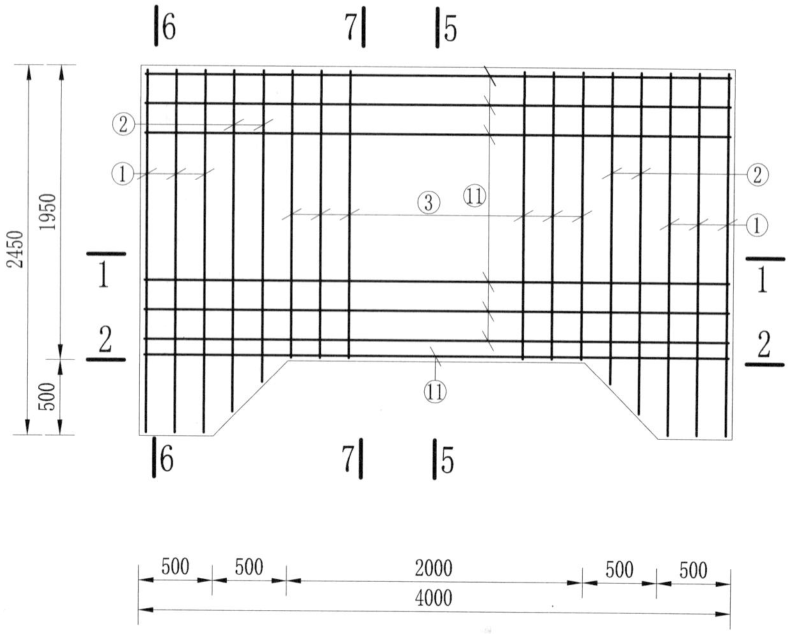

4—4 1:50

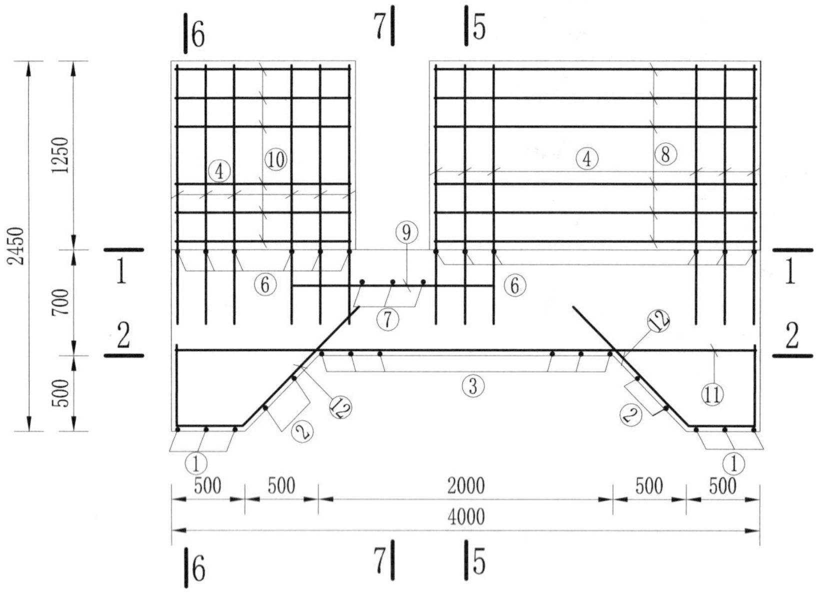

5—5 1:50

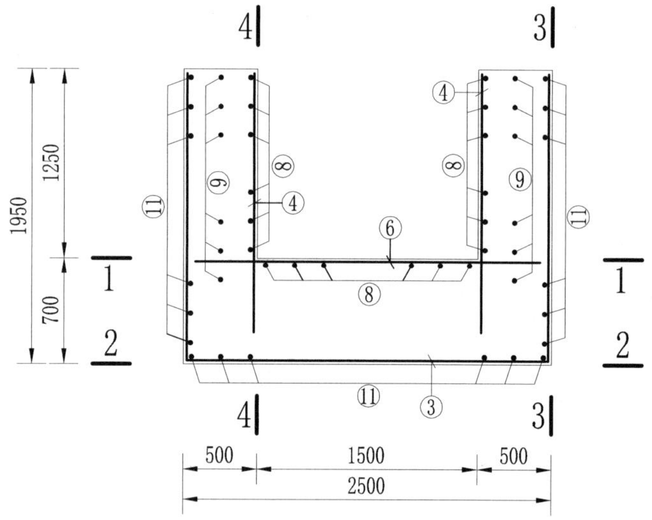

6—6 1:50

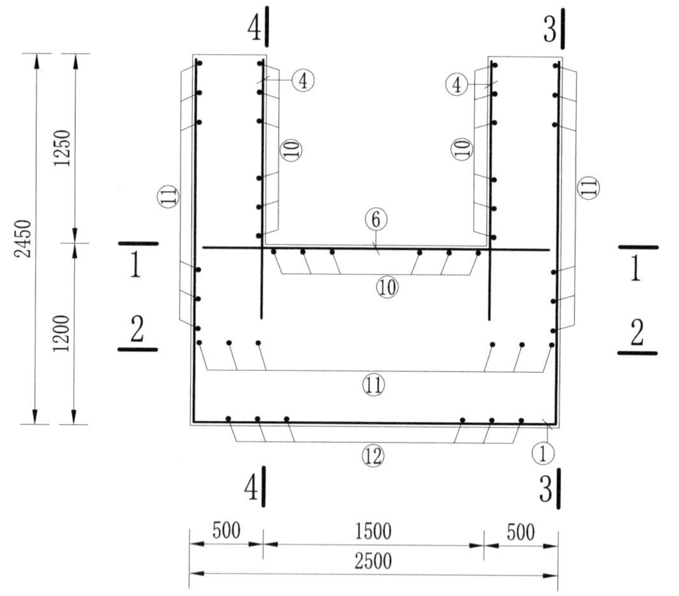

7—7 1:50

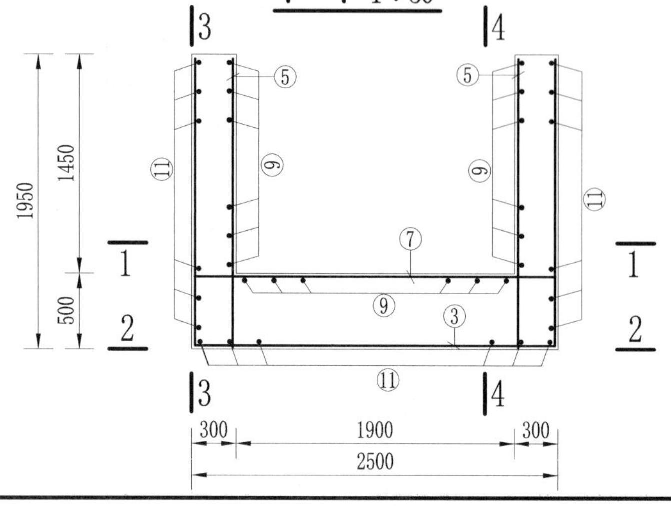

说明：

1.图中尺寸单位以mm计。

2.混凝土强度等级为C25。

结构类型	单孔开敞结构节制闸+两侧分水闸
图　名	节制闸闸室配筋图(一)
图　号	13/19

钢筋表

编号	直径(mm)	型式	间距(mm)	单根长(mm)	根数	总长(mm)
①	ф14	2390 2440 2390	200	7220	3×2	43.32
②	ф14	2250～2055 2440 2250～2055	200	6940～6550	2×2	26.98
③	ф14	1890 2440 1890	200	6220	11	68.42
④	ф14	1710	200	1710	38	64.98
⑤	ф14	1910	200	1910	3×2	11.46
⑥	ф14	2340	200	2340	19	44.46
⑦	ф14	2460	200	2460	3	7.38
⑧	ф12	420 2190	200	2610	22	57.42
⑨	ф12	1340	200	1340	26	34.84
⑩	ф12	420 1190	200	1610	22	35.42
⑪	ф12	3940	200	3940	46	181.24
⑫	ф12	1112 135° 455 1890	200	2107	11×2	46.35

材料表

规格	总长度(mm)	单位重(kg/m)	总重(kg)
ф12	355.27	0.888	315.48
ф14	267.00	1.210	323.07

节制闸闸室轴测图

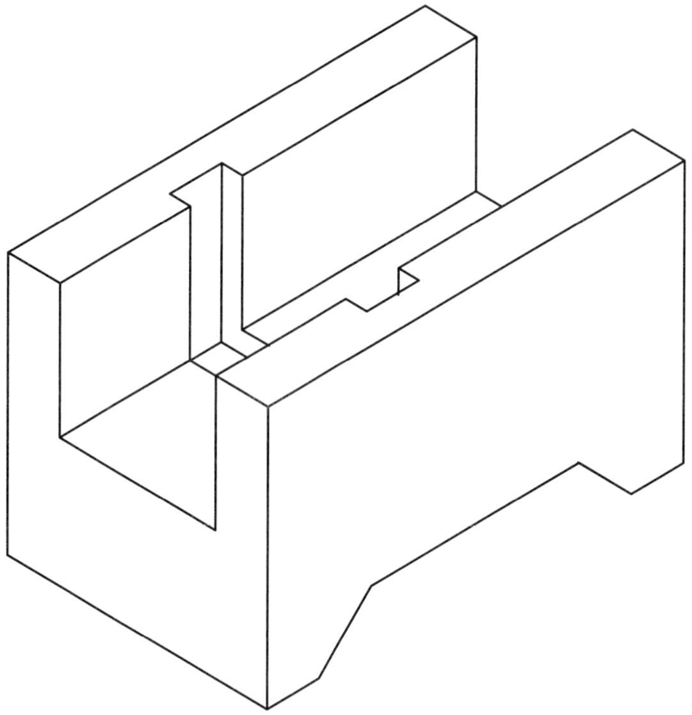

说明：

1. 图中尺寸单位以mm计。
2. 混凝土强度等级为C25。

结构类型	单孔开敞结构节制闸+两侧分水闸
图　名	节制闸闸室配筋图(二)
图　号	14/19

1—1 1∶25

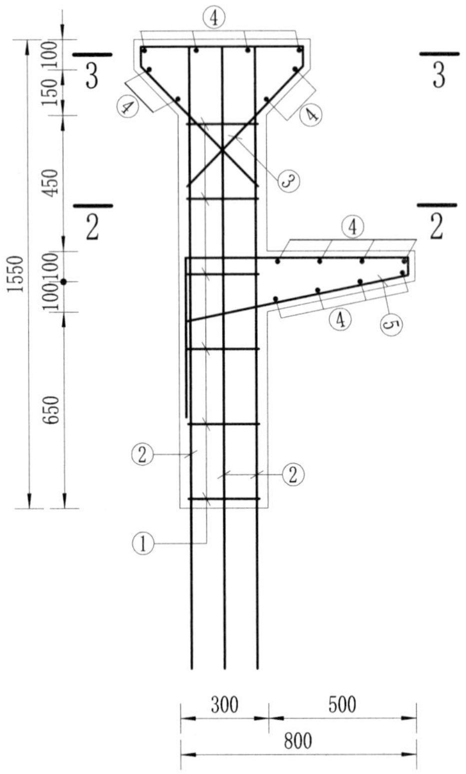

2—2 1∶25

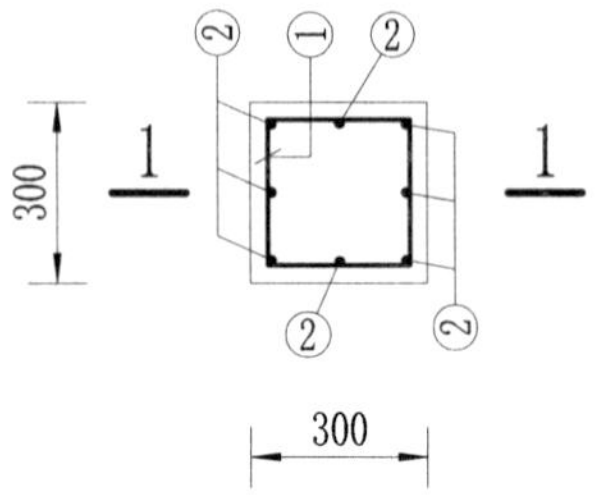

3—3 1∶25

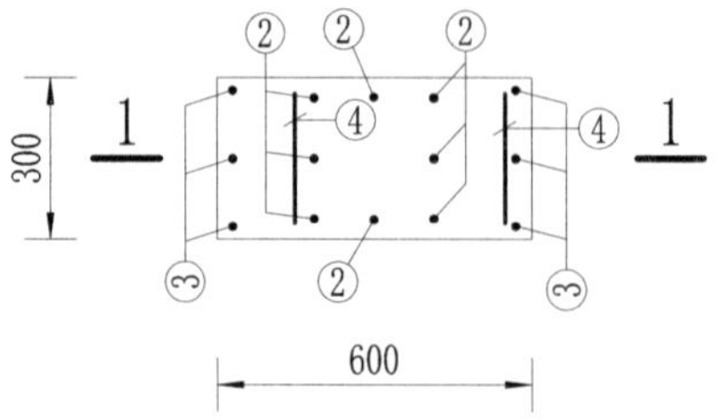

排架柱轴测图

钢筋表

编号	直径(mm)	型式	间距(mm)	单根长(mm)	根数	总长(mm)
①	Φ12	228 228 228 228	200	912	6×2	10.94
②	Φ16	2050	—	2050	16	32.80
③	Φ12	60 540 135° 135° 60 560 560	126	1780	3×2	10.68
④	Φ12	240	—	240	32	7.68
⑤	Φ14	520 740 101° 44 755	—	2059	3×2	12.35

材料表

规格	总长度(mm)	单位重(kg/m)	总重(kg)
Φ12	29.30	0.888	26.02
Φ14	12.35	1.210	14.95
Φ16	32.80	1.580	51.82

说明：

1. 图中尺寸单位以mm计。
2. 混凝土强度等级为C25。

结构类型	单孔开敞结构节制闸+两侧分水闸
图　　名	排架柱配筋图
图　　号	15/19

1—1 1:25

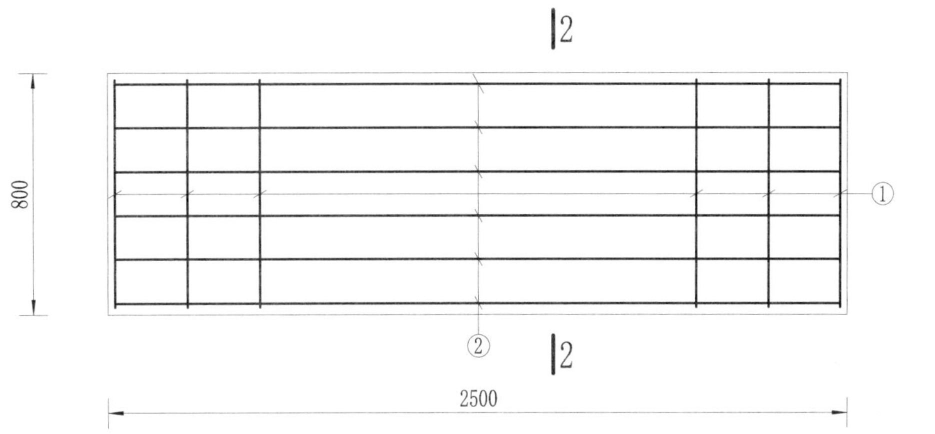

2—2 1:25

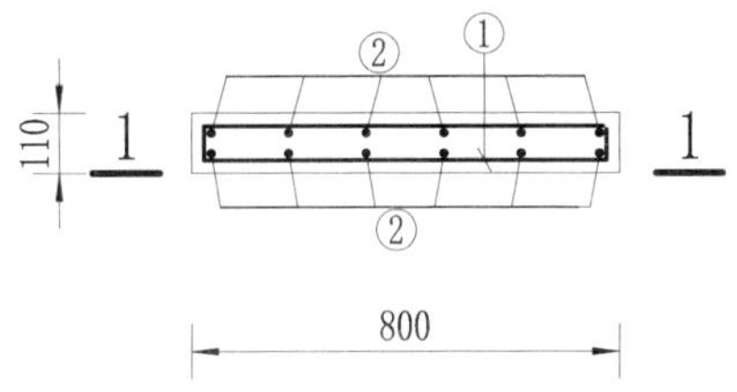

人行板轴测图

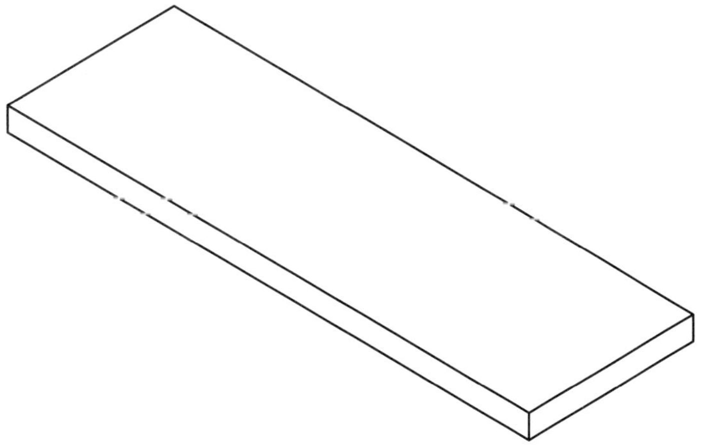

钢筋表

编号	直径(mm)	型式	间距(mm)	单根长(mm)	根数	总长(mm)
①	ф12	50 740 740 50	250	1580	11	17.38
②	ф14	2440	150	2440	6×2	29.28

材料表

规格	总长度(mm)	单位重(kg/m)	总重(kg)
ф12	17.38	0.888	15.43
ф14	29.28	1.210	35.43

说明：

1. 图中尺寸单位以mm计。
2. 混凝土强度等级为C25。

结构类型	单孔开敞结构节制闸+两侧分水闸
图　　名	人行板配筋图
图　　号	16/19

1—1 1:25

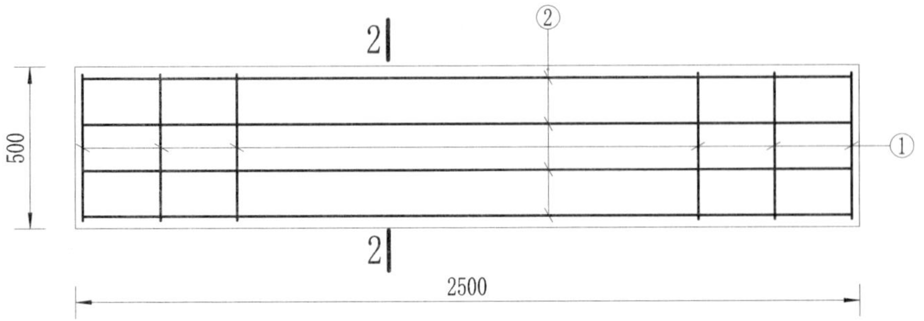

2—2 1:25

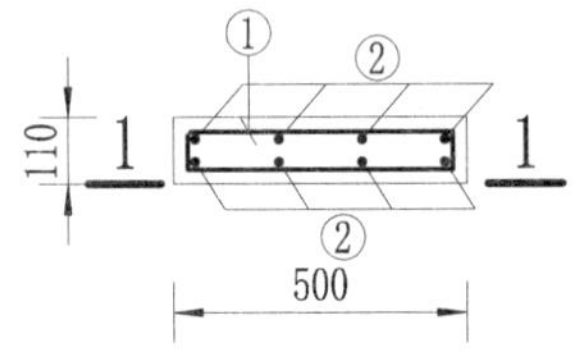

钢筋表

编号	直径(mm)	型式	间距(mm)	单根长(mm)	根数	总长(mm)
①	ф12	440 50 50 440	250	980	11	10.78
②	ф14	2440	150	2440	4×2	19.52

材料表

规格	总长度(mm)	单位重(kg/m)	总重(kg)
ф12	10.78	0.888	9.57
ф14	19.52	1.210	23.62

检修板轴测图

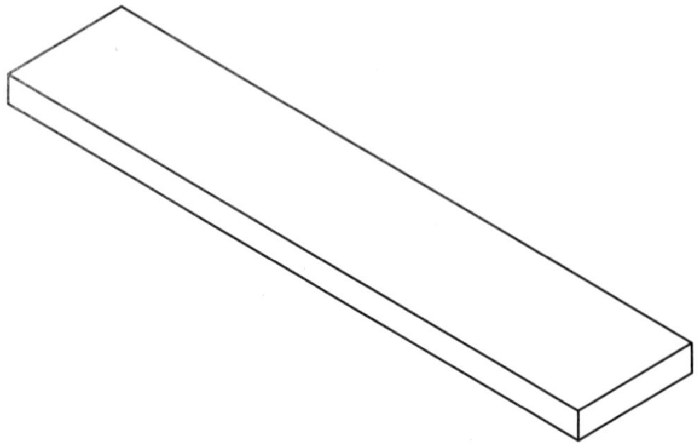

说明：

1.图中尺寸单位以mm计。

2.混凝土强度等级为C25。

结构类型	单孔开敞结构节制闸+两侧分水闸
图　名	检修板配筋图
图　号	17/19

1—1 1:25

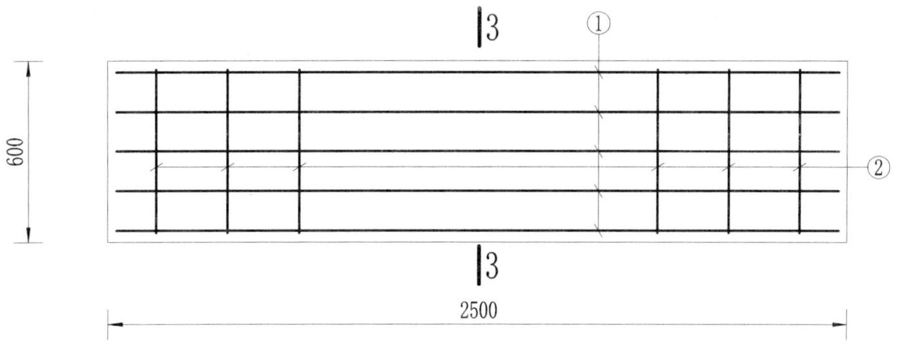

2—2 1:25

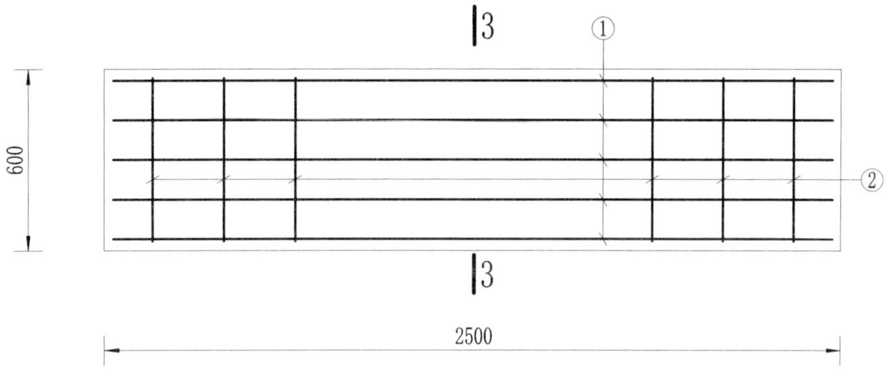

3—3 1:25

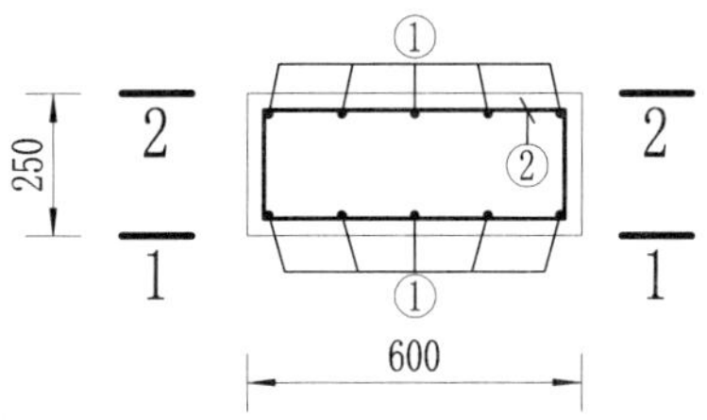

钢筋表

编号	直径(mm)	型式	间距(mm)	单根长(mm)	根数	总长(mm)
①	ф16	2440	150	2440	5×2	24.40
②	ф12	528 / 178 / 178 / 528	250	1412	10	14.12

材料表

规格	总长度(mm)	单位重(kg/m)	总重(kg)
ф12	14.12	0.888	12.54
ф16	24.40	1.210	38.55

起吊梁轴测图

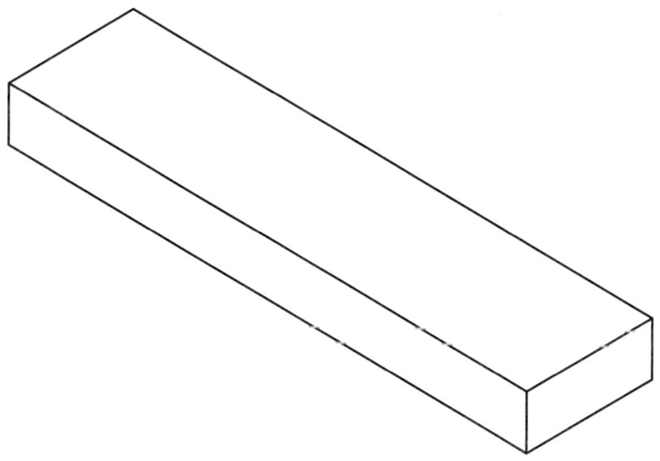

说明：

1. 图中尺寸单位以mm计。
2. 混凝土强度等级为C25。

结构类型	单孔开敞结构节制闸+两侧分水闸
图　名	起吊梁配筋图
图　号	18/19

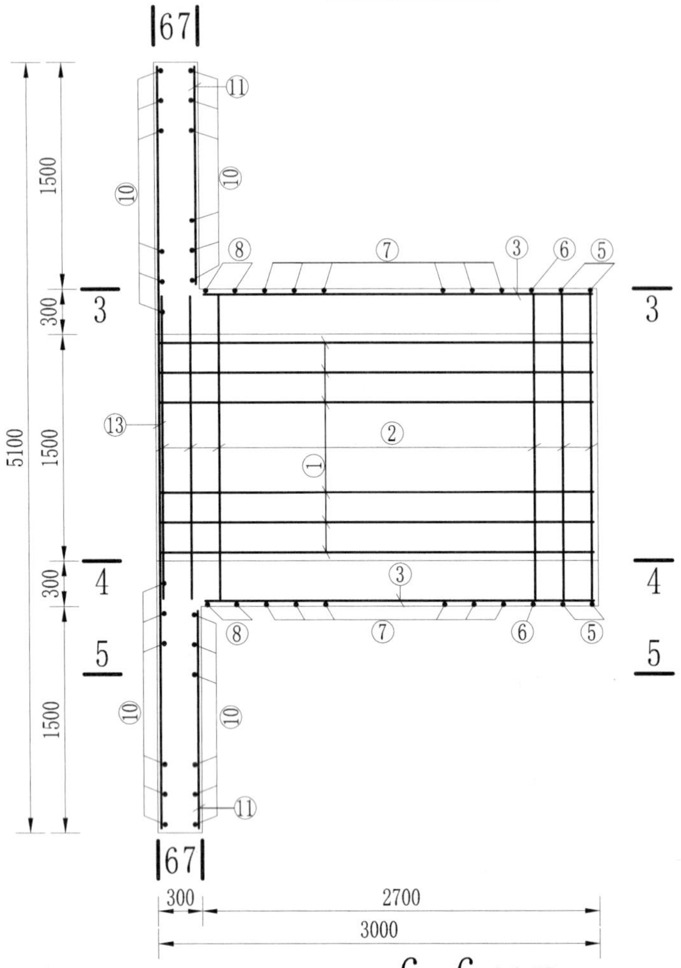
1—1 1:50

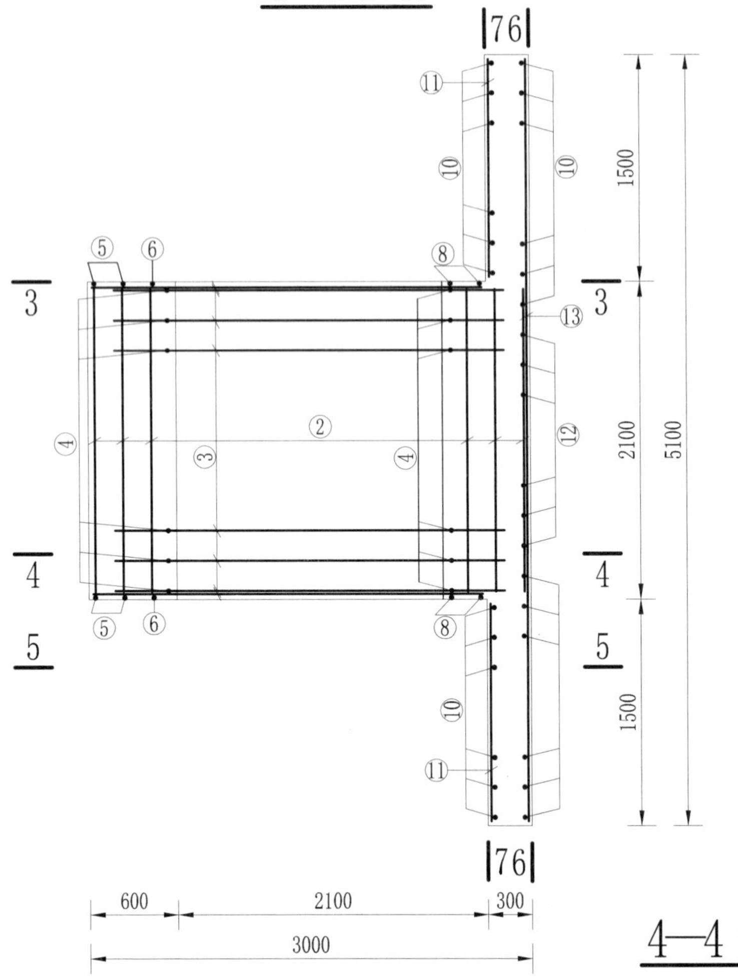
2—2 1:50

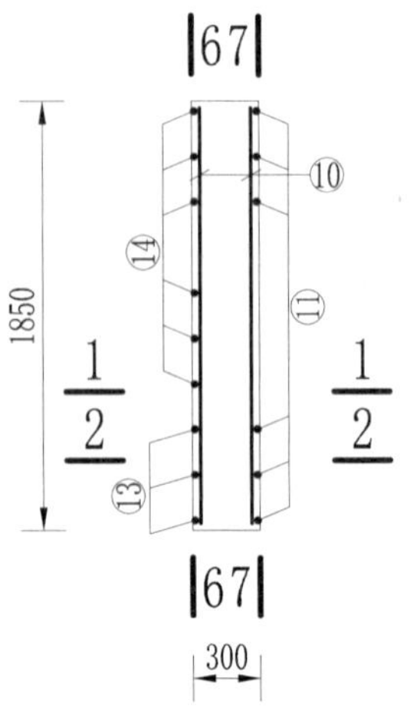
5—5 1:50

钢筋表

编号	直径(mm)	型式	间距(mm)	单根长(mm)	根数	总长(mm)
①	ф12	2940	200	2940	22	64.68
②	ф14	2000	200	2000	16×2	64.00
③	ф12	2640	200	2640	27	71.28
④	ф12	509 135° 255 420	200	1184	11×2	26.05
⑤	ф14	1790	200	1790	2×2	7.16
⑥	ф14	1632	—	1632	1×2	3.26
⑦	ф14	1490	200	1490	9×2	26.82
⑧	ф14	1533~1735	200	1533~1735	2×2	6.54
⑨	ф14	1190	—	1190	16×2	38.08
⑩	ф12	1790	200	1790	34	60.86
⑪	ф14	1440	200	1440	10×2	28.80
⑫	ф12	540	200	540	8	4.32
⑬	ф14	5040	200	5040	3	15.12
⑭	ф14	1740	200	1740	7×2	24.36

材料表

规格	总长度(mm)	单位重(kg/m)	总重(kg)
ф12	227.19	0.888	201.74
ф14	214.14	1.210	259.11

下游连接段轴测图

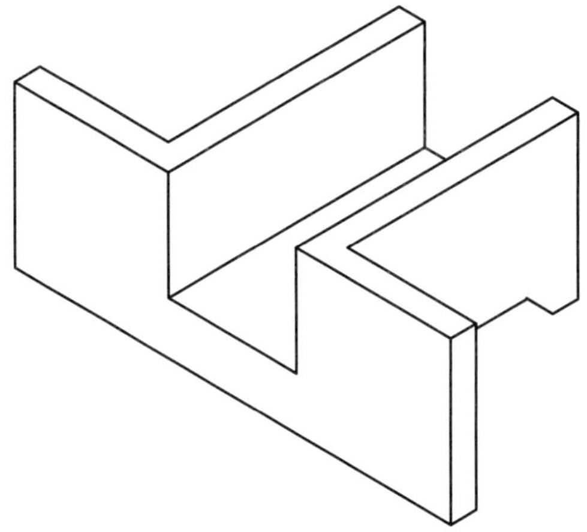

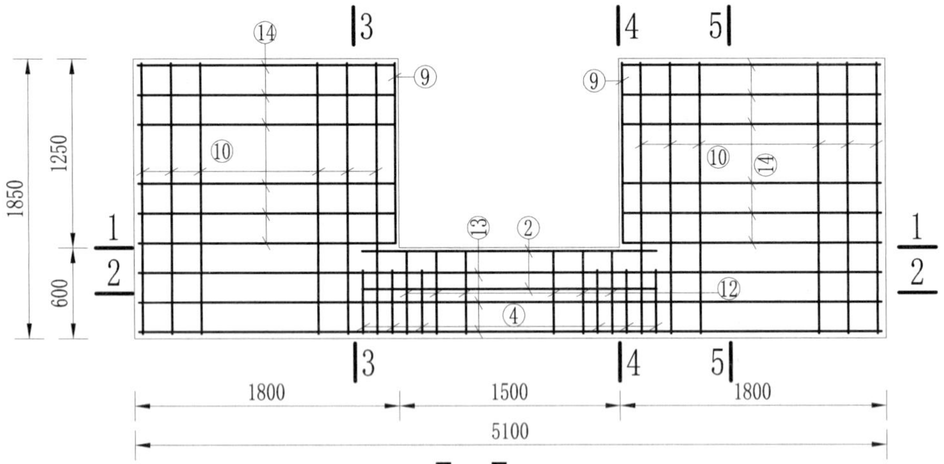
6—6 1:50

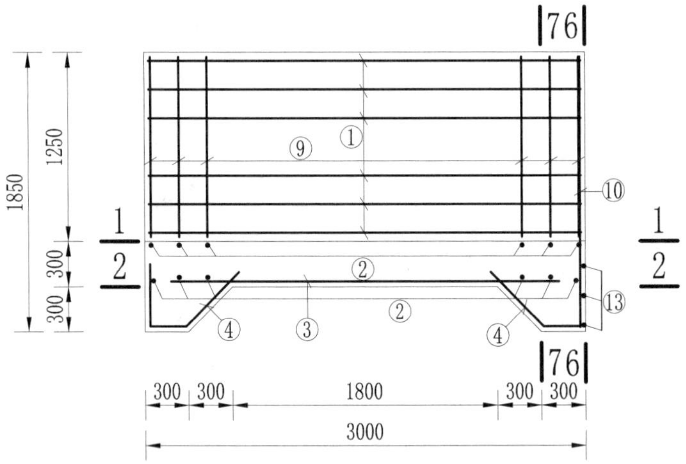
4—4 1:50

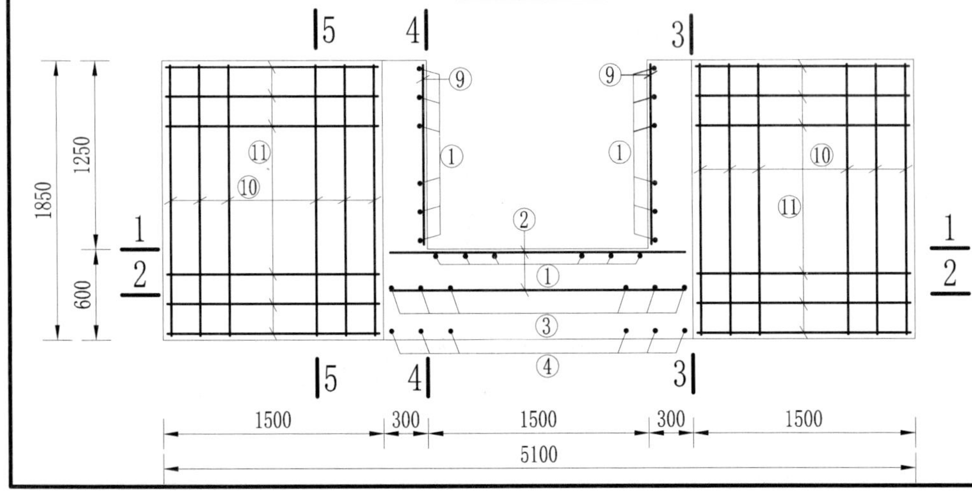
7—7 1:50

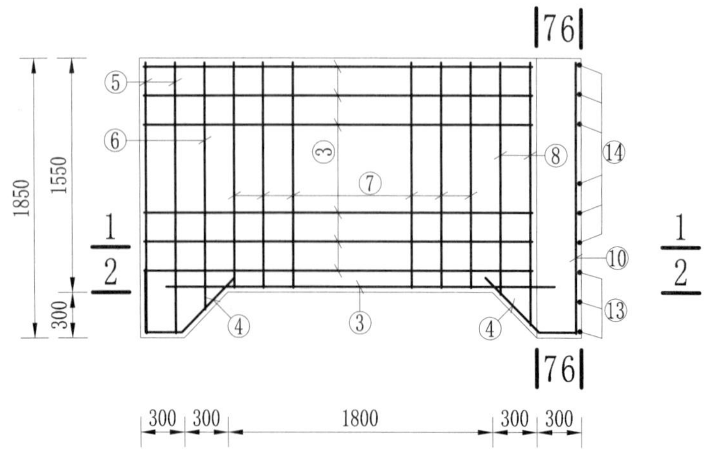
3—3 1:50

说明:

1. 图中尺寸单位以mm计。
2. 混凝土强度等级为C25。

结构类型	单孔开敞结构节制闸+两侧分水闸
图名	下游连接段配筋图
图号	19/19

箱涵结构节制闸轴测图

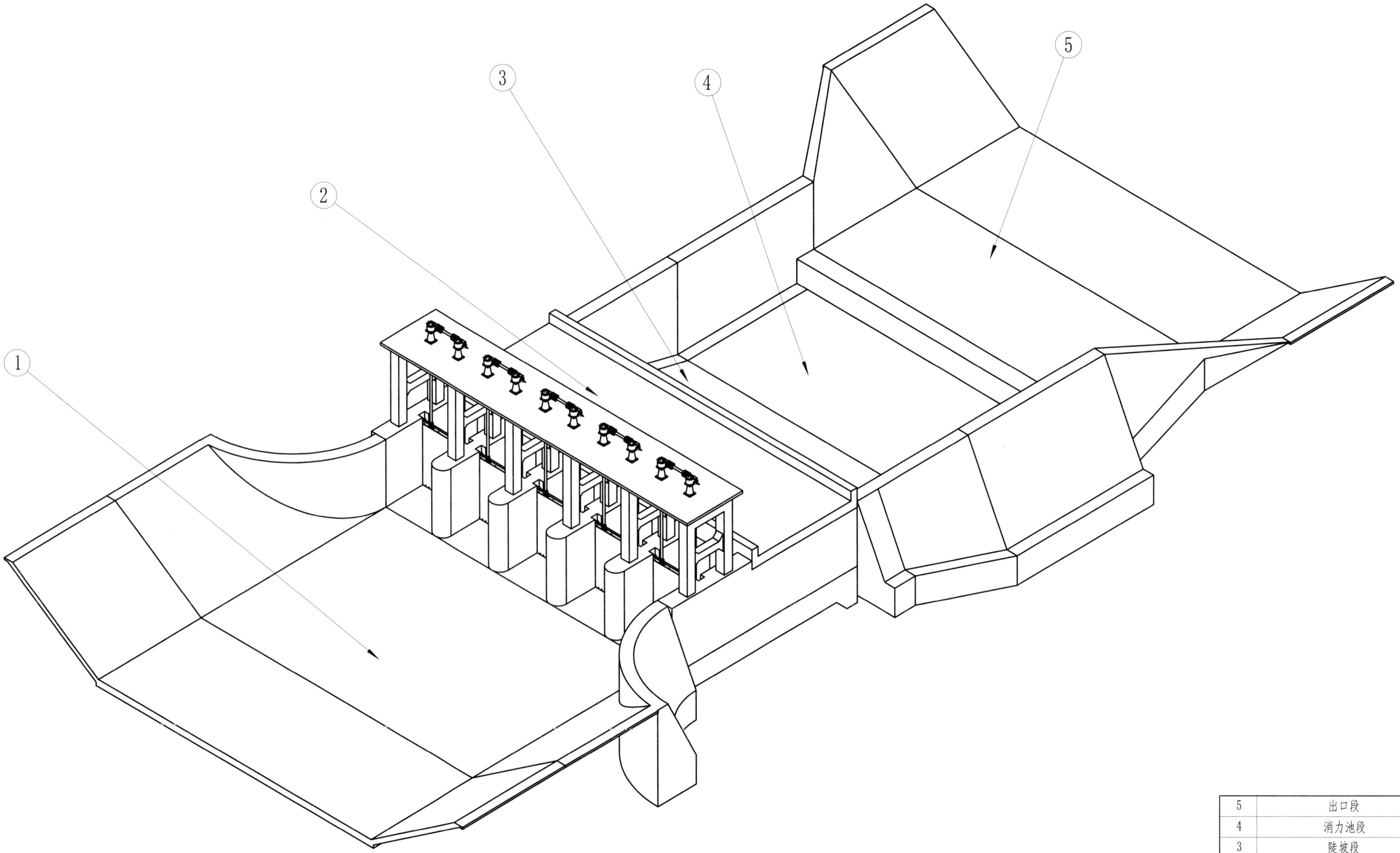

序号	名称	数量
5	出口段	1
4	消力池段	1
3	陡坡段	1
2	闸室段	1
1	进口段	1

结构类型	箱涵结构节制闸
图　名	箱涵结构节制闸轴测图
图　号	1/11

平面图 1∶200

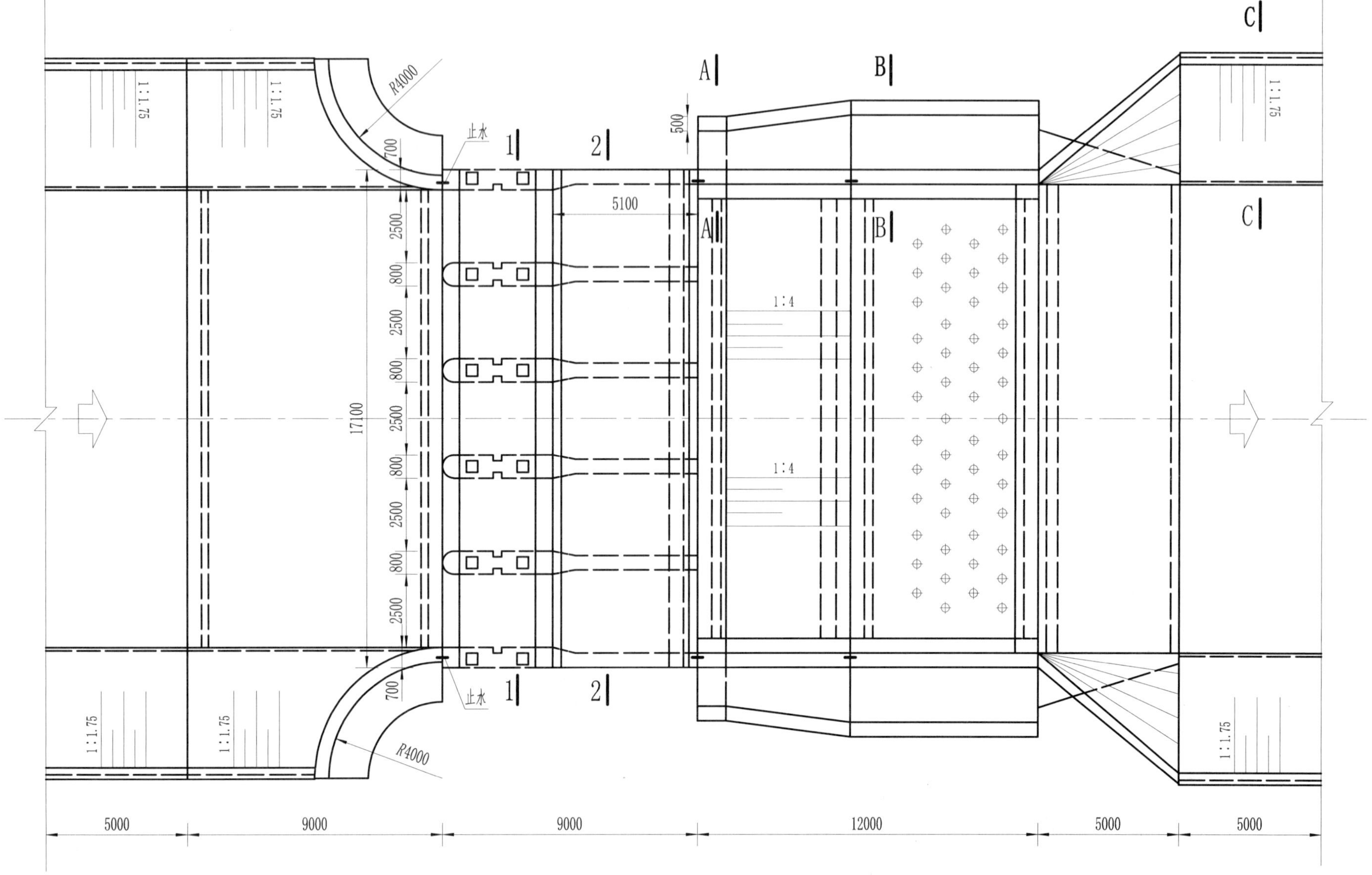

排水孔大样图 1∶20

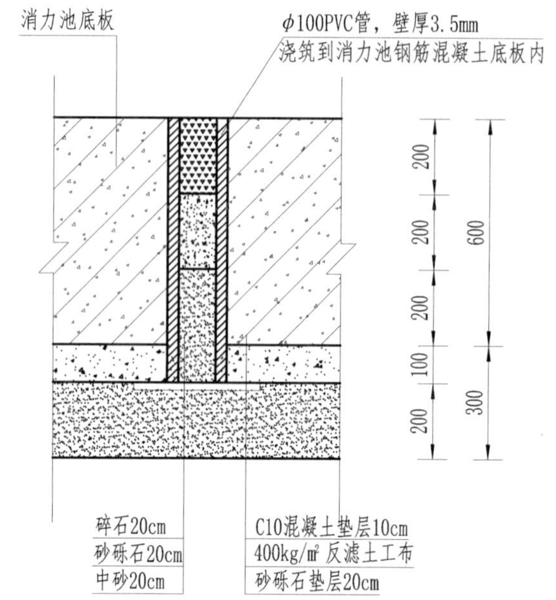

止水带大样图 1∶50

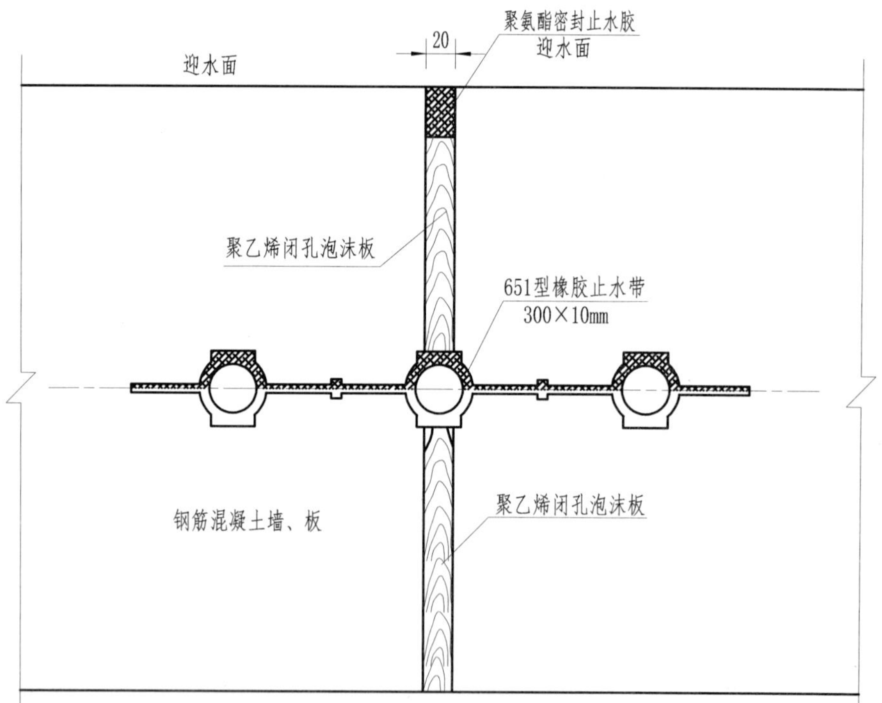

纵剖面图 1∶200

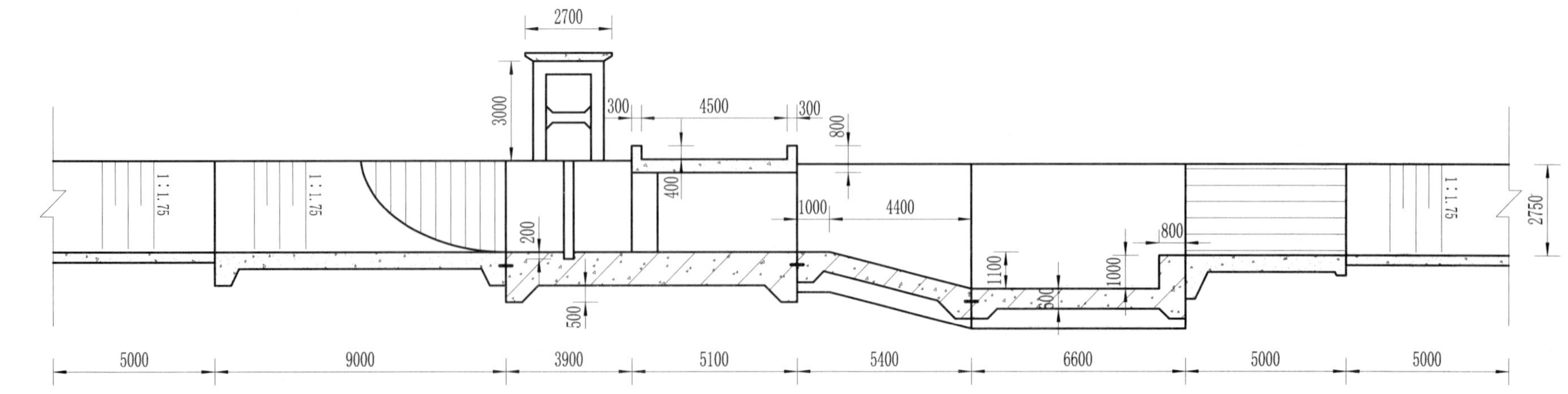

说明：

1.图中尺寸单位以mm计，高程单位以m计。
2.混凝土强度等级为C25。
3.节制闸闸门采用铸铁闸门，螺杆式启闭机。
4.渠道土工膜要伸入建筑物进出口端齿墙底部及内侧。
5.砂砾石回填填筑标准相对密度不小于0.6。

结构类型	箱涵结构节制闸
图　　名	箱涵结构节制闸平面图、纵剖面图
图　　号	2/11

1—1 1:100

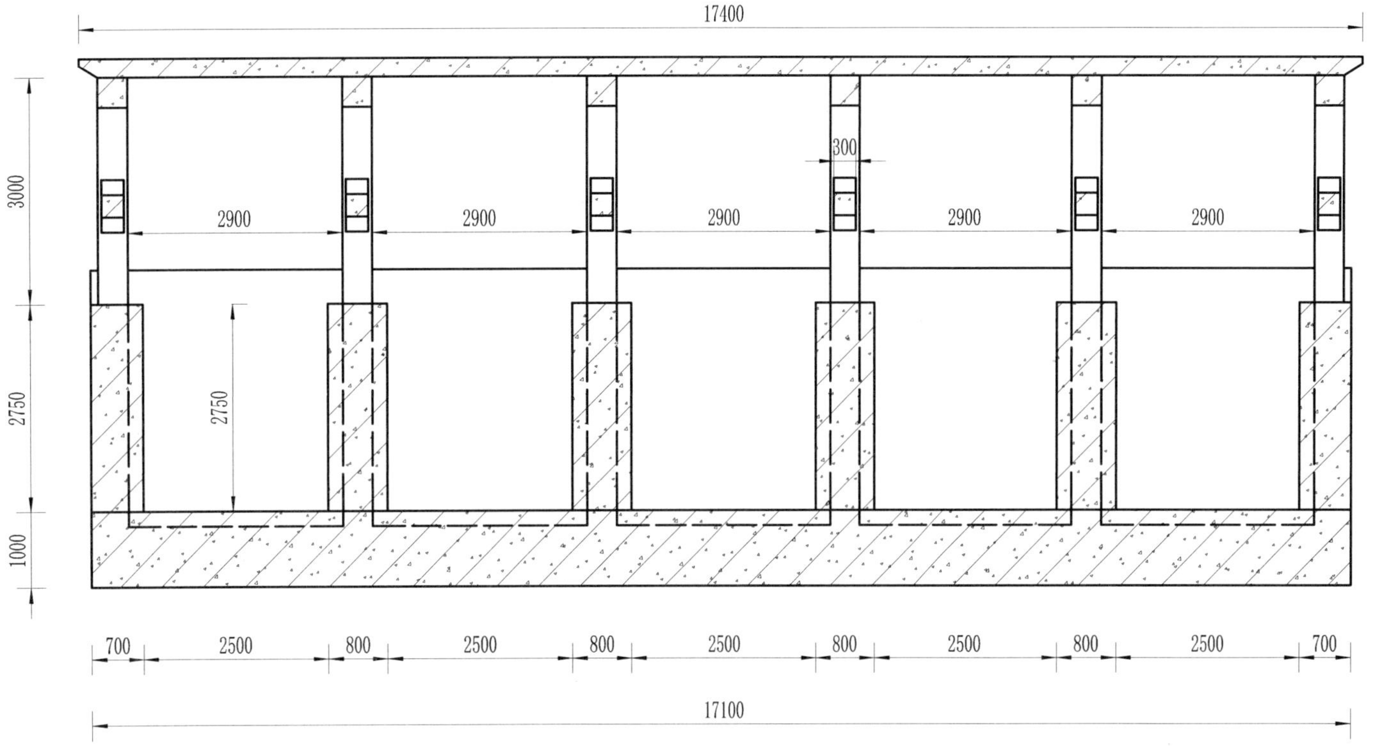

A—A 1:100

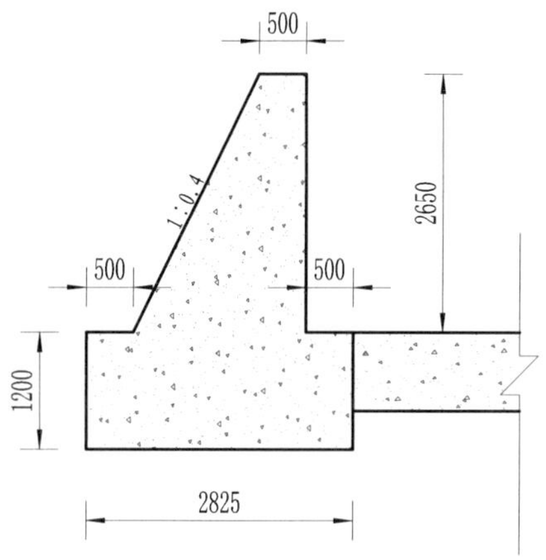

B—B 1:100

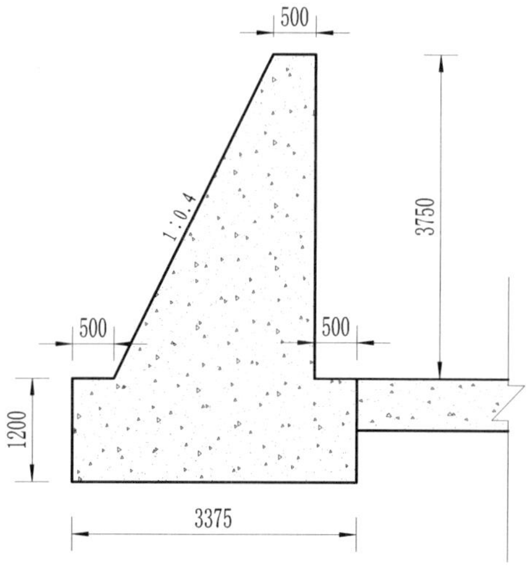

2—2 1:100

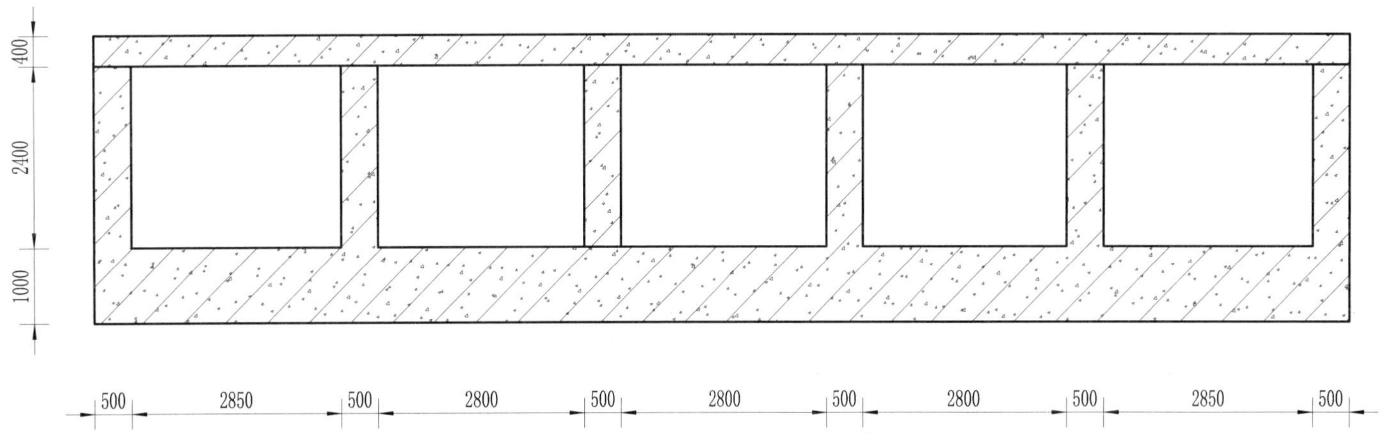

三维剖切轴测图

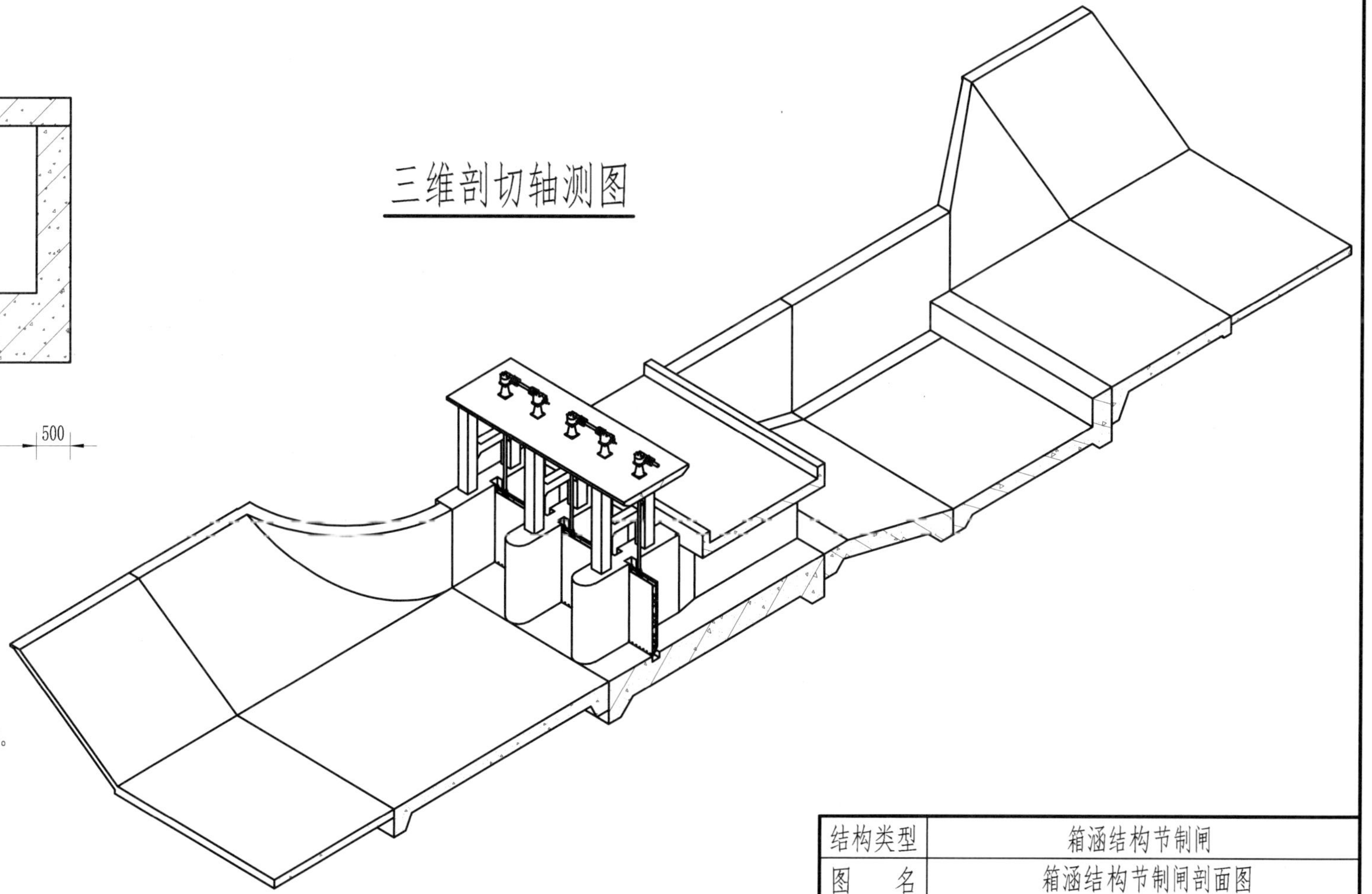

C C 1:100

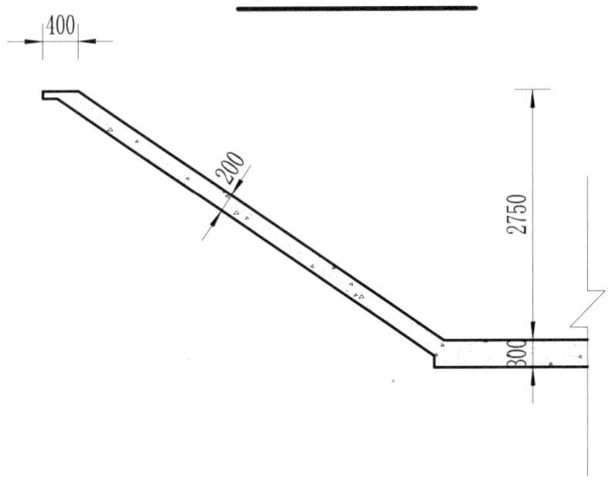

说明：

1. 图中尺寸单位以mm计，高程单位以m计。
2. 混凝土强度等级为C25。
3. 节制闸闸门采用铸铁闸门，螺杆式启闭机。
4. 渠道土工膜要伸入建筑物进出口端齿墙底部及内侧。
5. 砂砾石回填填筑标准相对密度不小于0.6。

结构类型	箱涵结构节制闸
图　名	箱涵结构节制闸剖面图
图　号	3/11

闸室底板钢筋图 1∶50

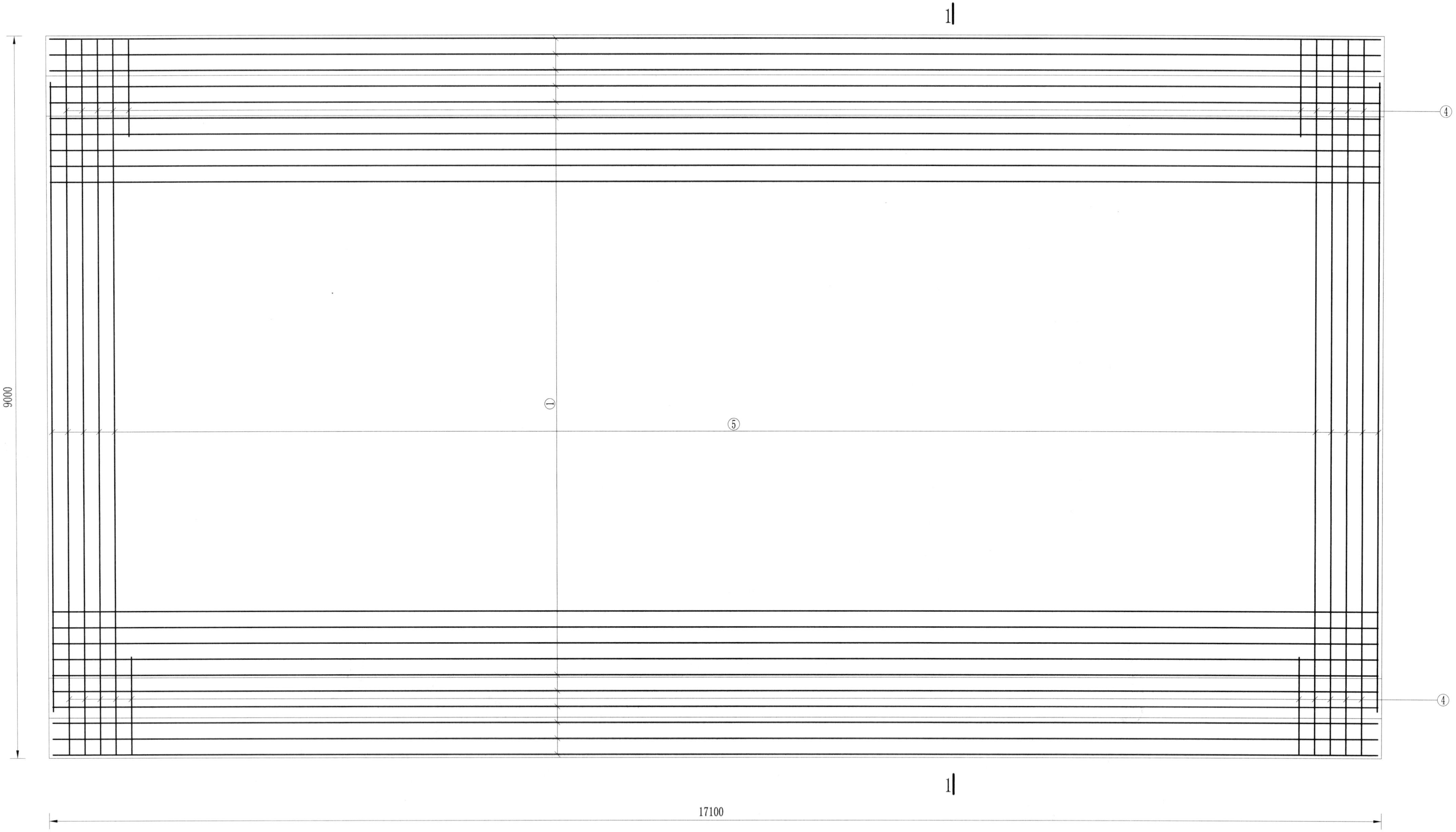

说明：

1. 图中尺寸单位以mm计。
2. 钢筋保护层厚度为5.0cm。
3. 钢筋接头采用焊接接头，双面焊不小于5d,单面焊不小于10d，若绑扎搭接长度按规范要求。
4. 钢筋接头位置要相互错开，避免接头在同一截面内。

结构类型	箱涵结构节制闸
图　名	箱涵结构节制闸闸室底板钢筋图
图　号	4/11

箱涵顶板钢筋图 1：50

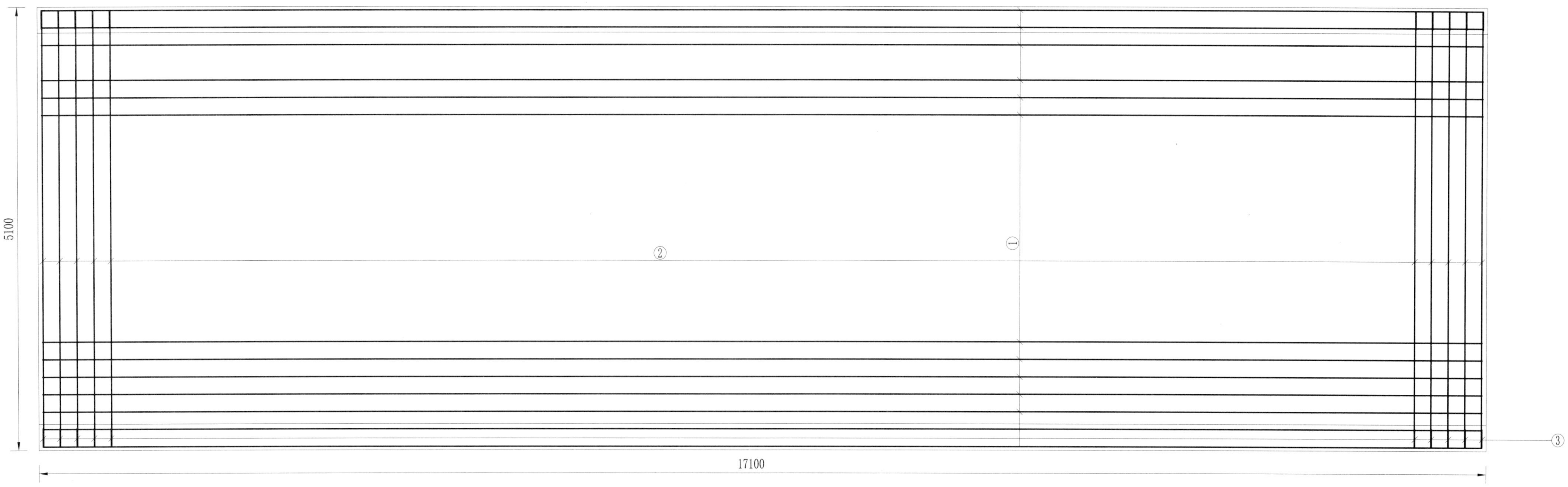

1—1 1：50

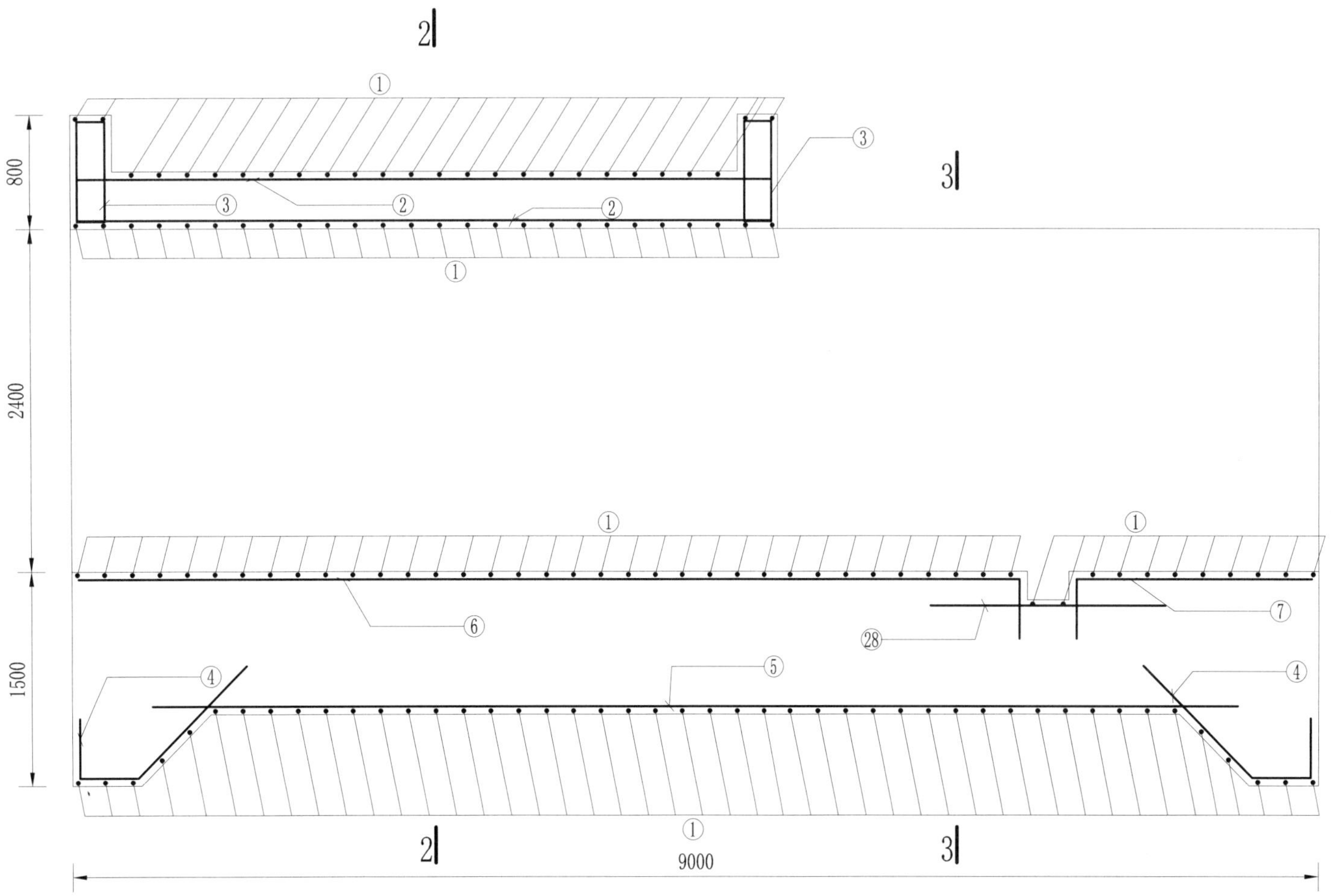

箱涵轴测图

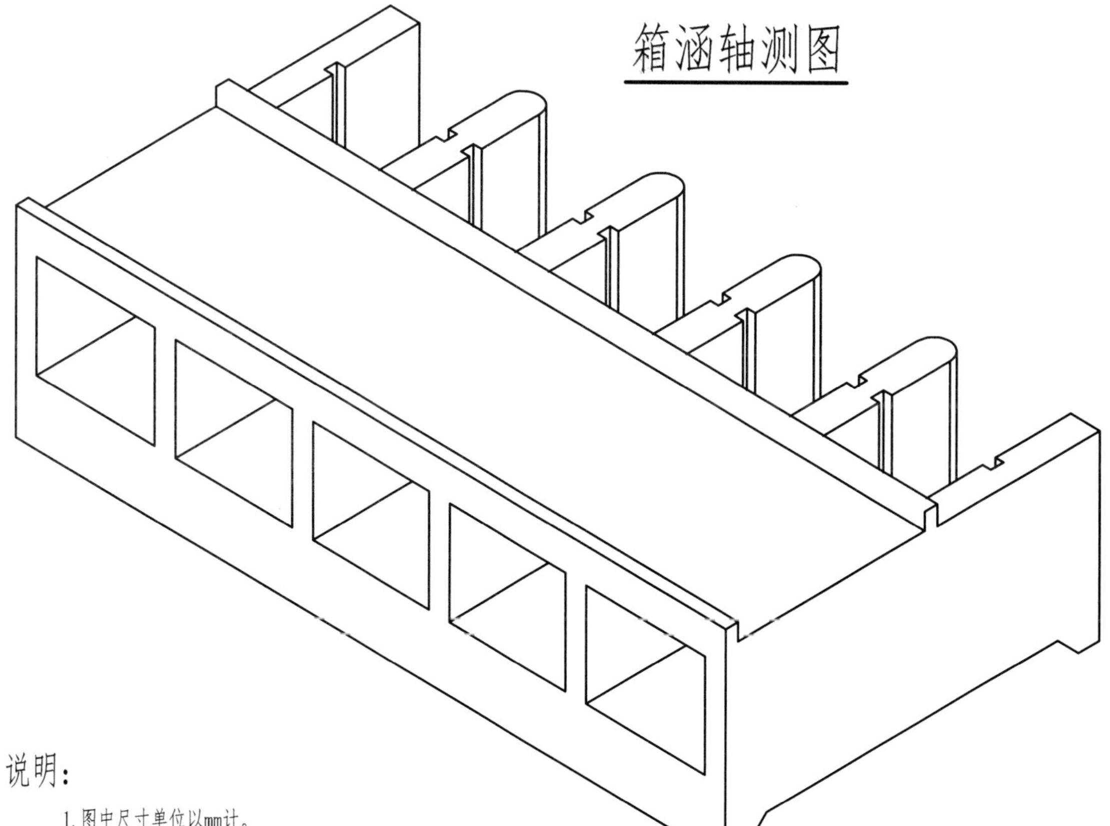

说明：

1. 图中尺寸单位以mm计。
2. 钢筋保护层厚度为5.0cm。
3. 钢筋接头采用焊接接头，双面焊不小于5d，单面焊不小于10d，若绑扎搭接长度按规范要求。
4. 钢筋接头位置要相互错开，避免接头在同一截面内。

结构类型	箱涵结构节制闸
图　名	箱涵结构节制闸箱涵顶板钢筋图
图　号	5/11

2—2 1:50

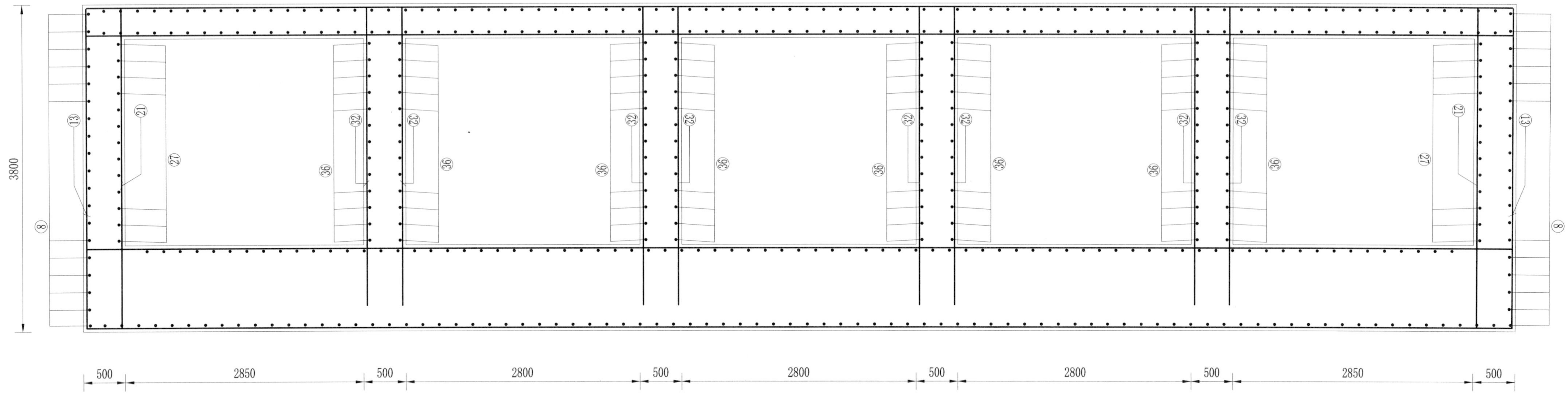

3—3 1:50

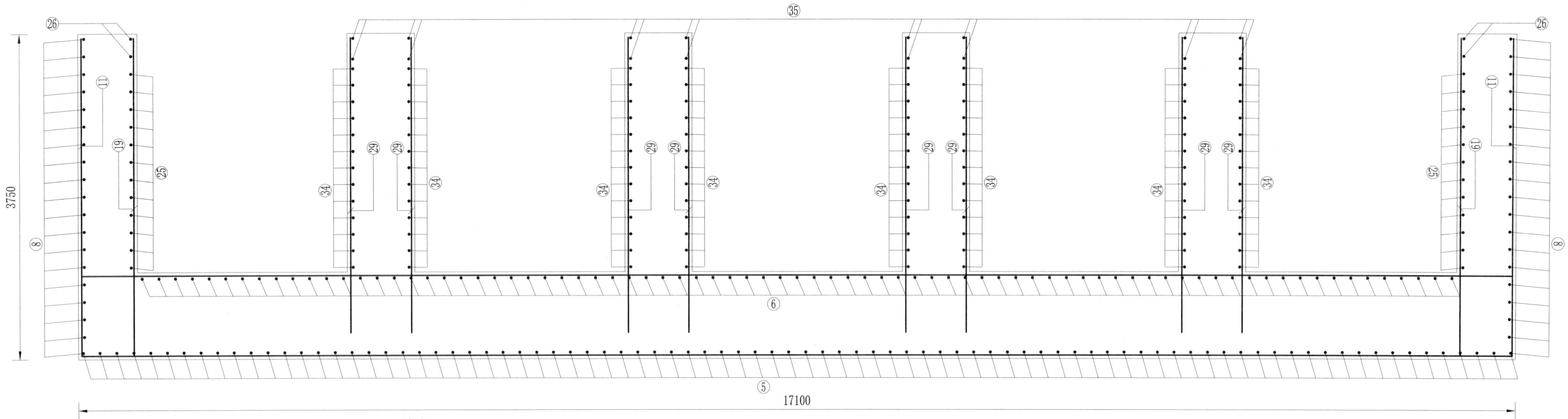

说明:

1. 图中尺寸单位以mm计。
2. 钢筋保护层厚度为5.0cm。
3. 钢筋接头采用焊接接头，双面焊不小于5d,单面焊不小于10d，若绑扎搭接长度按规范要求。
4. 钢筋接头位置要相互错开，避免接头在同一截面内。

结构类型	箱涵结构节制闸
图　名	箱涵结构节制闸箱涵涵身钢筋图
图　号	6/11

箱涵钢筋表

编号	直径(mm)	型式	间距(mm)	单根长(cm)	根数	总长(mm)
①	Φ20	1700	200	1700	144	2448.00
②	Φ12	500	200	516	86×2	887.52
③	Φ12	69 19 19 69	200	192	86×2	330.24
④	Φ12	110 135° 43 42	200	211	84×2	354.48
⑤	Φ12	784	200	800	86	688.00
⑥	Φ12	42 680	200	738	79	583.02
⑦	Φ12	42 170	200	228	107	243.96
⑧	Φ12	890	200	906	18×2	326.16
⑨	Φ20	75 415	200	490	3×2	29.40
⑩	Φ20	77 399~380	200	476~457	2×2	18.66
⑪	Φ20	75 365	200	440	15×2	132.00
⑫	Φ20	75 410	200	485	1×2	9.70
⑬	Φ20	75 370	200	445	20×2	178.00
⑭	Φ20	77 385~404	200	481~462	2×2	18.86
⑮	Φ20	75 420	—	495	1×2	9.90
⑯	Φ20	75 460	200	535	2×2	21.40
⑰	Φ20	415	200	415	3×2	24.90
⑱	Φ20	399~380	200	399~380	2×2	15.58
⑲	Φ20	365	200	365	30	109.50
⑳	Φ20	410	—	410	1×2	8.20
㉑	Φ20	370	200	370	40	148.00
㉒	Φ20	385~404	200	404~385	2×2	15.78
㉓	Φ20	420	200	420	1×2	8.40
㉔	Φ20	460	200	460	2×2	18.40
㉕	Φ12	124 166° 174 42	200	356	12×2	85.44
㉖	Φ12	42 217	200	275	2×2	11.00
㉗	Φ12	467	200	483	13×2	125.58
㉘	Φ20	170	200	170	222	377.40
㉙	Φ20	340	200	340	152	516.80
㉚	Φ20	360	200	360	16	57.60
㉛	Φ20	385	200	385	24	92.40
㉜	Φ20	345	200	345	184	634.80
㉝	Φ12	135 70 R35 110 135	200	466	14×4	260.96
㉞	Φ12	123 169.4° 174 123 169.4° 174 70	200	680	13×4	353.60
㉟	Φ12	70 181 181 70	200	518	2×4	41.44
㊱	Φ12	40 467 467	200	990	13×4	514.80

闸室边墩钢筋图 1:50

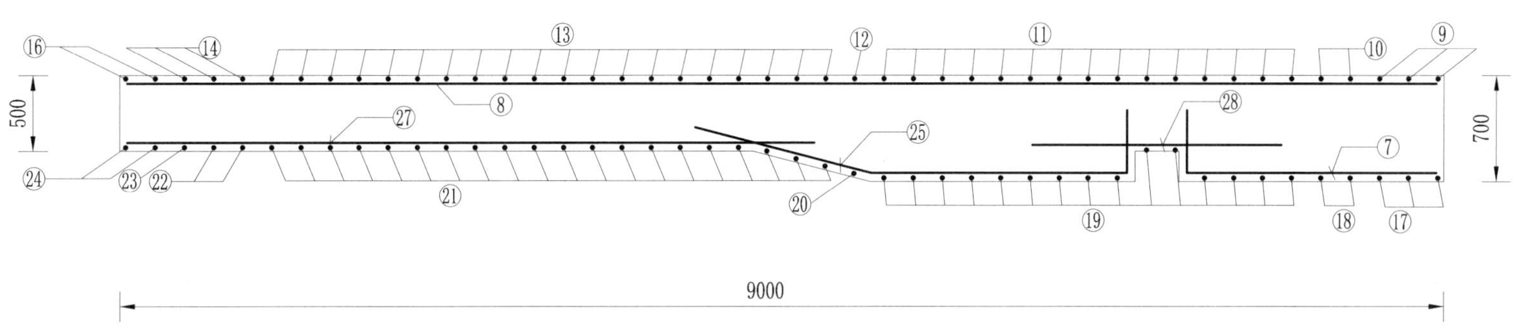

闸室中墩钢筋图 1:50

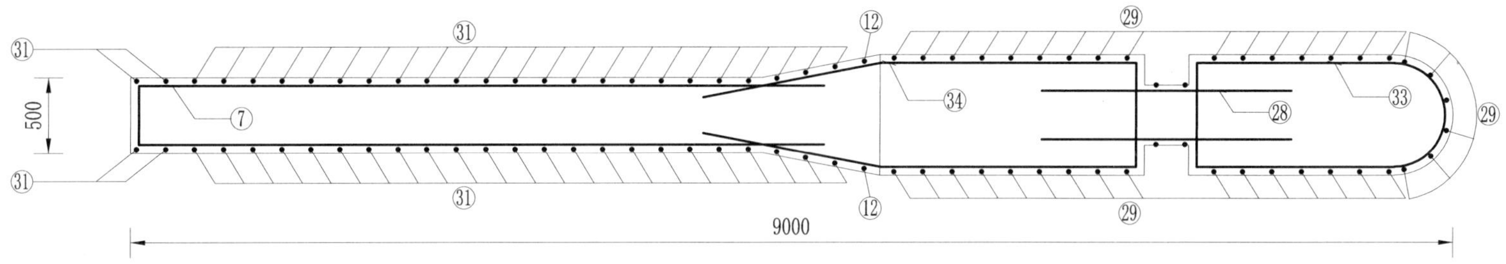

箱涵材料表

规格	总长度(m)	单位重(kg/m)	总重(kg)
Φ12	4639.48	0.888	4119.86
Φ20	4893.68	2.470	12087.39
合计	9533.16		16207.25

说明:

1. 图中尺寸单位以mm计。
2. 钢筋保护层厚度为5.0cm。
3. 钢筋接头采用焊接接头，双面焊不小于5d,单面焊不小于10d，若绑扎搭接长度按规范要求。
4. 钢筋接头位置要相互错开，避免接头在同一截面内。

结构类型	箱涵结构节制闸
图　名	箱涵结构节制闸闸墩钢筋图
图　号	7/11

陡坡段钢筋图 1:50

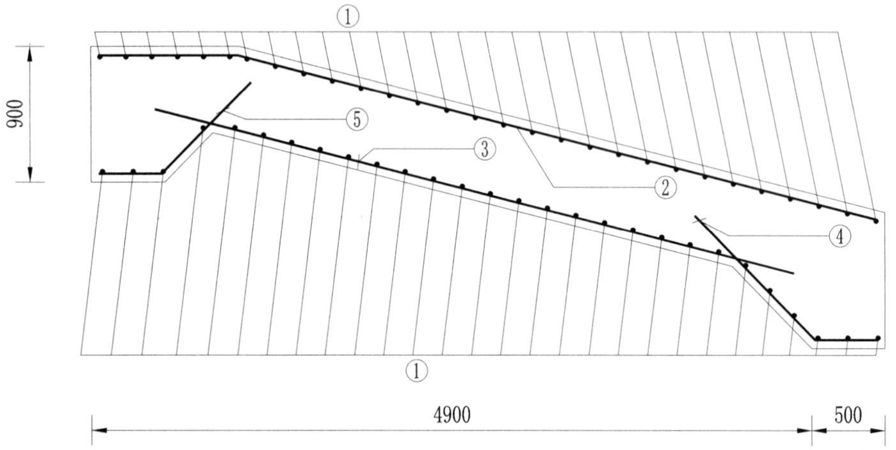

陡坡钢筋表

编号	直径(mm)	型式	间距(mm)	单根长(cm)	根数	总长(mm)
①	⌀20	1830	200	1830	57	1043.10
②	⌀20	94 166° 449	200	543	93	504.99
③	ϕ12	448	200	464	93	431.52
④	ϕ12	43 135° 116	200	175	93	162.75
⑤	ϕ12	43 135° 86	200	145	93	134.85

陡坡材料表

规格	总长度(m)	单位重(kg/m)	总重(kg)
ϕ12	1819.71	0.888	1615.91
⌀20	1286.00	2.470	3176.42
合计	3105.71		4792.33

消力池钢筋图 1:50

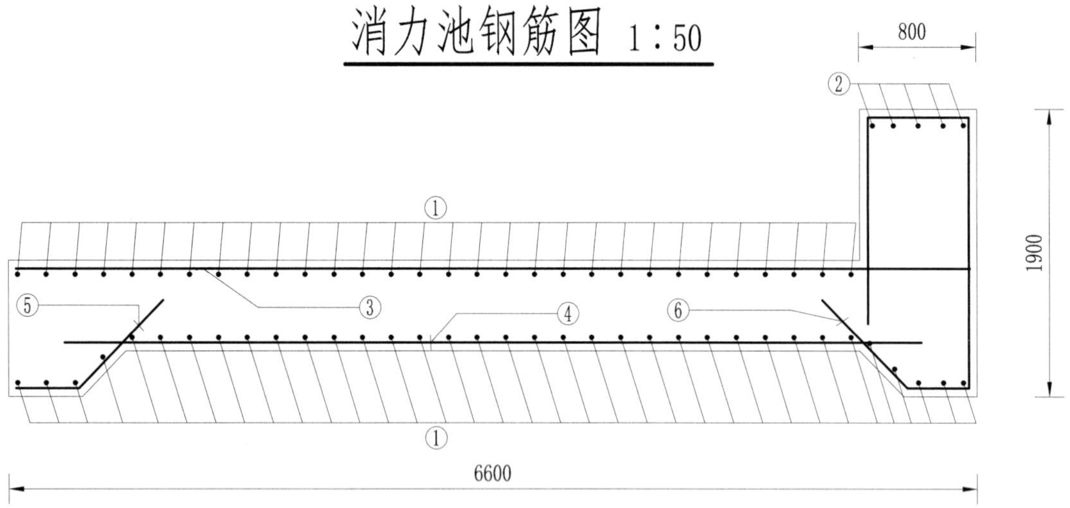

消力池钢筋表

编号	直径(mm)	型式	间距(mm)	单根长(cm)	根数	总长(mm)
①	⌀20	1830	200	1830	65	1189.50
②	⌀20		200	1930	5	96.50
③	ϕ12	650	200	666	93	619.38
④	ϕ12	584	200	600	93	558.00
⑤	ϕ12	43 135° 82	200	141	93	131.13
⑥	ϕ12	70 137 180 82 135°	200	528	93	491.04
⑦	ϕ12	70 90 90 70	200	336	3×2	20.16

消力池材料表

规格	总长度(m)	单位重(kg/m)	总重(kg)
ϕ12	729.12	0.888	647.46
⌀20	1548.09	2.470	3823.78
合计	2277.21		4471.24

说明:

1. 图中尺寸单位以mm计。
2. 钢筋保护层厚度为5.0cm。
3. 钢筋接头采用焊接接头，双面焊不小于5d,单面焊不小于10d，若绑扎搭接长度按规范要求。
4. 钢筋接头位置要相互错开，避免接头在同一截面内。

结构类型	箱涵结构节制闸
图　名	箱涵结构节制闸消力池钢筋图
图　号	8/11

闸门排架钢筋图 1:50

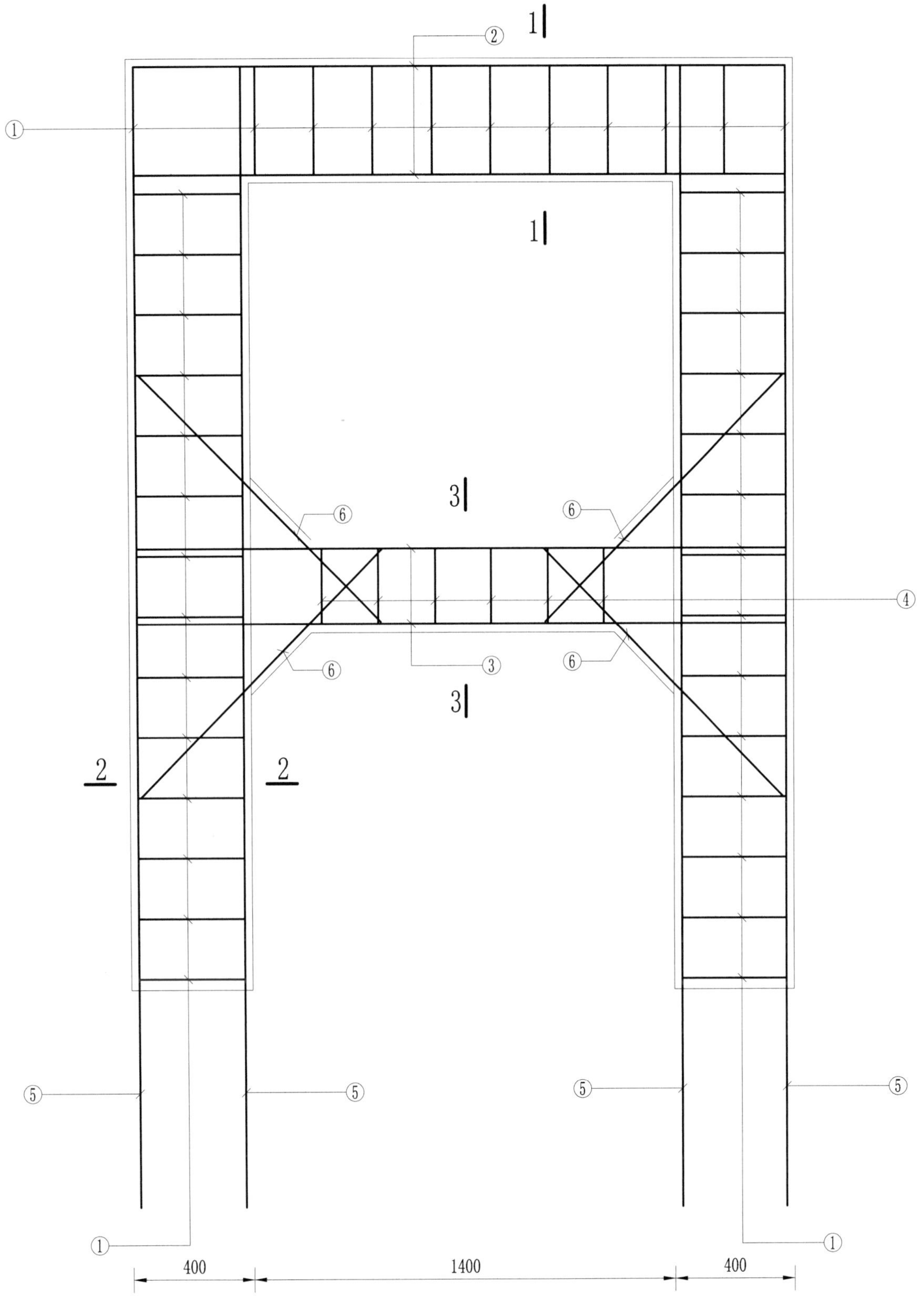

1—1 1:20

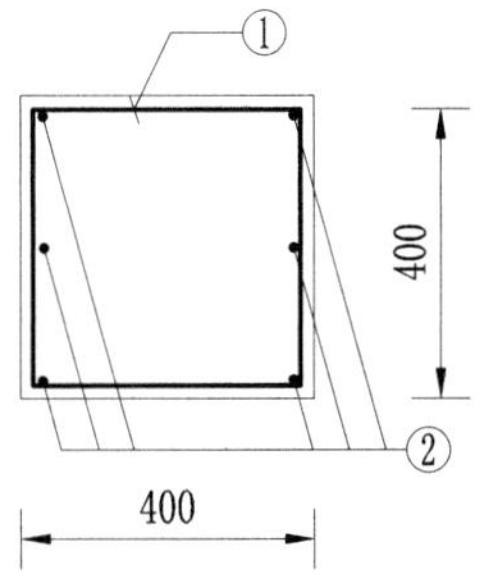

2—2 1:20

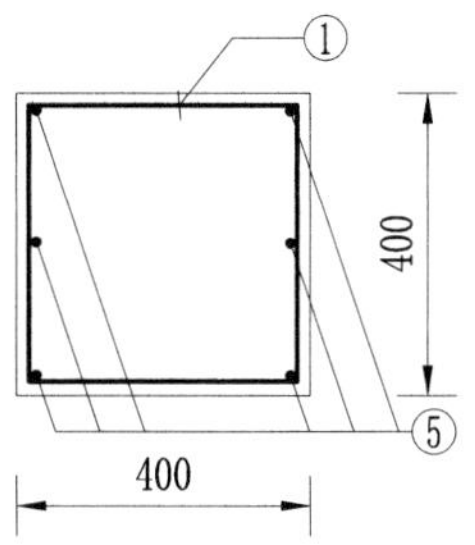

3—3 1:20

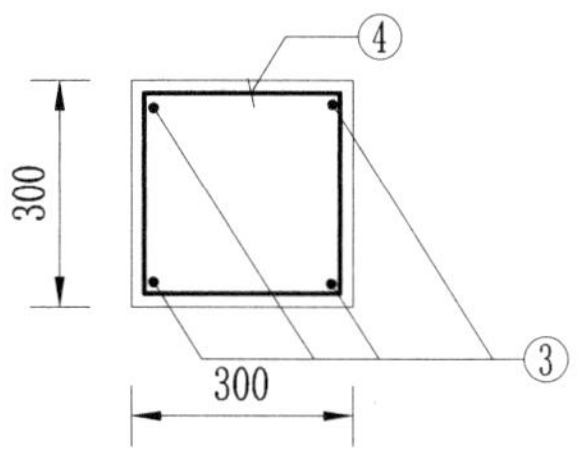

启闭机架钢筋图 1:50

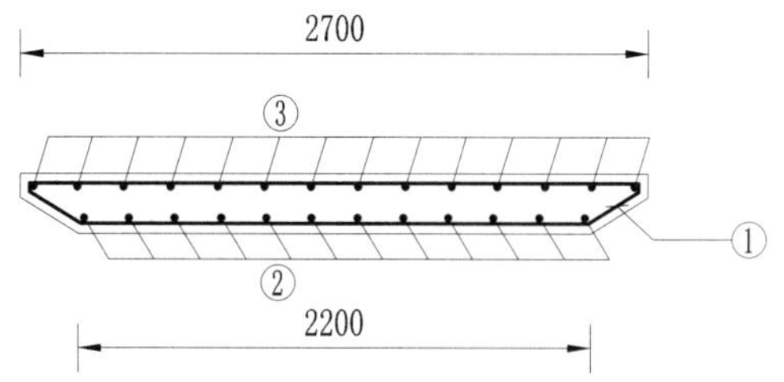

单个排架钢筋表(共六个)

编号	直径(mm)	型式	间距(mm)	单根长(cm)	根数	总长(mm)
①	ф12	35 35 35 35	200	40	156	62.40
②	⌀20	213	200	6	213	12.78
③	ф12	213	200	2×2	229	9.16
④	ф12	25 25 25 25	200	6	116	6.96
⑤	⌀20	367	200	3×4	367	44.04
⑥	⌀20	112	200	2×4	112	8.96

单个排架材料表(共六个)

规格	总长度(m)	单位重(kg/m)	总重(kg)
ф12	78.52	0.888	68.72
⌀20	65.78	2.470	162.48
合计	144.30		231.20

启闭机架钢筋表

编号	直径(mm)	型式	间距(mm)	单根长(cm)	根数	总长(mm)
①	ф12	4 263 218 149° 149° 26 26 4	200	557	85	473.45
②	⌀20	1685	200	1685	12	202.20
③	⌀20	1733	200	1733	14	242.62

启闭机架材料表

规格	总长度(m)	单位重(kg/m)	总重(kg)
ф12	473.45	0.888	420.43
⌀20	444.82	2.470	1098.71
合计	918.27		1519.14

说明:

1. 图中尺寸单位以mm计。
2. 钢筋保护层厚度为5.0cm。
3. 钢筋接头采用焊接接头，双面焊不小于5d,单面焊不小于10d，若绑扎搭接长度按规范要求。
4. 钢筋接头位置要相互错开，避免接头在同一截面内。

结构类型	箱涵结构节制闸
图　名	箱涵结构节制闸排架钢筋图
图　号	9/11

主视图 1:20

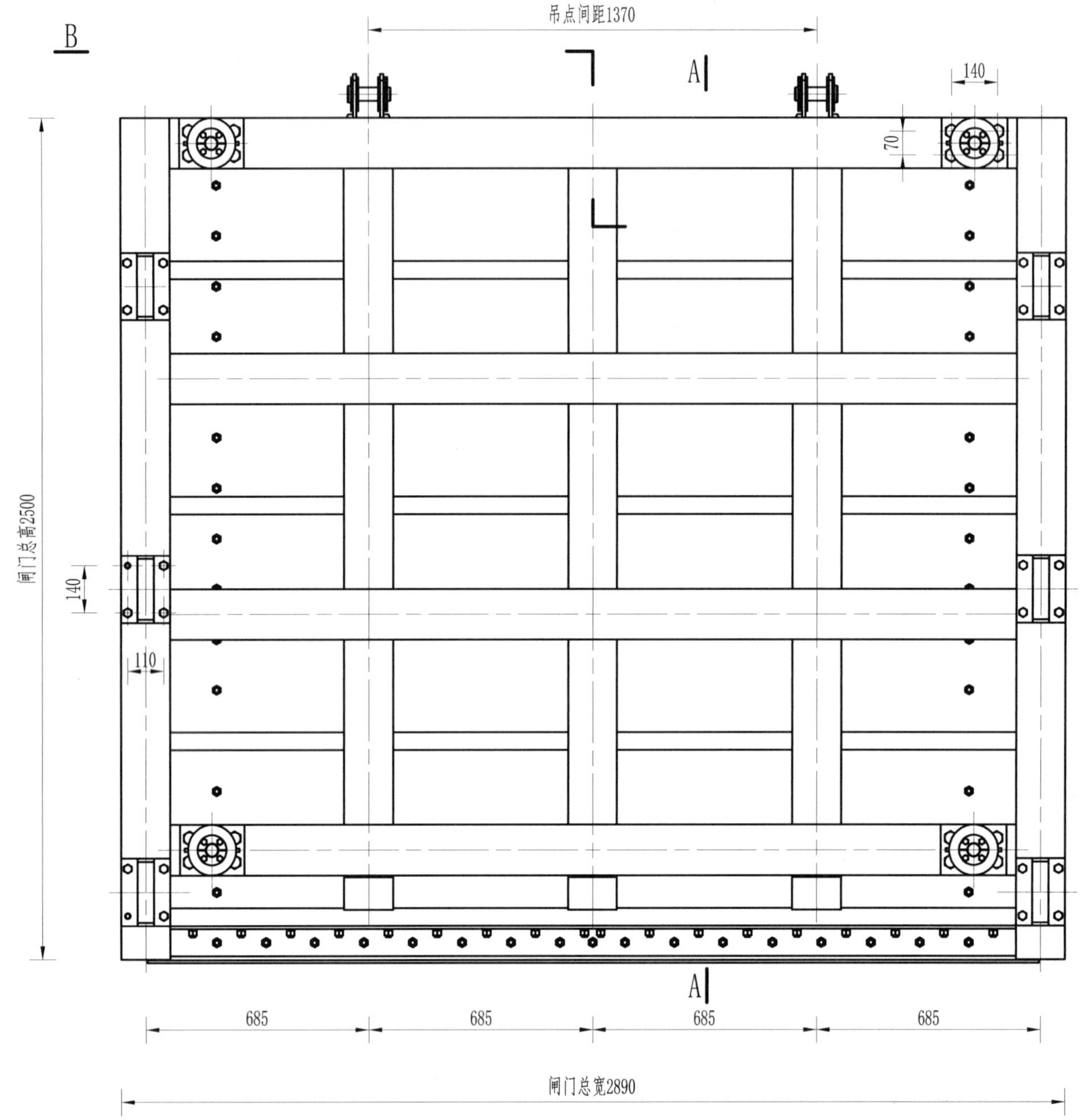

侧视图 1:20

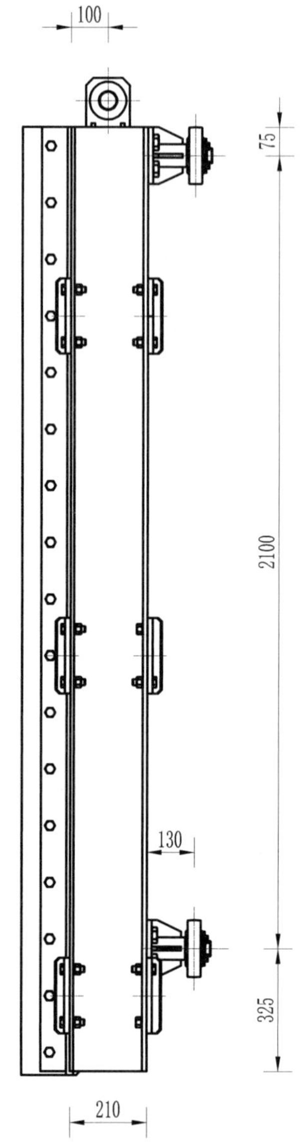

A—A 1:20

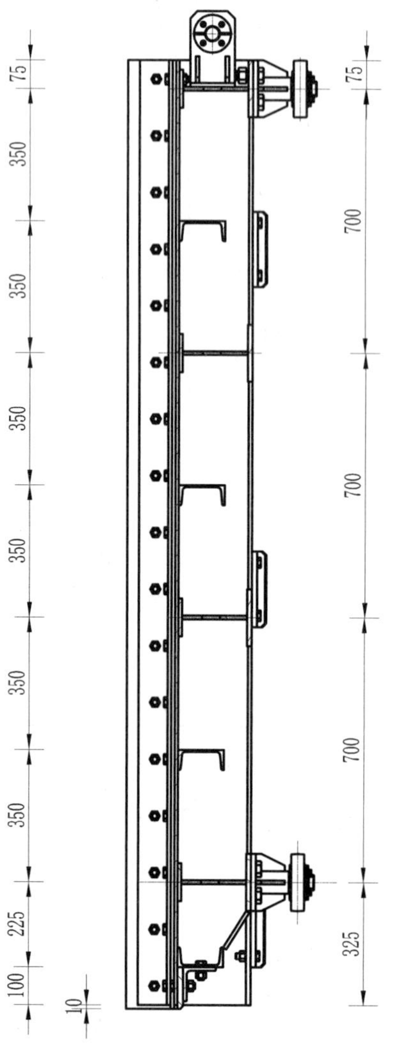

说明：

1. 图中尺寸单位以mm计。
2. 闸门的制造安装按《水利水电工程钢闸门制造安装及验收规范》(GB/T14173—2008)中的有关规定执行。
3. 闸门出厂前应先在厂中预组装，其组合处错位不应大于1mm，检查确认合格后，将每组进行编号，并且组织验收后方可出厂。
4. 闸门单件运输时，应采取适当加固措施，防止运输变形。
5. 闸门焊接前应进行必要的焊接工艺评定。
6. 闸门面板上螺栓孔与相应水封结构配钻。
7. 启闭机制造单位应根据本图设计制造启闭机。
8. 图中吊耳中心线与面板间距为理论计算值，闸门制造厂家应进行闸门静平衡实验，具体确定吊耳中心线，进而完成吊耳焊接。

钢闸门轴测图

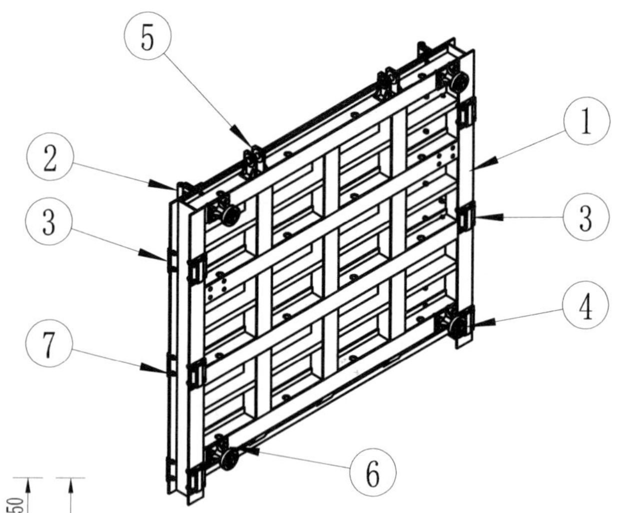

B—B 1:20

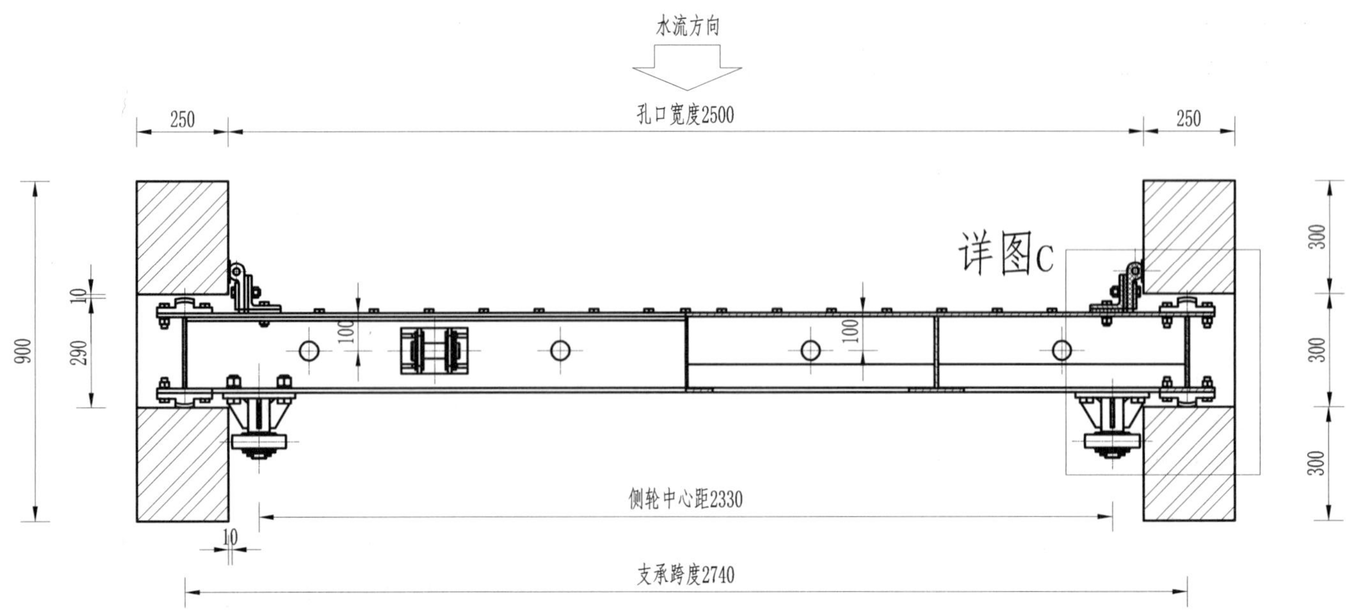

详图C 1:5

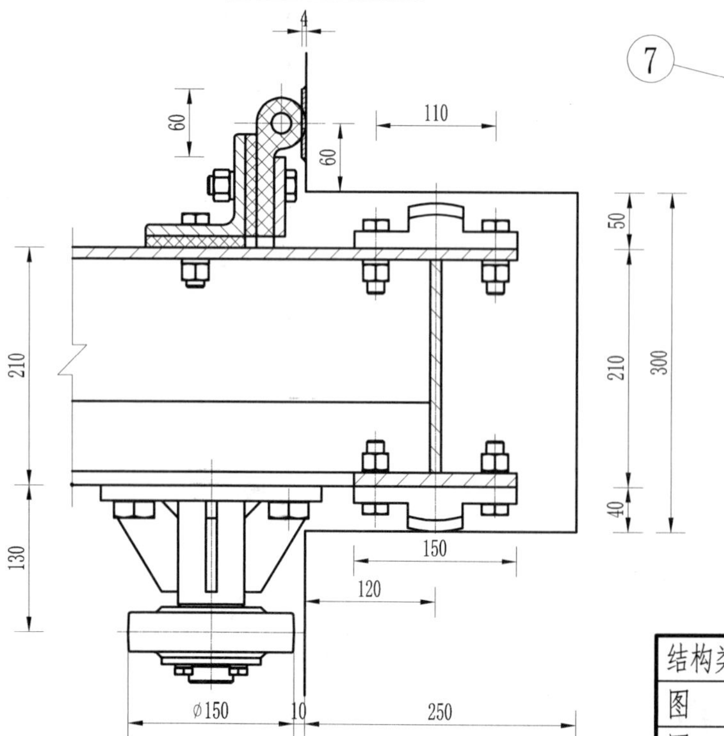

序号	名称	数量
7	螺母M16、螺栓M16×55、垫圈16	48
6	螺母M24、螺栓M24×60、垫圈24	16
5	吊耳	2
4	侧轮	4
3	滑块	12
2	止水	1
1	门叶	1

结构类型	箱涵结构节制闸
图　名	箱涵结构节制闸钢闸门结构图
图　号	10/11

主视图 1:60

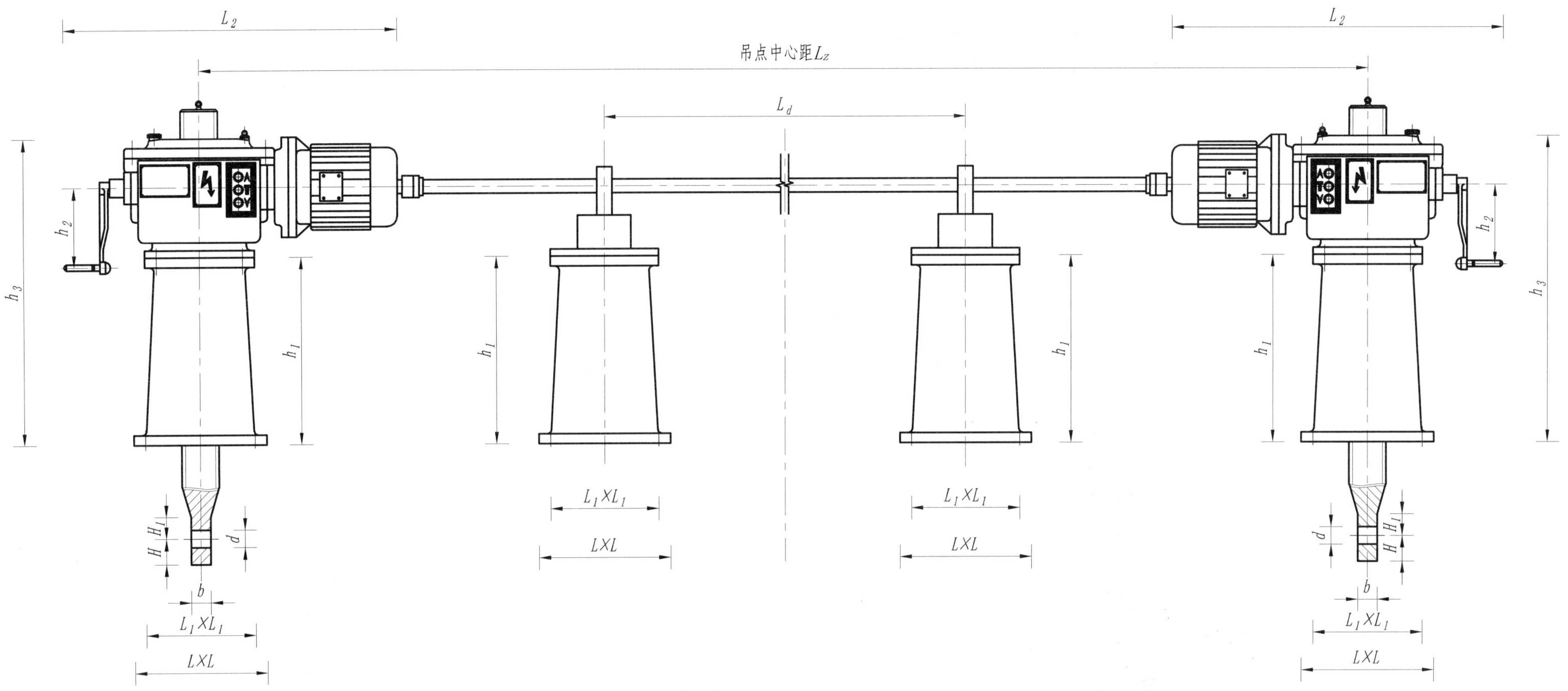

侧视图 1:50

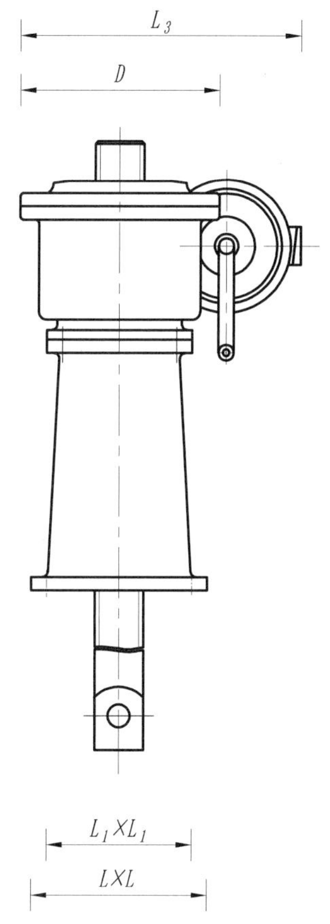

底座定位图 1:60

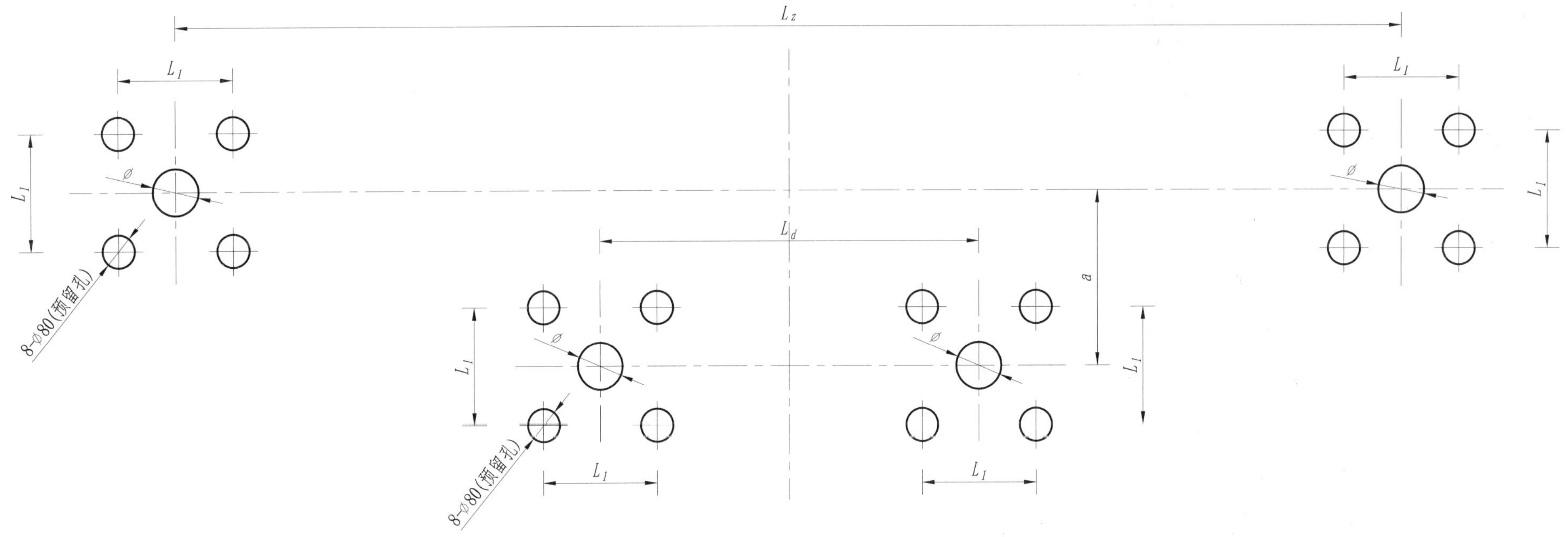

螺杆启闭机轴测图

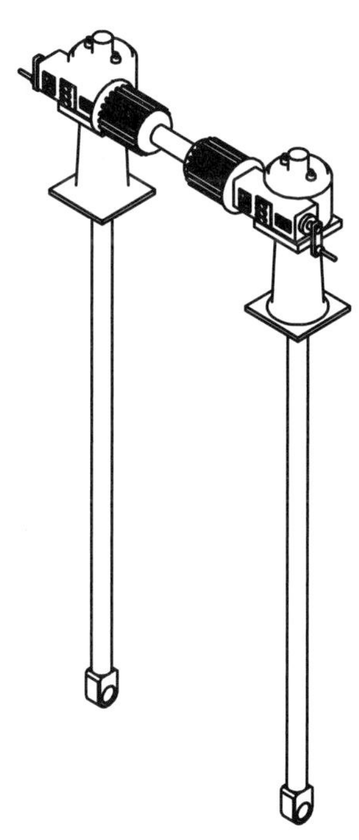

直联式手电一体双吊点螺杆启闭机特性表

参数 规格	启门力(kN)	闭门力(kN)	扬程(m)	启闭速度(m/min)	螺杆直径(mm)	电机功率(kW)	L_z	L_d	L	L_1	L_2	L_3	h_1	h_2	h_3	H	H_1	D	b	d	ø	a	地脚螺栓	数量(台)	重量(kg)
QL-2×50-SD	2×50	50	2.0	0.323	ø62	1.5	3000	1800	280	230	757	446	470	200	758	50	60	290	35	32	150	128	8-M16×300	1	650
QL-2×80-SD	2×80	80	3.0	0.310	ø72	2.2	4000	2000	340	280	864	541	470	200	768	75	65	384	50	40	180	174	8-M20×500	1	780

结构类型	箱涵结构节制闸
图　名	箱梁结构节制闸螺杆启闭机结构图
图　号	11/11

一字板结构进水闸轴测图

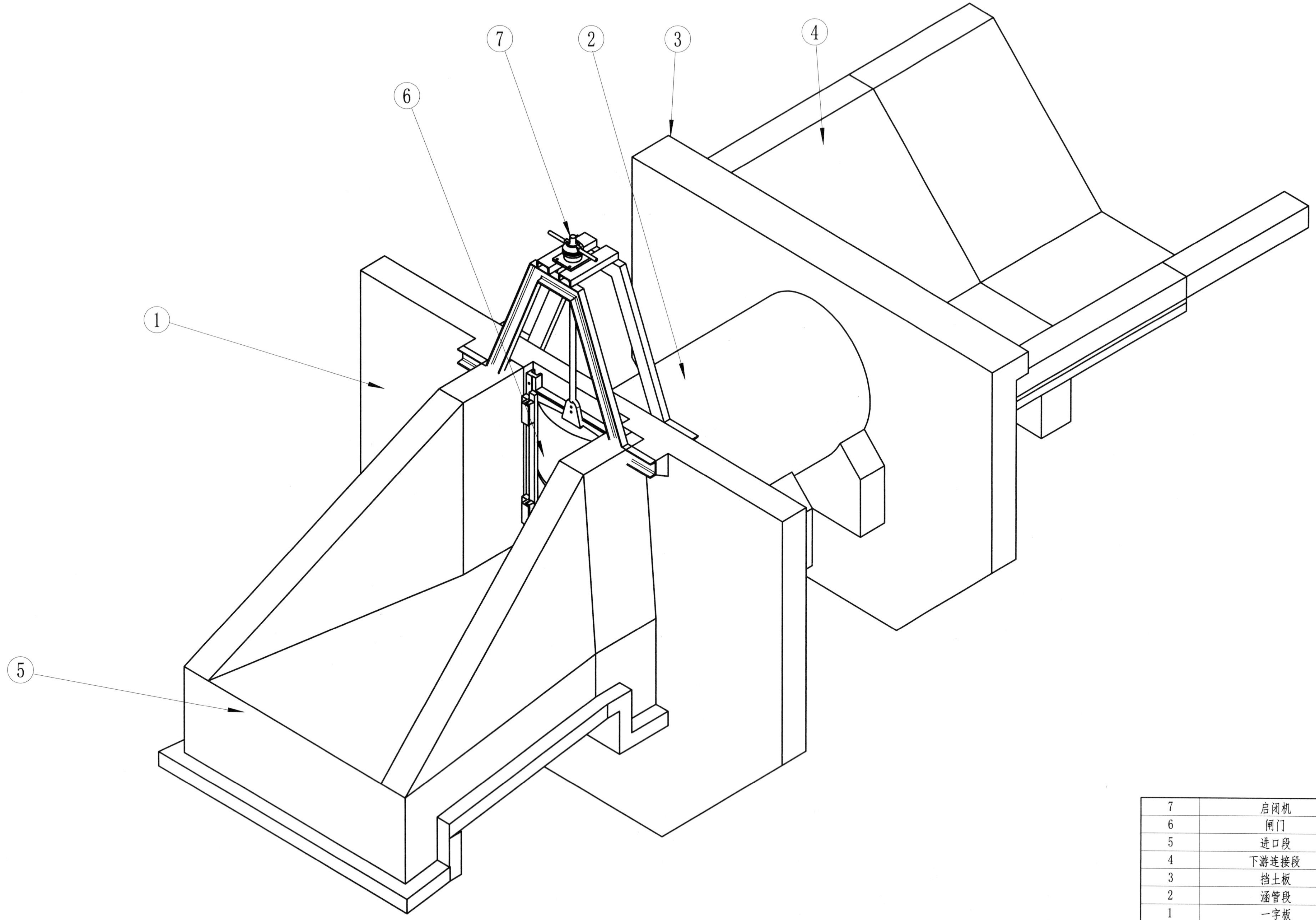

序号	名称	数量
7	启闭机	1
6	闸门	1
5	进口段	1
4	下游连接段	1
3	挡土板	1
2	涵管段	1
1	一字板	1

结构类型	一字板结构进水闸
图　名	一字板结构进水闸轴测图
图　号	1/6

A—A 1∶50

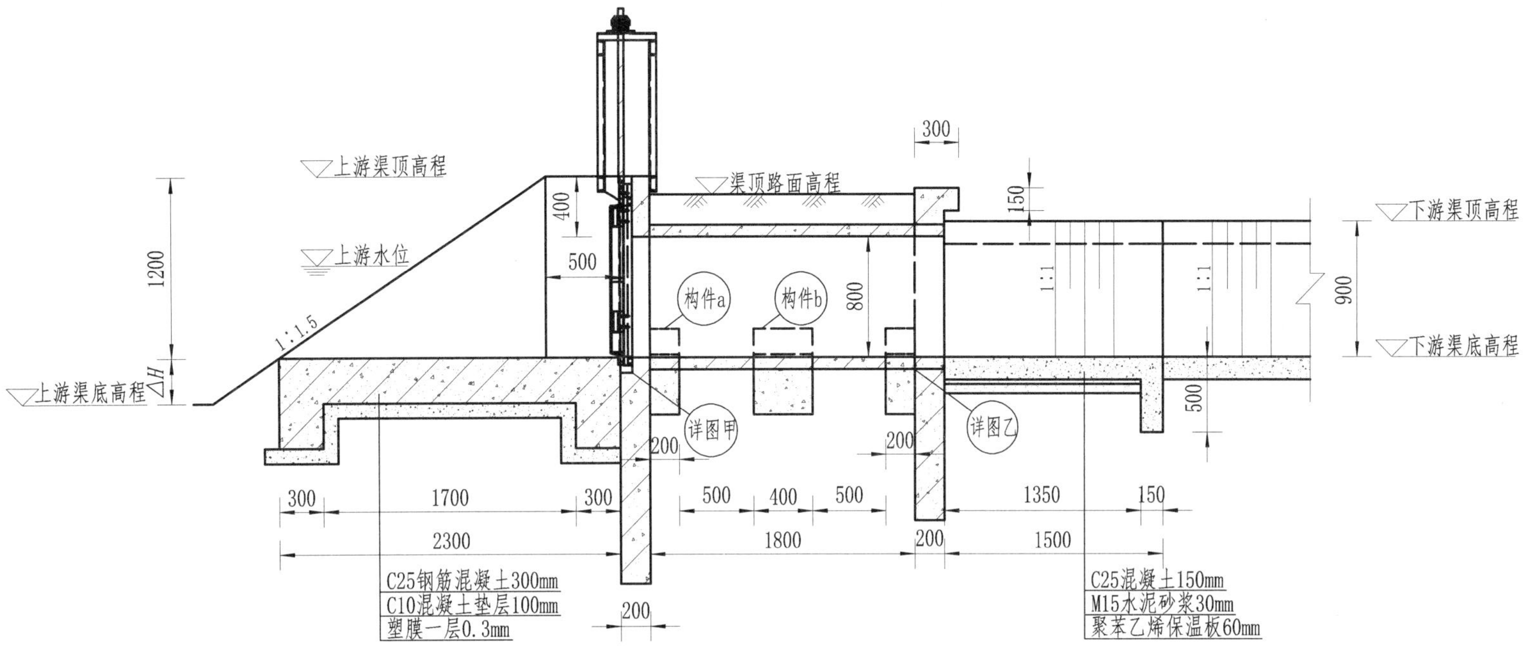

平面图 1∶50

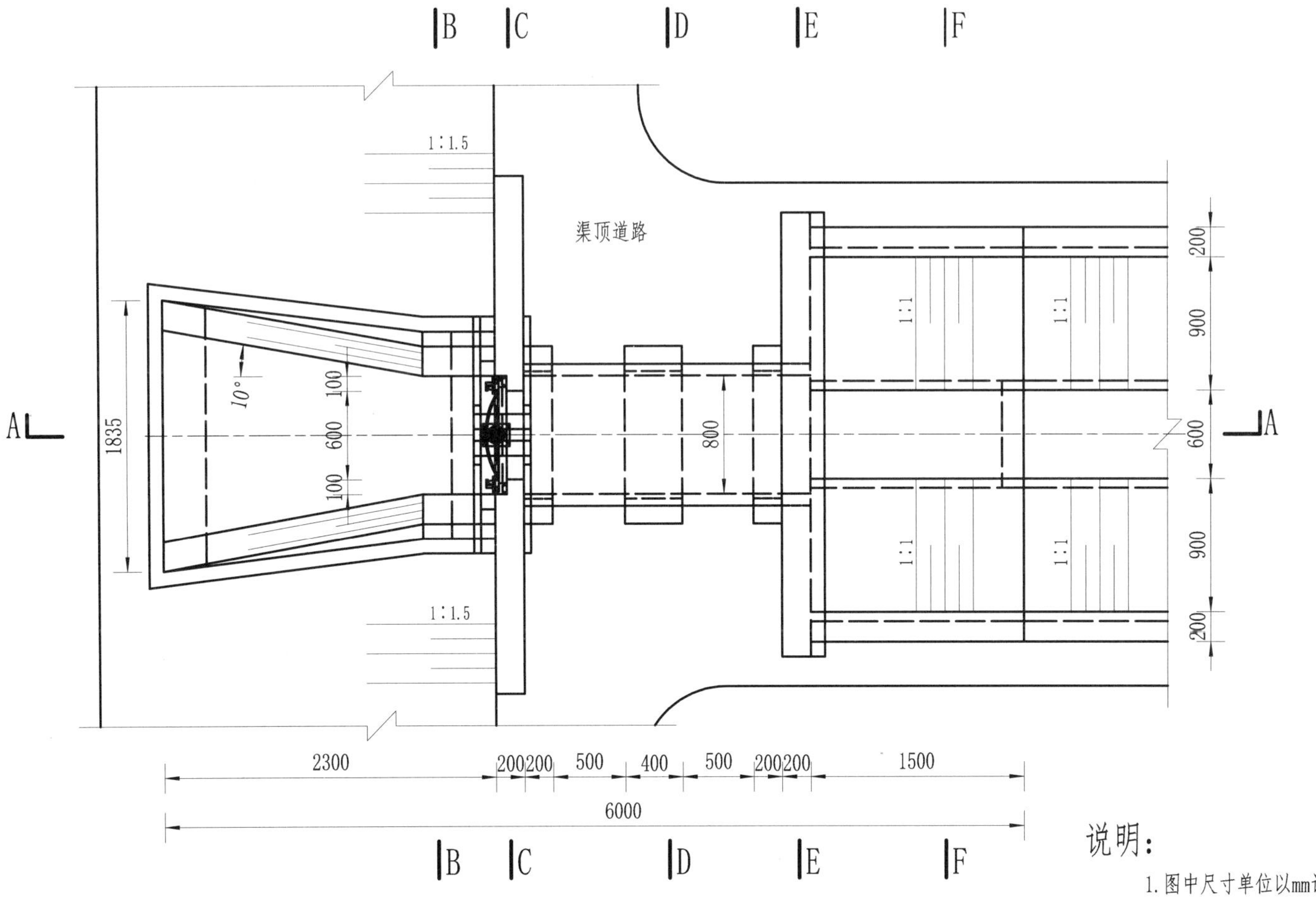

构件a 1∶50

立面　　X—X

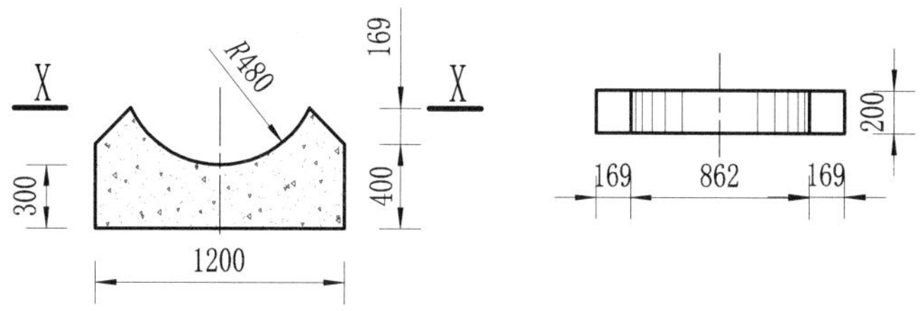

构件b 1∶50

立面　　Y—Y

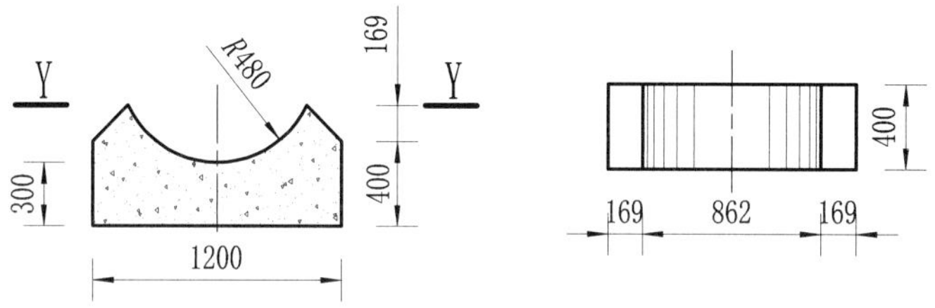

三维剖切轴测图

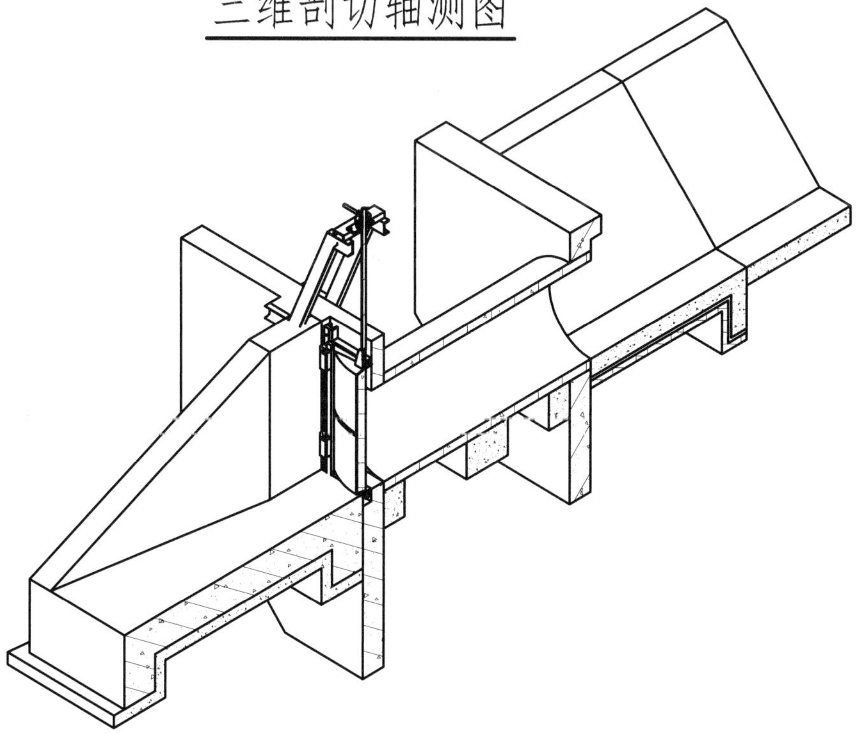

说明：

1. 图中尺寸单位以mm计。
2. 图中所有接缝必须用M15水泥砂浆填满，缝宽10mm。
3. 混凝土强度等级为C25。
4. 采用0.6m×0.8m铸铁闸门，10kN手推式螺杆启闭机。

结构类型	一字板结构进水闸
图　名	一字板结构进水闸平面图、纵剖面图
图　号	2/6

B—B 1∶50

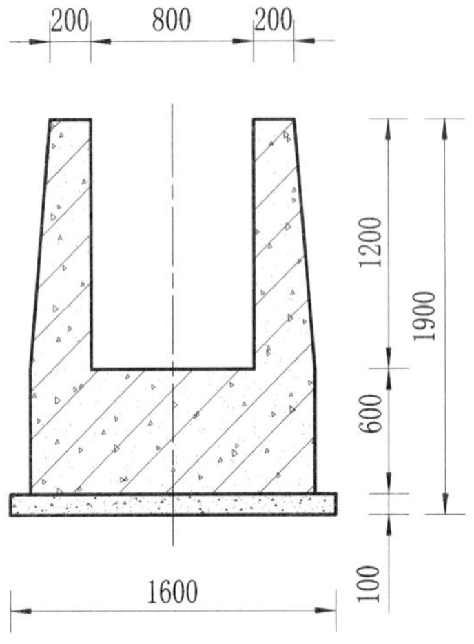

C—C 1∶50

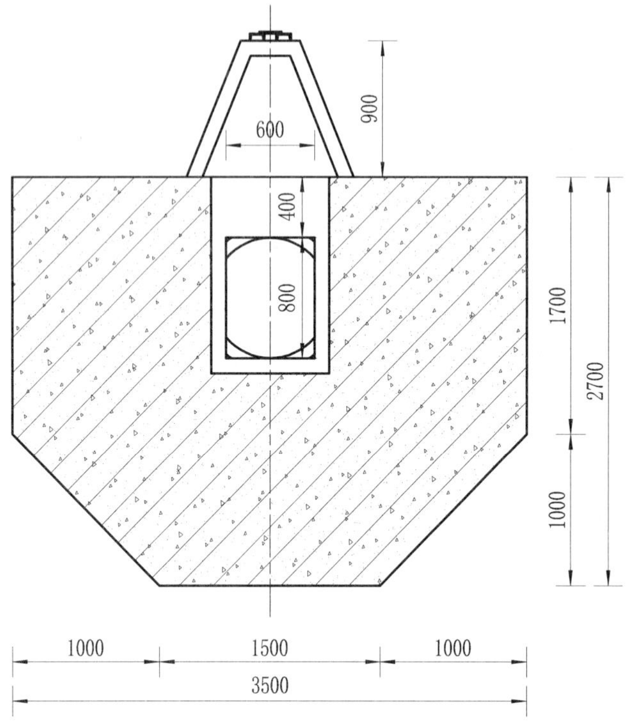

E—E 1∶50

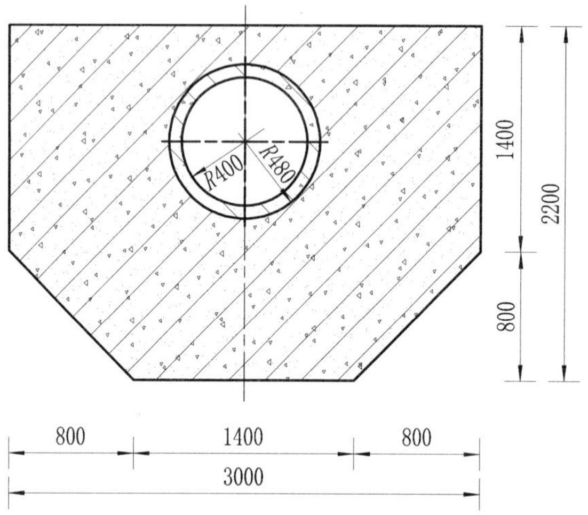

D—D 1∶50

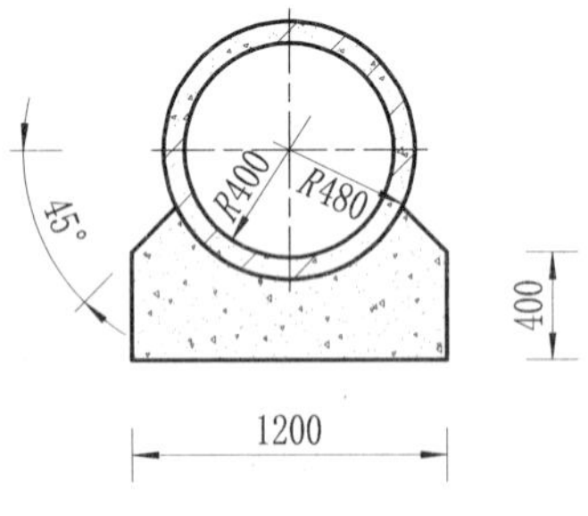

F—F 1∶50

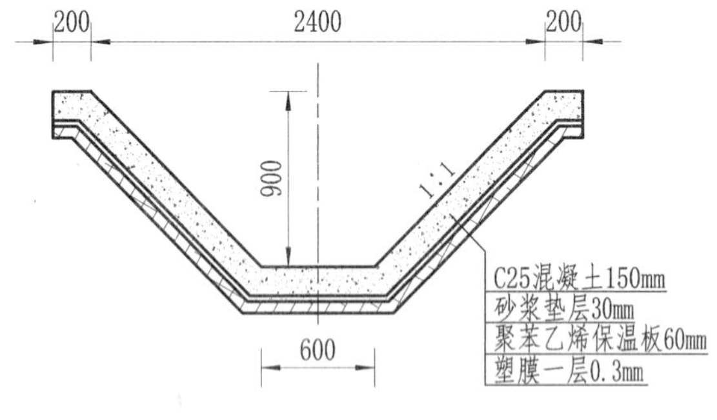

详图甲 1∶20

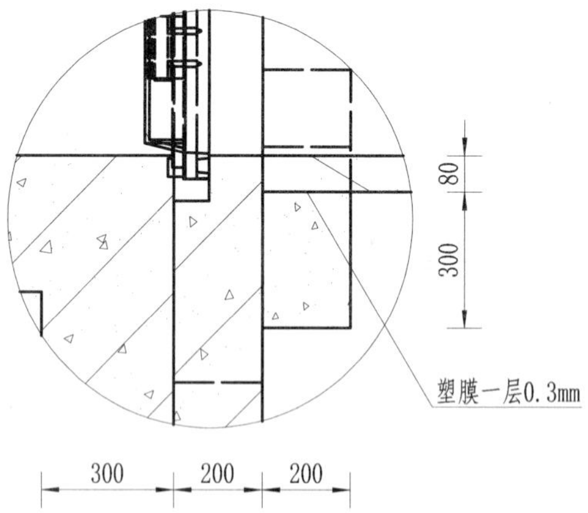

详图乙 1∶20

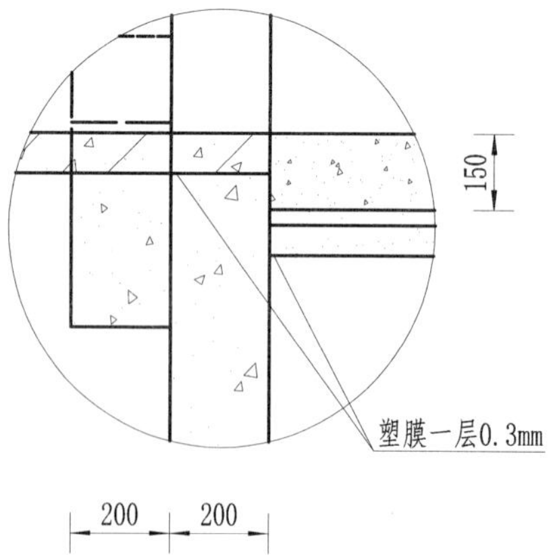

说明：

1. 图中尺寸单位以mm计。
2. 图中所有接缝必须用M15水泥砂浆填满，缝宽10mm。
3. 混凝土强度等级为C25。
4. 采用0.6m×0.8m铸铁闸门，10kN手推式螺杆启闭机。

结构类型	一字板结构进水闸
图　　名	一字板结构进水闸剖面图
图　　号	3/6

进口段配筋图 1:25

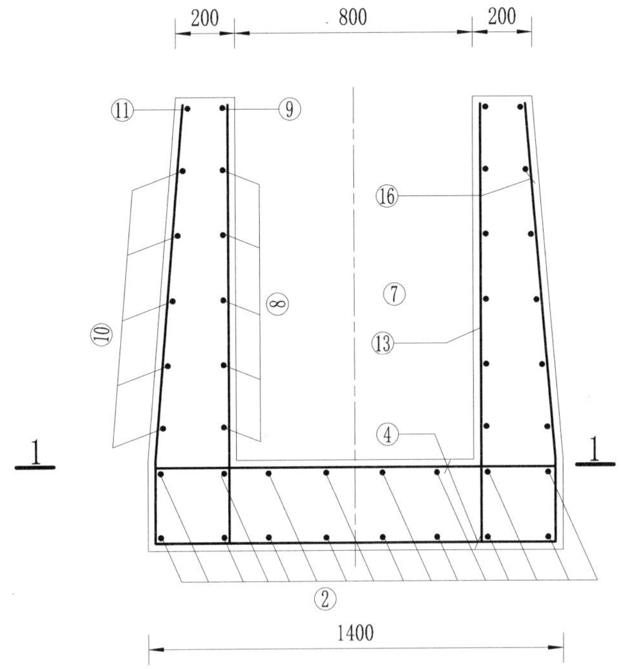

2—2 1:25

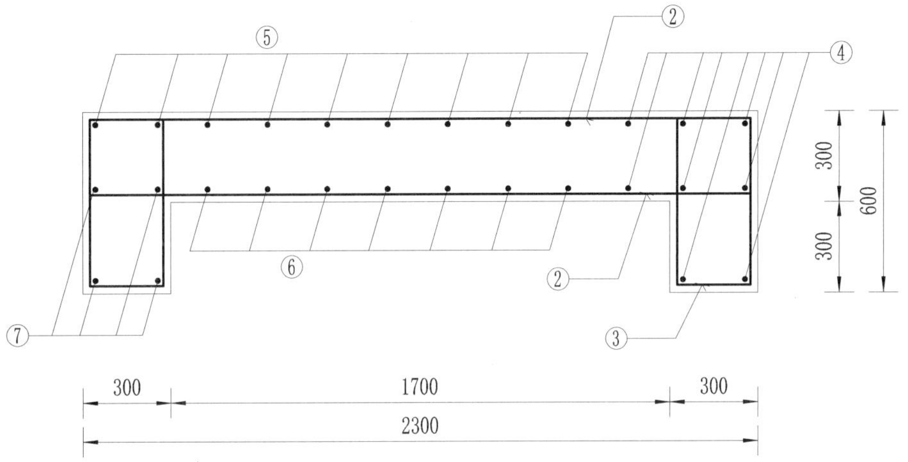

进口段材料表

规格	总长度(m)	单位重(kg/m)	总重(kg)
Φ10	234.44	0.617	144.65
合计	234.44		144.65

1—1 1:25

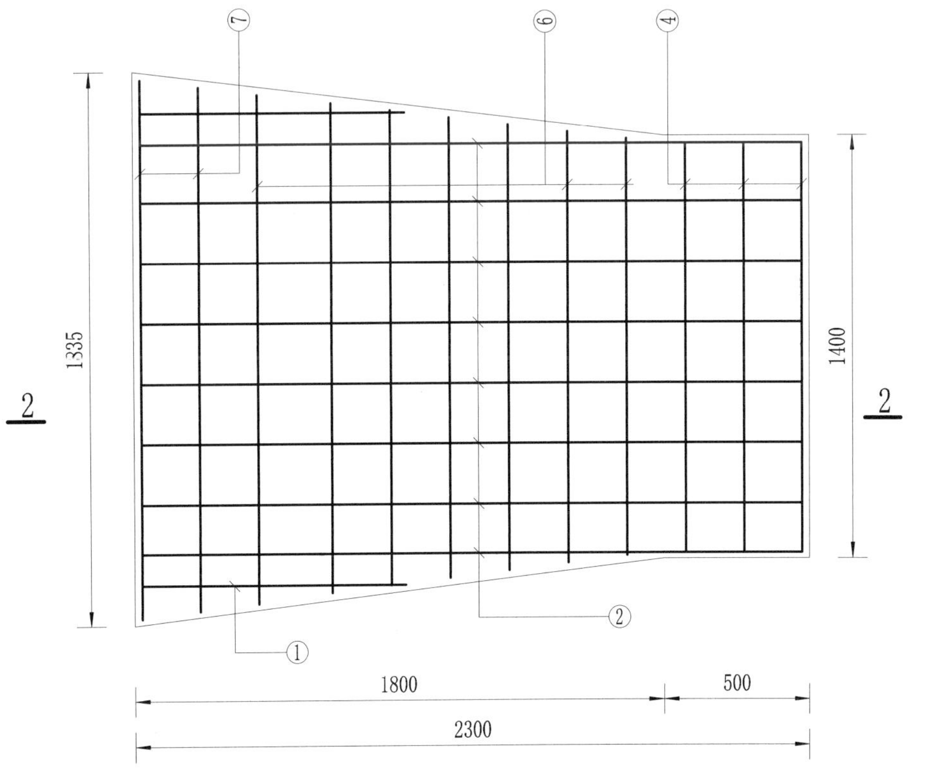

进口段钢筋表

编号	直径(mm)	型式	间距(mm)	单根长(mm)	根数	总长(mm)
①	Φ10	1240	200	1366	1×4	5.46
②	Φ10	2250	200	2376	8×2	38.02
③	Φ10	540 / 540 / 240 / 240	200	1686	18	30.35
④	Φ10	1350	200	1476	8	11.81
⑤	Φ10	1400~1980	200	1520~2100	9	16.29
⑥	Φ10	1400~1830	200	1520~1950	7	12.15
⑦	Φ10	1900~1980	200	2100~2020	2×2	8.24
⑧	Φ10	166.9° 300~1760	200	890~2350	6×2	19.44
⑨	Φ10	490	200	616	1×2	1.23
⑩	Φ10	780	200	906	6×2	10.80
⑪	Φ10	480	200	606	1×2	1.21
⑫	Φ10	300~2000	200	420~2120	7×2	17.78
⑬	Φ10	1450	200	1576	6	9.46
⑭	Φ10	530~1350	200	650~1470	7×2	14.84
⑮	Φ10	400	200	526	1×2	1.05
⑯	Φ10	1180 175.2° 270 350	200	1926	1×6	11.56
⑰	Φ10	175.3° 270 350	200	1110~1900	7×2	21.07
⑱	Φ10	350 270 175.3° 240	200	986	1×2	1.97
⑲	Φ10	350 270 175.3° 110	200	856	1×2	1.71

说明：

1. 图中尺寸单位以mm计。
2. 混凝土强度等级为C25。
3. 混凝土保护层为25mm。

进口段轴测图

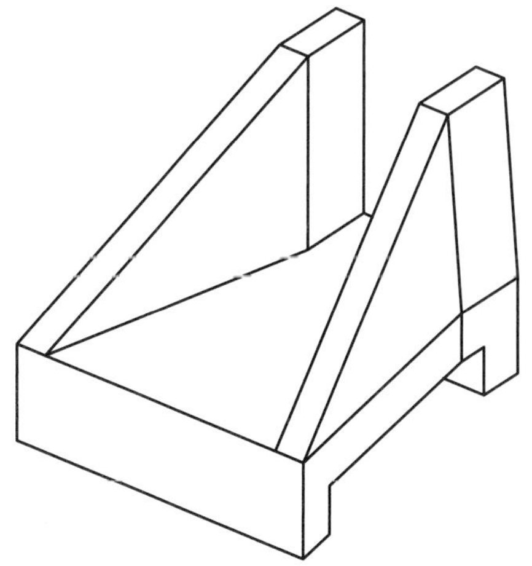

结构类型	一字板结构进水闸
图　　名	一字板结构进水闸进口段钢筋图
图　　号	4/6

一字板钢筋图 1:50

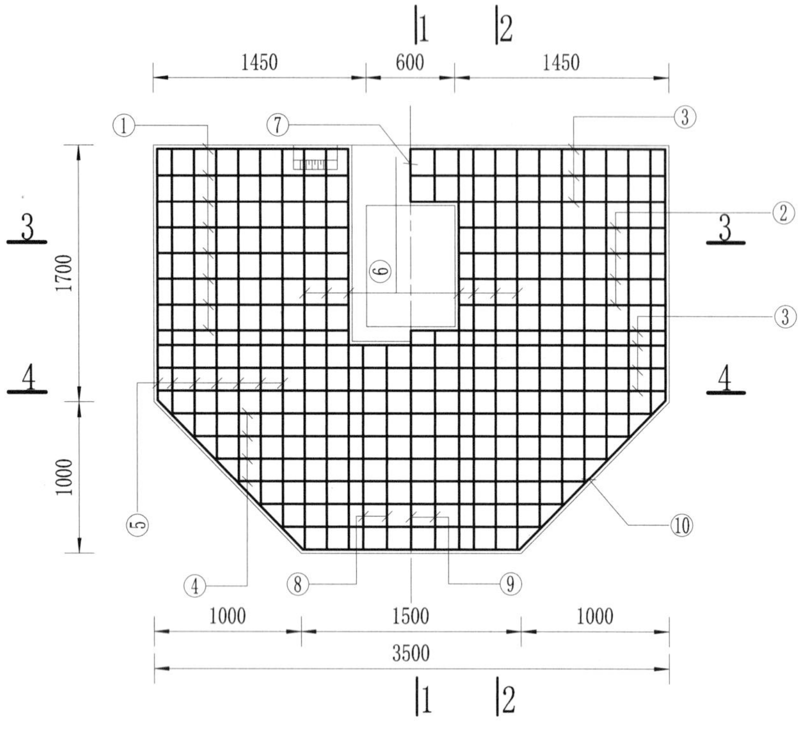

1—1 1:50

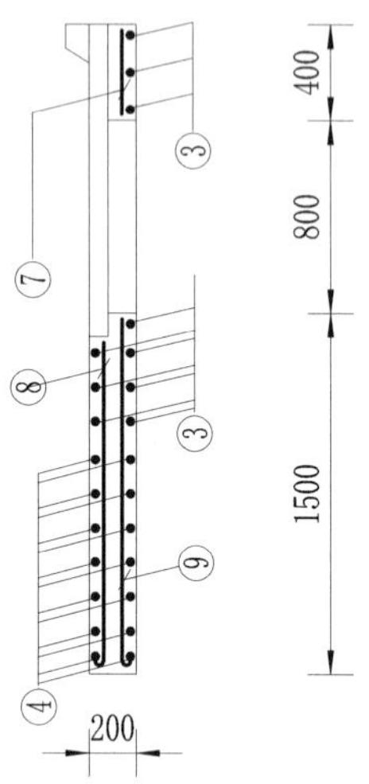

立面图 1:50

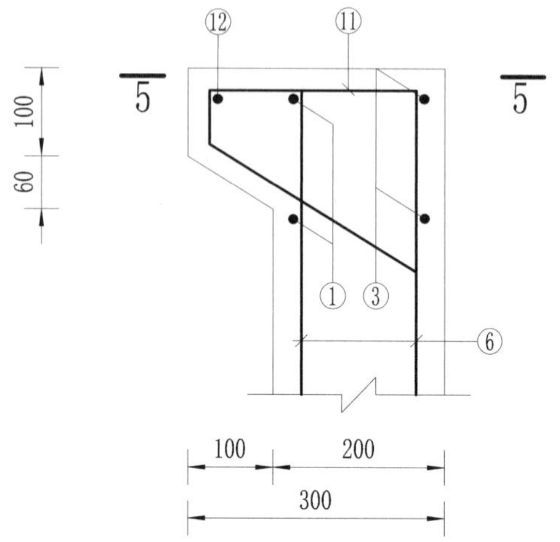

5—5 1:50

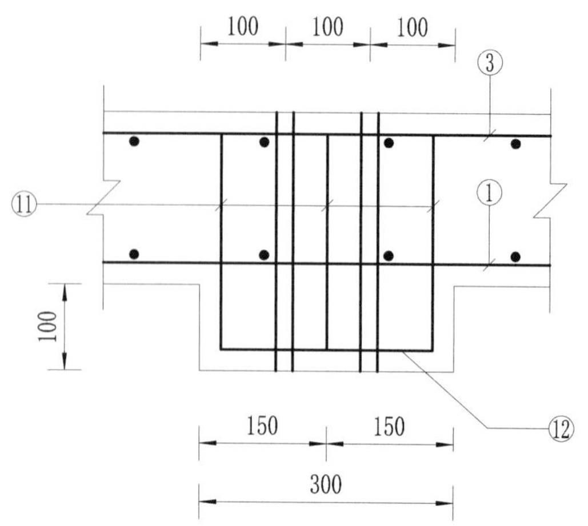

2-2 1:50

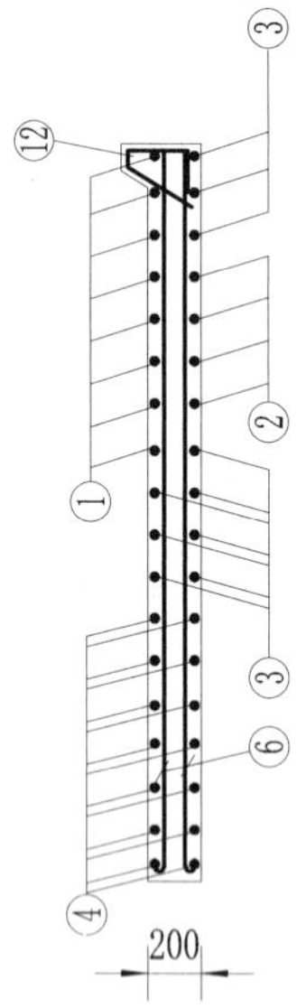

3—3 1:50

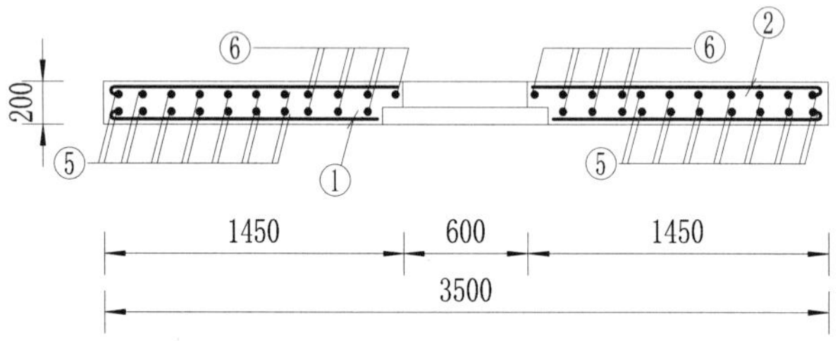

4—4 1:50

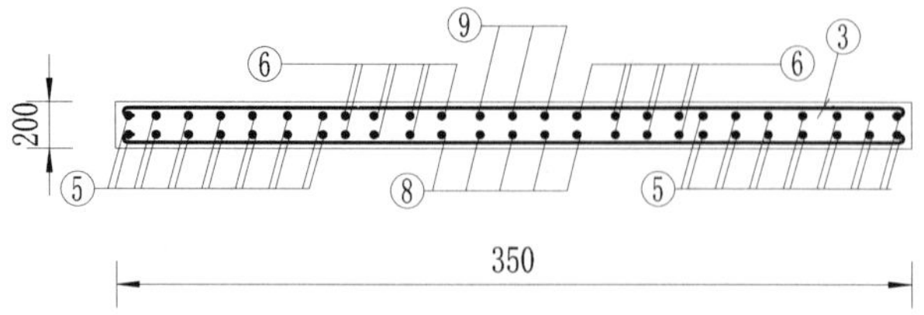

一字板钢筋表

编号	直径(mm)	型式	间距(mm)	单根长(mm)	根数	总长(mm)
①	Φ8	1300	150	1400	16	8.85
②	Φ8	1400	150	1500	8	4.74
③	Φ8	3450	150	3550	10	14.02
④	Φ8	1479~3279，Δl300各2	150	2479	14	13.71
⑤	Φ8	1665~2565，Δl150各4	150	2215	28	24.50
⑥	Φ8	2650	150	2750	14	15.21
⑦	Φ8	350	150	450	3	0.53
⑧	Φ8	1350	150	1450	5	2.86
⑨	Φ8	1450	150	1550	3	1.84
⑩	Φ8	50 45° 279 50 45.0°	—	479	4	0.76
⑪	Φ12	60 121° 280 250 150	150	740	6	3.94
⑫	Φ12	250	150	250	2	0.44

一字板材料表

规格	总长度(m)	单位重(kg/m)	总重(kg)
Φ8	224.35	0.395	88.62
Φ12	4.94	0.888	4.39
合计	229.29		93.01

说明：

1. 图中尺寸单位以mm计。
2. 混凝土强度等级为C25。
3. 混凝土保护层为25mm。
4. 机架桥排架启闭机固定孔位置根据启闭机具体尺寸确定。

一字板轴测图

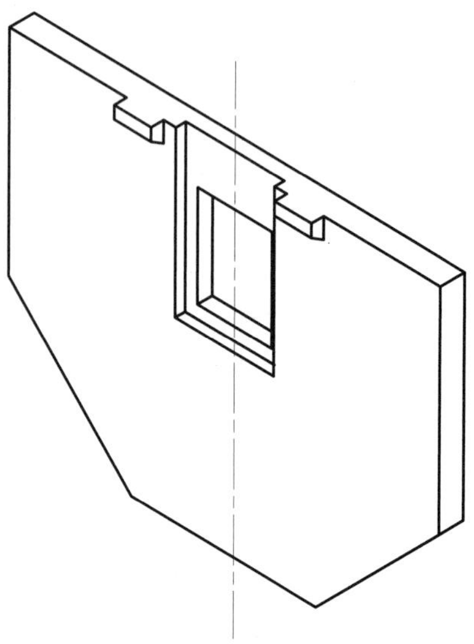

结构类型	一字板结构进水闸
图　名	一字板结构进水闸一字板钢筋图
图　号	5/6

挡土墙钢筋图 1∶25

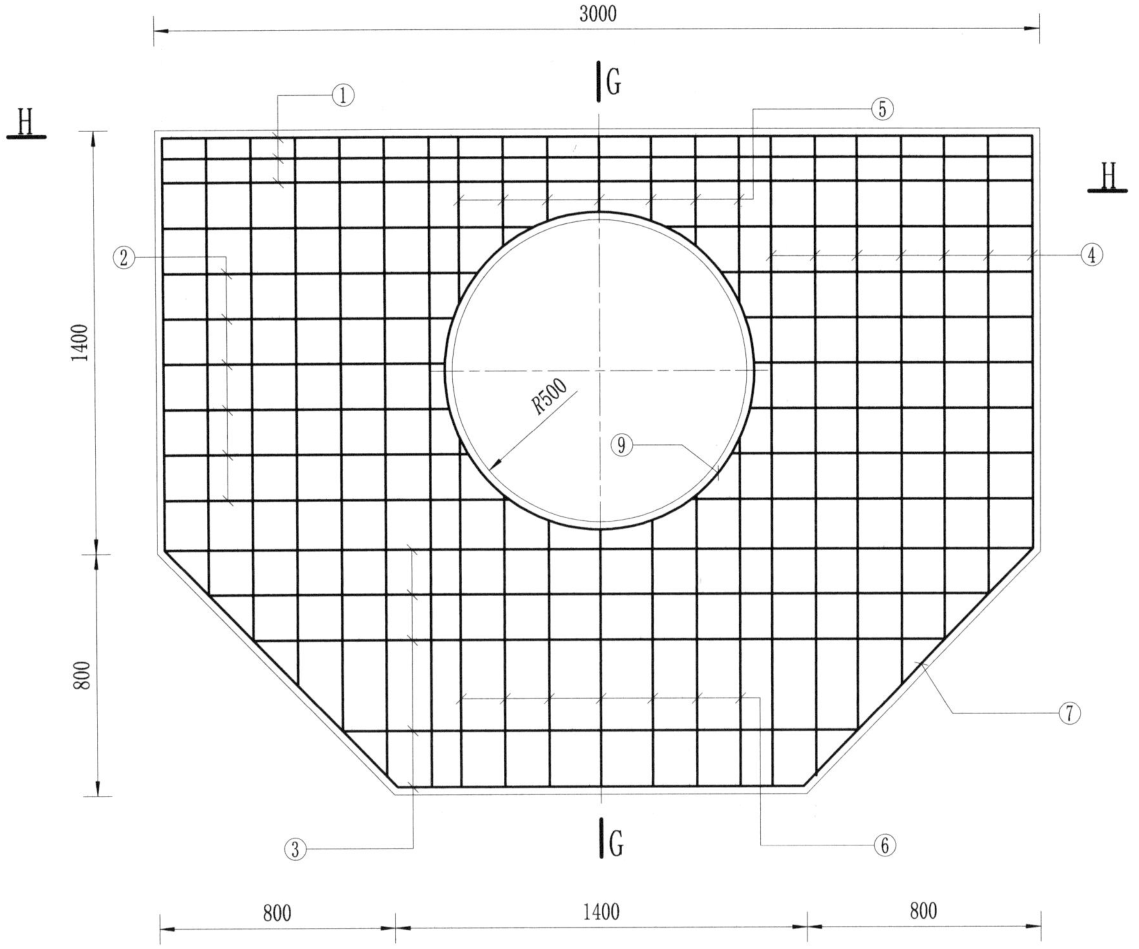

G—G 1∶25

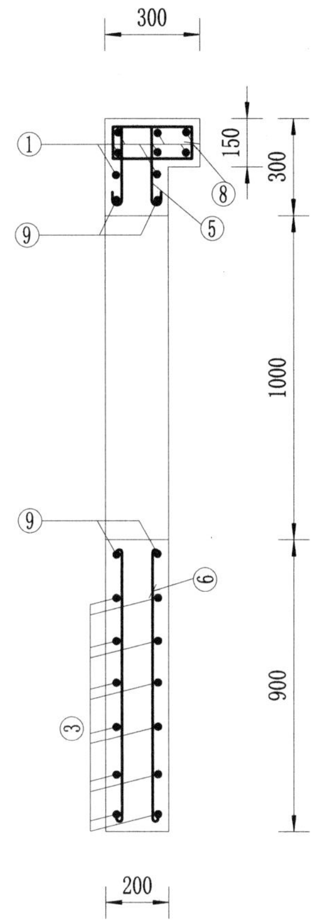

挡土板钢筋表

编号	直径(mm)	型式	间距(mm)	单根长(mm)	根数	总长(mm)
①	Φ8	2950	—	3050	8	24.40
②	Φ8	950~1250	150	1230	28	34.44
③	Φ8	1380~2950	150	2265	12	27.18
④	Φ8	1364~2150	150	1760	28	49.28
⑤	Φ8	250~550	150	530	14	7.42
⑥	Φ8	850~1116	150	1100	14	15.40
⑦	Φ8	250 250 45° 1111 45.0°	150	1711	4	6.84
⑧	Φ8	100 250 250 100	150	860	21	18.06
⑨	Φ8	R500	—	3459	2	6.92

H—H 1∶25

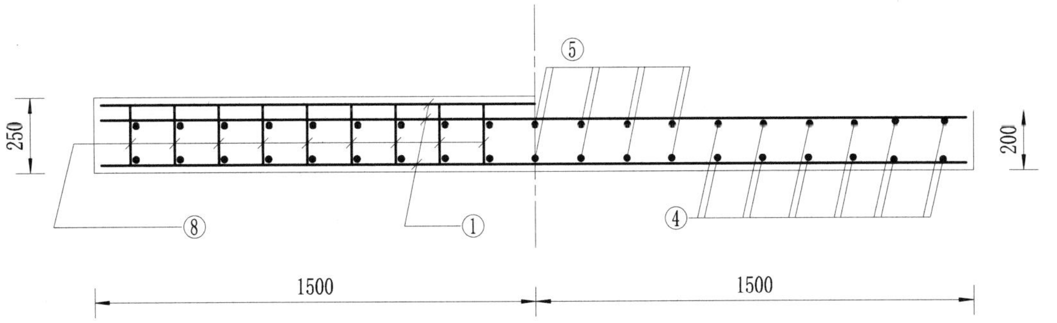

挡土板材料表

规格	总长度(m)	单位重(kg/m)	总重(kg)
Φ8	189.94	0.395	75.03
合计	189.94		75.03

挡土板轴测图

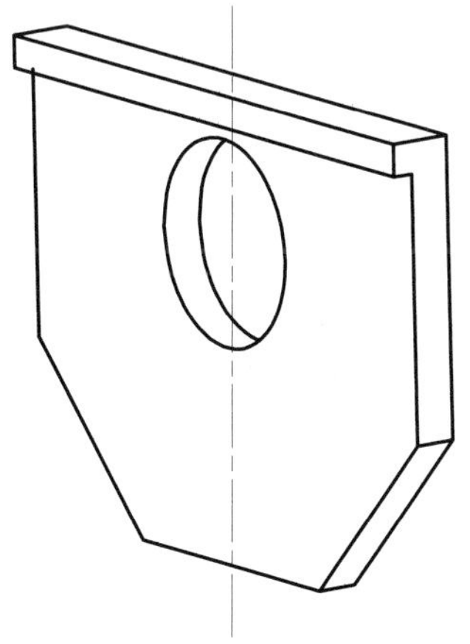

说明:

1. 图中尺寸单位以mm计。
2. 混凝土强度等级为C25。
3. 混凝土保护层为25mm。

结构类型	一字板结构进水闸
图 名	一字板结构进水闸挡土板钢筋图
图 号	6/6

一字板结构节制闸轴测图

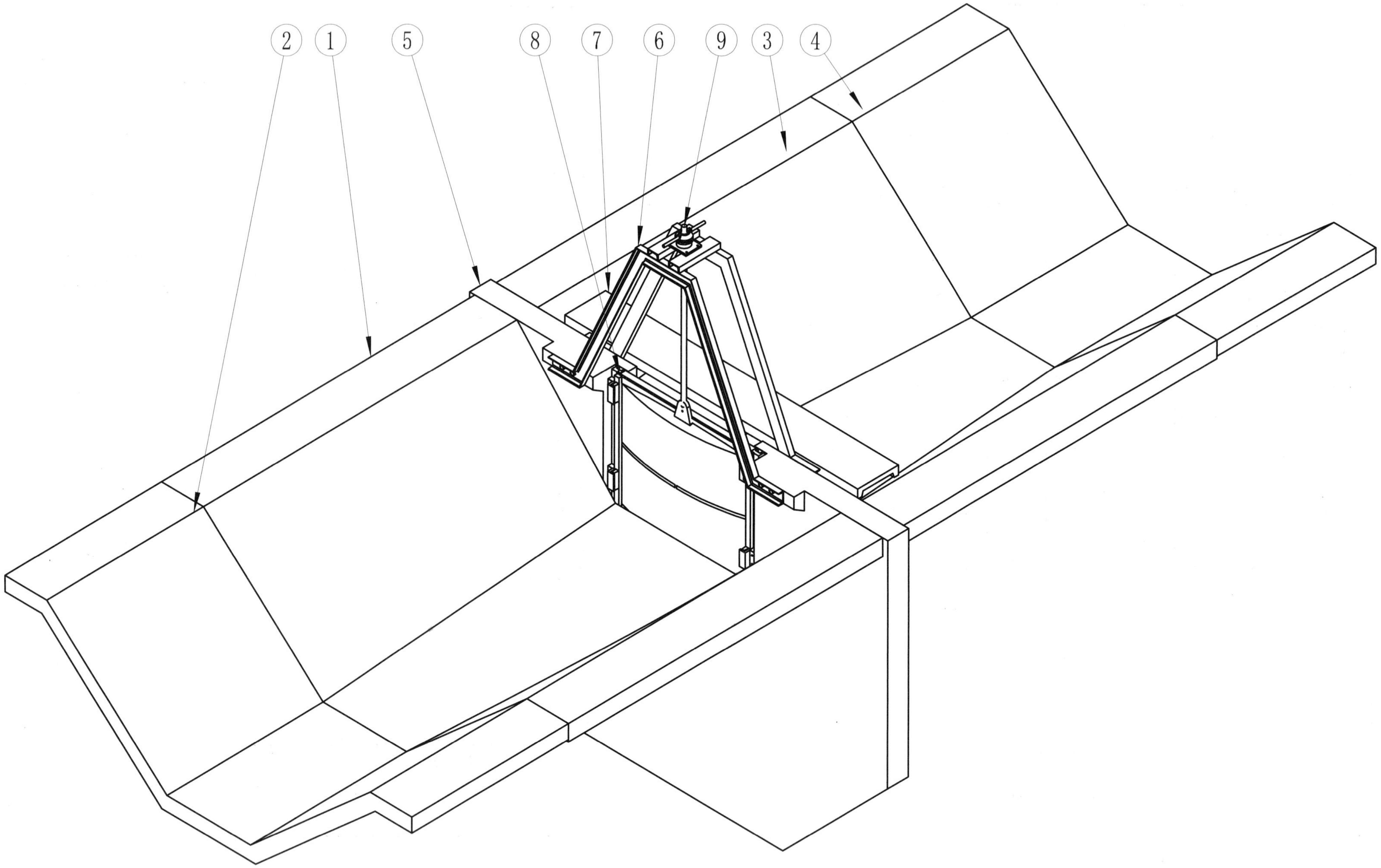

序号	名称	数量
9	启闭机	1
8	闸门	1
7	人行桥	1
6	排架	1
5	一字板	1
4	下游渠道	1
3	下游连接段	1
2	上游渠道	1
1	上游连接段	1

结构类型	一字板结构节制闸
图　　名	一字板结构节制闸轴测图
图　　号	1/6

平面图 1∶50

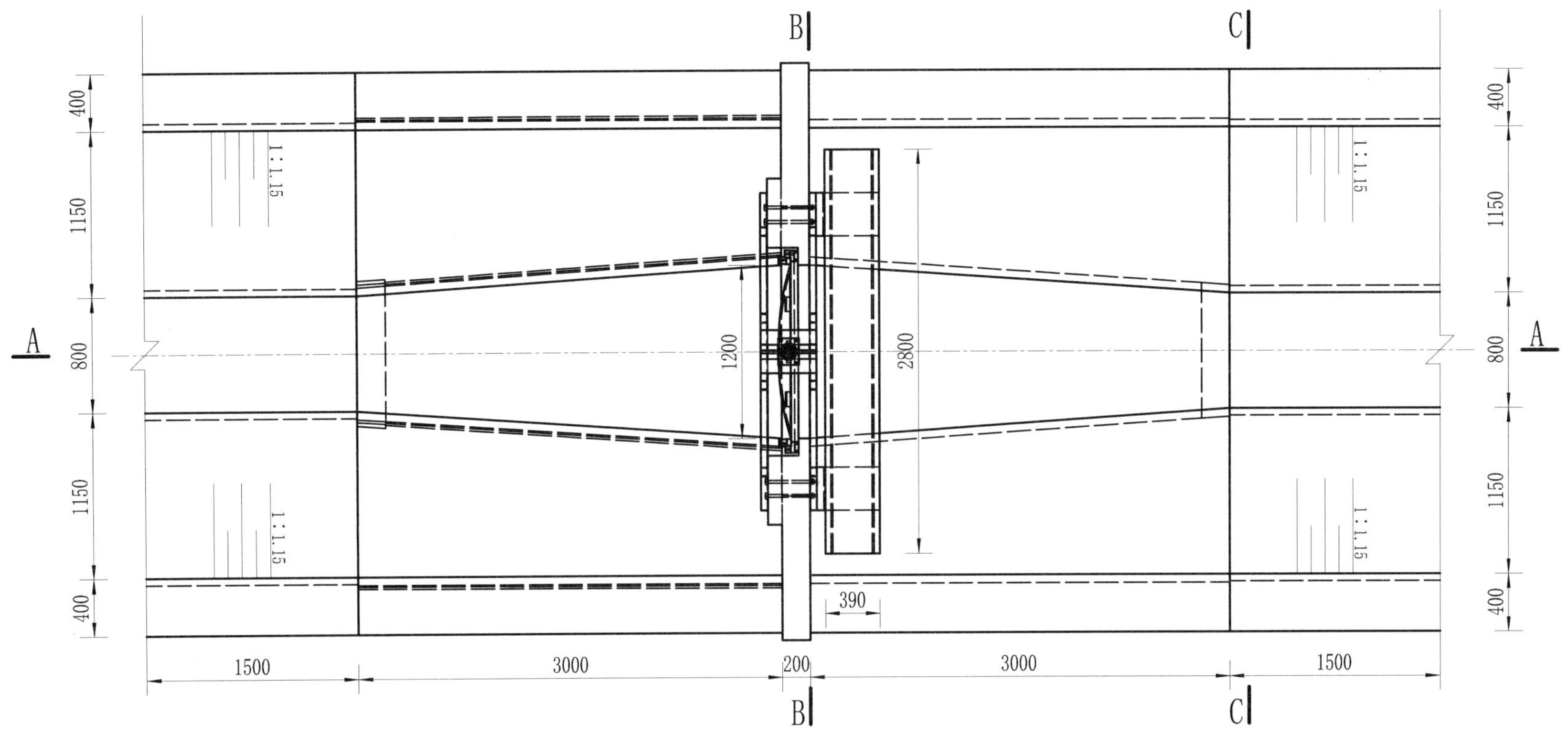

说明：

1. 图中尺寸单位以mm计。
2. 图中所有接缝必须用M15水泥砂浆填满，缝宽10mm。
3. 混凝土强度等级为C25。

A—A 1∶50

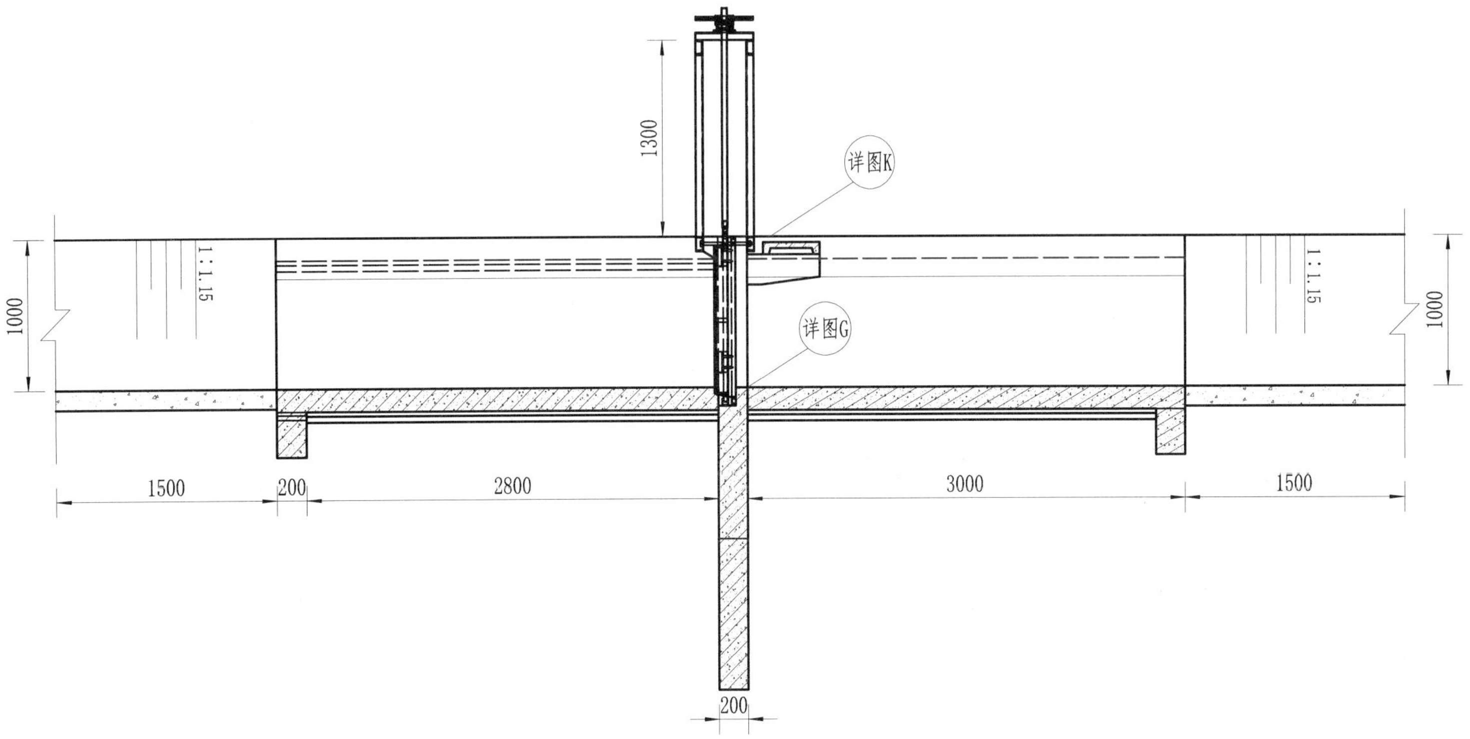

一字板节制闸剖切轴测图

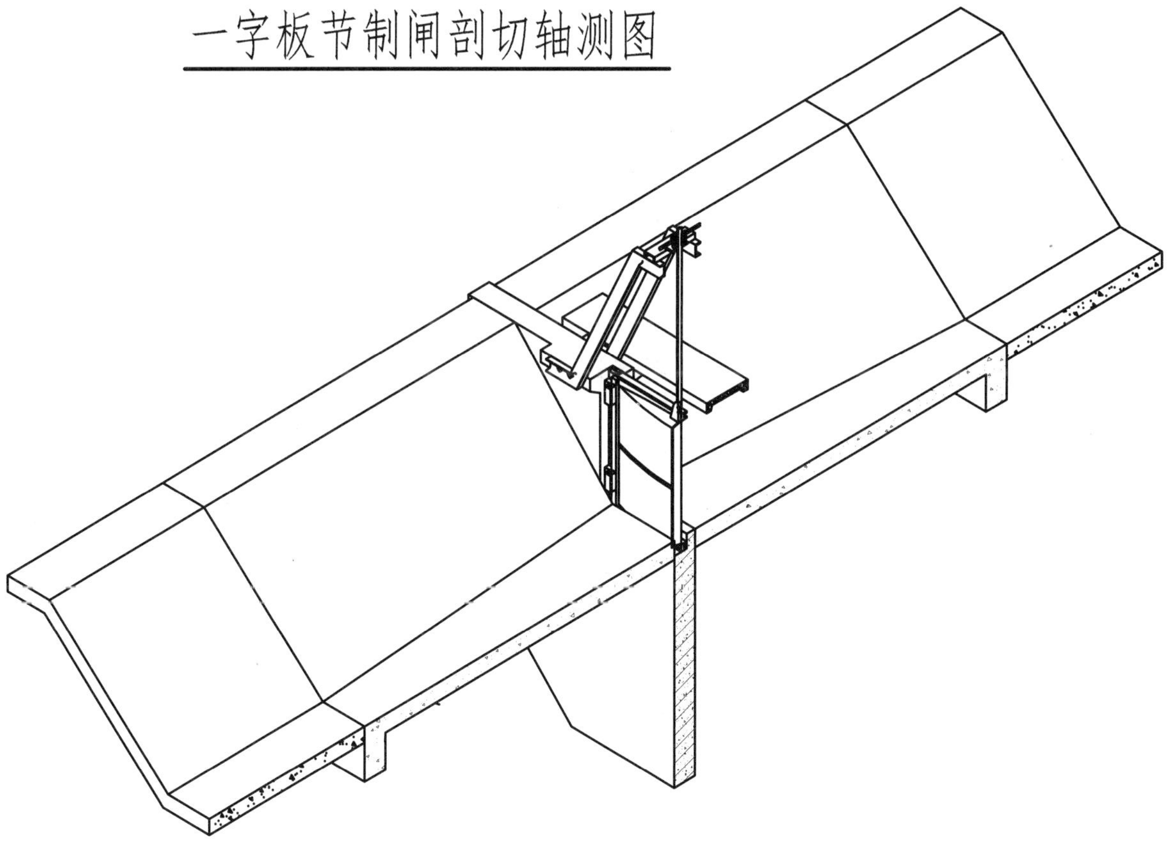

结构类型	一字板结构节制闸
图　　名	一字板结构节制闸平面图
图　　号	2/6

B—B 1∶50

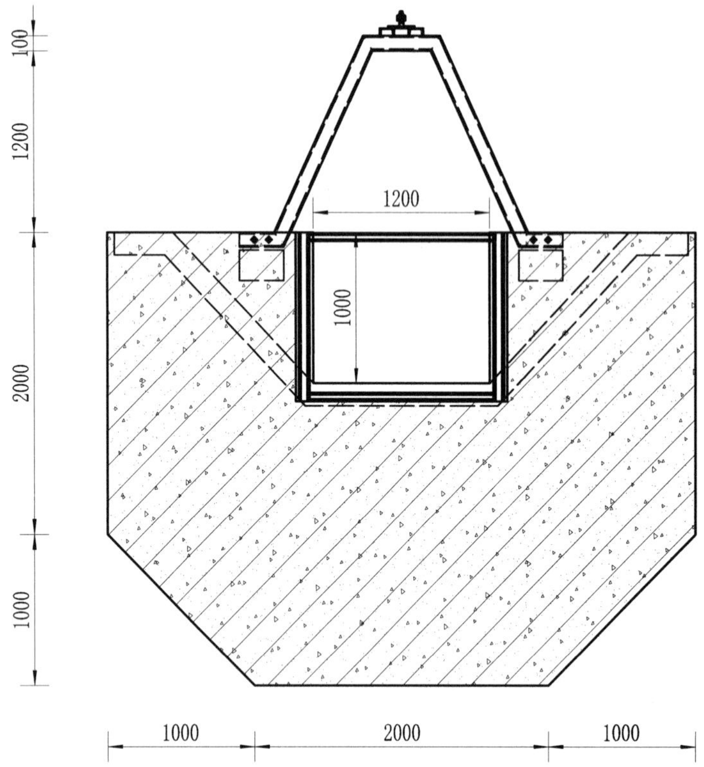

C—C 1∶50

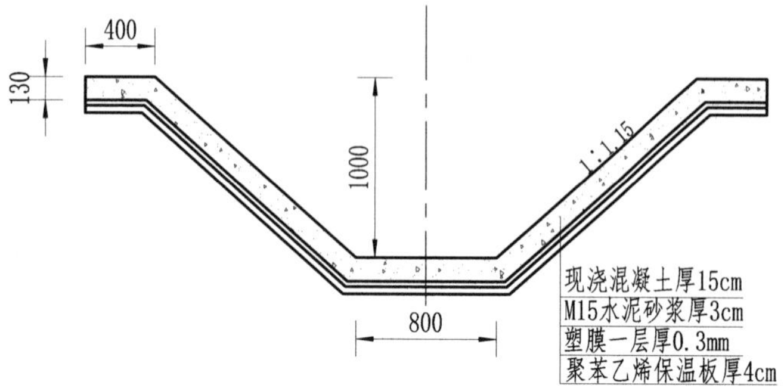

说明：

1. 图中尺寸单位以mm计。
2. 图中所有接缝必须用M15水泥砂浆填满，缝宽10mm。
3. 混凝土强度等级为C25。

详图K 1∶10

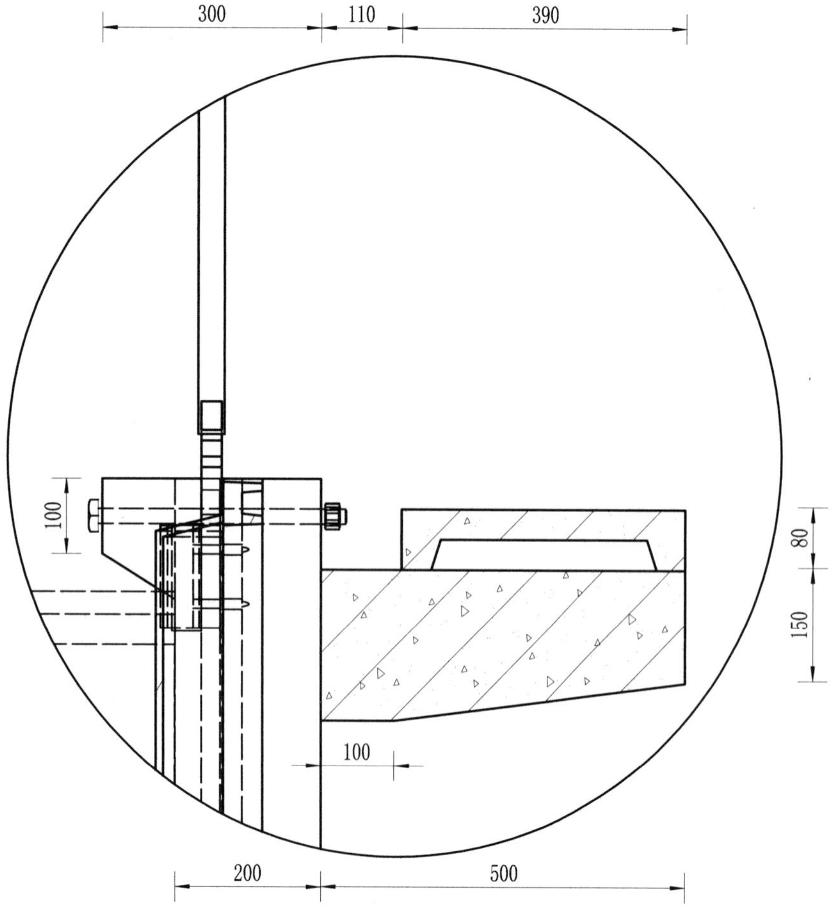

详图G 1∶10

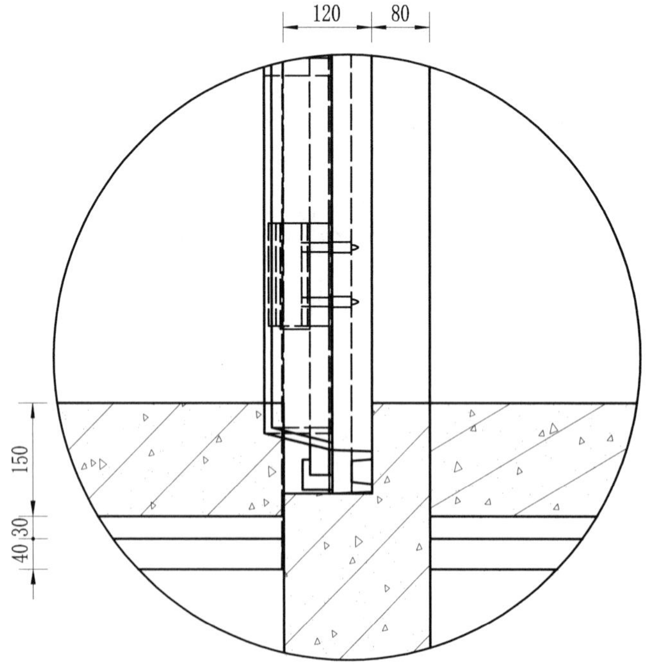

结构类型	一字板结构节制闸
图　名	一字板结构节制闸剖面图
图　号	3/6

一字板钢筋图 1:50

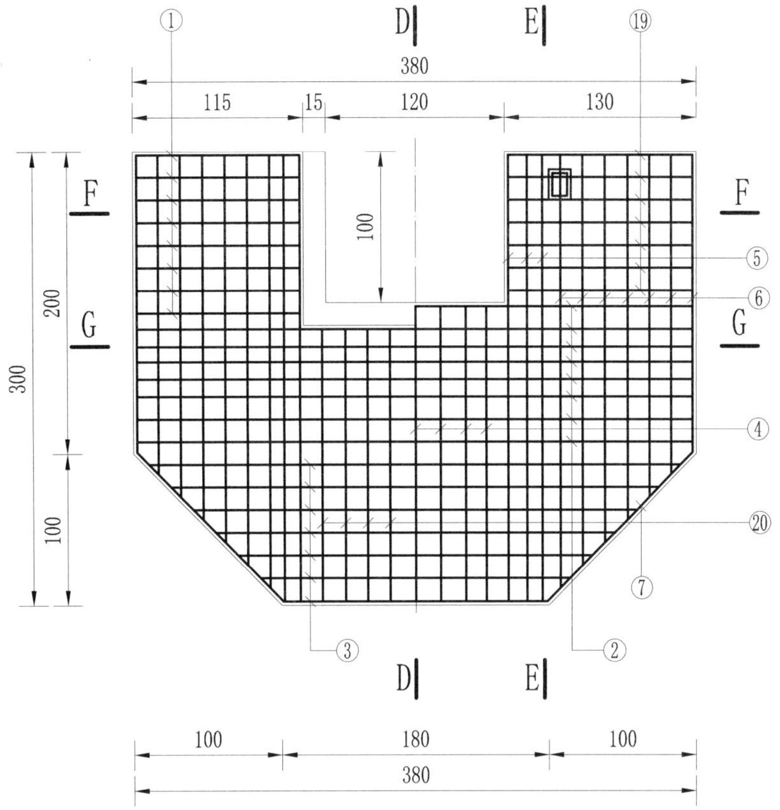

E—E 1:50

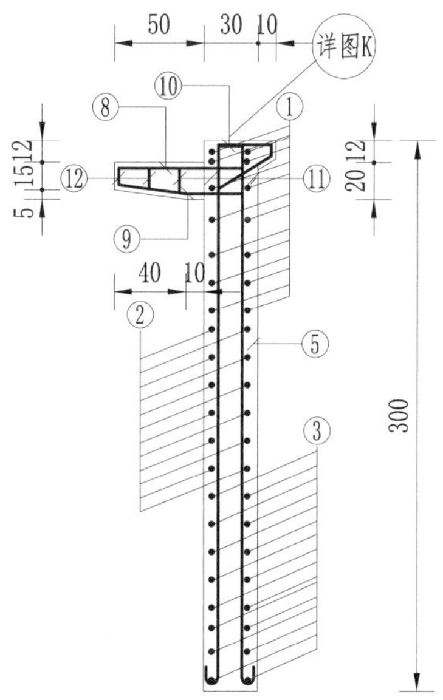

D—D 1:50

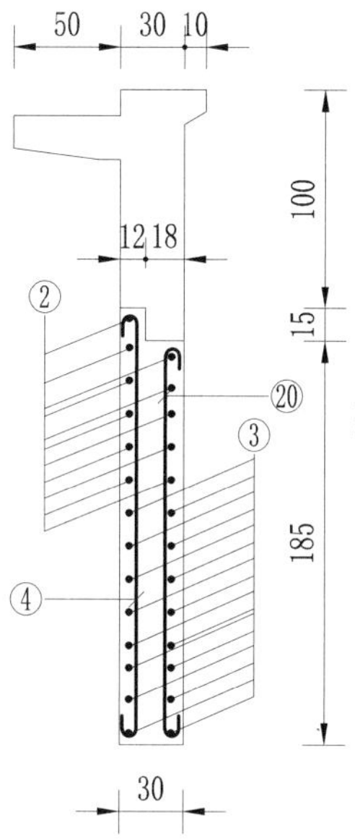

详图丁 1:50

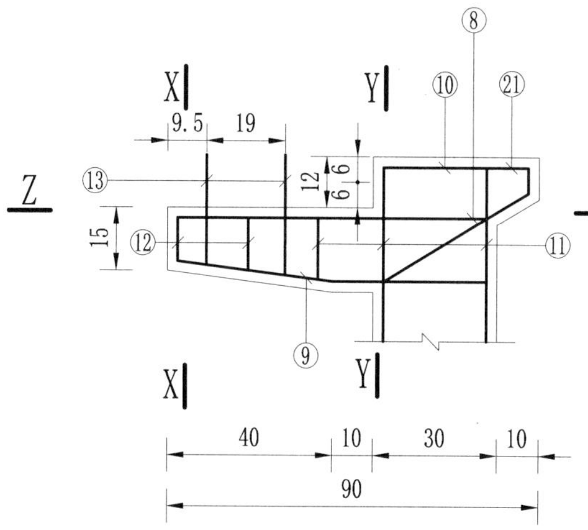

X—X 1:20

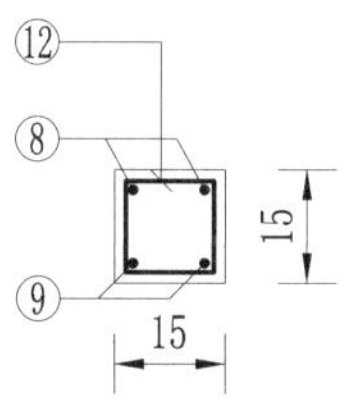

Y—Y 1:20

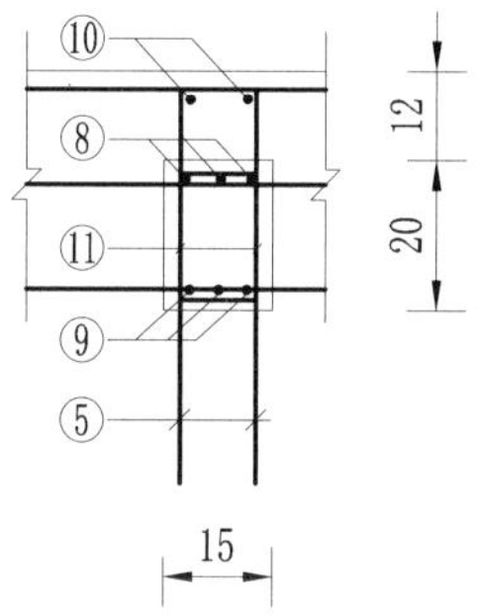

F—F 1:50

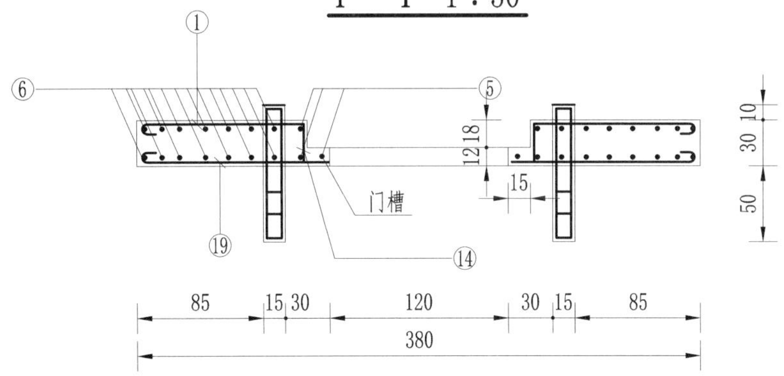

Z—Z 1:20

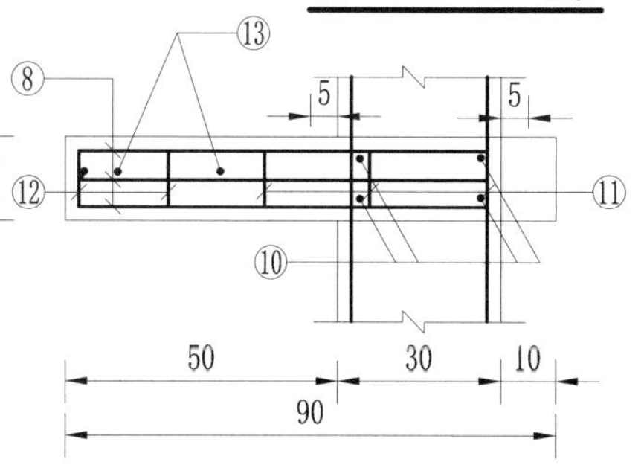

G—G 1:50

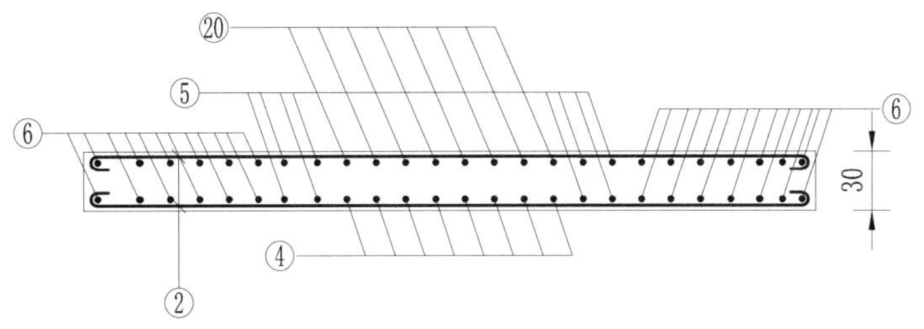

一字板轴测图

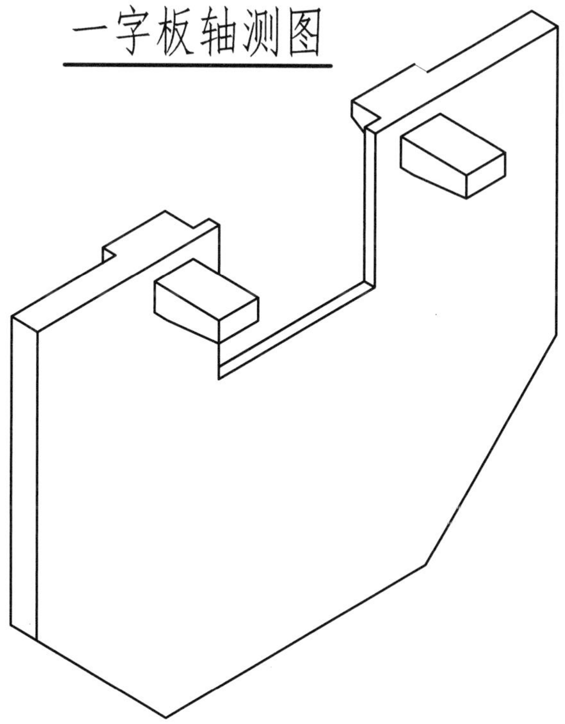

说明:

1. 图中尺寸单位以cm计。
2. 混凝土保护层为2.5cm。
3. 一字板混凝土强度等级为C25。
4. 闸门采用铸铁闸门。

结构类型	一字板结构节制闸
图　名	一字板结构节制闸一字板钢筋图
图　号	4/6

工作桥钢筋图 1:50

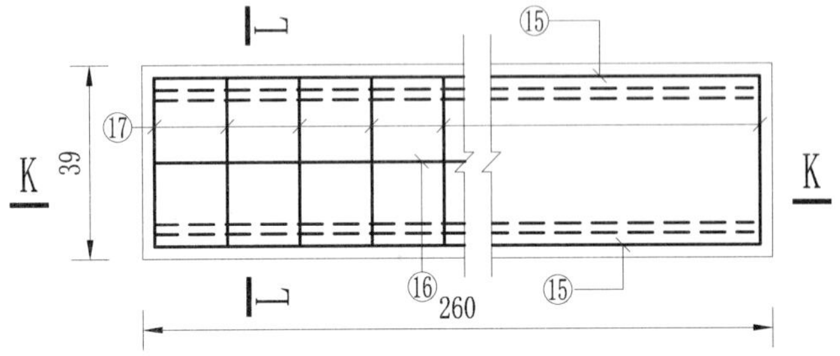

K—K 1:50

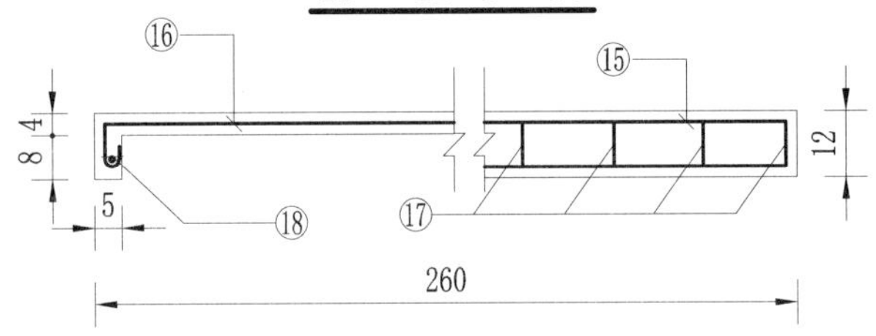

L—L 1:50

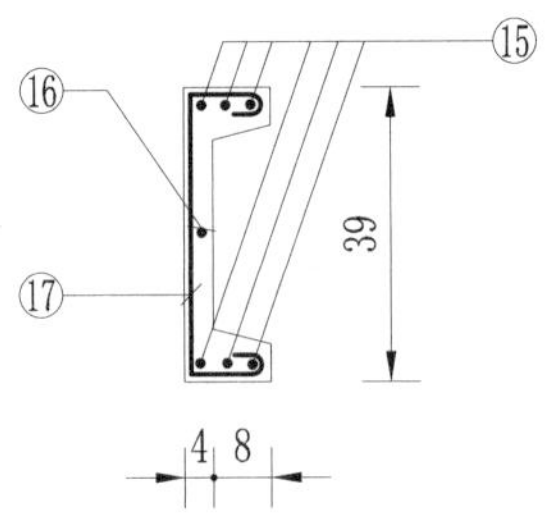

钢筋表

编号	直径(mm)	型式	间距(mm)	单根长(mm)	根数	总长(mm)
①	Φ10	1100	150	1225	18	22050
②	Φ10	3750	150	3875	18	69750
③	Φ10	3590~1750 △30	150	3300	16	78800
④	Φ10	1950	150	2075	8	16600
⑤	Φ10	2950	150	3075	12	36900
⑥	Φ10	2860~1950 △30	150	2525	28	70700
⑦	Φ10	1394	150	1519	4	6076
⑧	Φ16	100 750 240	150	1090	12	13080
⑨	Φ12	378 7.1° 375	150	803	8	6424
⑩	Φ12	250 900 900	150	2200	8	17600
⑪	Φ6	168 104 104 168	150	664	12	7968
⑫	Φ6	108 108 108 108	150	552	8	4416
⑬	Φ8	260	150	260	16	4160
⑭	Φ8	250	150	350	20	7000
⑮	Φ12	2550	150	2700	6	16200
⑯	Φ8	70 2550 70	150	2790	1	2790
⑰	Φ8	70 340 70	150	580	19	11020
⑱	Φ8	340	150	440	2	880
⑲	Φ10	1250	150	1375	18	24750
⑳	Φ10	1800	150	1925	8	15400
㉑	Φ12	180 350 121° 61 407	150	998	12	11976

材料表

规格	总长度(m)	单位重(kg/m)	总重(kg)
Φ6	12.38	0.222	2.75
Φ8	25.85	0.395	10.21
Φ10	341.03	0.617	210.41
Φ12	52.20	0.888	46.35
Φ16	13.08	1.580	20.67
合计	444.54		290.39

工作桥轴测图

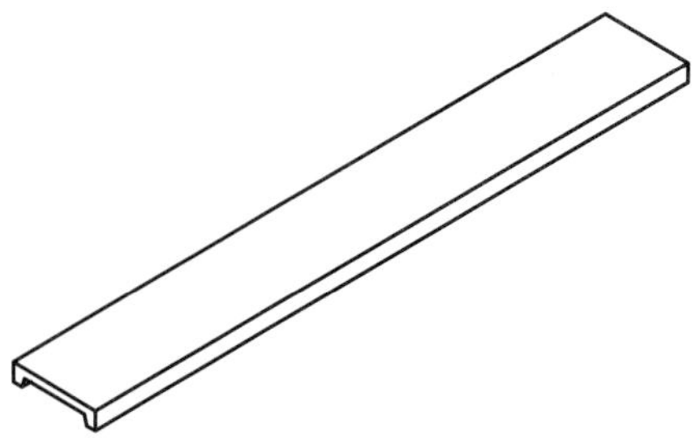

说明：

1. 图中尺寸单位以cm计。
2. 混凝土保护层为2.5cm。
3. 一字板混凝土强度等级为C25。
4. 闸门采用铸铁闸门。

结构类型	一字板结构节制闸
图　名	一字板结构节制闸工作桥钢筋图
图　号	5/6

主视图 1:30

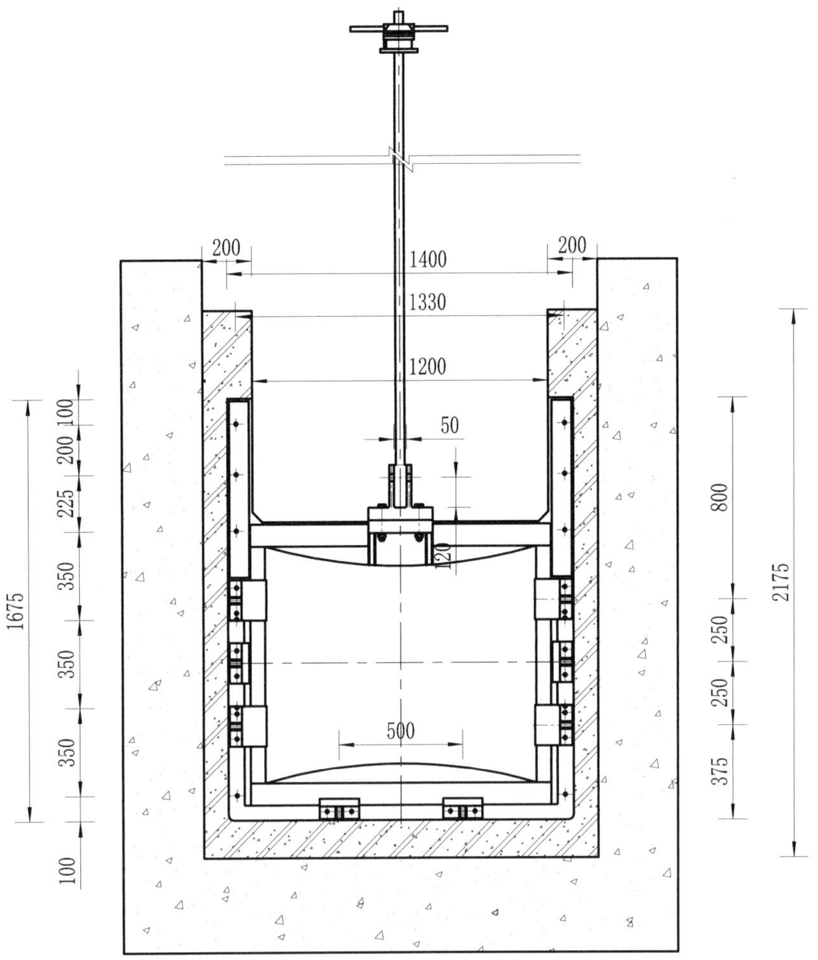

侧视图 1:30

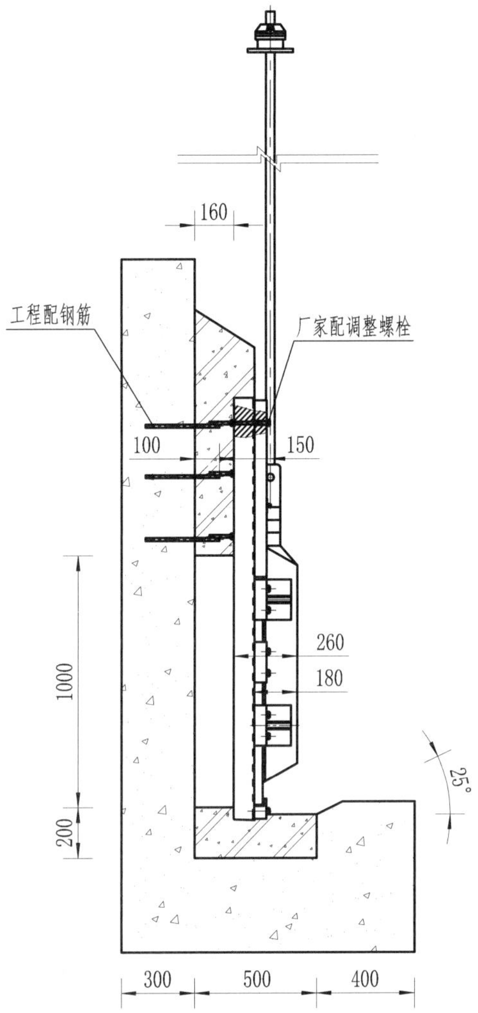

说明：

1.采用平面铸铁闸门(加强型)，下游止水；启闭设备采用直联系列手电一体单吊点螺杆启闭机。
2.门板和门框（含导轨）所用铸铁材料为灰铸铁HT200。
3.门叶与门框铸件的造型应符合铸造工艺技术条件对铸造的结构要素的要求。
4.铸造门框应做成整体并加固，防止变形。
5.闸门门框采用预埋锚栓固定于钢筋混凝土闸槽中，预埋锚栓位置应符合一般制造技术要求的规定。
6.应对所有铸铁闸门进行全面防腐蚀处理，执行标准为国家现行标准。

三维轴测图

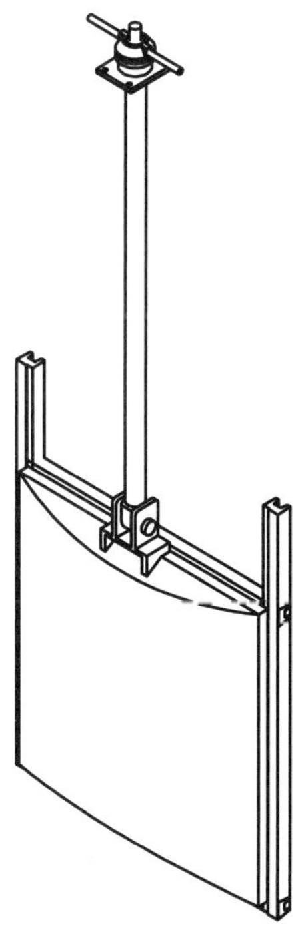

俯视图 1:30

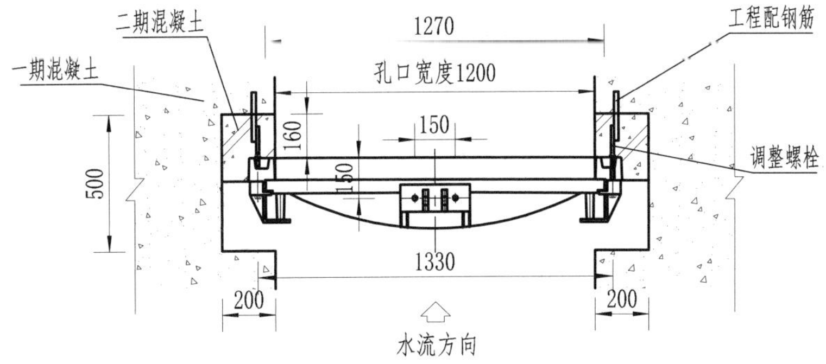

结构类型	一字板结构节制闸
图　　名	节制闸铸铁闸门结构图
图　　号	6/6

排洪闸轴测图

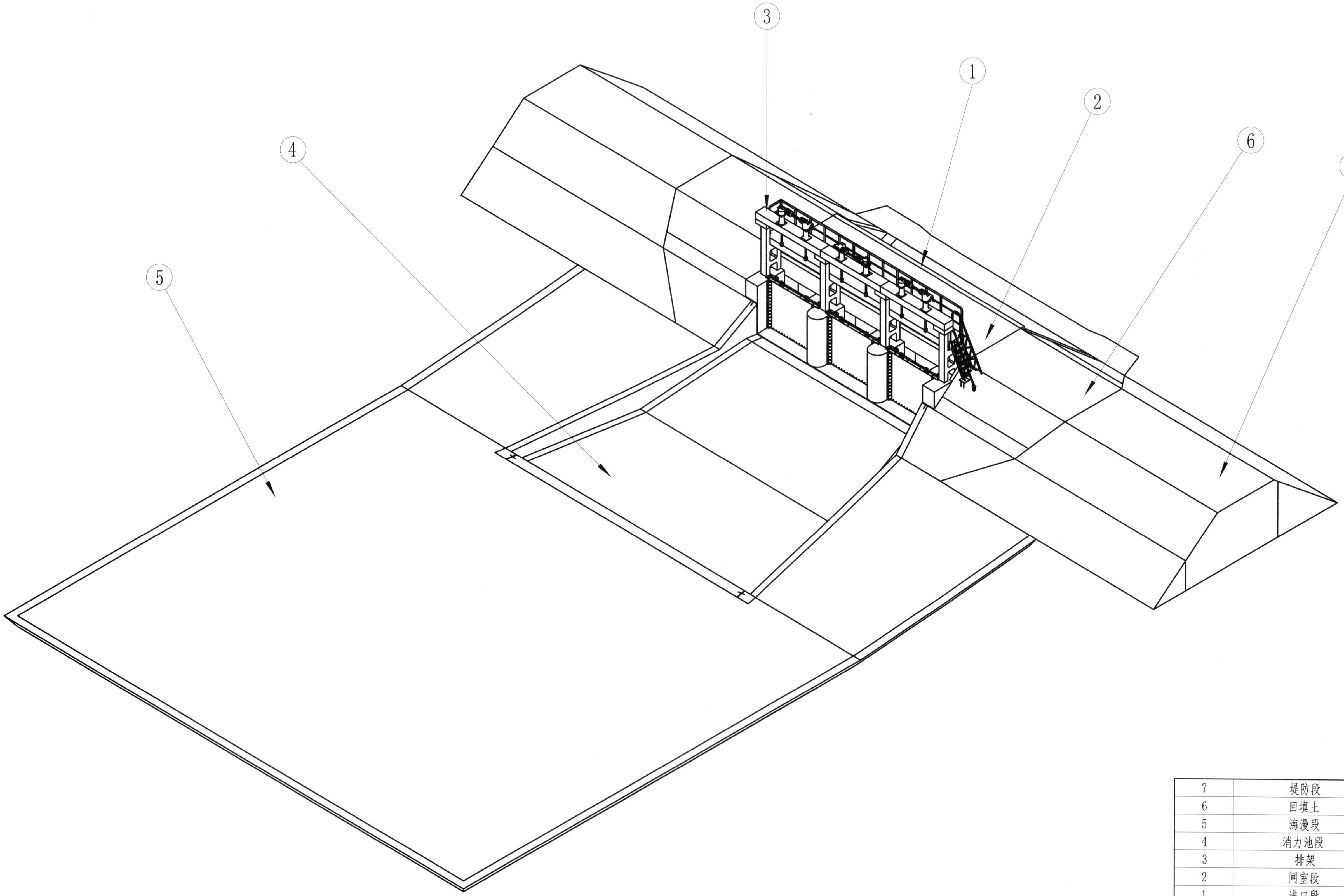

序号	名称	数量
7	堤防段	1
6	回填土	1
5	海漫段	1
4	消力池段	1
3	排架	1
2	闸室段	1
1	进口段	1

结构类型	箱涵结构排洪闸
图　名	箱涵结构排洪闸轴测图
图　号	1/12

平面图 1:100

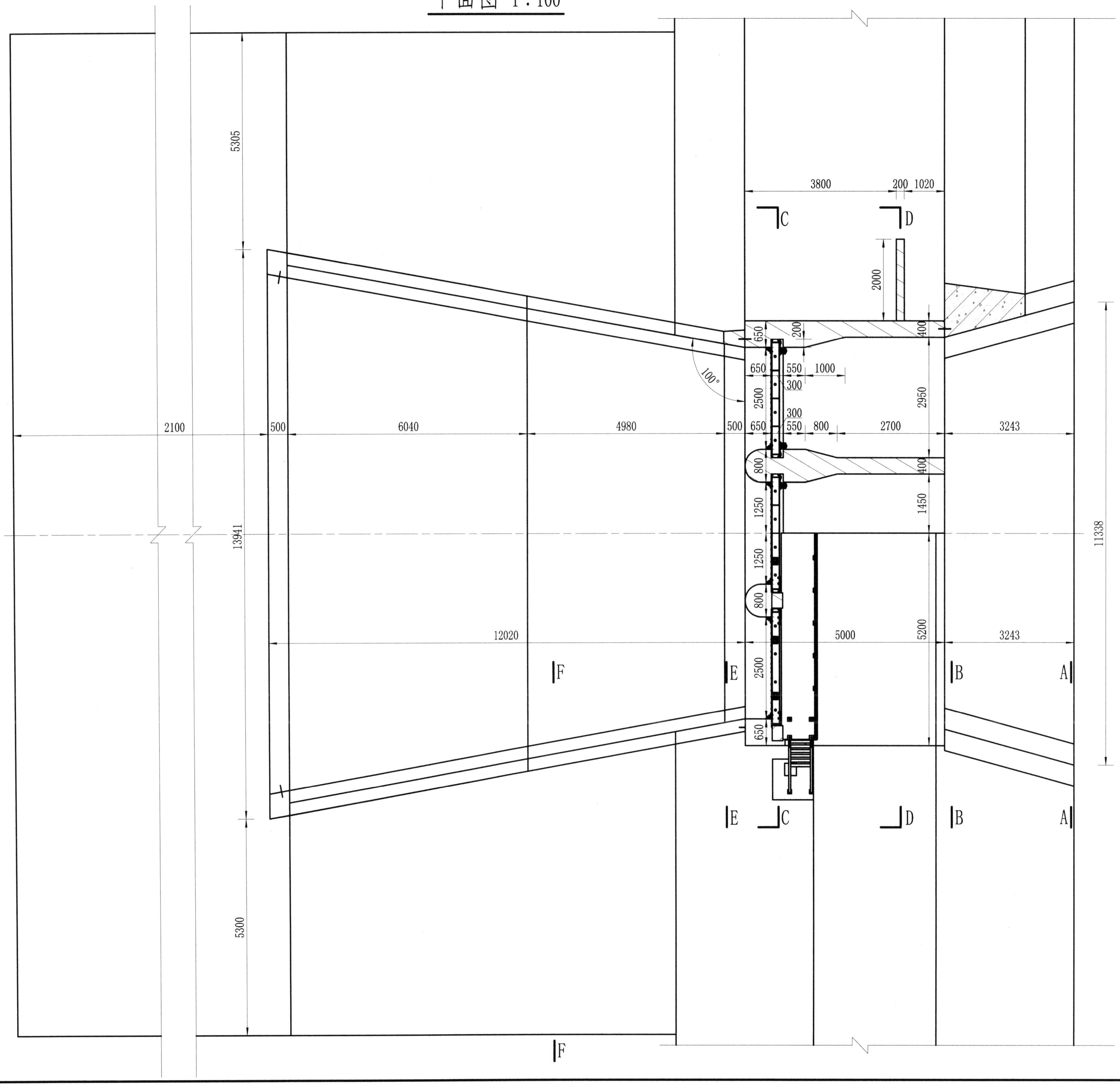

说明：

1. 图中尺寸单位以mm计。
2. 图中接缝采用M15水泥砂浆填满，缝宽为10mm。
3. 混凝土强度等级为C25。

结构类型	箱涵结构排洪闸
图　名	箱涵结构排洪闸平面图
图　号	2/12

纵剖面图 1：100

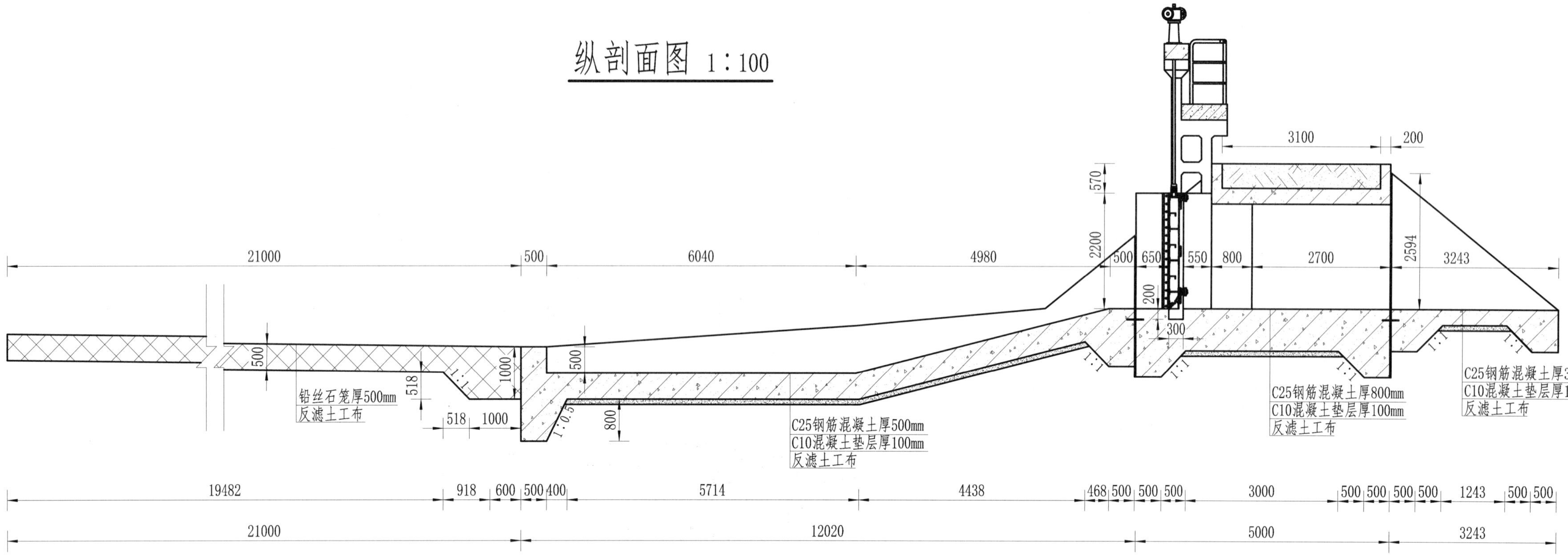

B—B 1：100

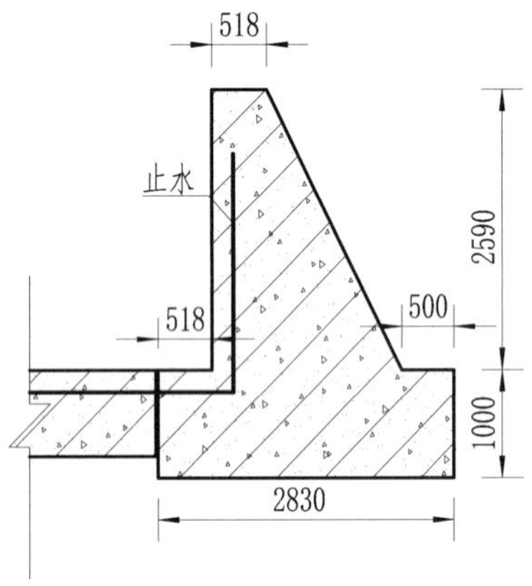

C—C 1：100

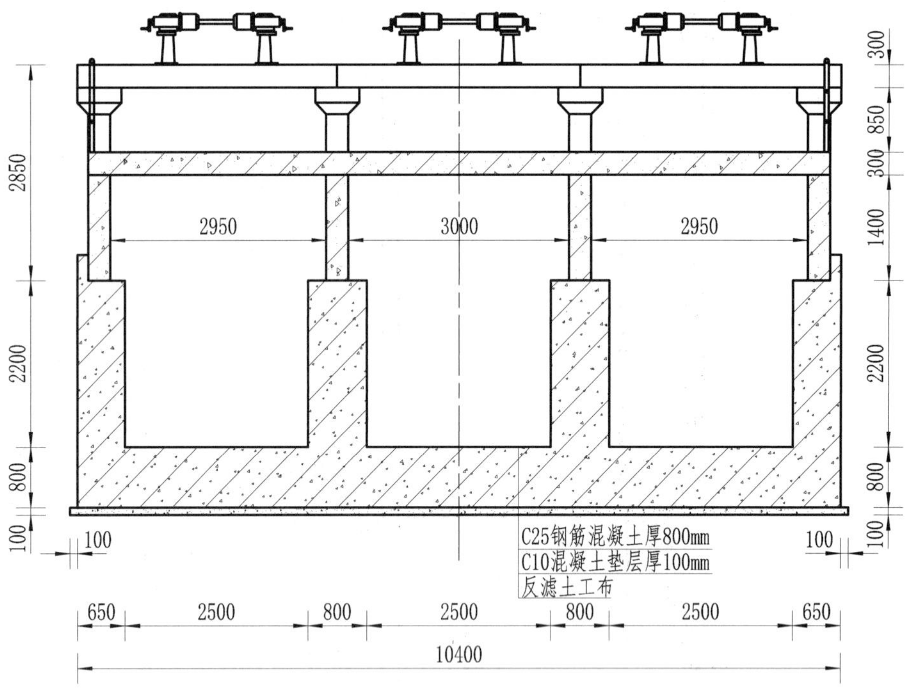

D—D 1：100

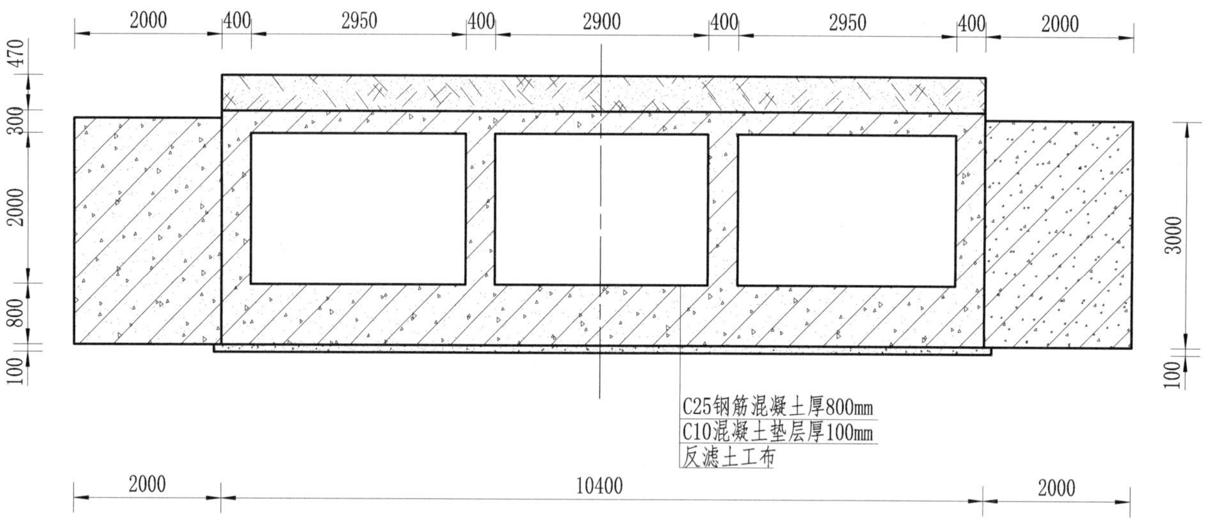

说明：

1. 图中尺寸单位以mm计。
2. 图中接缝采用M15水泥砂浆填满，缝宽为10mm。
3. 混凝土强度等级为C25。

A—A 1：100

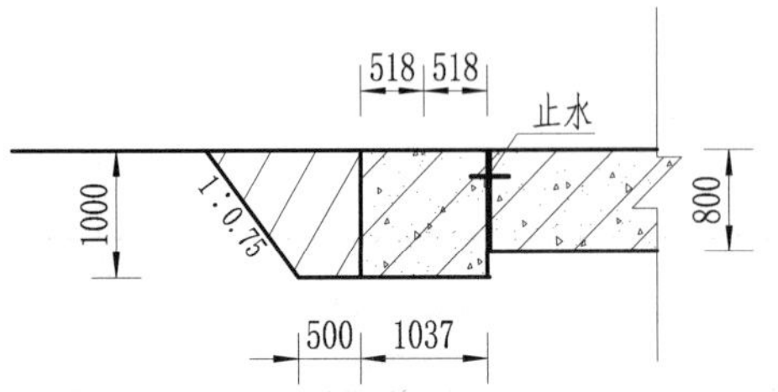

E—E 1：100

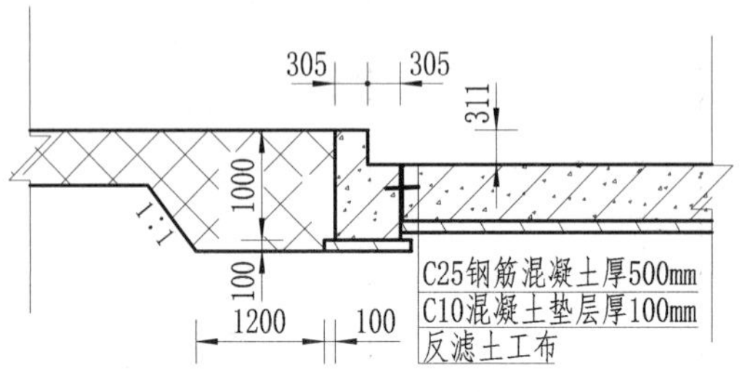

F—F 1：100

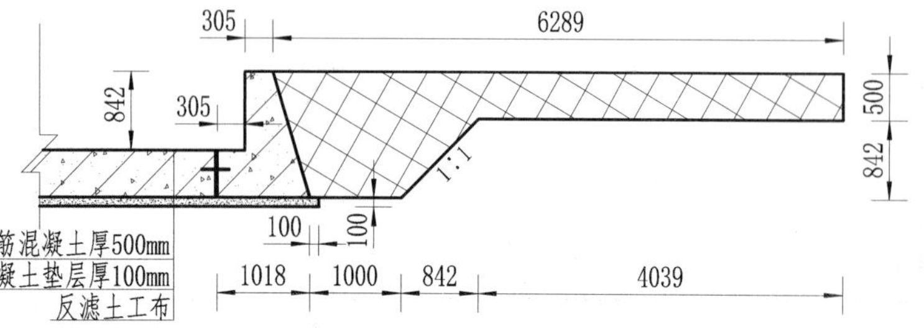

结构类型	箱涵结构排洪闸
图　名	箱涵结构排洪闸剖面图
图　号	3/12

爬梯轴测图

爬梯侧立面图 1:50

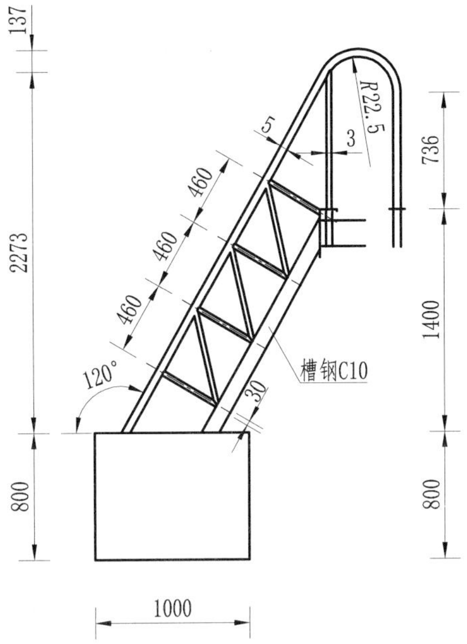

爬梯侧立面图 1:50

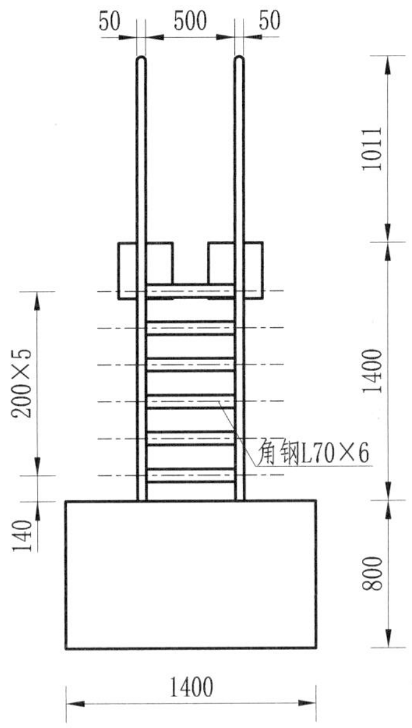

支墩结构图 1:20

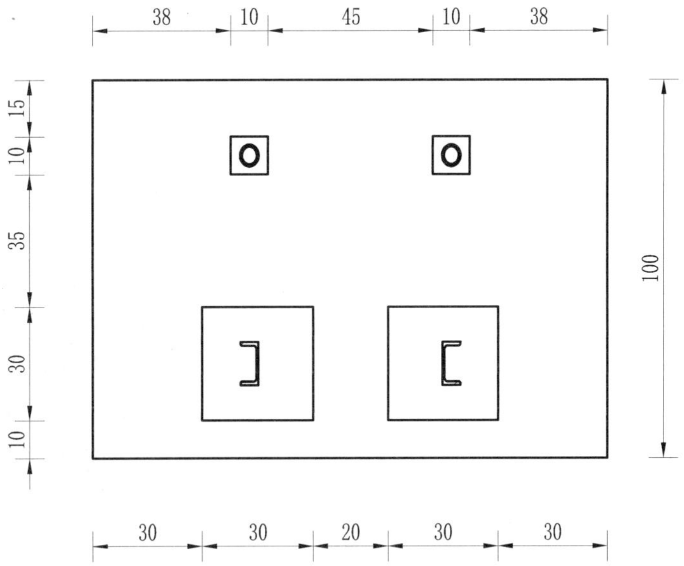

爬梯侧立面图 1:5

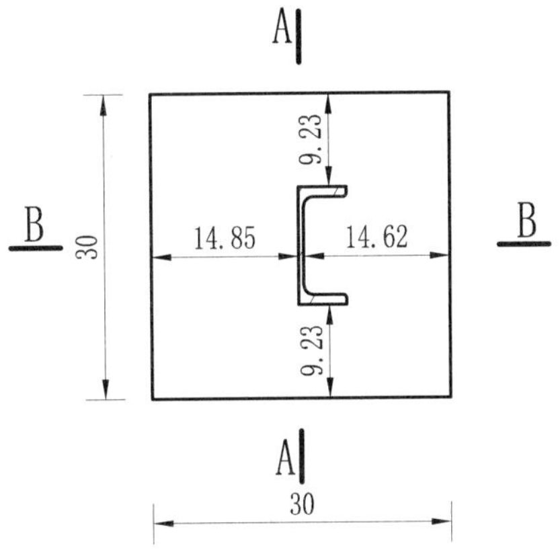

人行板型钢预埋钢板平面图 1:5

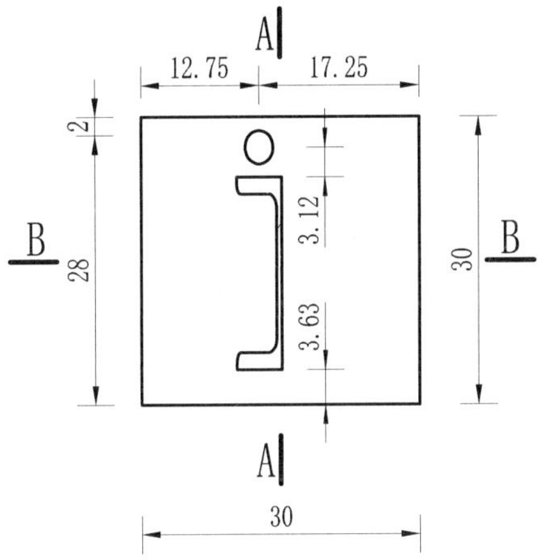

A—A 1:10

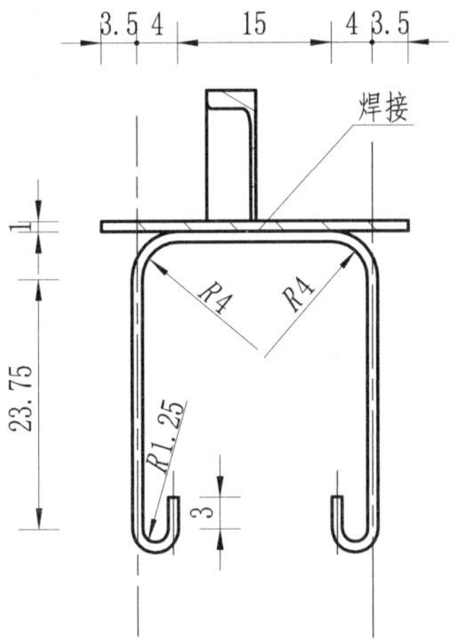

B—B 1:10

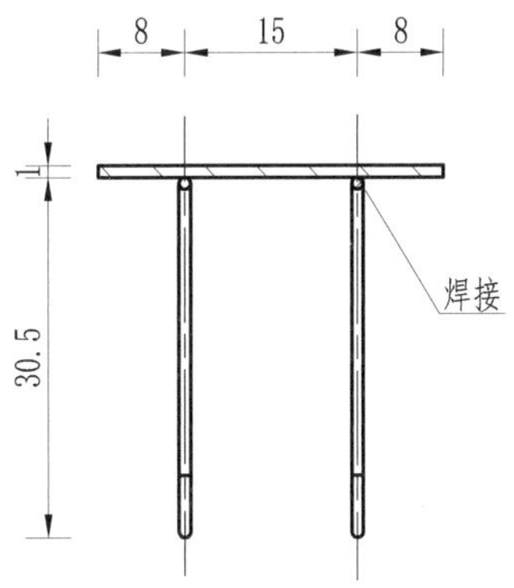

爬梯侧立面图 1:5

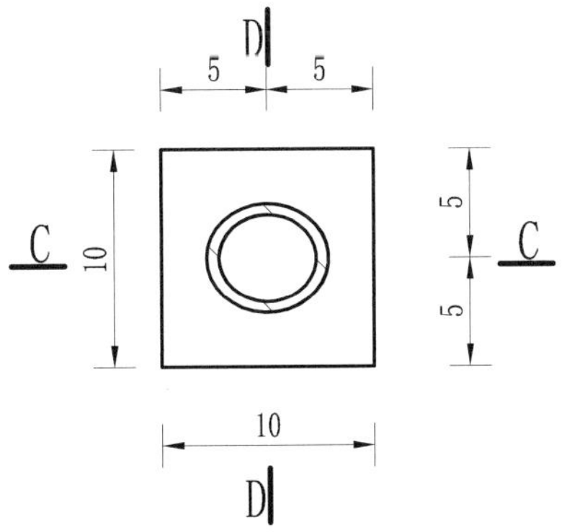

C—C 1:5

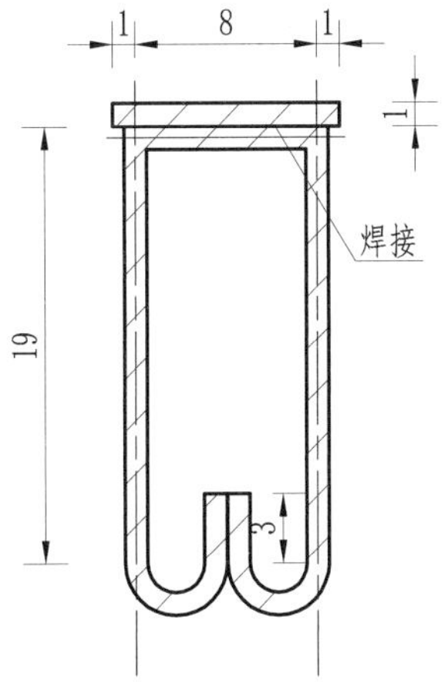

D—D 1:5

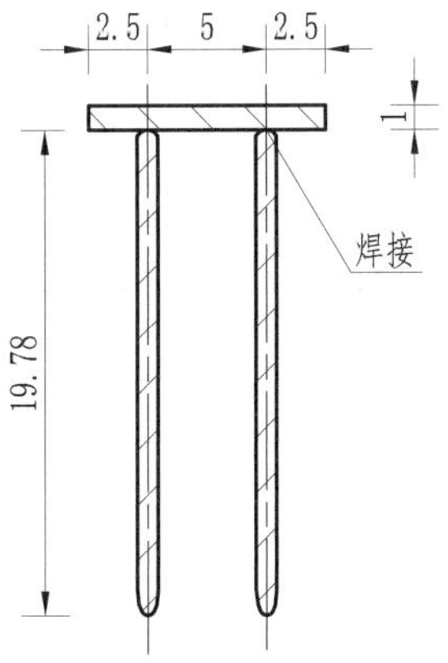

说明:

1. 图中尺寸单位以cm计。
2. 图中接缝采用M15水泥砂浆填满，缝宽为10mm。
3. 混凝土强度等级为C25。

结构类型	箱涵结构排洪闸
图　名	箱涵结构排洪闸爬梯立面图
图　号	4/12

人行板栏杆轴测图

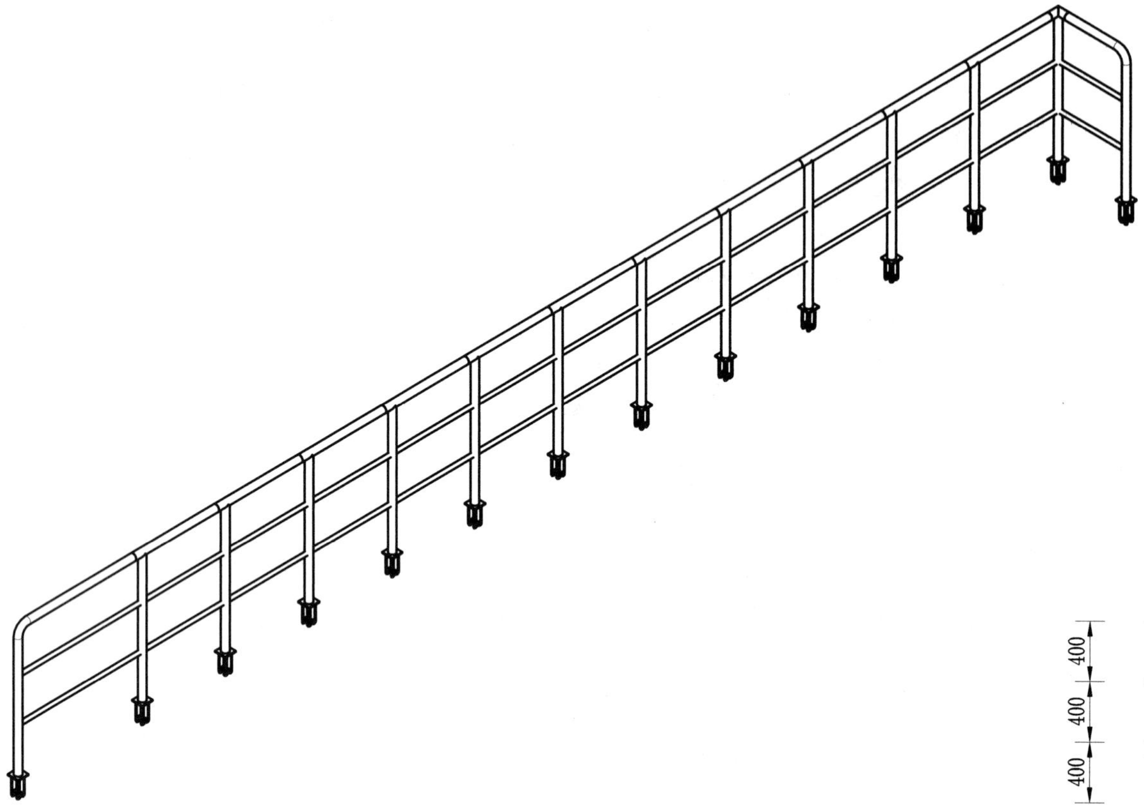

人行板栏杆右侧面图 1:50

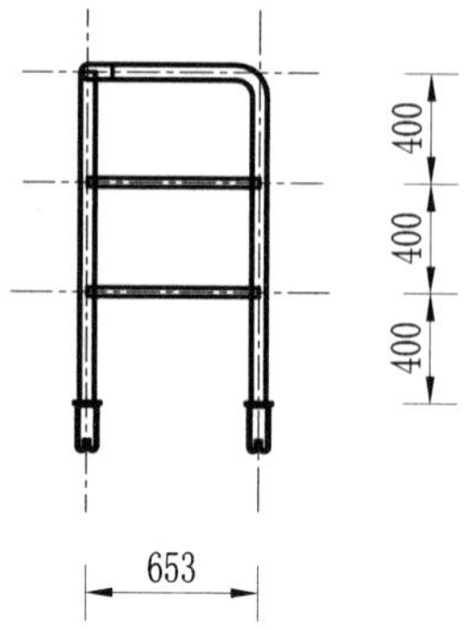

人行板栏杆立面图 1:50

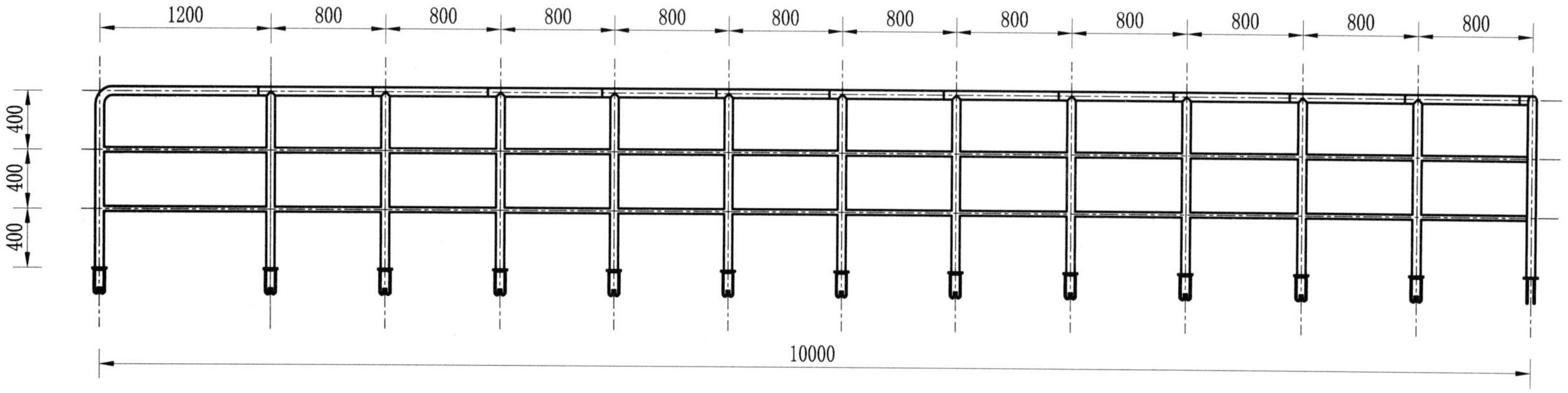

爬梯工程量

序号	形式	壁厚（mm）或型号	根数或块数	每根长(m)或每块面积（m^2）	总长(m)或总面积（m^2）	单位重（kg/m或kg/m^2）	重量合计（kg）
1	型钢预埋钢板	10	4	0.09	0.36	78.60	28.30
2	钢管预埋钢板	10	6	0.01	0.06	78.60	4.72
3	扶梯钢管	50×5	2	4.00	8.00	5.55	44.39
4	横向架立钢管	30×2	8	0.39	3.12	1.38	4.31
5	纵向架立钢管	30×2	6	0.63	3.78	1.38	5.22
6	顶部支撑钢管	30×2	2	0.85	1.70	1.38	2.35
7	型钢预埋钢板钢筋	Φ10	8	0.92	7.36	0.62	4.54
8	钢管预埋钢板钢筋	Φ10	12	0.61	7.34	0.62	4.53
9	型钢[10	10#	2	1.44	2.89	10.00	28.86
10	角钢L70×6	70×6	6	0.50	3.00	6.41	19.23
合计							146.45

人行板栏杆工程量

序号	形式	壁厚（mm）或型号	根数或块数	每根长(m)或每块面积（m^2）	总长(m)或总面积（m^2）	单位重（kg/m或kg/m^2）	重量合计（kg）
1	钢管预埋钢板	10	14	0.01	0.14	78.60	11.00
2	钢管预埋钢板钢筋	Φ10	28	0.61	17.14	0.62	10.57
3	立柱钢管	50×5	14	1.20	16.80	5.55	93.22
4	顶层钢管	50×5	1	10.66	10.66	5.55	59.15
5	二、三层钢管	30×2	2	10.66	21.32	1.38	29.44
合计							203.38

说明：

1. 图中尺寸单位以mm计。
2. 图中接缝采用M15水泥砂浆填满，缝宽为10mm。
3. 混凝土强度等级为C25。

结构类型	箱涵结构排洪闸
图　名	箱涵结构排洪闸人行板栏杆图
图　号	5/12

水闸底板下层配筋图 1：100

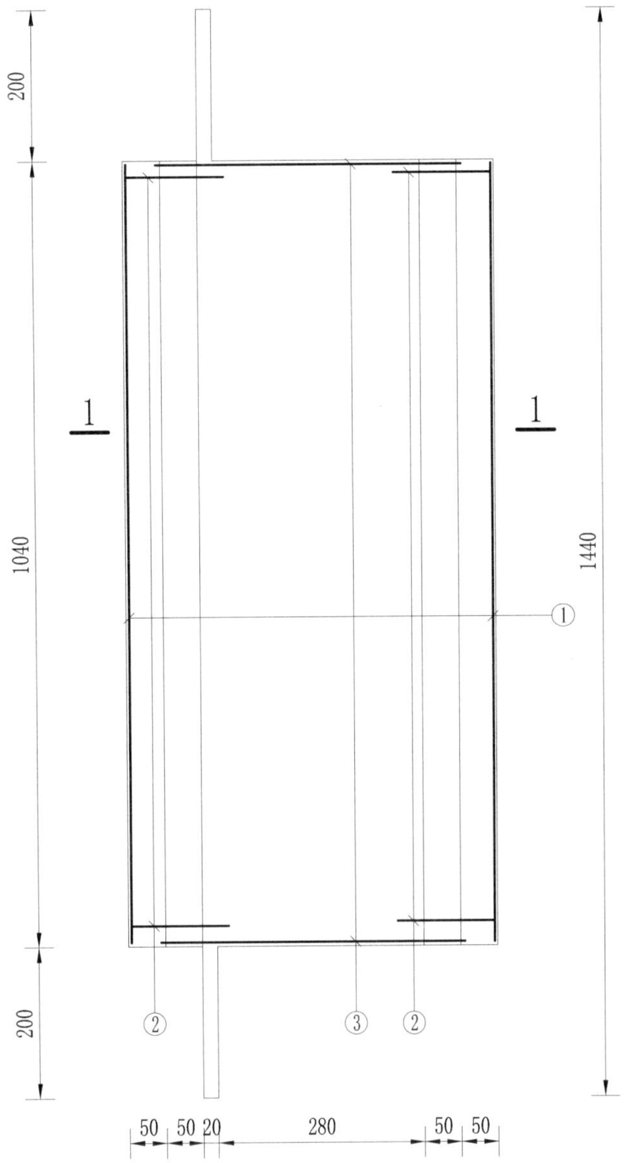

水闸底板上层配筋图 1：100

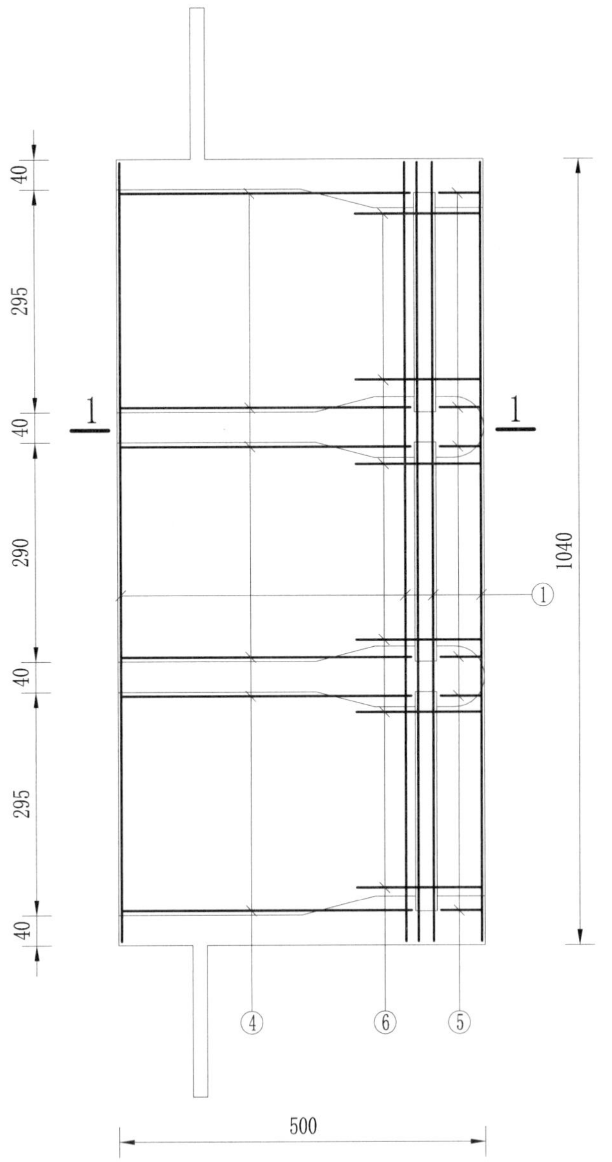

1—1 1：50

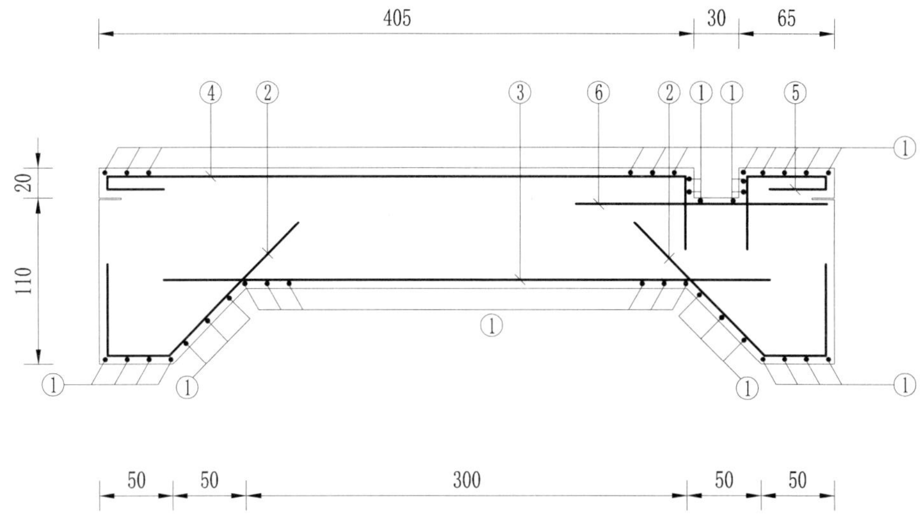

水闸底板轴测图

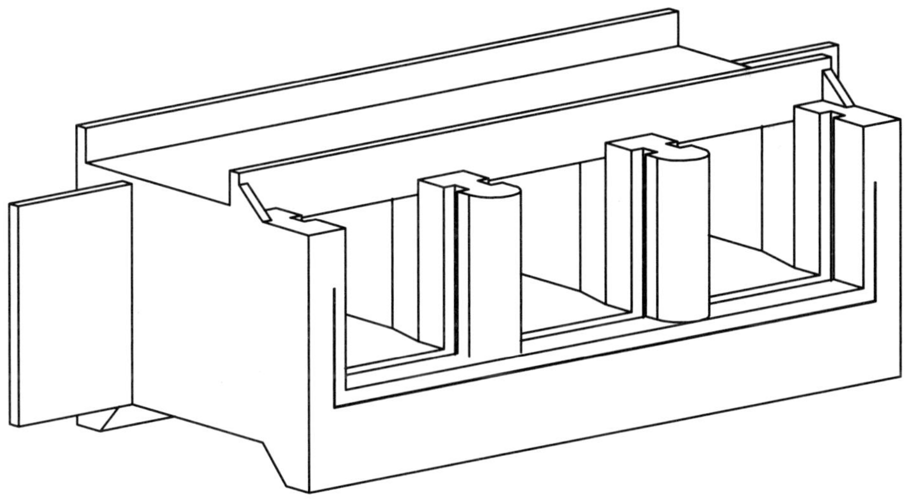

钢筋表

编号	直径(mm)	型式	间距(mm)	单根长(mm)	根数	总长(m)
①	⌀20	10300	150	10300	71	731.30
②	⌀14	610 430 1240 45.0°	200	2280	106	241.68
③	⌀14	4120	200	4120	53	218.36
④	⌀14	3950 100 390 490	200	4930	45	221.85
⑤	⌀14	550 490 390 100	200	1530	45	68.85
⑥	⌀20	1700	150	1700	60	102.00

材料表

规格	总长度(m)	单位重(kg/m)	总重(kg)
⌀14	750.74	1.210	908.40
⌀20	833.30	2.470	2058.25
合计	1584.04		2966.65

说明：

1. 图中结构尺寸单位以cm计，钢筋尺寸单位以mm计。
2. 混凝土保护层为5cm。
3. 混凝土强度等级为C25。
4. 闸门采用铸铁闸门，门槽预留件根据所订购闸门要求埋设。

结构类型	箱涵结构排洪闸
图　名	箱涵结构排洪闸底板钢筋图
图　号	6/12

边墩背水侧配筋图 1∶50

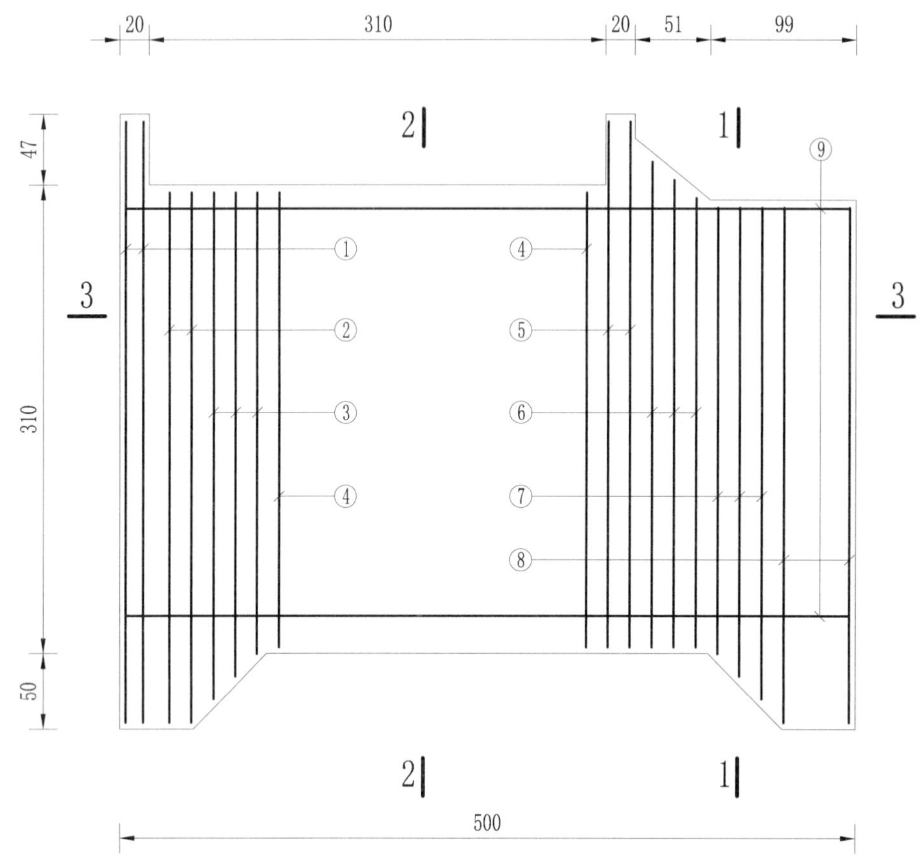

边墩迎水侧配筋图 1∶50

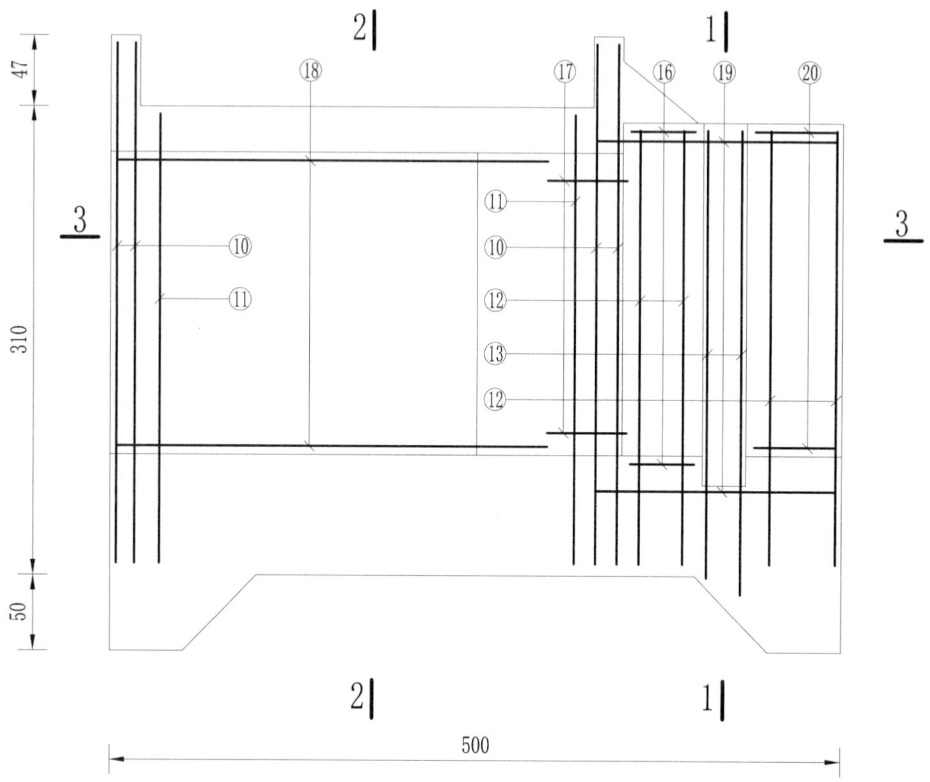

中墩配筋图 1∶50

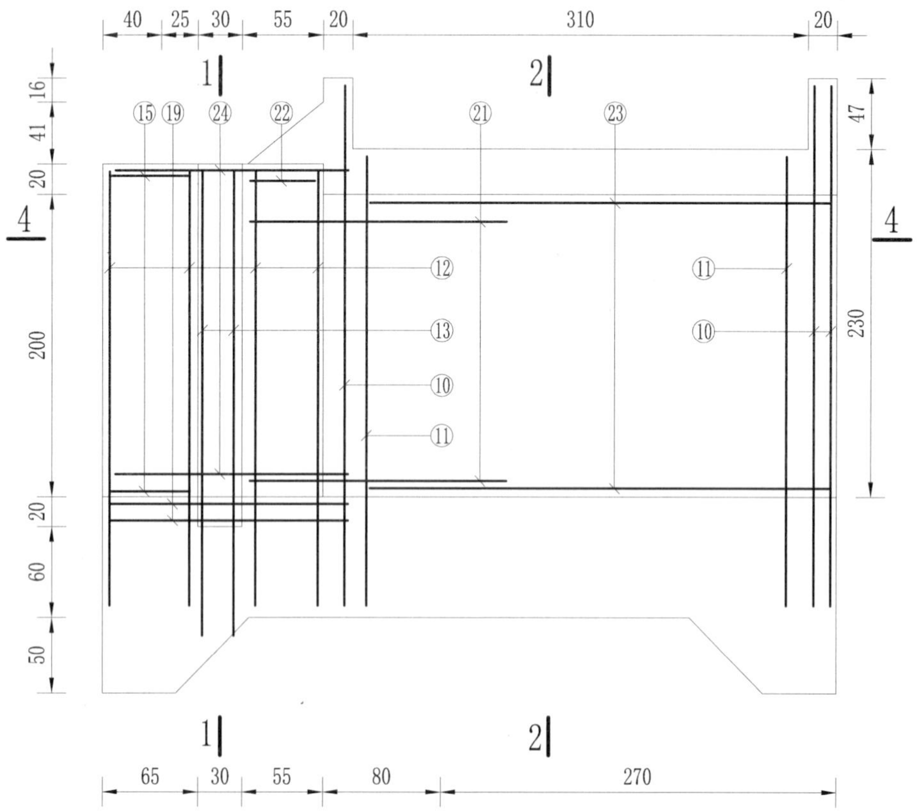

3—3 1∶50

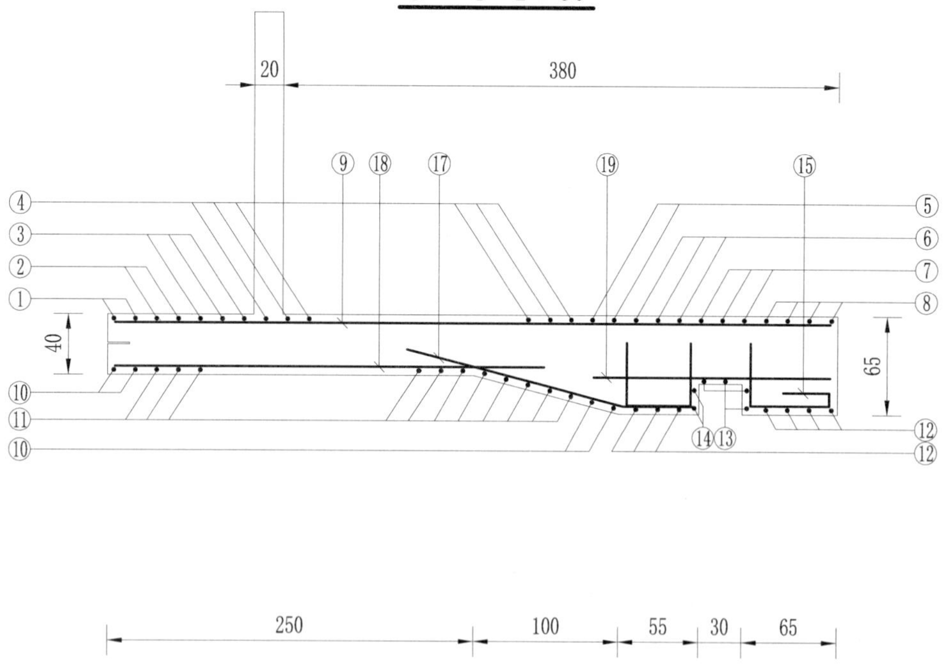

说明：

1. 图中结构尺寸单位以cm计，钢筋尺寸单位以mm计。
2. 混凝土保护层为5cm。
3. 混凝土强度等级为C25。
4. 闸门采用铸铁闸门，门槽预留件根据所订购闸门要求埋设。

结构类型	箱涵结构排洪闸
图　名	箱涵结构排洪闸边墩钢筋图（一）
图　号	7/12

1—1 1∶50

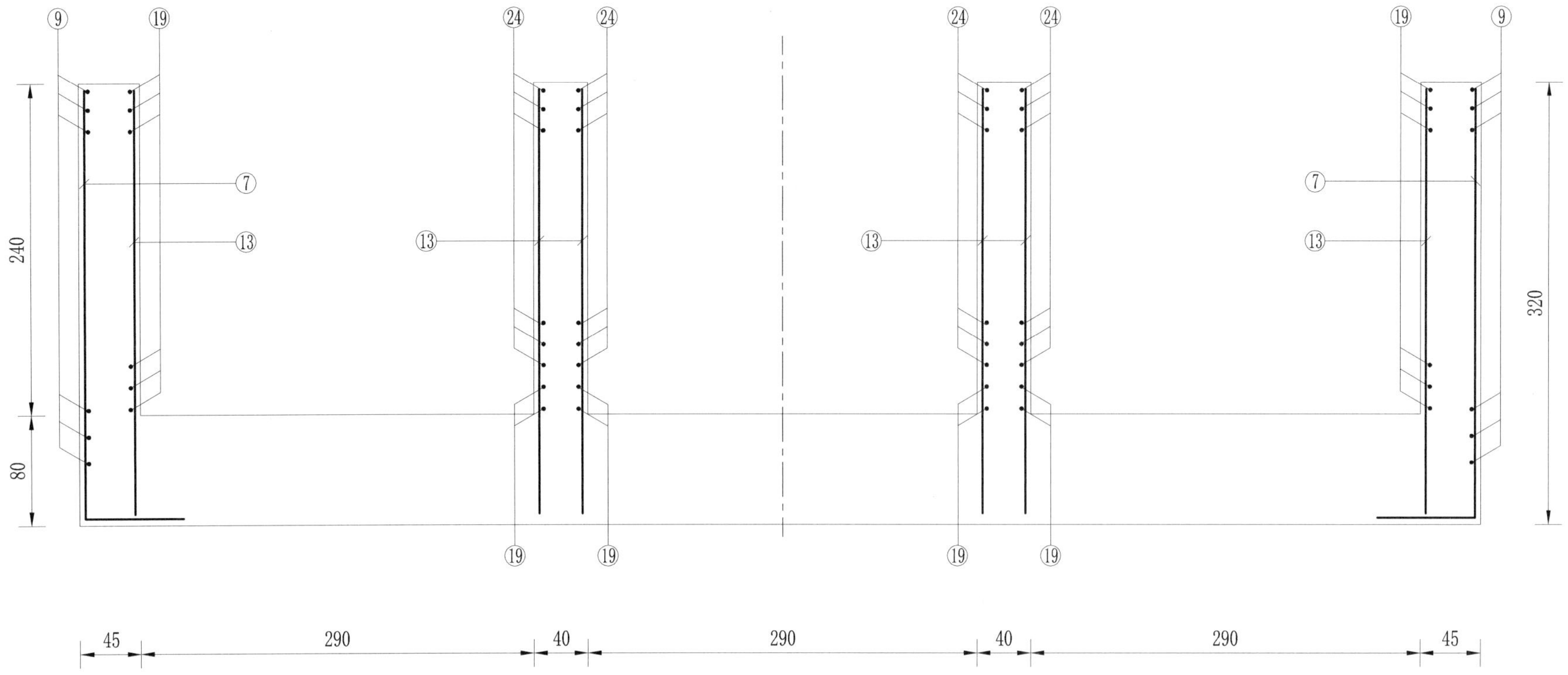

4—4 1∶50

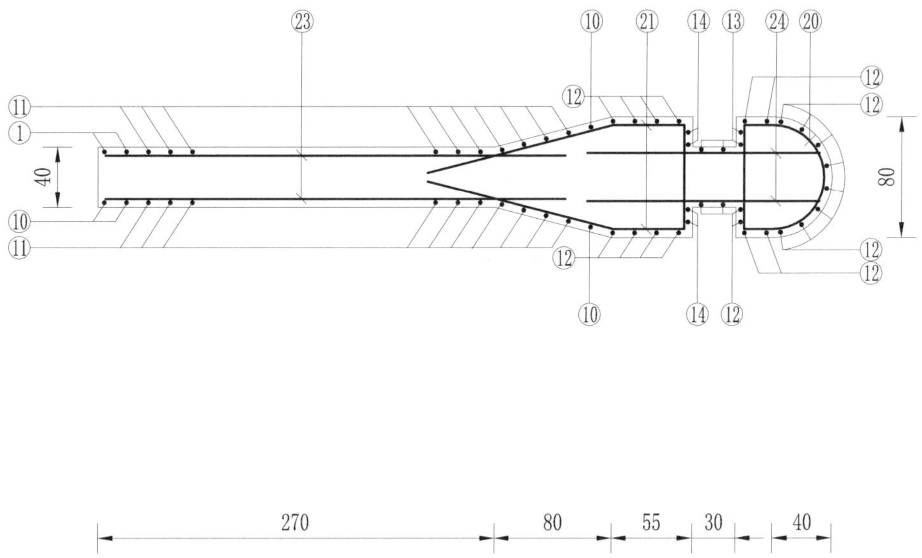

2—2 1∶50

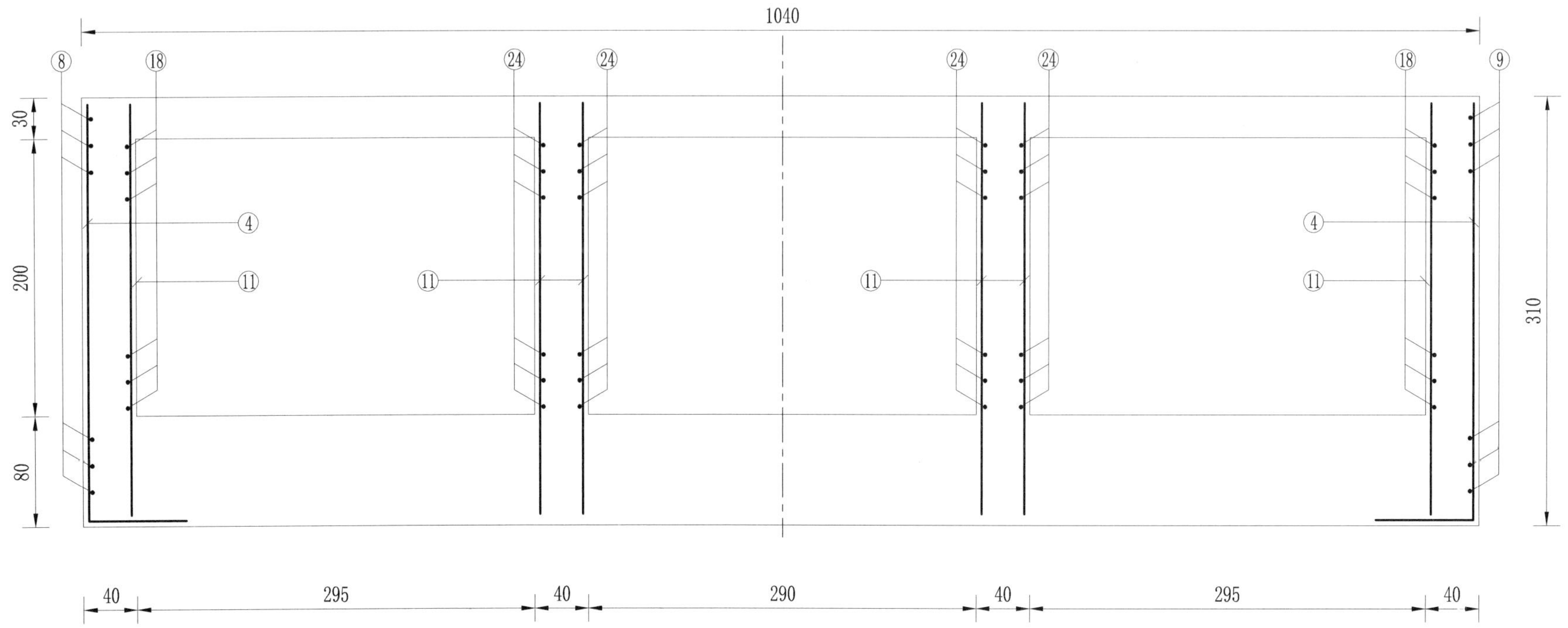

说明：

1. 图中结构尺寸单位以cm计，钢筋尺寸单位以mm计。
2. 混凝土保护层为5cm。
3. 混凝土强度等级为C25。
4. 闸门采用铸铁闸门，门槽预留件根据所订购闸门要求埋设。

结构类型	箱涵结构排洪闸
图　　名	箱涵结构排洪闸边墩钢筋图（二）
图　　号	8/12

闸墩钢筋表

编号	直径(mm)	型式	间距(mm)	单根长(mm)	根数	总长(m)
①	Φ18	3970 720	150	4690	4	18.76
②	Φ18	3500 720	150	4220	4	16.88
③	Φ18	3040~3340 ⊿150 3190	150	平均3910	6	23.46
④	Φ18	720 3000	150	3720	30	111.60
⑤	Φ18	3470 720	150	4190	4	16.76
⑥	Φ18	2960~3200 ⊿120 720	150	平均3800	6	22.80
⑦	Φ18	2940~3240 ⊿150 720	150	平均3810	6	22.86
⑧	Φ18	720 3400	150	4120	8	32.96
⑨	Φ12	4900	200	4900	30	147.00
⑩	Φ18	3400	150	3400	20	68.00
⑪	Φ18	2970	150	2970	120	356.40
⑫	Φ18	2870	150	2870	54	154.98
⑬	Φ18	3070	150	3070	24	73.68
⑭	Φ18	2890	150	2890	12	34.68
⑮	Φ12	480 550 320 100	200	1450	24	34.80
⑯	Φ12	420 450 420	200	1290	24	30.96
⑰	Φ12	1530 480 14°	200	2010	22	44.22
⑱	Φ12	2930	200	2930	22	64.46
⑲	Φ18	1620	150	1620	40	64.80
⑳	Φ12	R350 200 200 700	200	2200	24	52.80
㉑	Φ12	1300 166° 490 630	200	2420	44	106.48
㉒	Φ12	450 700 700 450	200	2540	2	5.08
㉓	Φ12	3130	200	3130	44	137.72
㉔	Φ18	1580	200	1580	56	88.48

人行板钢筋表

编号	直径(mm)	型式	间距(mm)	单根长(mm)	根数	总长(m)
①	Φ20	10000	150	10000	6	60.00
②	Φ10	200 800 800 200	150	2200	51	112.20

闸墩材料表

规格	总长度(m)	单位重(kg/m)	总重(kg)
Φ12	623.52	0.888	553.69
Φ18	1107.10	2.000	2214.20
合计	1730.62		2767.89

人行板材料表

规格	总长度(m)	单位重(kg/m)	总重(kg)
Φ10	112.20	0.617	69.23
Φ20	60.00	2.470	148.20
合计	172.20		217.43

人行板轴测图

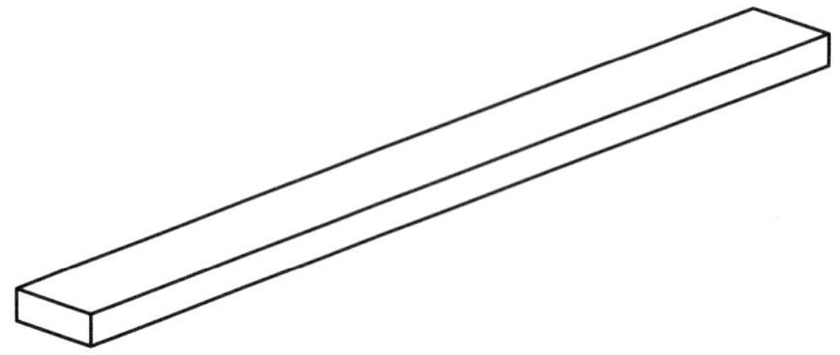

闸墩轴测图

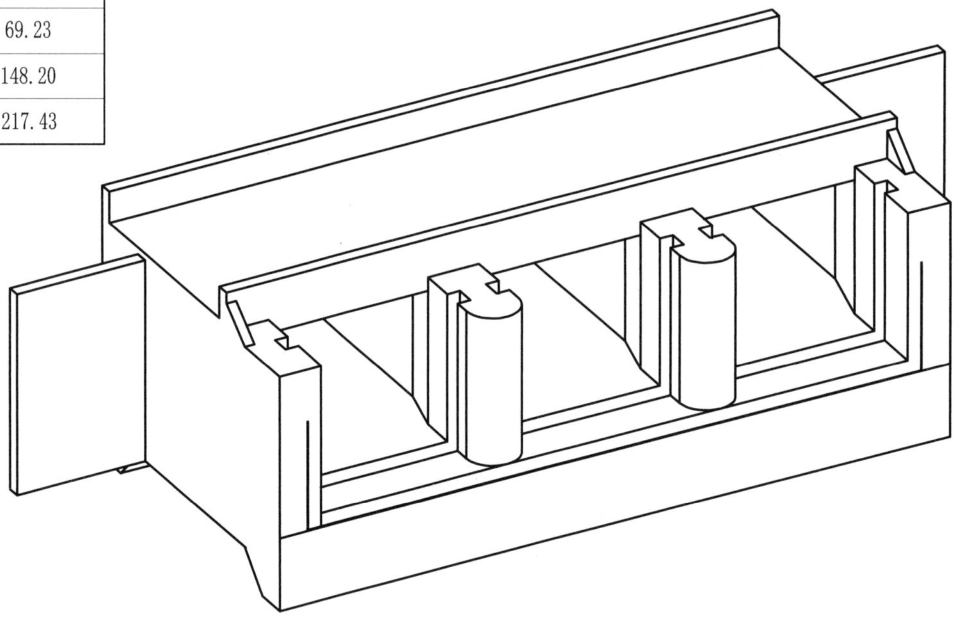

人行板配筋图 1:50

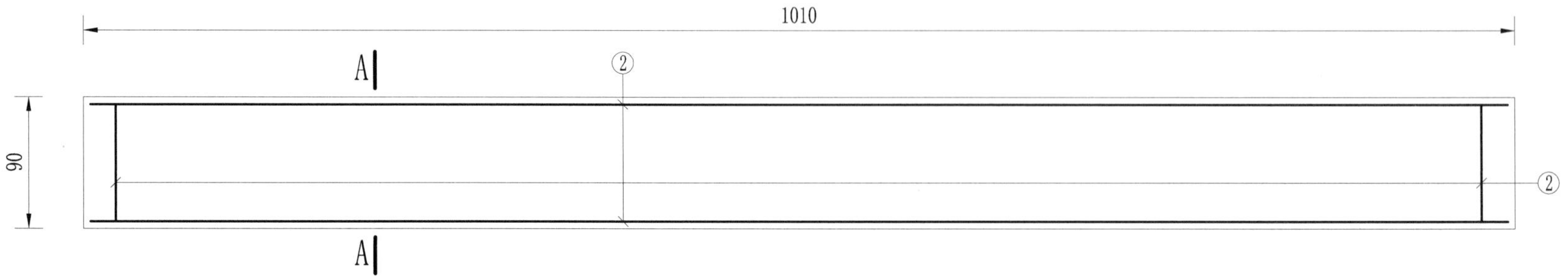

A—A 1:50

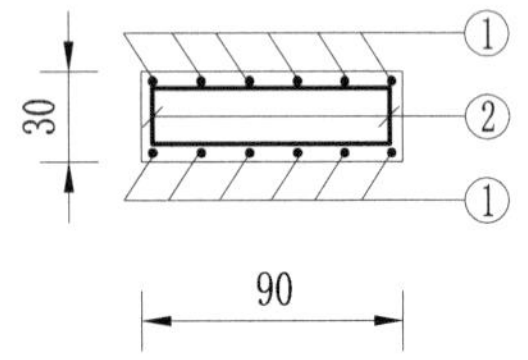

说明：

1. 图中结构尺寸单位以cm计，钢筋尺寸单位以mm计。
2. 混凝土保护层为5cm。
3. 混凝土强度等级为C25。
4. 闸门采用铸铁闸门，门槽预留件根据所订购闸门要求埋设。

结构类型	箱涵结构排洪闸
图　名	箱涵结构排洪闸边墩钢筋图（三）
图　号	9/12

顶板上层钢筋图 1∶50

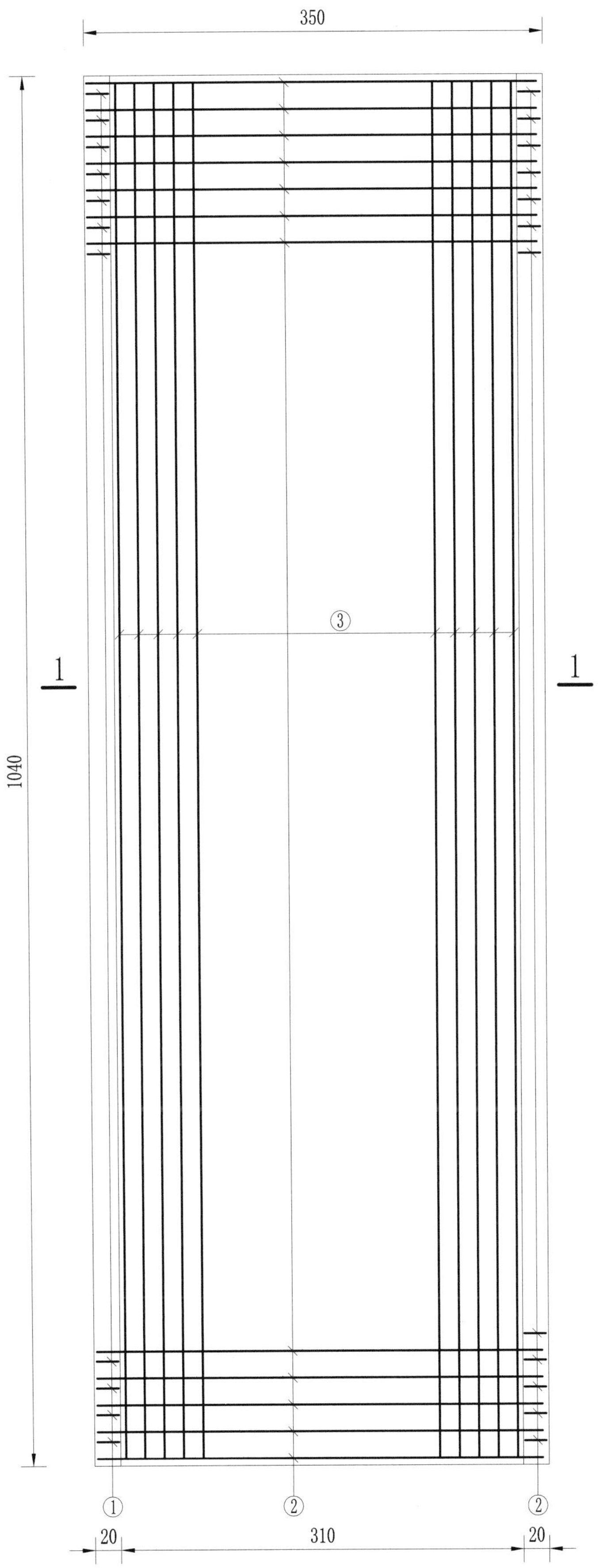

顶板下层钢筋图 1∶50

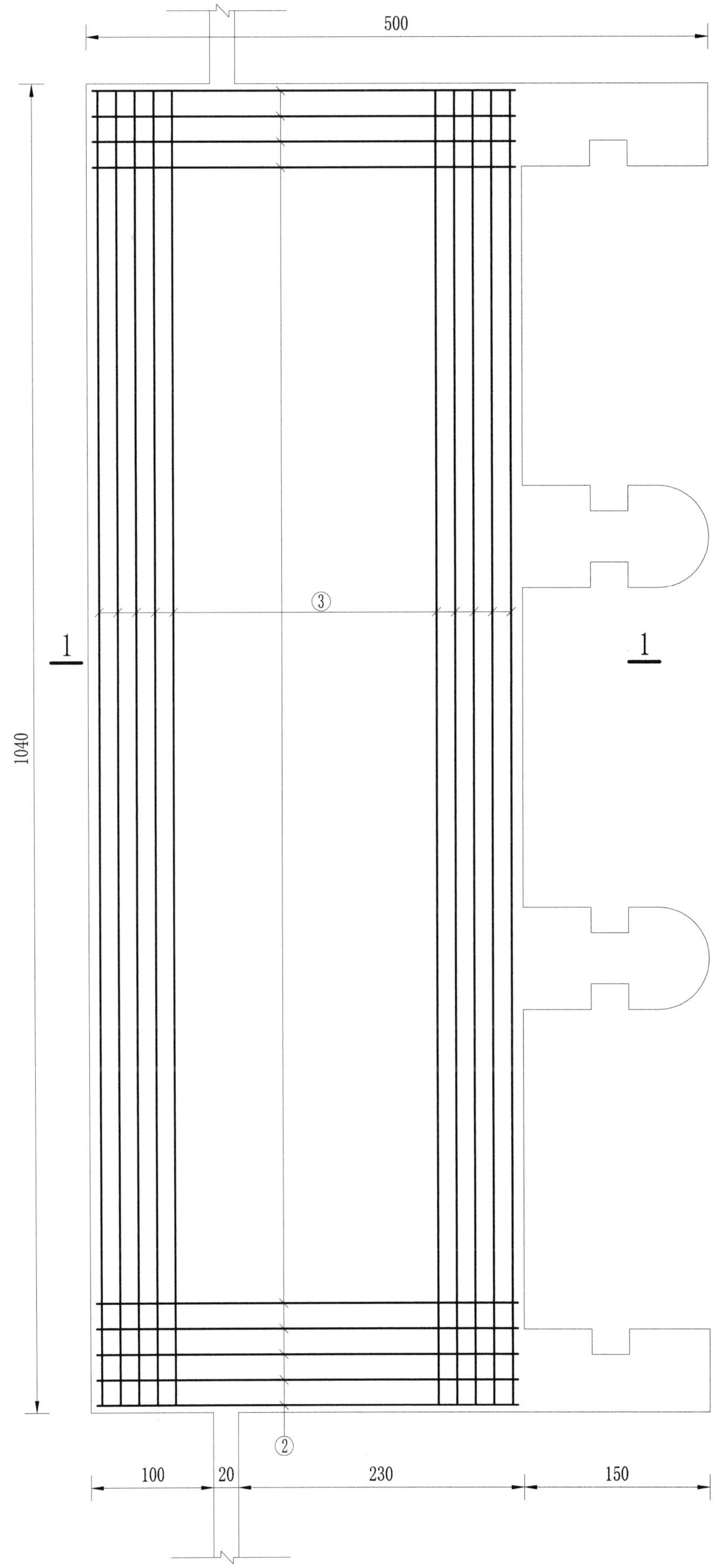

1—1 1∶50

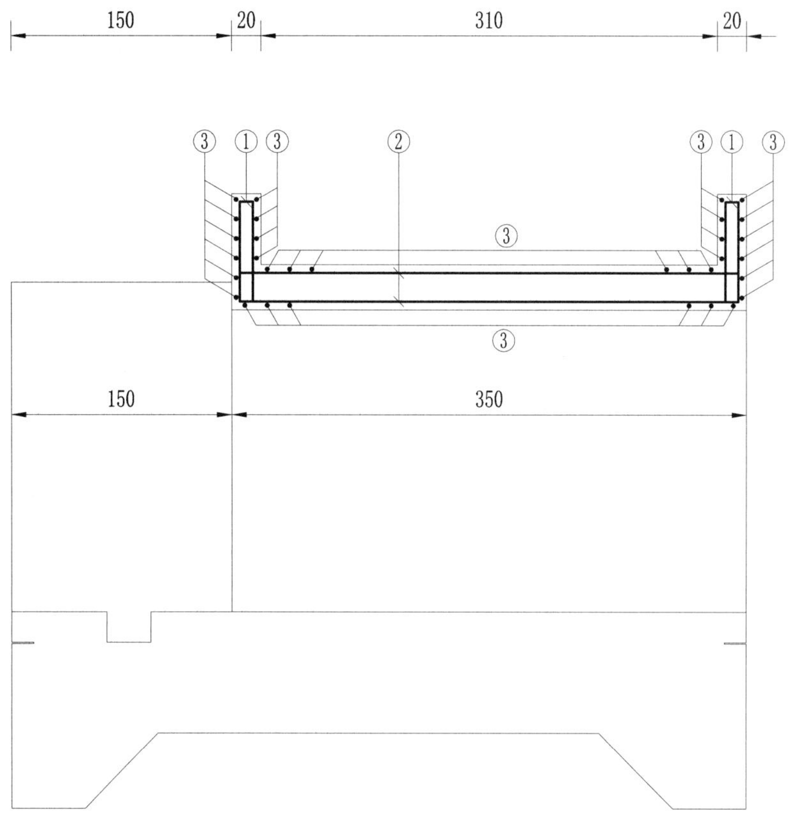

说明：

1. 图中结构尺寸单位以cm计，钢筋尺寸单位以mm计。
2. 混凝土保护层为5cm。
3. 混凝土强度等级为C25。
4. 闸门采用铸铁闸门，门槽预留件根据所订购闸门要求埋设。

结构类型	箱涵结构排洪闸
图　名	箱涵结构排洪闸顶板钢筋图
图　号	10/12

单侧刺墙钢筋图 1:50

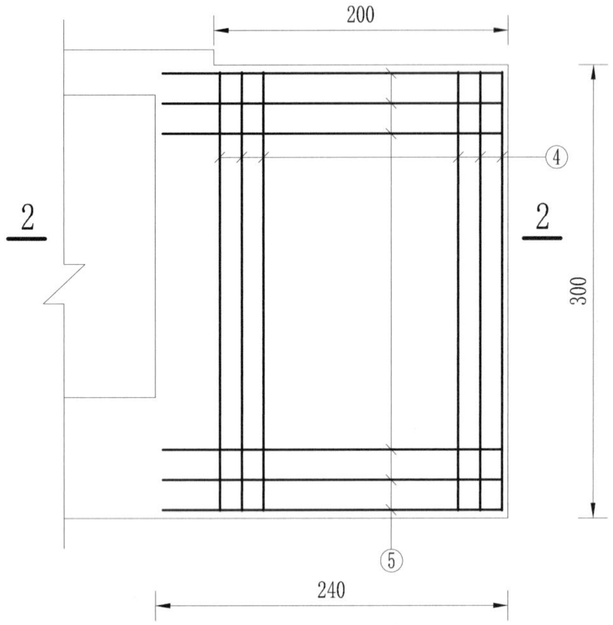

中墩工作板配筋图 1:50

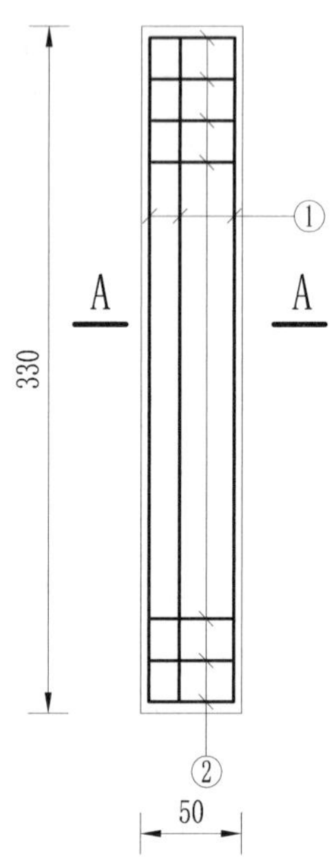

中墩工作板配筋图 1:50

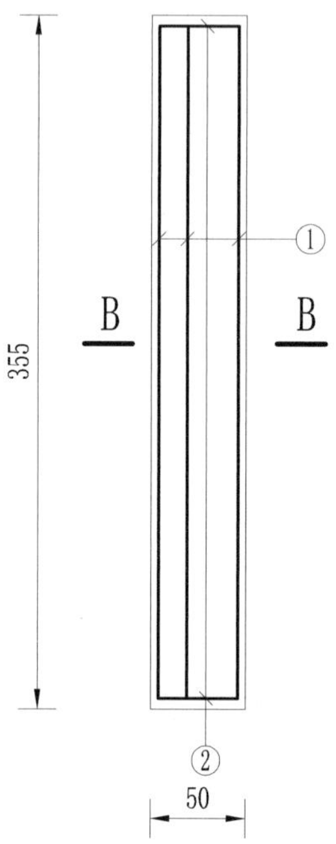

2—2 1:50

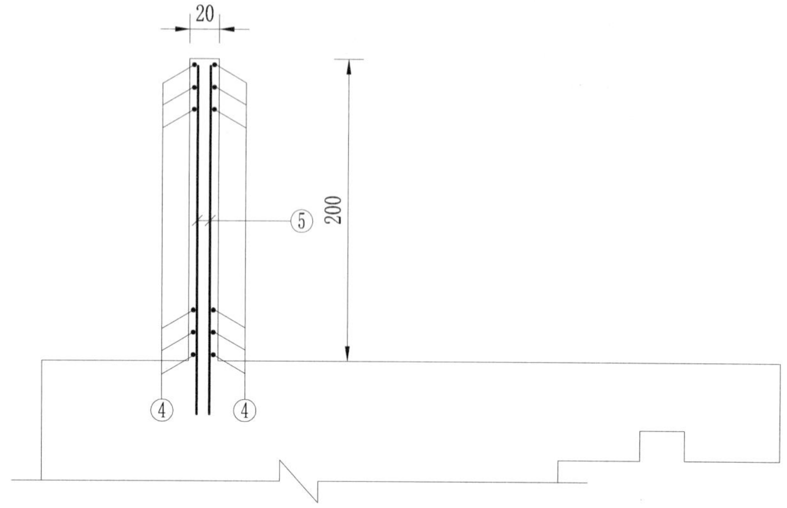

顶板和刺墙钢筋表

编号	直径(mm)	型式	间距(mm)	单根长(mm)	根数	总长(m)
①	Φ12	670 100 670	200	1440	106	152.64
②	Φ12	3400	200	3400	106	360.40
③	Φ18	10300	150	10300	64	659.20
④	Φ18	2900	150	2900	56	162.40
⑤	Φ12	2300	200	2300	64	147.20

顶板和刺墙材料表

规格	总长度(m)	单位重(kg/m)	总重(kg)
Φ12	660.24	0.888	586.29
Φ18	821.60	2.000	1643.20
合计	1481.84		2229.49

A—A 1:50

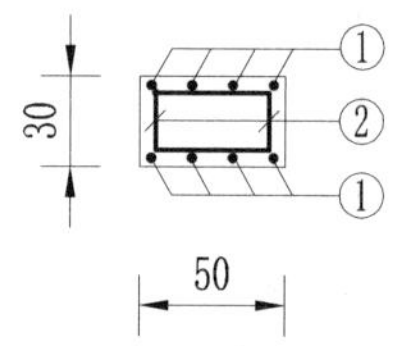

B—B 1:50

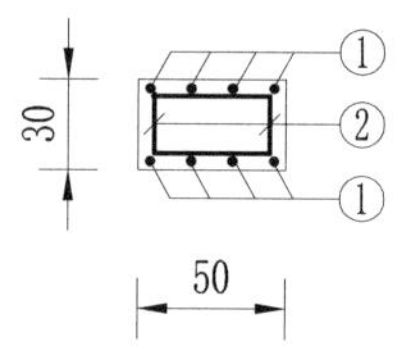

单个中墩工作板钢筋表

编号	直径(mm)	型式	间距(mm)	单根长(mm)	根数	总长(m)
①	Φ20	3200	150	3200	8	25.60
②	Φ20	200 400 400 200	200	1400	17	23.80

单个中墩工作板材料表

规格	总长度(m)	单位重(kg/m)	总重(kg)
Φ20	52.80	2.470	130.42
合计	52.80		130.42

工作板轴测图

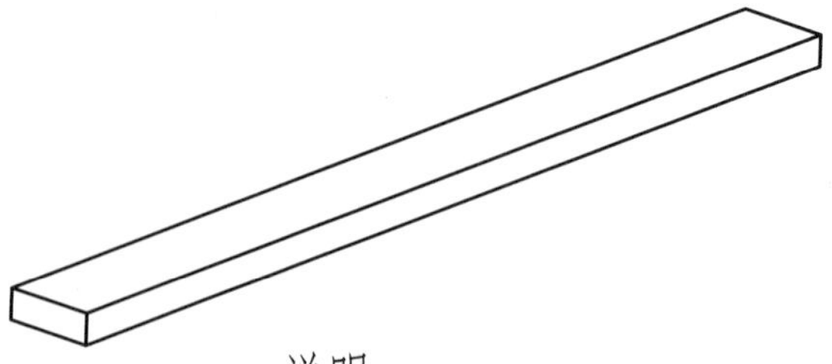

单个边墩工作板钢筋表

编号	直径(mm)	型式	间距(mm)	单根长(mm)	根数	总长(m)
①	Φ20	3450	150	3450	8	27.60
②	Φ10	200 400 400 200	200	1400	18	25.20

单个边墩工作板材料表

规格	总长度(m)	单位重(kg/m)	总重(kg)
Φ10	25.20	0.617	15.55
Φ20	27.60	2.470	68.17
合计	52.80		83.72

说明:

1. 图中结构尺寸单位以cm计，钢筋尺寸单位以mm计。
2. 混凝土保护层为5cm。
3. 混凝土强度等级为C25。
4. 闸门采用铸铁闸门，门槽预留件根据所订购闸门要求埋设。

结构类型	箱涵结构排洪闸
图 名	箱涵结构排洪闸刺墙、工作板钢筋图
图 号	11/12

单个排架配筋图 1:20

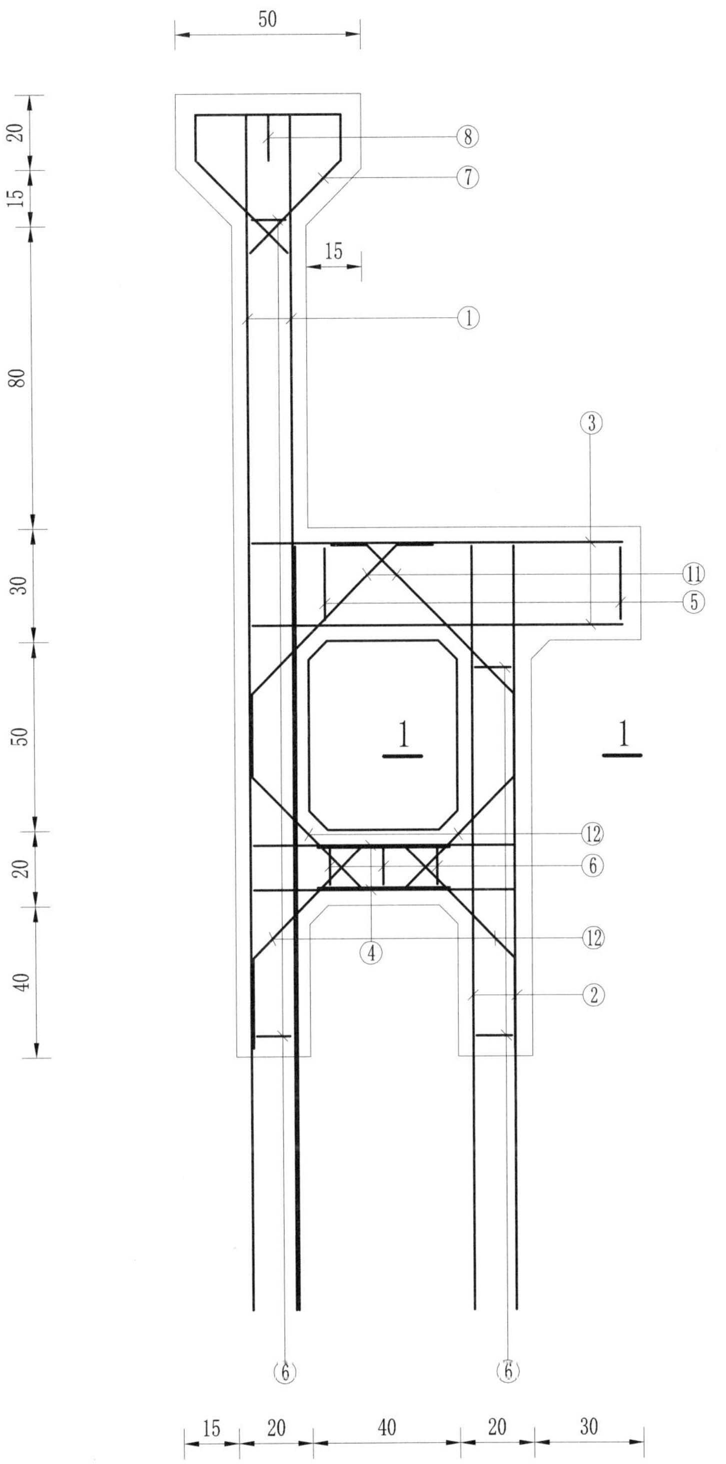

单个排架钢筋表

编号	直径(mm)	型式	间距(mm)	单根长(mm)	根数	总长(m)
①	⌀18	3170	—	3170	4	12.68
②	⌀18	2020	—	2020	4	8.08
③	⌀18	1000	—	1000	4	4.00
④	⌀18	700	—	700	4	2.80
⑤	⌀10	200 200 200 200	200	1000	5	5.00
⑥	⌀10	200 100 100 200	200	800	19	15.20
⑦	⌀10	500 130 135° 10 450 135° 130 10	—	1230	2	2.46
⑧	⌀10	500 130 135° 490 135° 130 490	—	1740	1	1.74
⑪	⌀10	240 45° 560 100 45°	—	900	4	3.60
⑫	⌀10	240 45° 410 240 45°	—	890	8	7.12

单个排架材料表

规格	总长度(m)	单位重(kg/m)	总重(kg)
⌀10	35.12	0.617	21.67
⌀18	27.56	2.000	55.12
合计	62.68		76.79

1—1 1:50

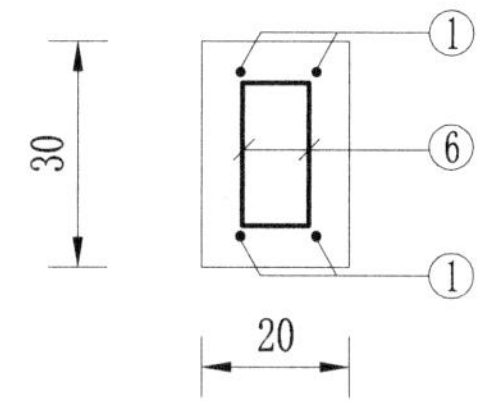

排架轴测图

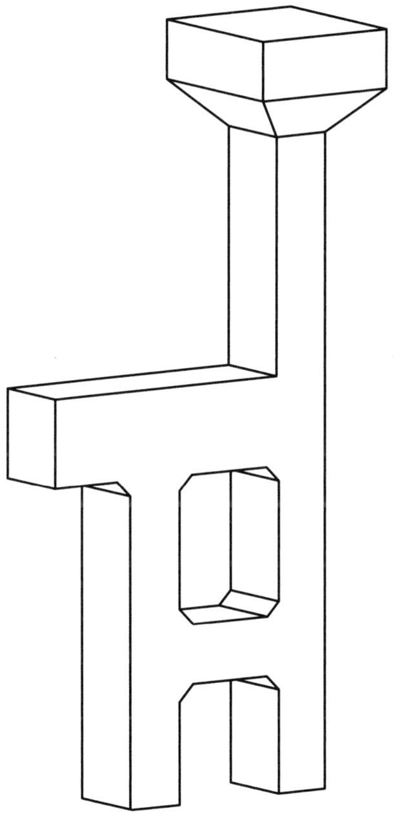

说明:

1. 图中结构尺寸单位以cm计，钢筋尺寸单位以mm计。
2. 混凝土保护层为5cm。
3. 混凝土强度等级为C25。
4. 闸门采用铸铁闸门，门槽预留件根据所订购闸门要求埋设。

结构类型	箱涵结构排洪闸
图　名	箱涵结构排洪闸排架钢筋图
图　号	12/12

第三部分

智 能 水 闸

节制闸+分水闸轴测图

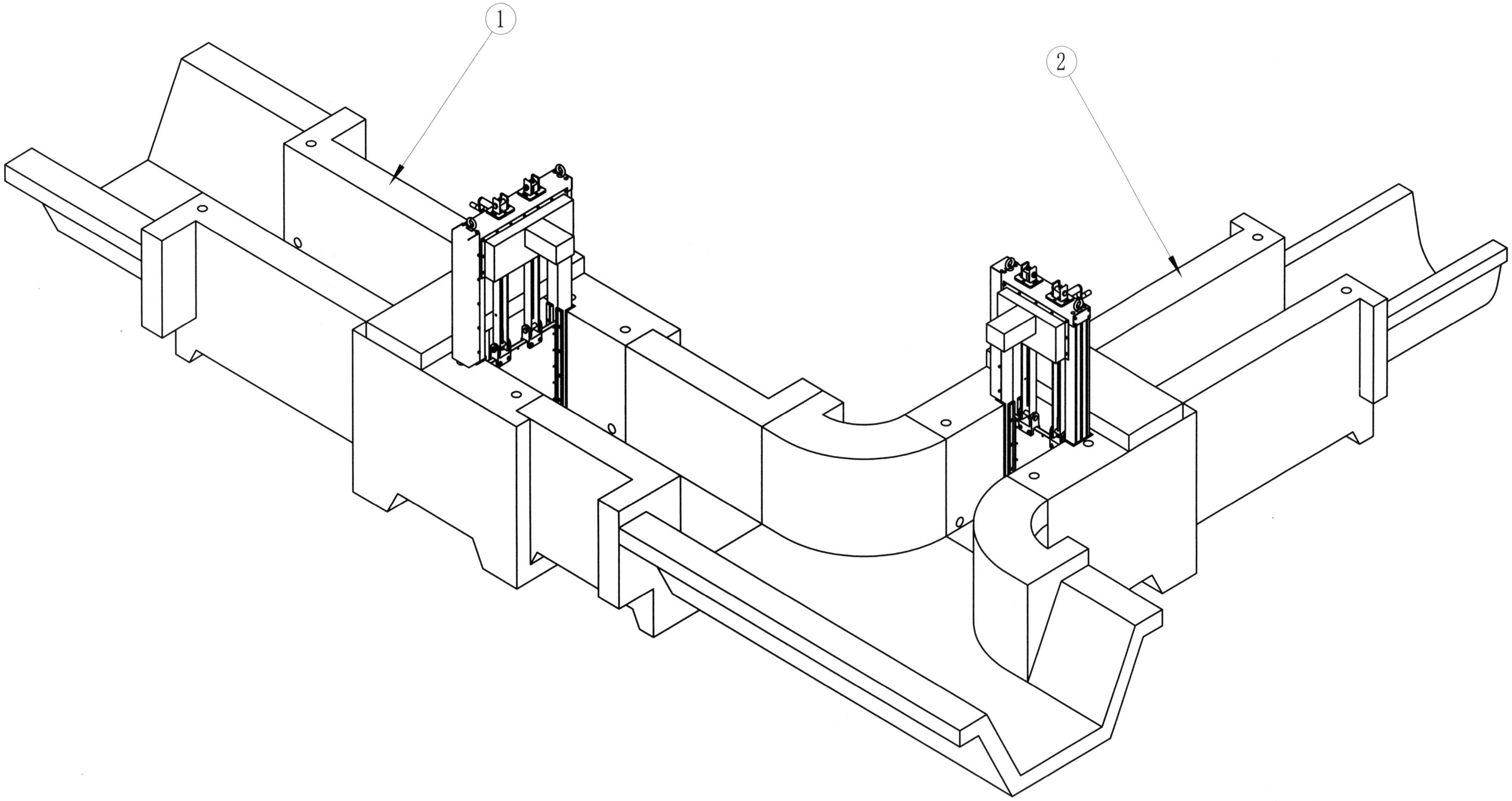

2	分水闸	1
1	节制闸	1
序号	名称	数量

结构类型	智能水闸
图　　名	节制闸+分水闸轴测图
图　　号	1/14

A—A 1:16

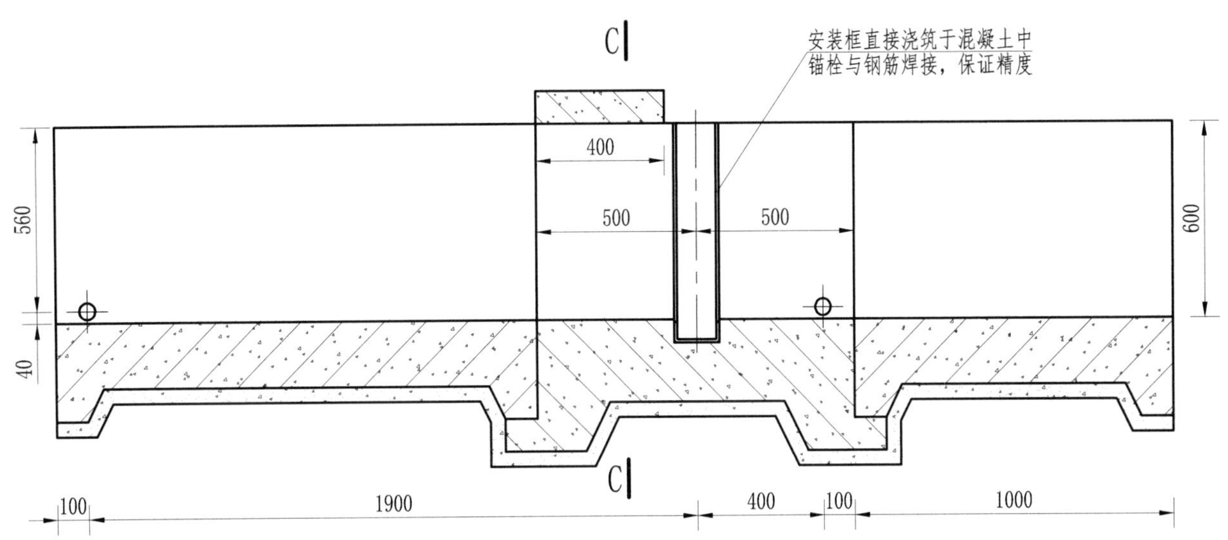

C—C 1:16

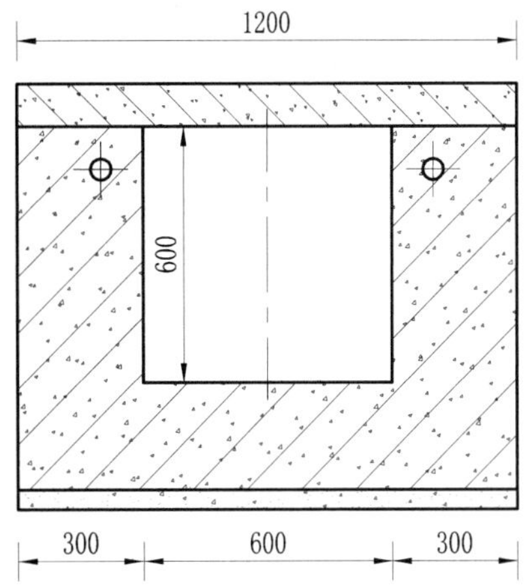

B—B 1:16

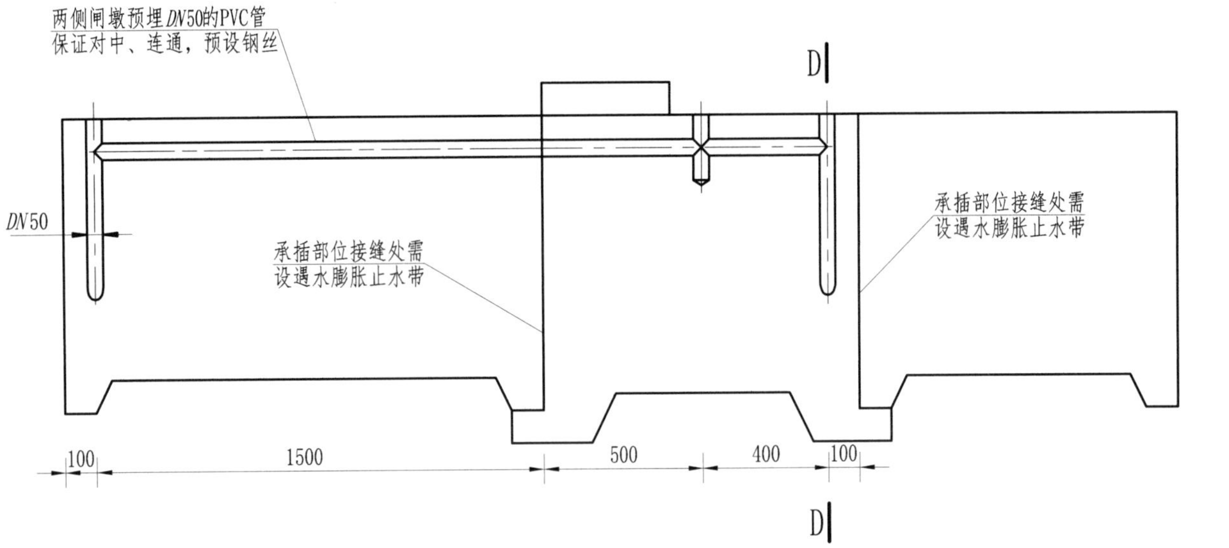

D—D 1:16

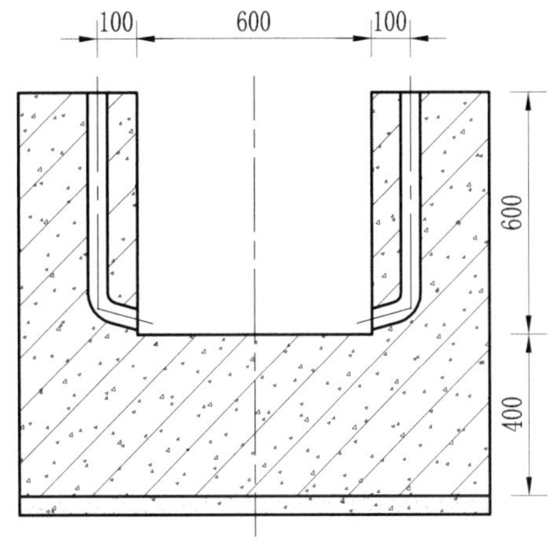

俯视图 1:16

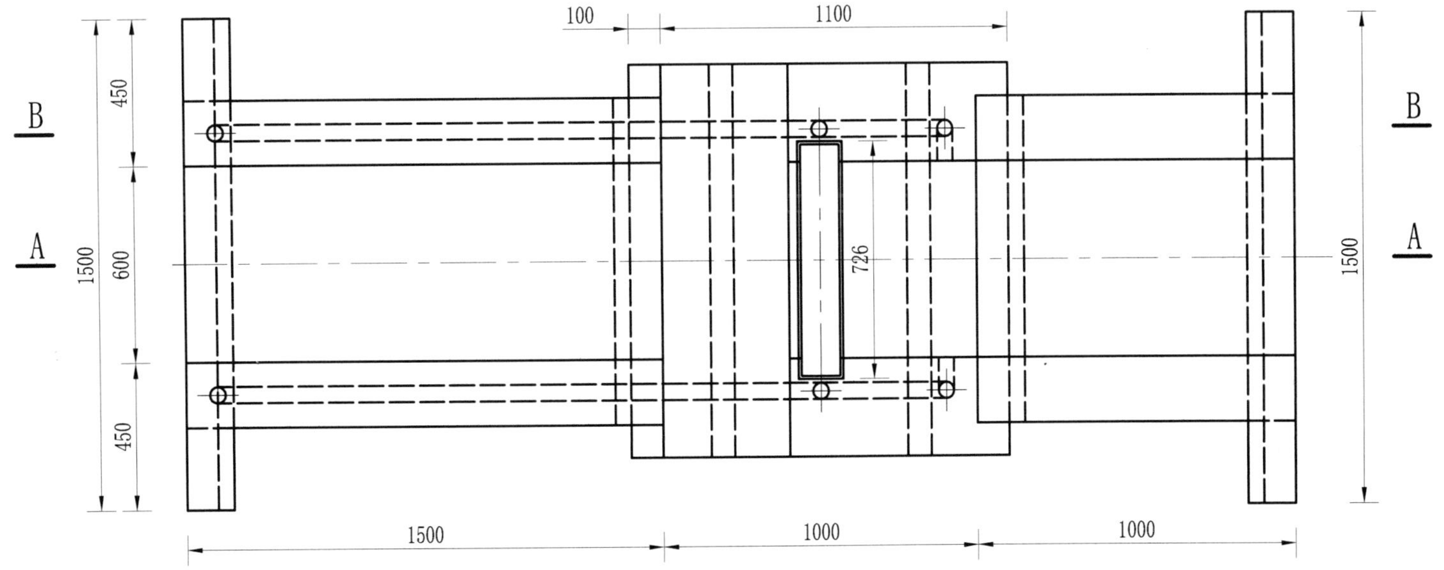

节制闸水工装配轴测图

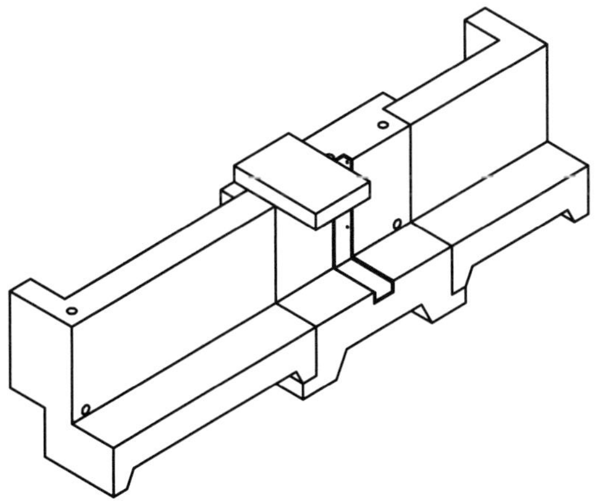

说明：

图中尺寸单位以mm计。

结构类型	智能水闸
图 名	节制闸水工装配结构图
图 号	2/14

A—A 1:8

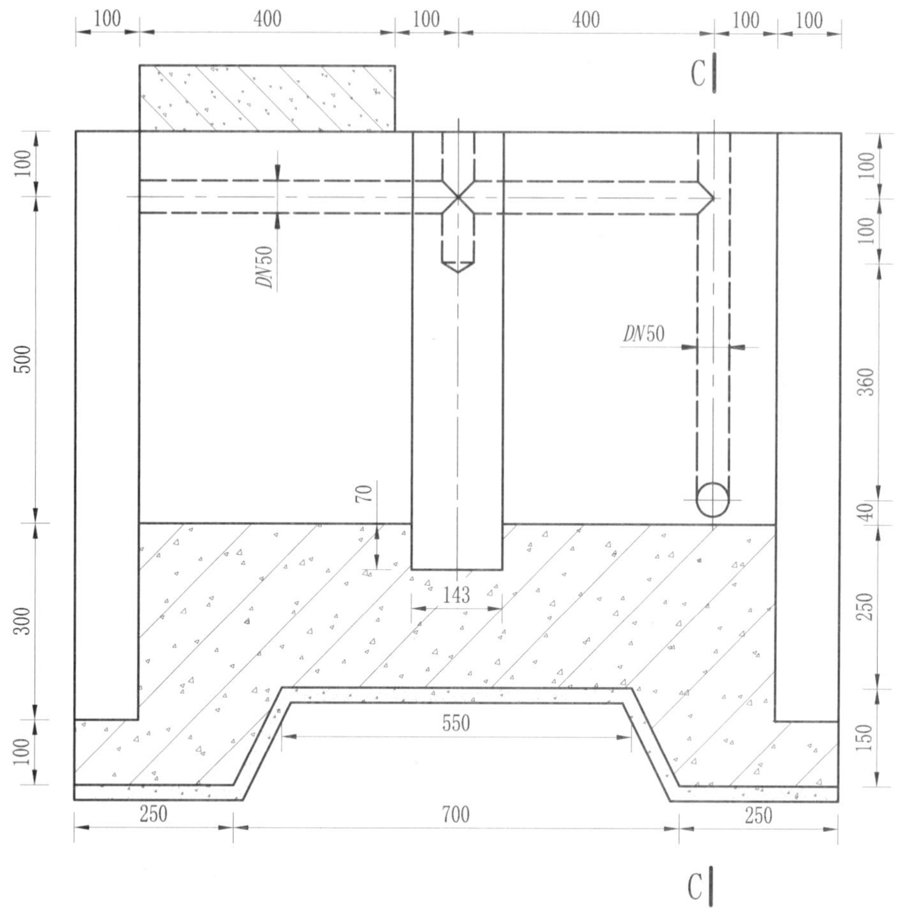

C—C 1:8

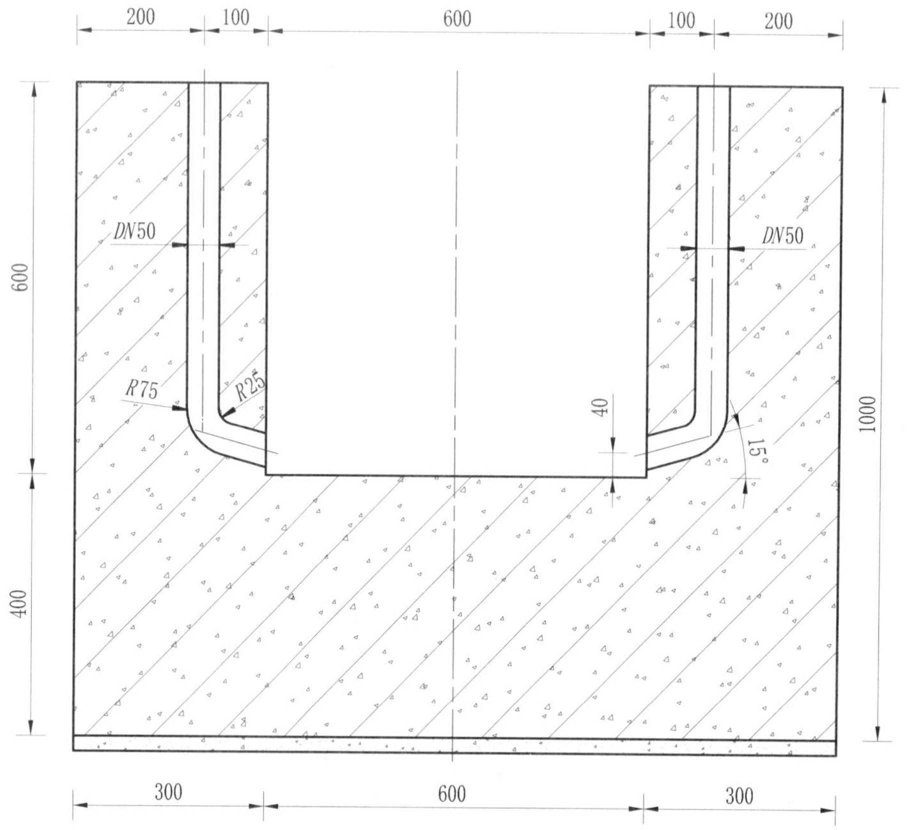

俯视图 1:8

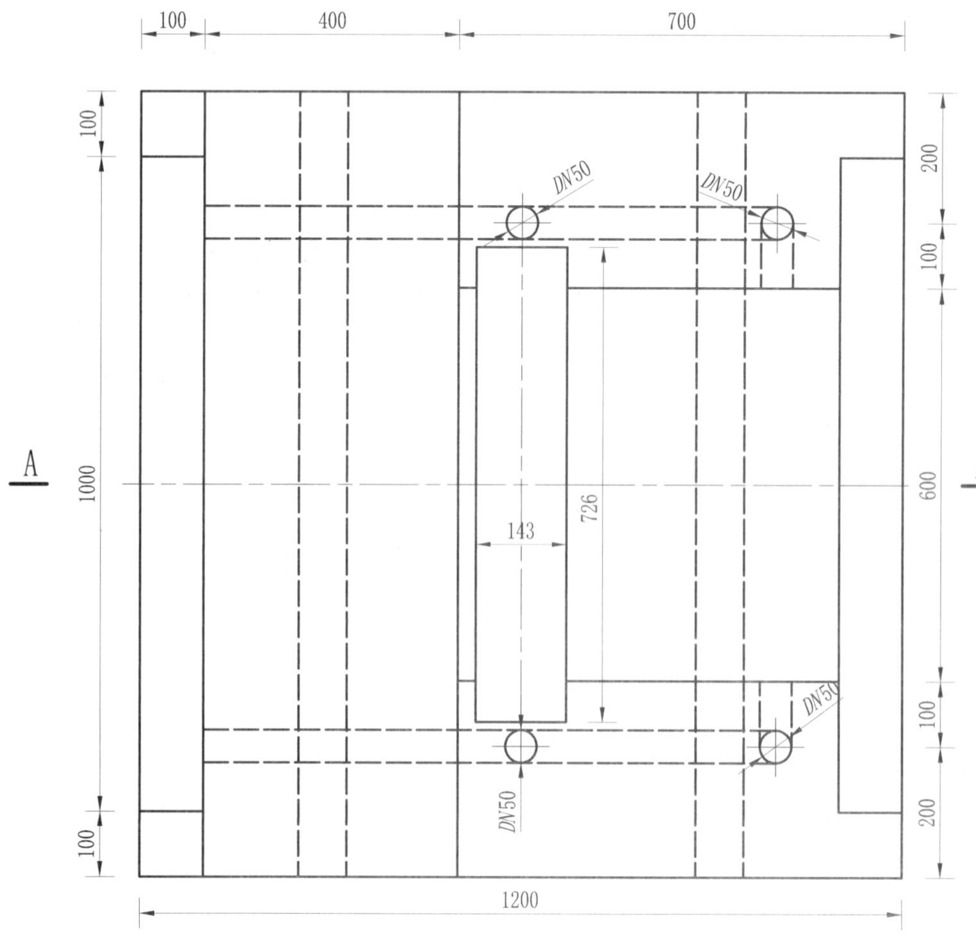

节制闸闸室轴测图

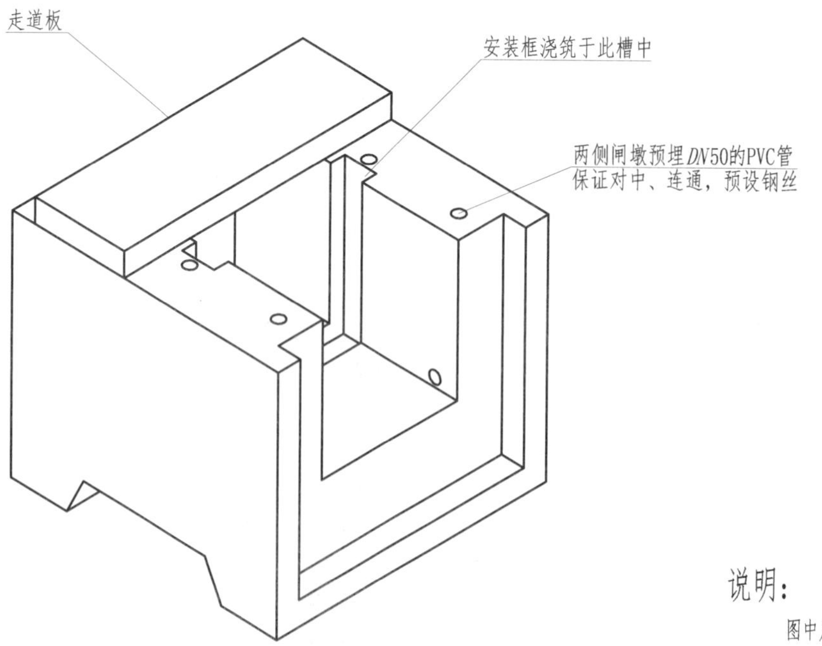

说明：

图中尺寸单位以mm计。

结构类型	智能水闸
图　　名	节制闸闸室结构图
图　　号	3/14

A—A 1:8

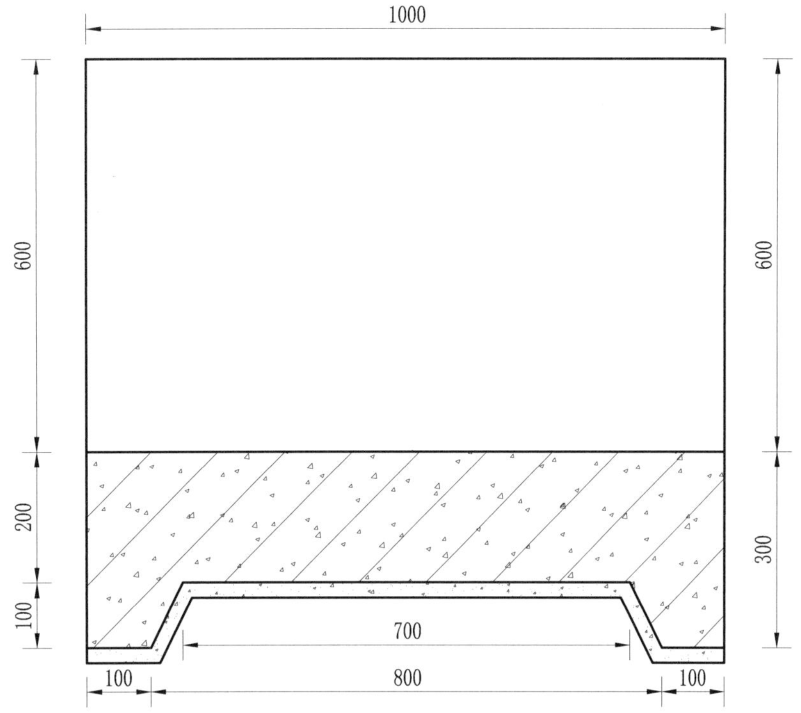

侧视图 1:8

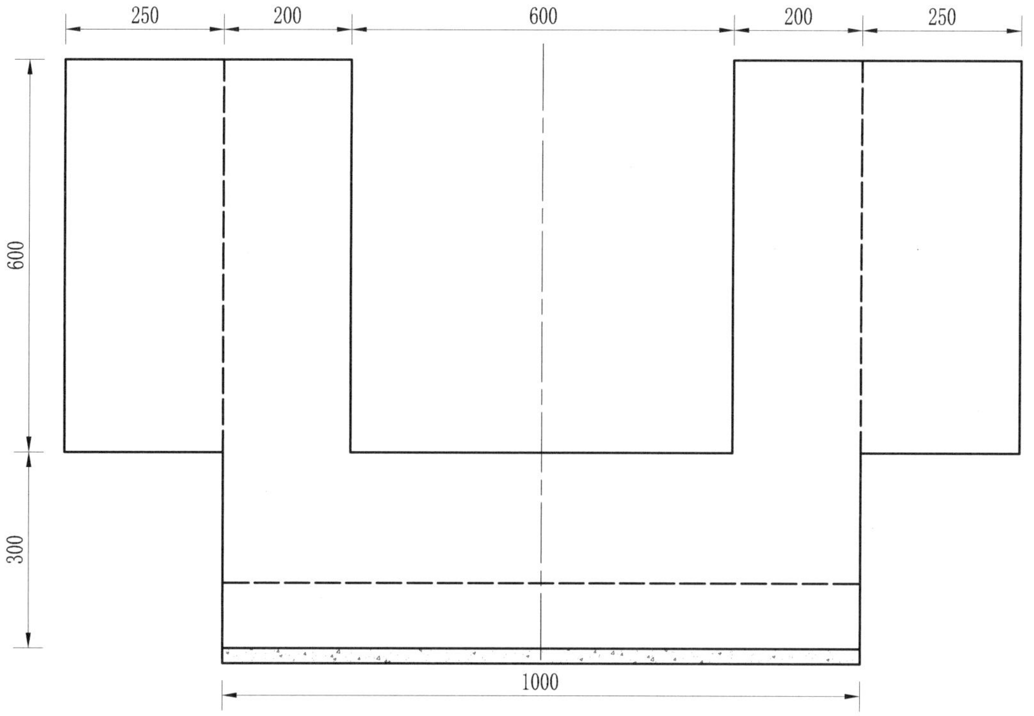

俯视图 1:8

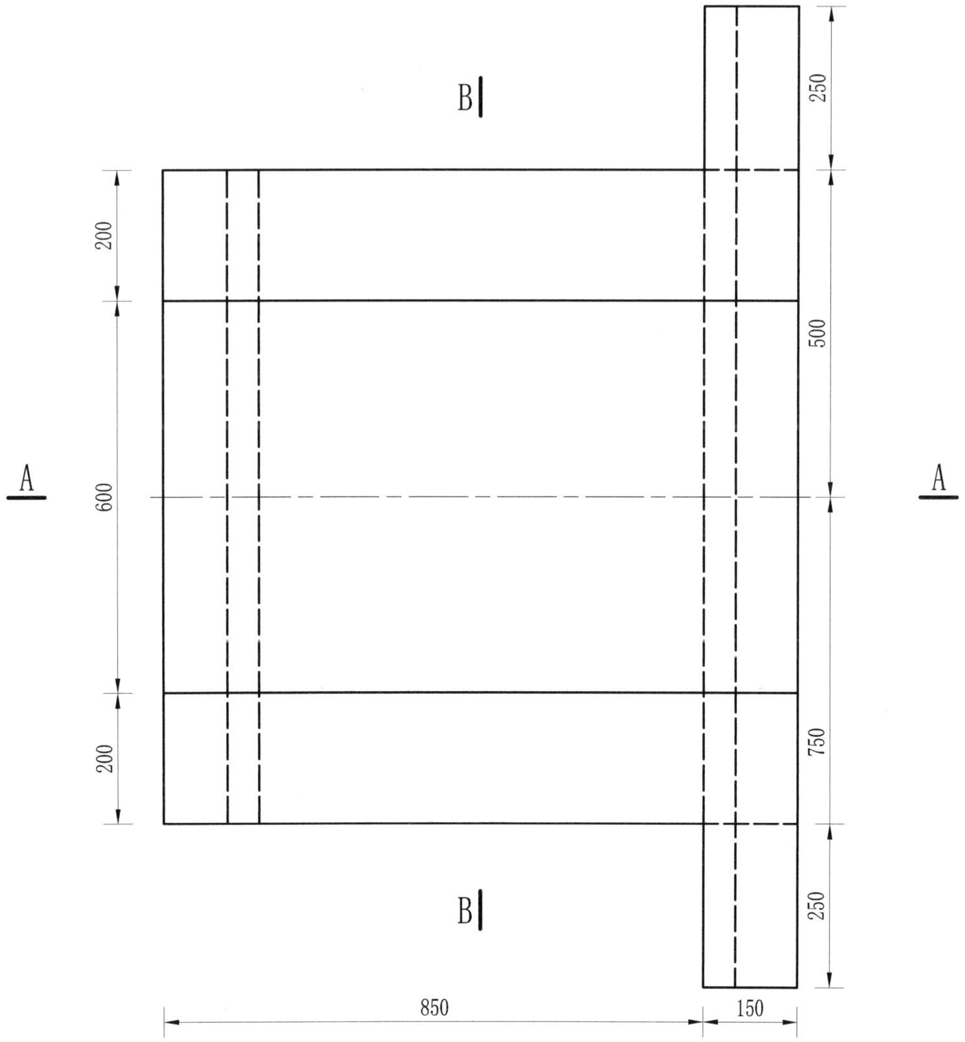

节制闸上游连接段轴测图

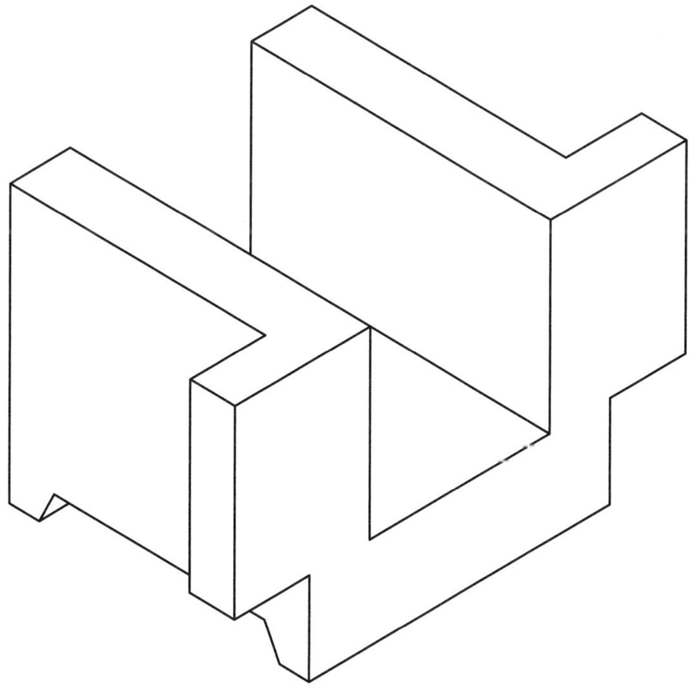

说明：

图中尺寸单位以mm计。

结构类型	智能水闸
图　　名	节制闸上游连接段结构图
图　　号	4/14

主视图 1:8

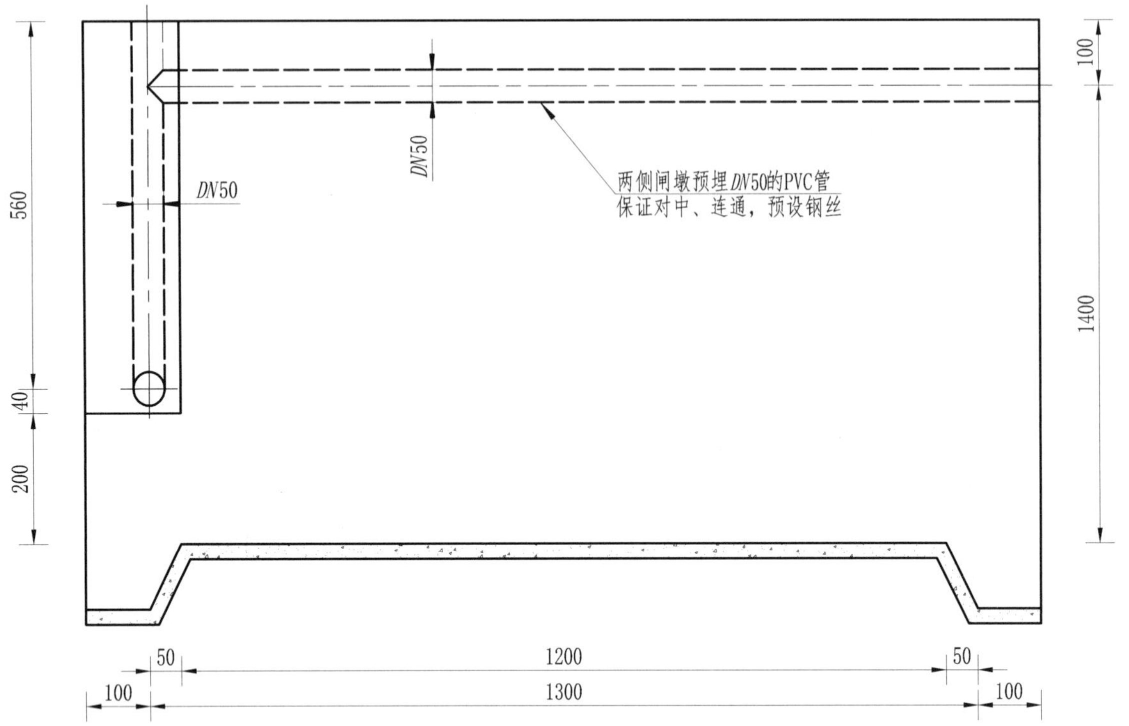

侧视图 1:8

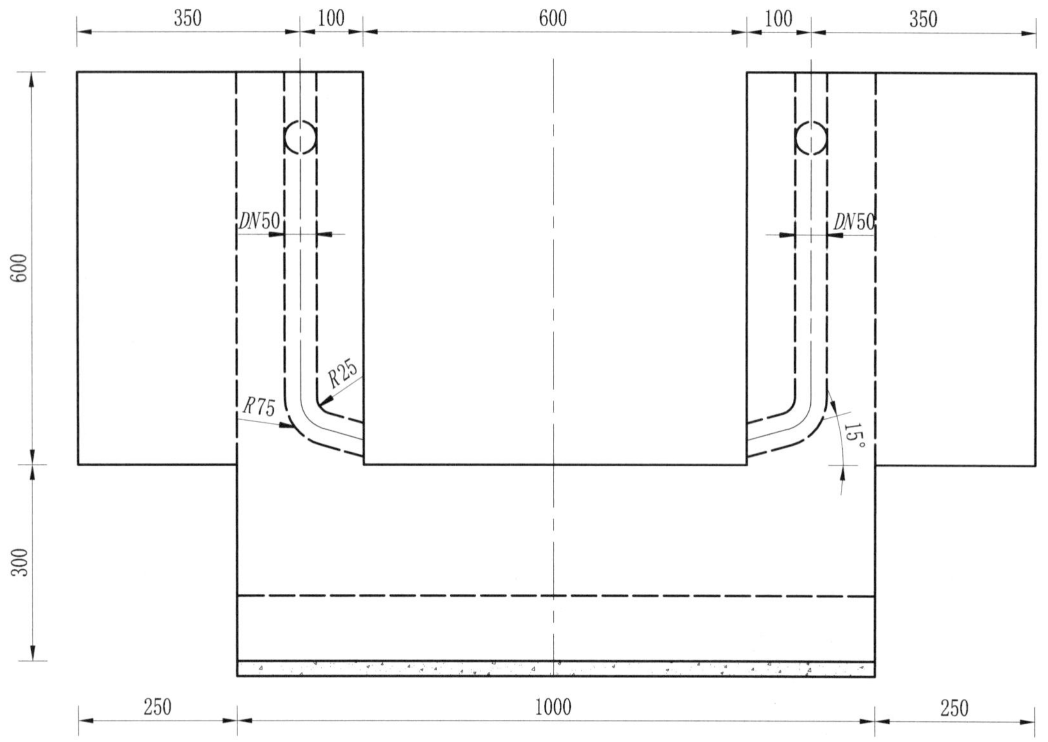

俯视图 1:8

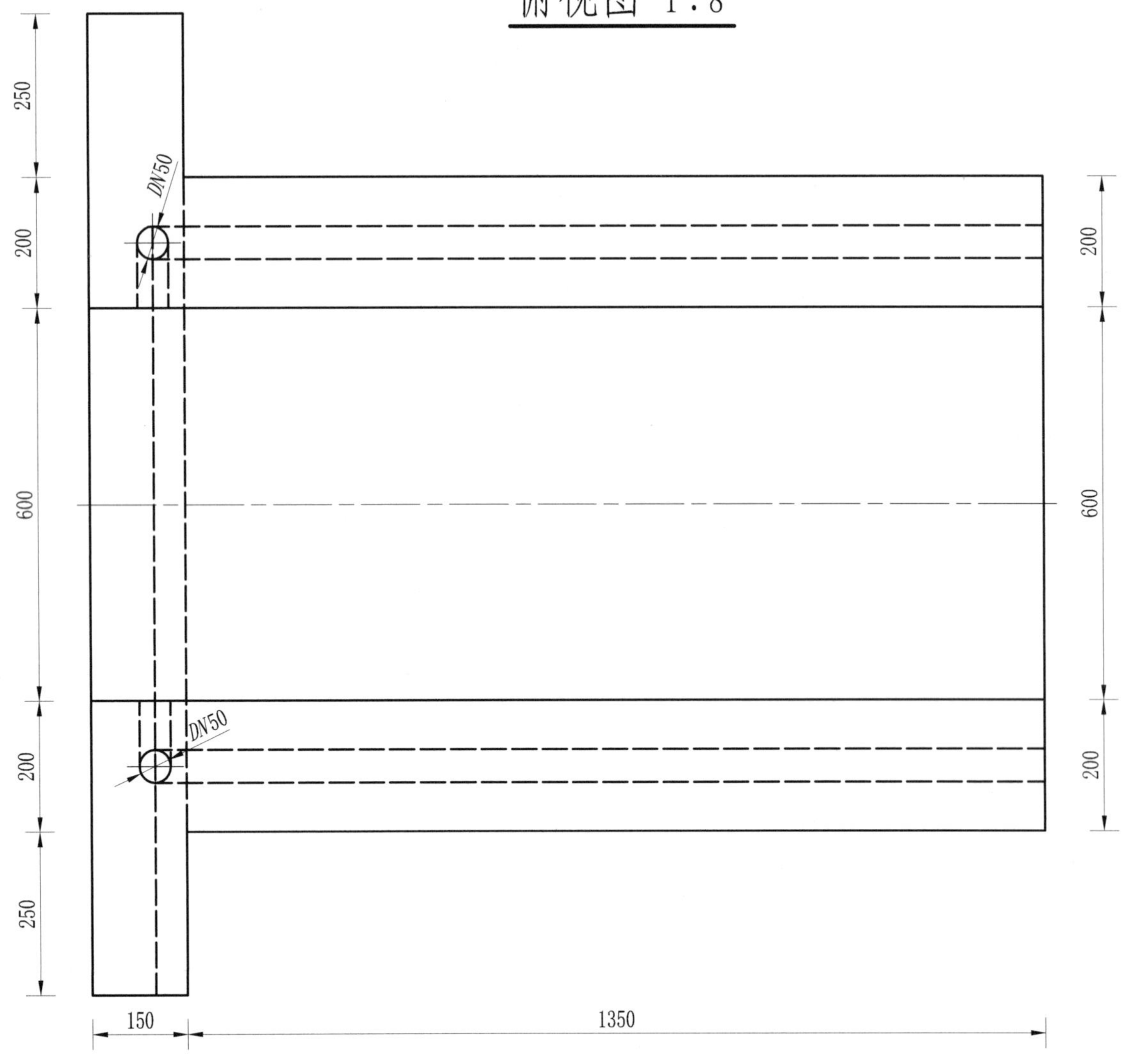

节制闸下游连接段轴测图

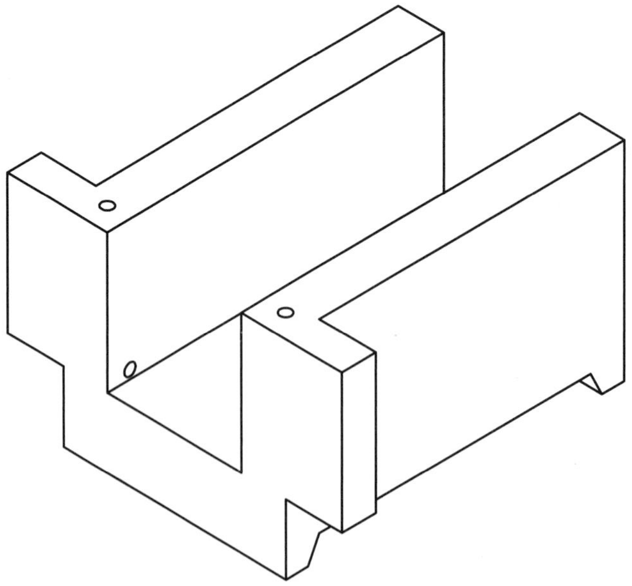

说明：

图中尺寸单位以mm计。

结构类型	智能水闸
图　名	节制闸下游连接段结构图
图　号	5/14

A—A 1:16

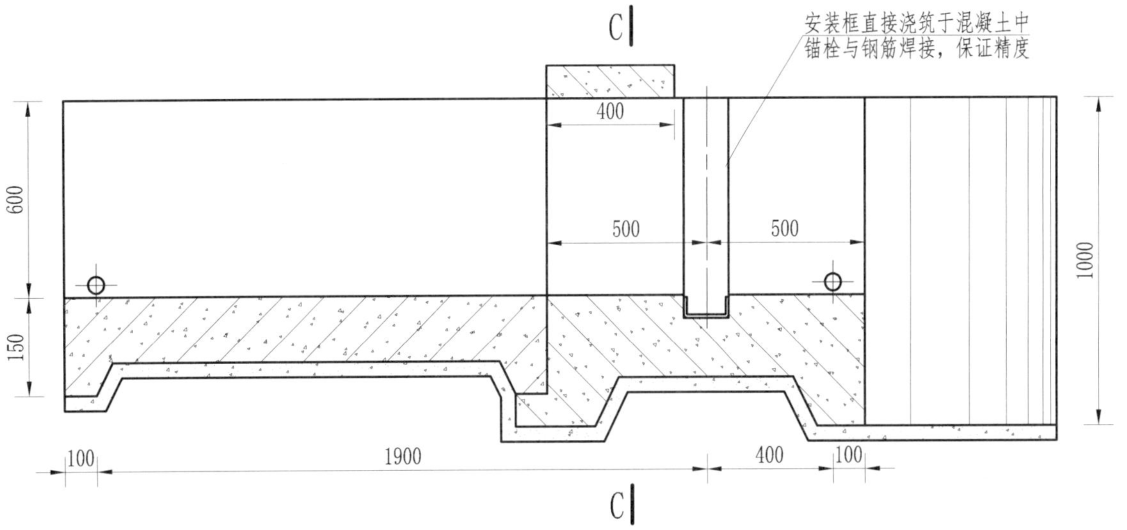

C—C 1:16

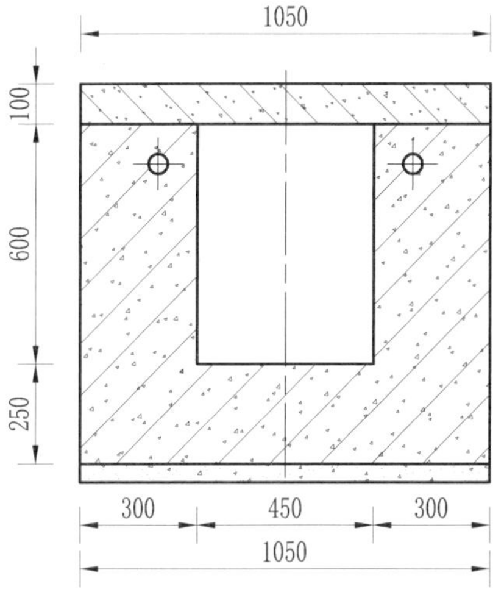

D—D 1:16

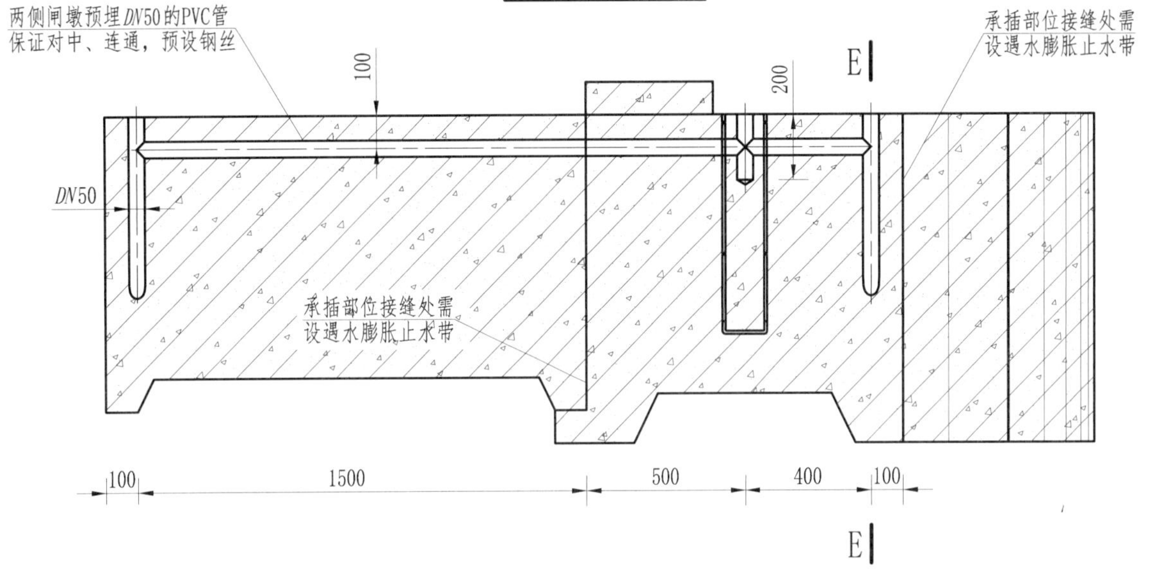

E—E 1:16

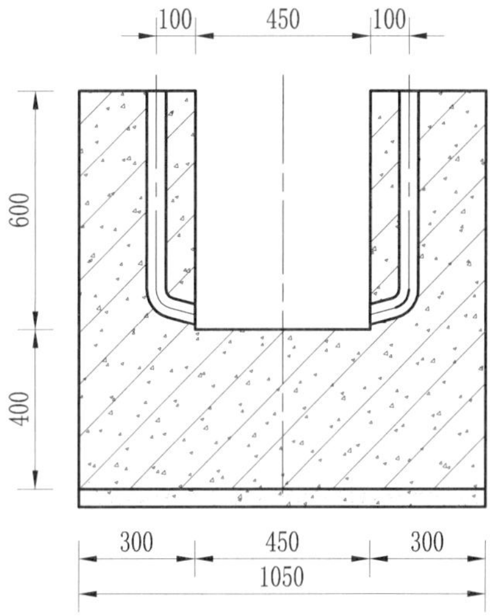

俯视图 1:16

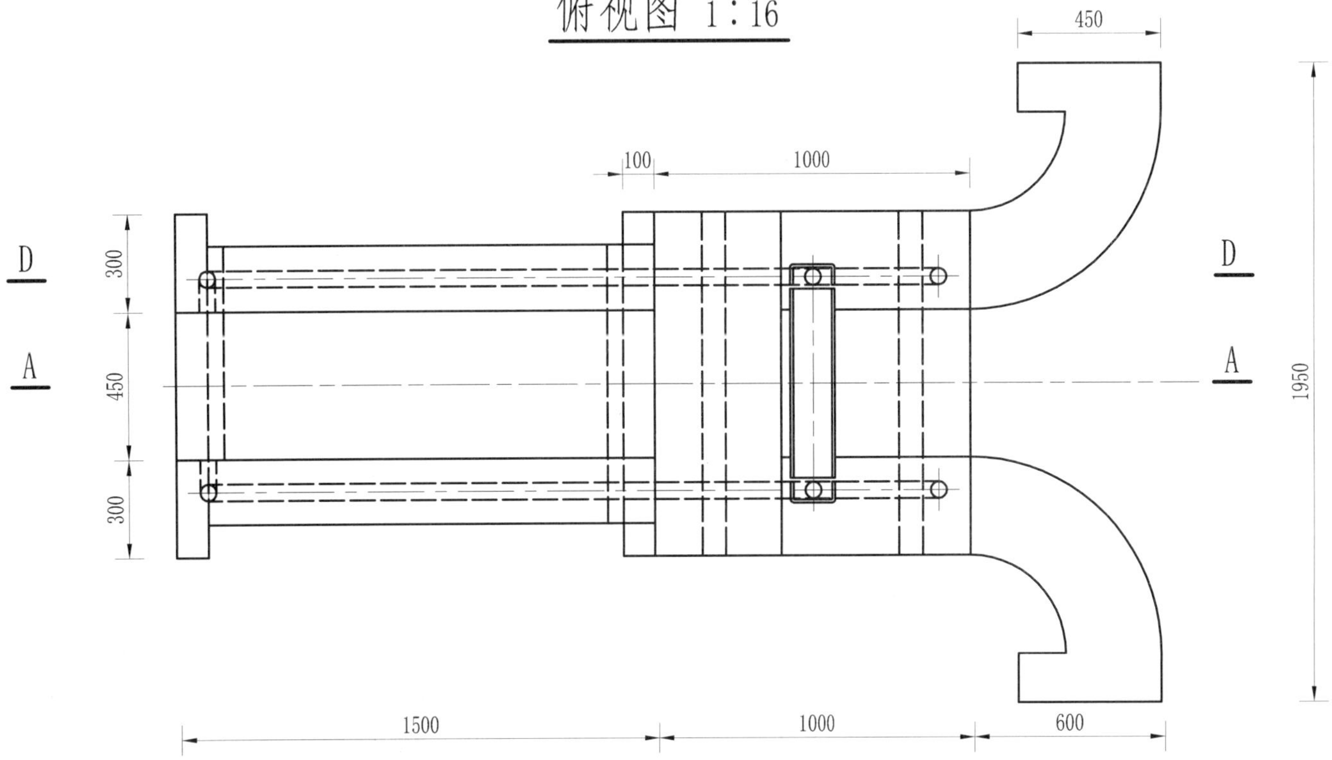

分水闸水工装配轴测图

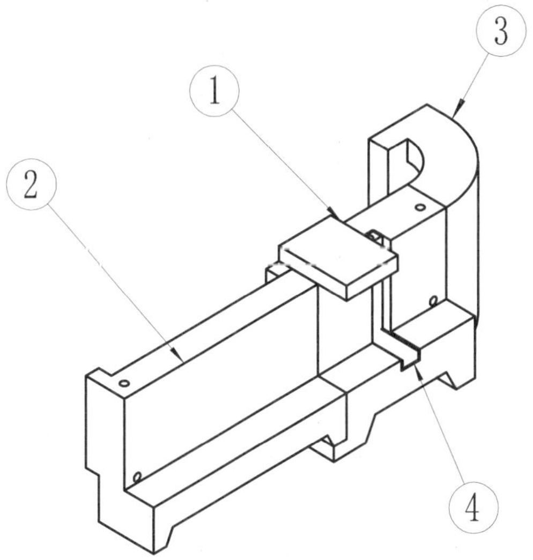

说明：

图中尺寸单位以mm计。

序号	名称	数量
4	闸室底坎	1
3	进水闸上（下）游弧墙结构	1
2	分水闸闸下游连接段结构	1
1	分水闸闸室结构	1

结构类型	智能水闸
图　名	分水闸水工装配结构图
图　号	6/14

A—A 1:8

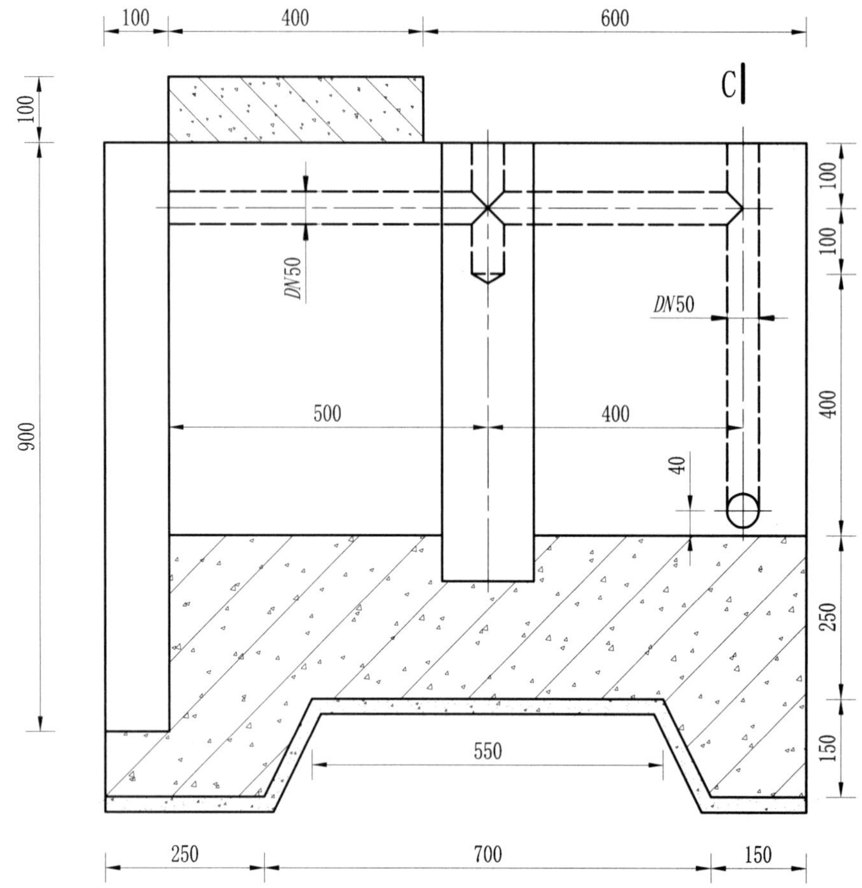

俯视图 1:8

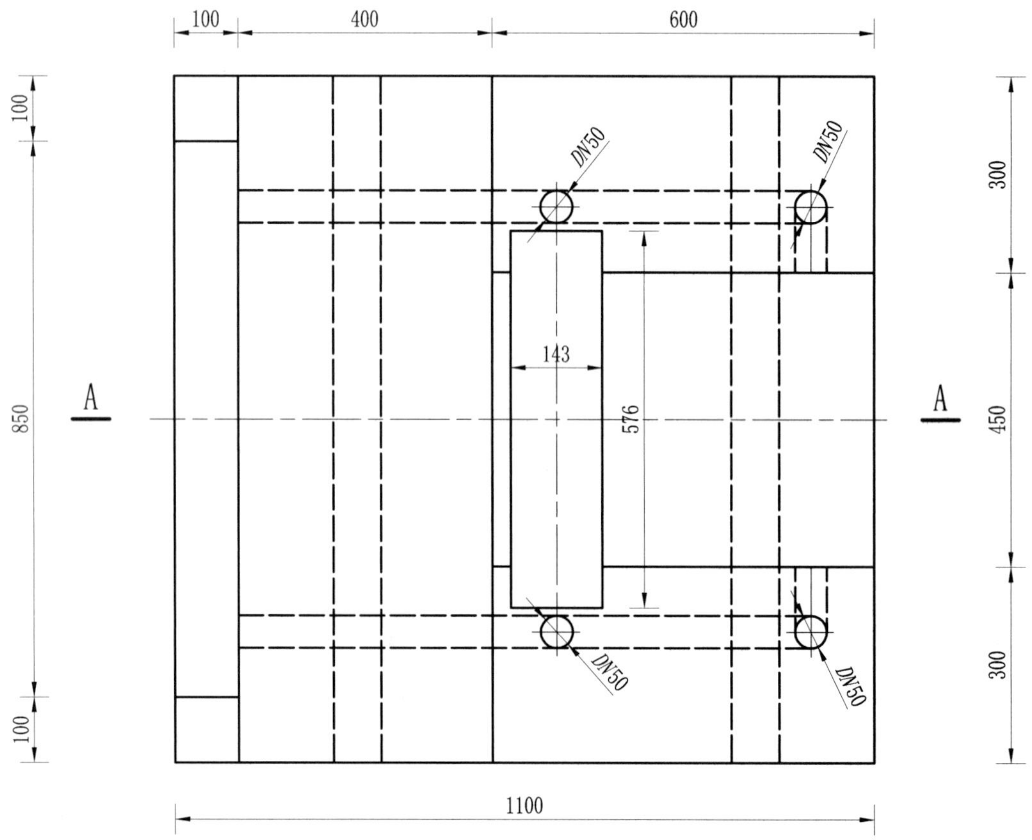

C—C 1:8

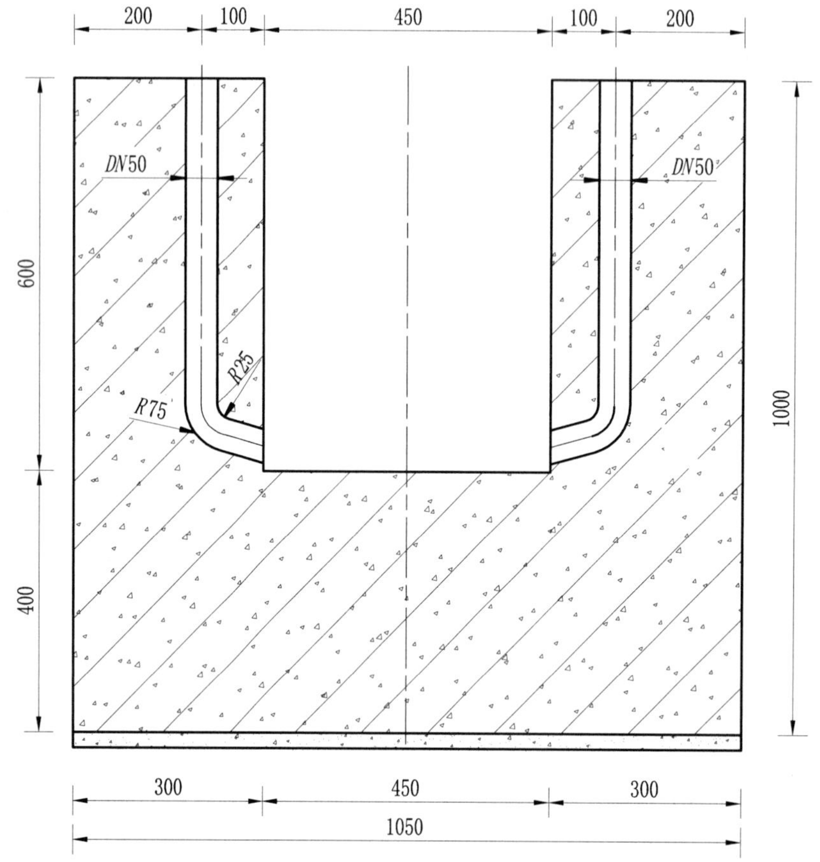

分水闸闸室轴测图

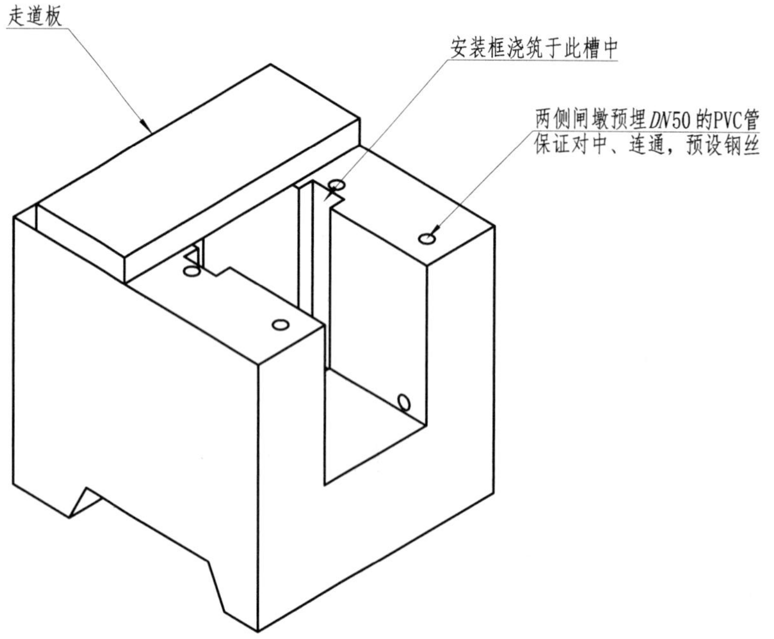

说明：

图中尺寸单位以mm计。

结构类型	智能水闸
图　名	分水闸闸室结构图
图　号	7/14

平面图 1:8

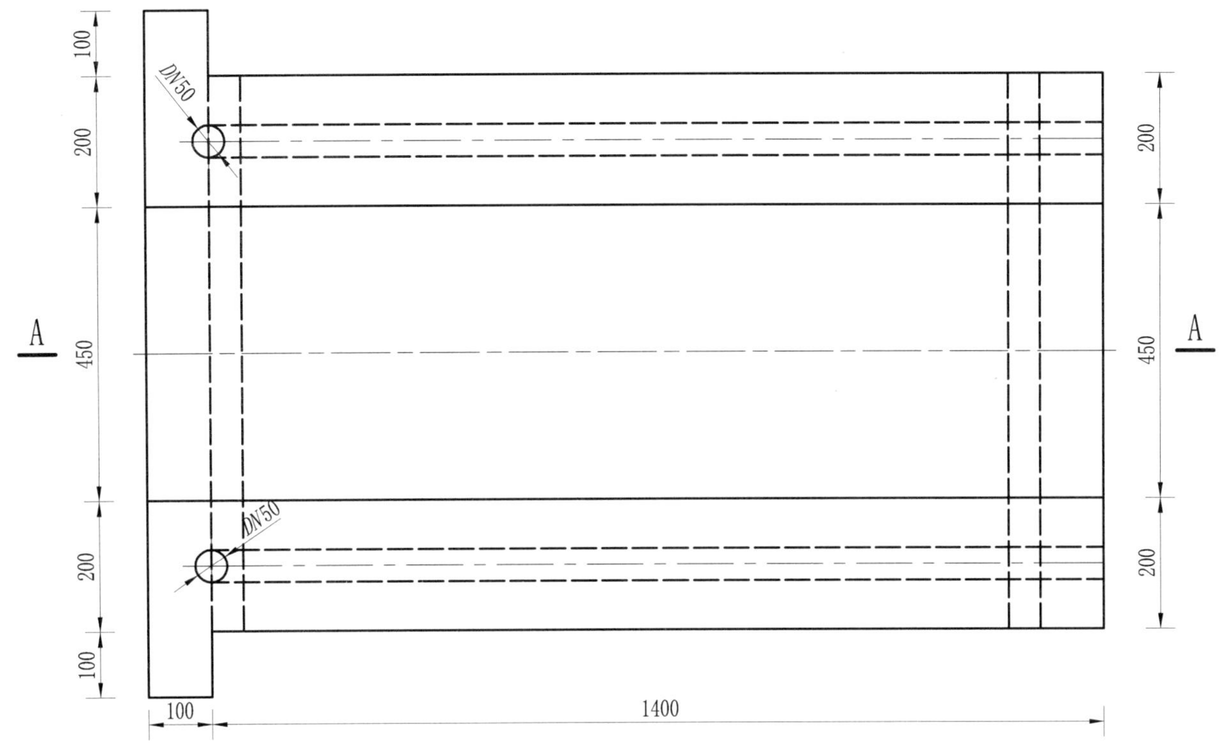

侧视图 1:8

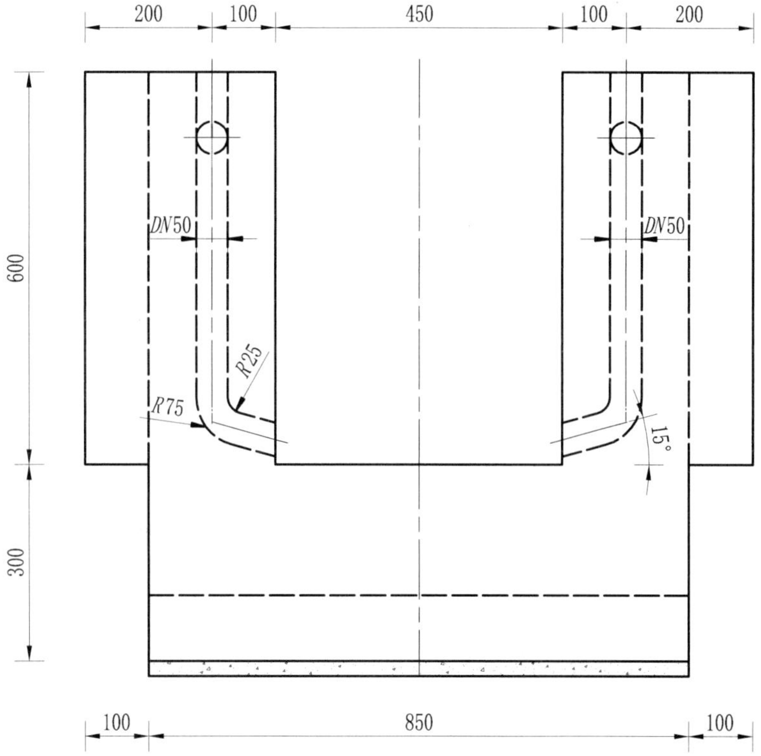

A—A 1:8

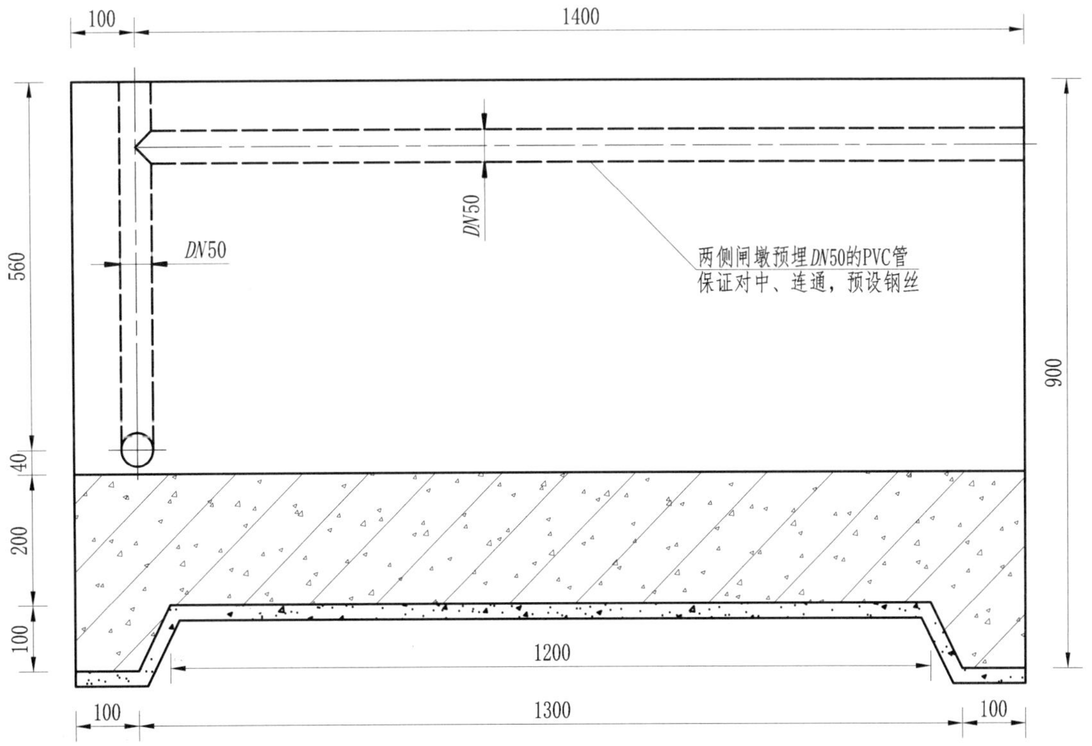

分水闸下游连接段轴测图

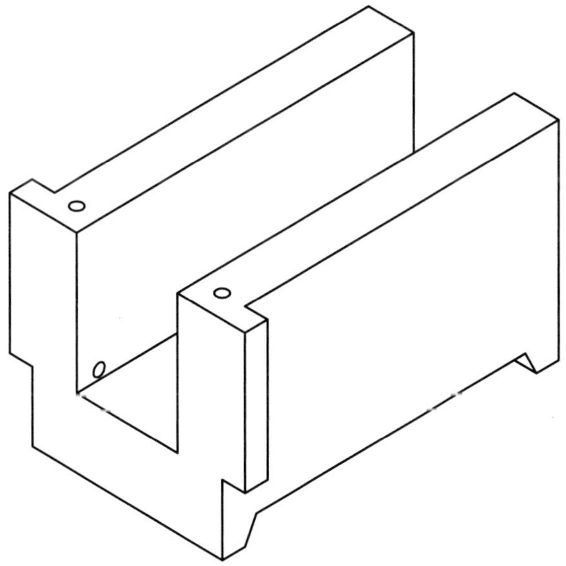

说明：

图中尺寸单位以mm计。

结构类型	智能水闸
图　名	分水闸下游连接段结构图
图　号	8/14

1—1 1∶25

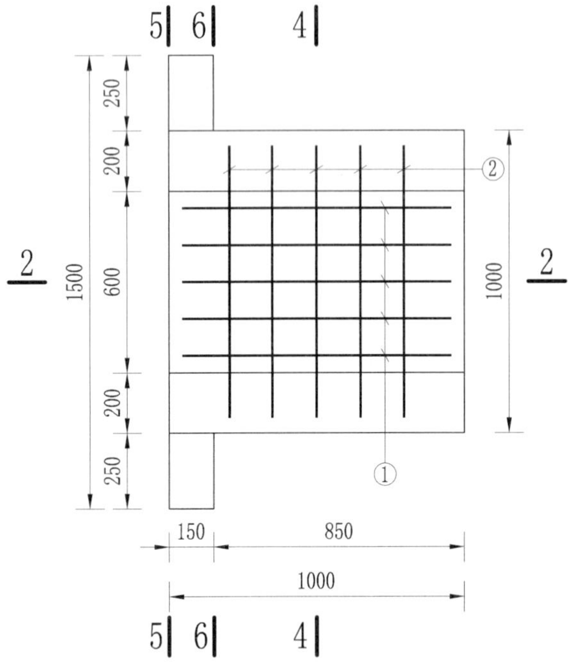

2—2 1∶25

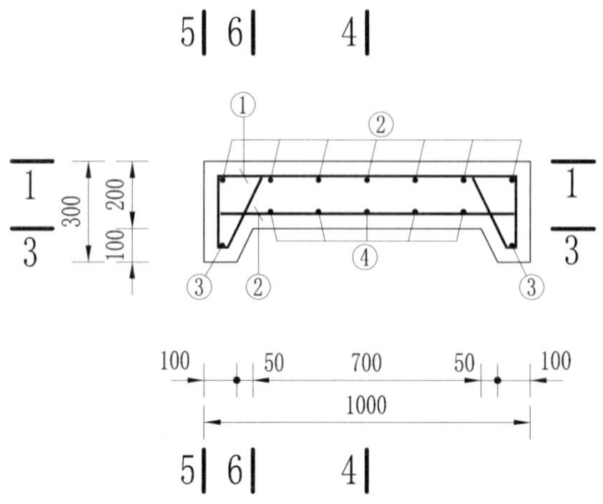

3—3 1∶25

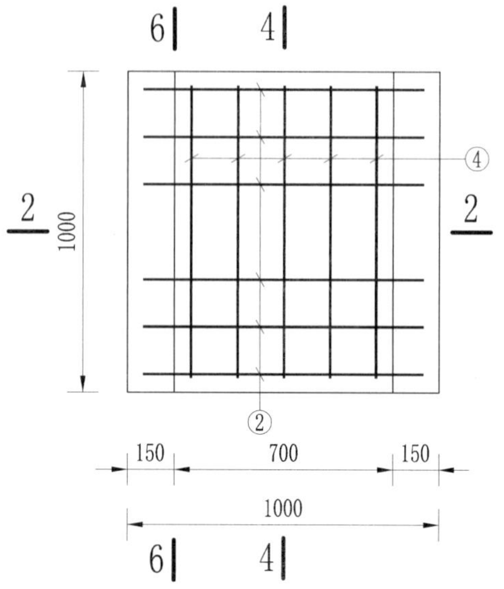

4—4 1∶25

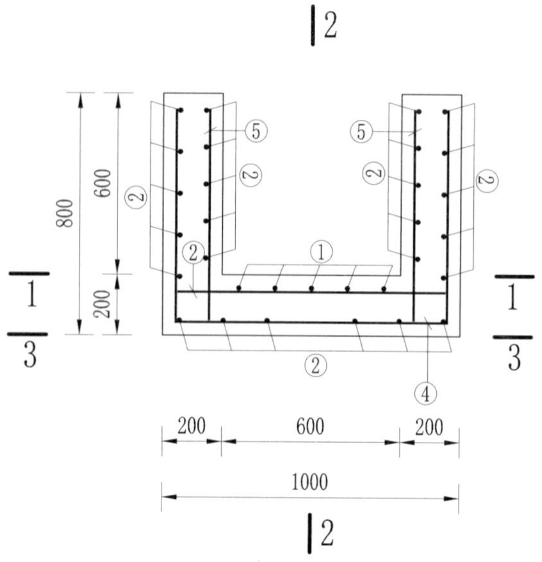

5—5 1∶25

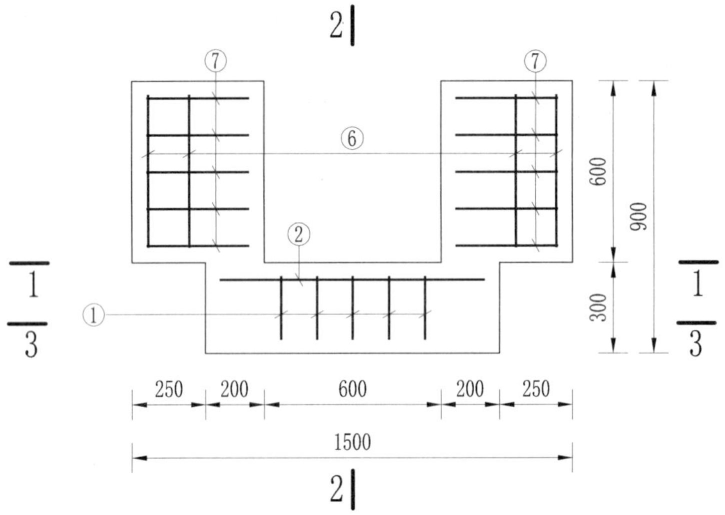

6—6 1∶25

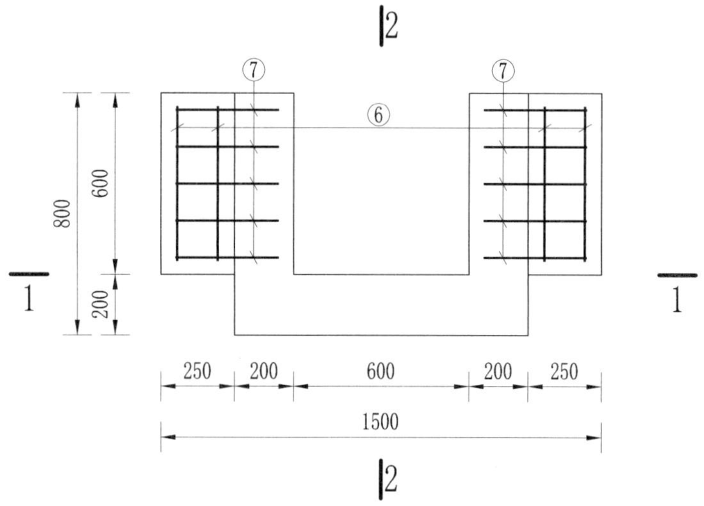

上游连接段轴测图

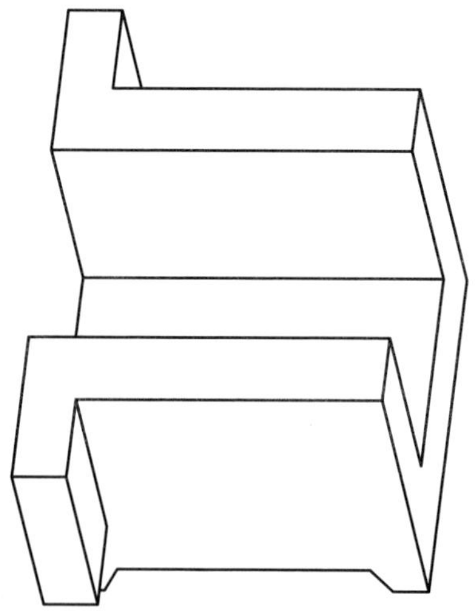

钢筋表

编号	直径(mm)	型式	间距(mm)	单根长(mm)	根数	总长(mm)
①	ф12	200 117° 230 900 230 117° 200 20 20	150	1800	5	9.00
②	ф12	900	150	900	34	30.60
③	ф12	800 900 800	—	2500	1×2	5.00
④	ф12	700 900 700	150	2300	5	11.50
⑤	ф12	700	150	700	7×2	9.80
⑥	ф12	500 50 500 50	150	1100	2×2	4.40
⑦	ф12	350	150	350	5×4	7.00

材料表

规格	总长度(mm)	单位重(kg/m)	总重(kg)
ф12	77.30	0.888	68.64

说明：

1. 图中尺寸单位以mm计。
2. 混凝土强度等级为C25。

结构类型	智能水闸
图　名	节制闸上游连接段结构配筋图
图　号	9/14

1—1 1:25

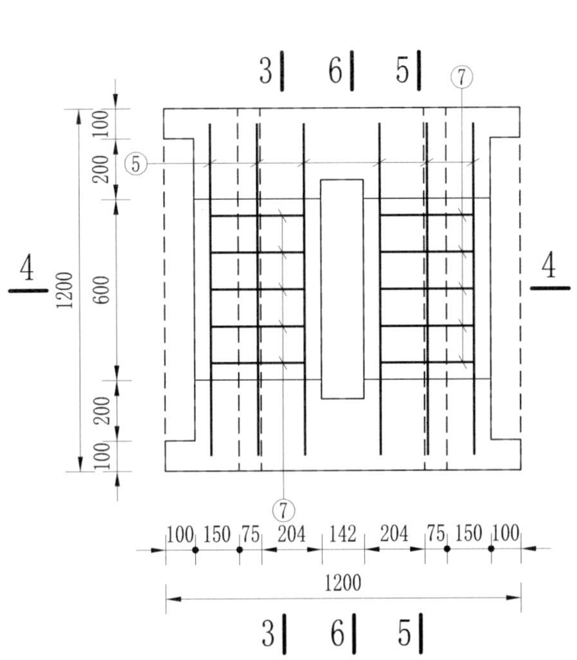

2—2 1:25

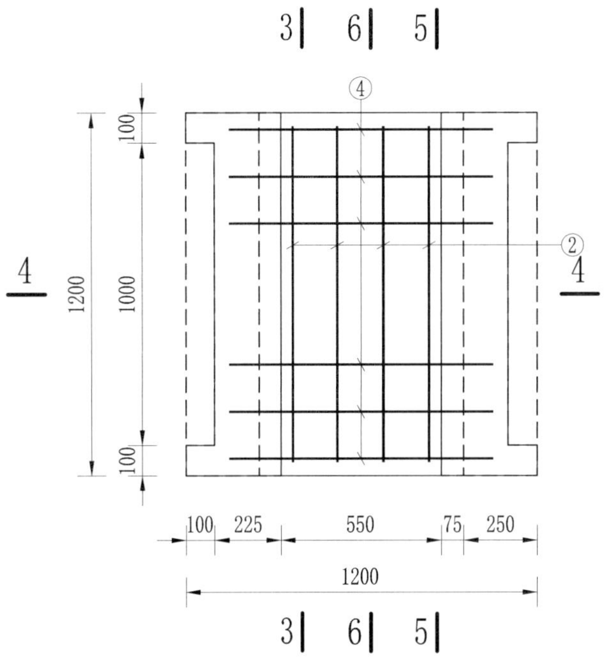

3—3 1:25

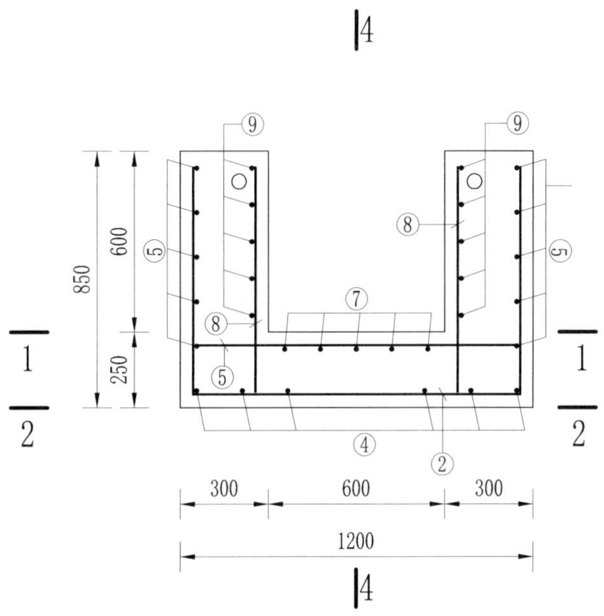

4—4 1:25

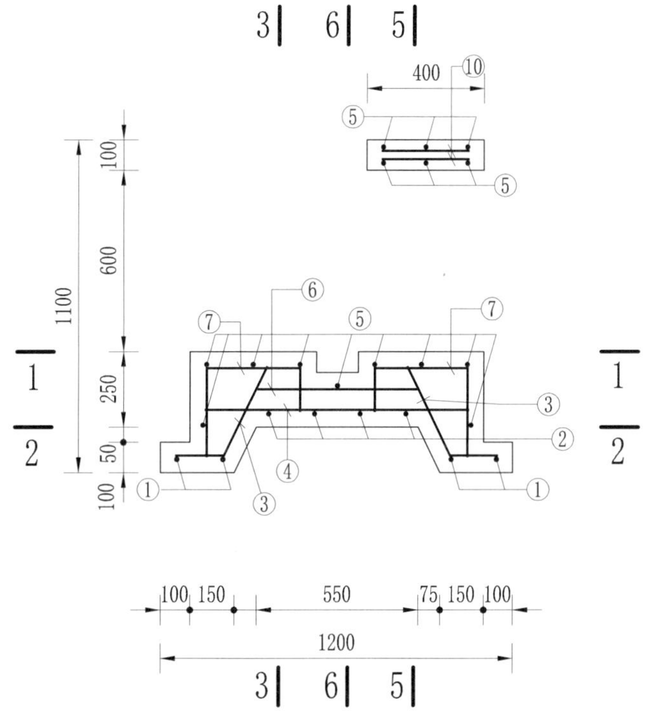

5—5 1:25

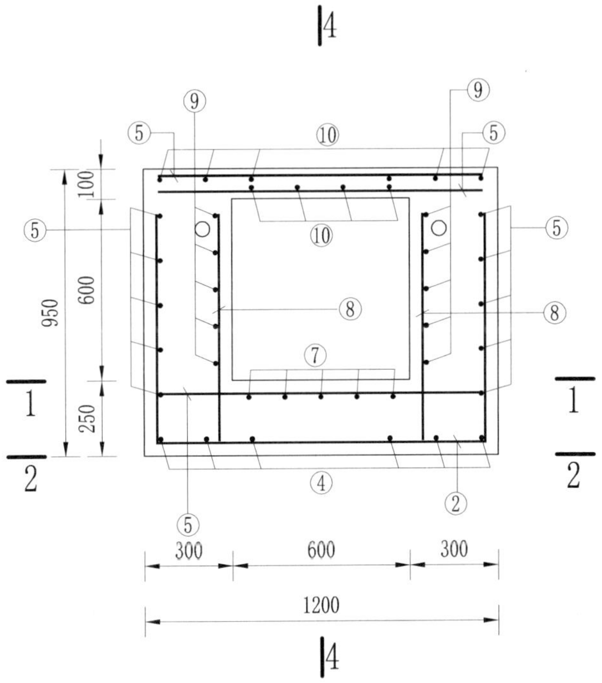

6—6 1:25

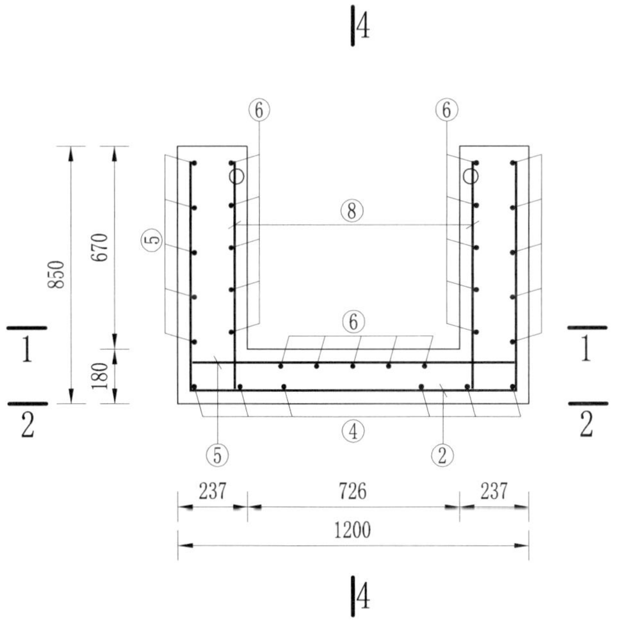

节制闸闸室轴测图

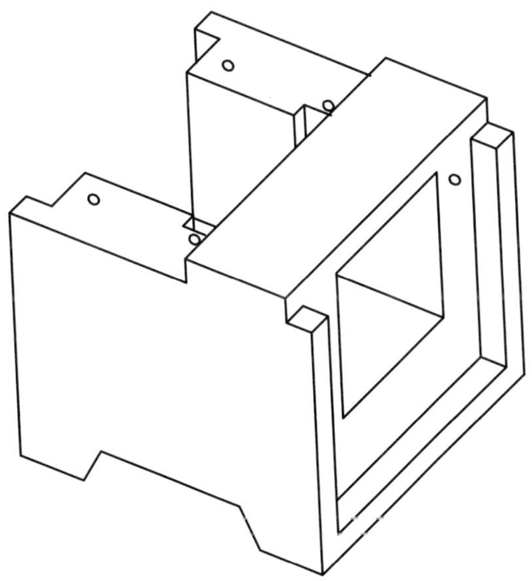

钢筋表

编号	直径(mm)	型式	间距(mm)	单根长(mm)	根数	总长(mm)
①	ф12	900 1100 900	150	2900	2×2	11.60
②	ф12	750 1100 750	150	2600	4	10.40
③	ф12	170 116.6° 330	150	500	17	8.50
④	ф12	900	150	900	12	11.50
⑤	ф12	1100	150	1100	25	27.50
⑥	ф12	540	150	540	5×3	8.10
⑦	ф12	300 330 300	150	780	5×2	7.80
⑧	ф12	750	150	750	14	10.50
⑨	ф12	200 330 200	150	730	5×4	14.60
⑩	ф12	300	150	300	12	3.60

材料表

规格	总长度(mm)	单位重(kg/m)	总重(kg)
ф12	113.40	0.888	100.70

说明：

1. 图中尺寸单位以mm计。
2. 混凝土强度等级为C25。

结构类型	智能水闸
图　名	节制闸闸室结构配筋图
图　号	10/14

1—1 1:25

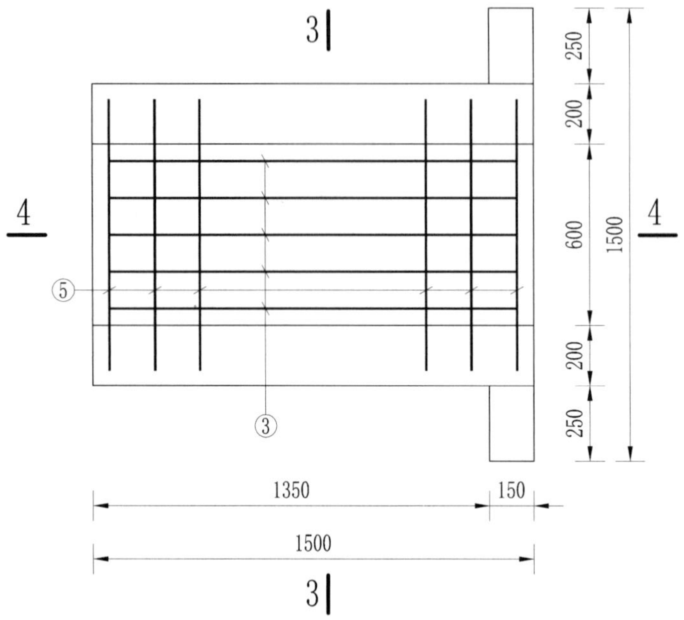

2—2 1:25

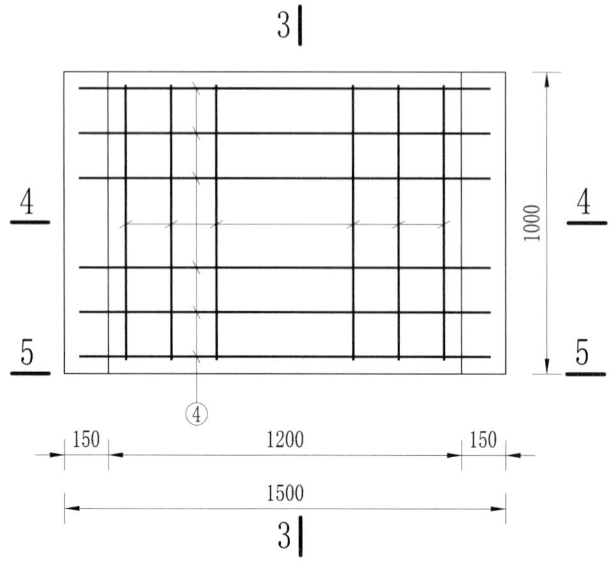

3—3 1:25

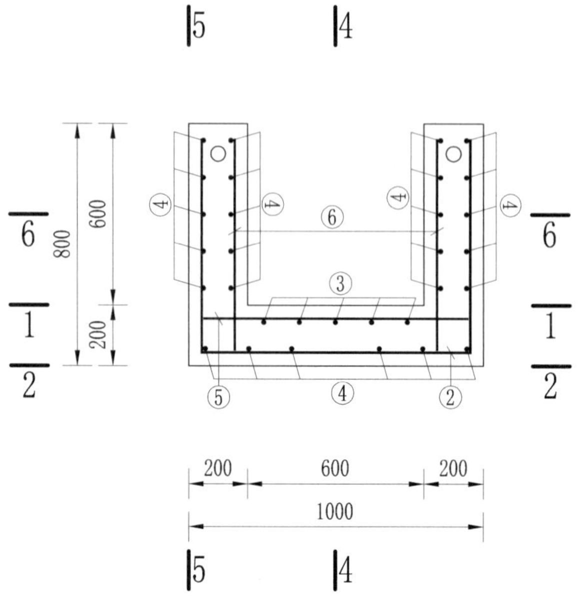

4—4 1:25

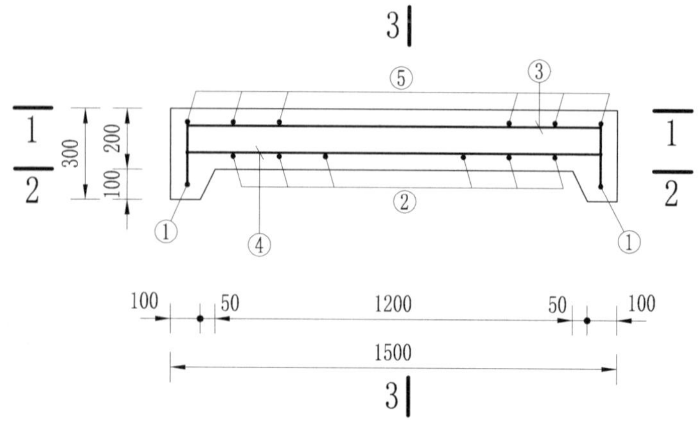

5—5 1:25

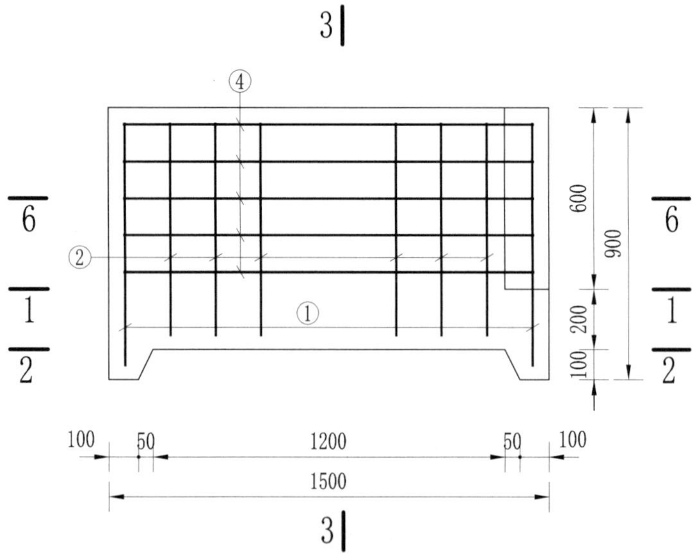

6—6 1:25

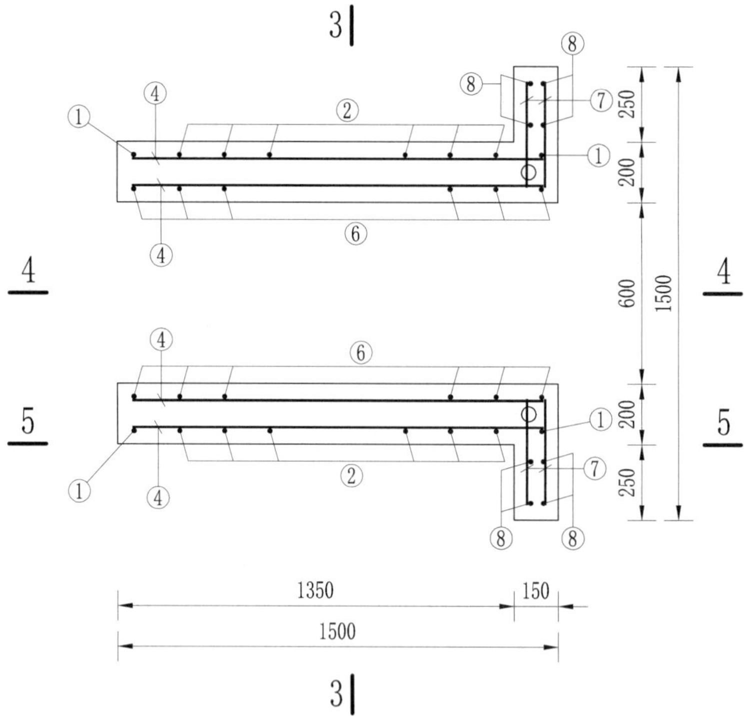

节制闸下游连接段轴测图

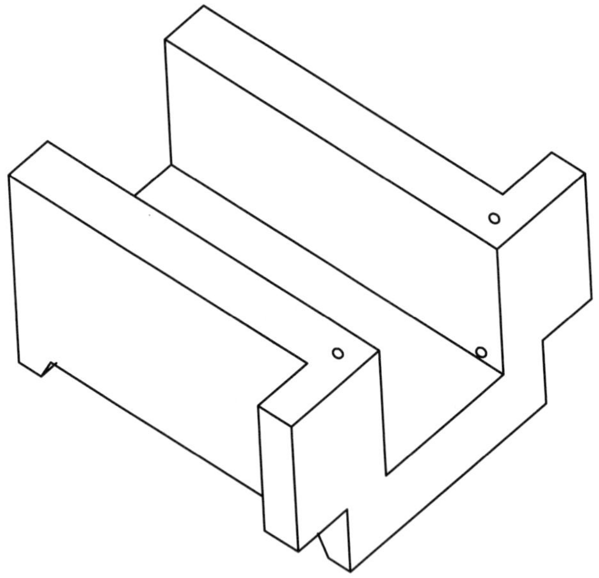

钢筋表

编号	直径(mm)	型式	间距(mm)	单根长(mm)	根数	总长(mm)
①	⌀12	800 900 800	—	2500	1×2	5.00
②	⌀12	700 900 700	150	2300	8	18.40
③	⌀12	200 1400 200	150	1800	5	9.00
④	⌀12	1400	150	1400	27	37.80
⑤	⌀12	900	150	900	10	9.00
⑥	⌀12	700	150	700	10×2	14.00
⑦	⌀12	350	150	350	5×4	7.00
⑧	⌀12	500	150	500	2×4	4.00

材料表

规格	总长度(mm)	单位重(kg/m)	总重(kg)
⌀12	104.20	0.888	92.53

说明：

1. 图中尺寸单位以mm计。
2. 混凝土强度等级为C25。

结构类型	智能水闸
图 名	节制闸下游连接段结构配筋图
图 号	11/14

1—1 1∶25

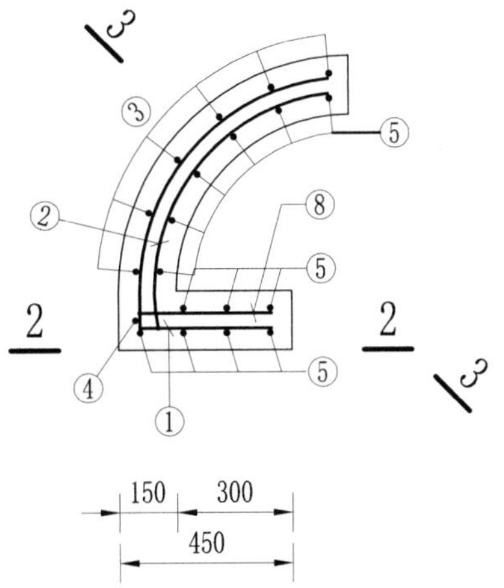

2—2 1∶25

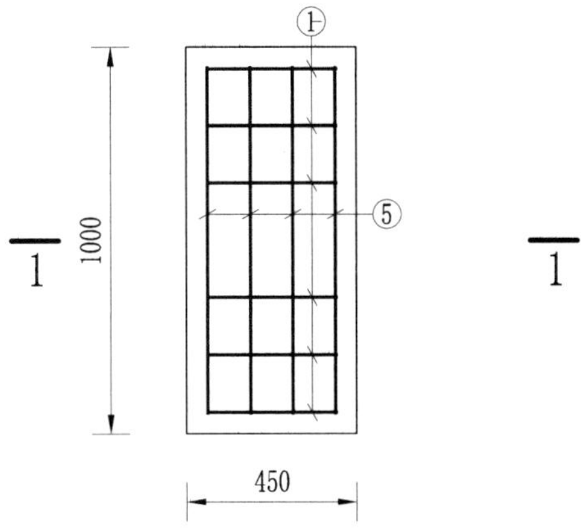

3—3 1∶25

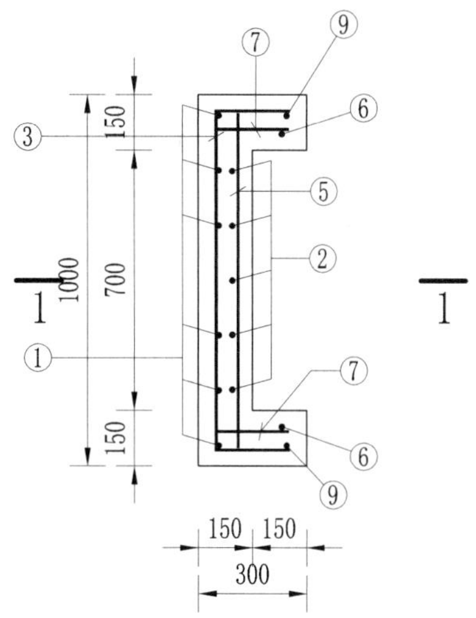

钢筋表

编号	直径(mm)	型式	间距(mm)	单根长(mm)	根数	总长(mm)
①	⏀12	810 R550 100 350	150	1260	7	8.82
②	⏀12	840 R500	—	840	5	4.20
③	⏀12	900 200 200	150	1300	6	7.80
④	⏀12	900 350 350	150	1600	1	1.60
⑤	⏀12	900	150	900	13	11.70
⑥	⏀12	640 R375	—	640	1×2	1.28
⑦	⏀12	200	150	200	5×2	2.00
⑧	⏀12	350	150	350	7	2.45
⑧	⏀12	600 R350	—	600	1×2	1.20

材料表

规格	总长度(mm)	单位重(kg/m)	总重(kg)
⏀12	41.05	0.888	36.45

上（下）游弧墙轴测图

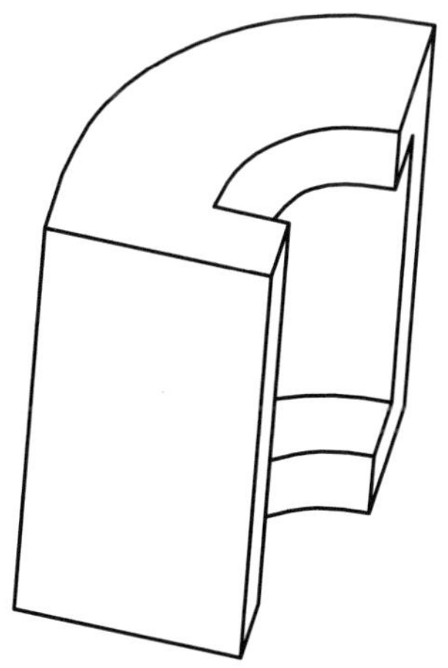

说明：

1. 图中尺寸单位以mm计。
2. 混凝土强度等级为C25。

结构类型	智能水闸
图　　名	进水闸上（下）游弧墙结构配筋图
图　　号	12/14

1—1 1:25

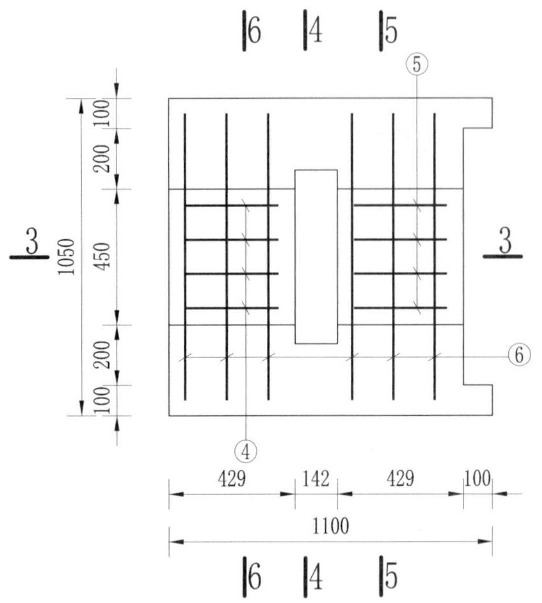

2—2 1:25

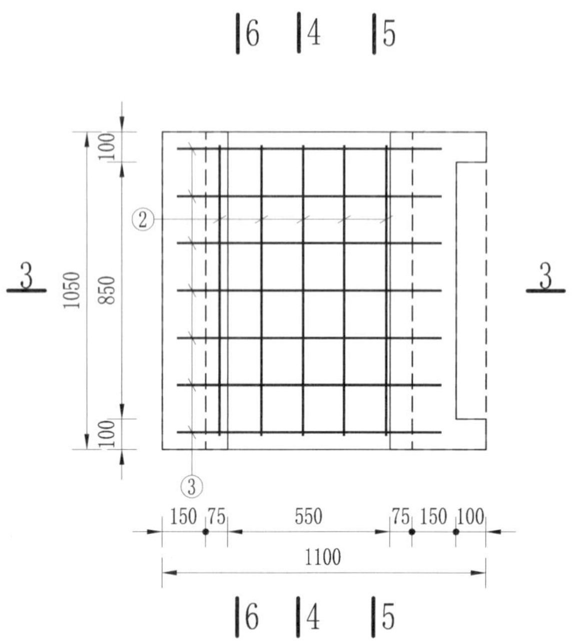

3—3 1:25

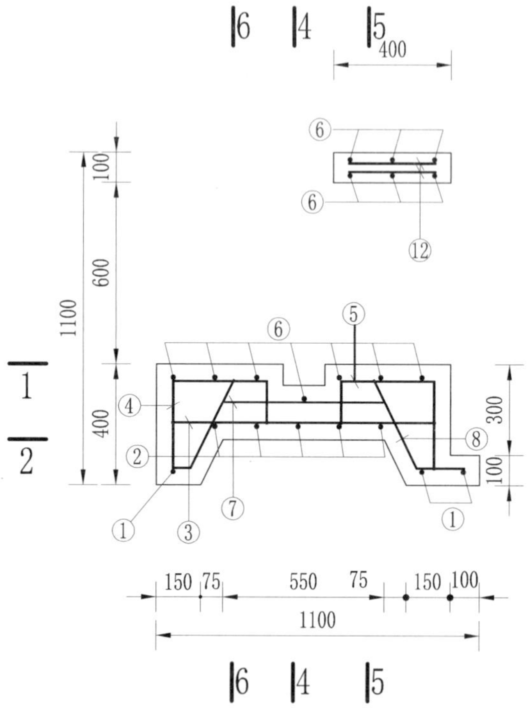

4—4 1:25

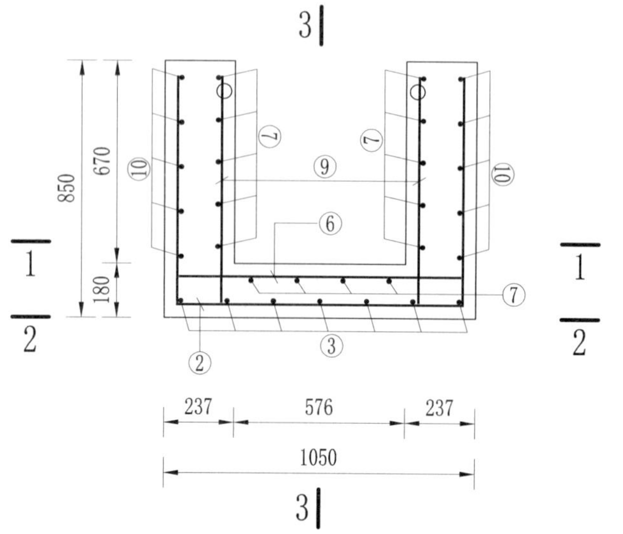

5—5 1:25

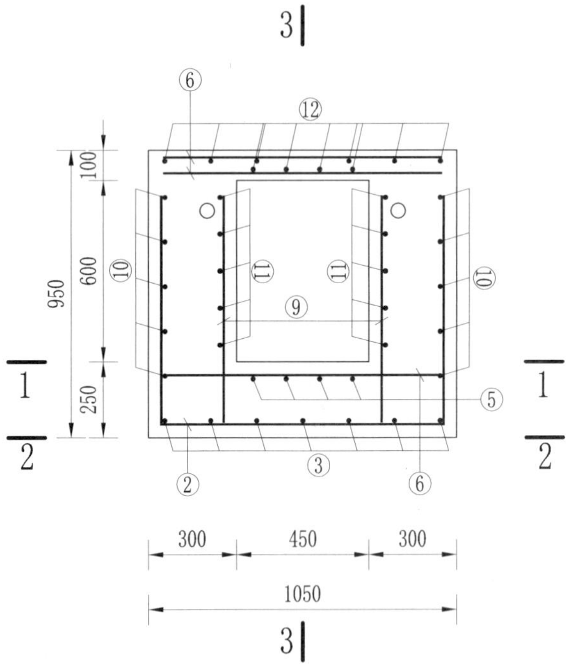

6—6 1:25

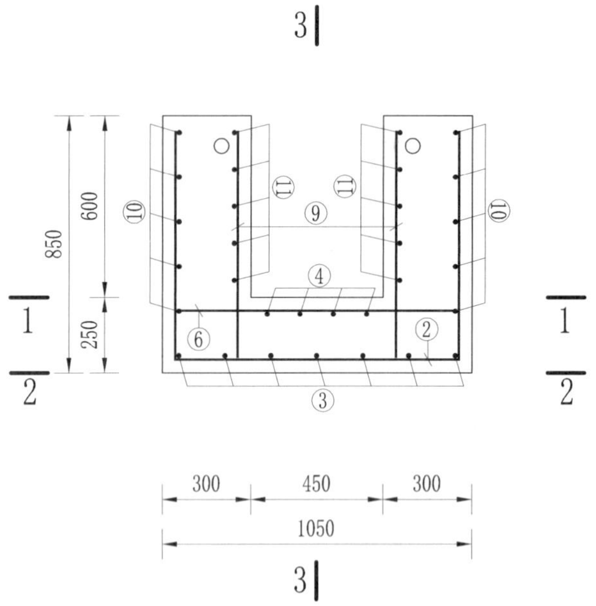

钢筋表

编号	直径(mm)	型式	间距(mm)	单根长(mm)	根数	总长(mm)
①	ф12	900 950 900	—	2750	3	8.25
②	ф12	750 950 750	150	2450	5	12.25
③	ф12	900	150	900	7	6.30
④	ф12	300 330 150 117° 330 70	150	1180	4	4.72
⑤	ф12	150 330 300	150	780	4	3.12
⑥	ф12	950	150	950	13	12.35
⑦	ф12	540	150	540	14	7.56
⑧	ф12	170 117° 330	150	500	7	3.50
⑨	ф12	750	150	750	14	10.50
⑩	ф12	1000	150	1000	5×2	10.00
⑪	ф12	330	150	330	5×2	6.60
⑫	ф12	300	150	300	11	3.30

分水闸闸室轴测图

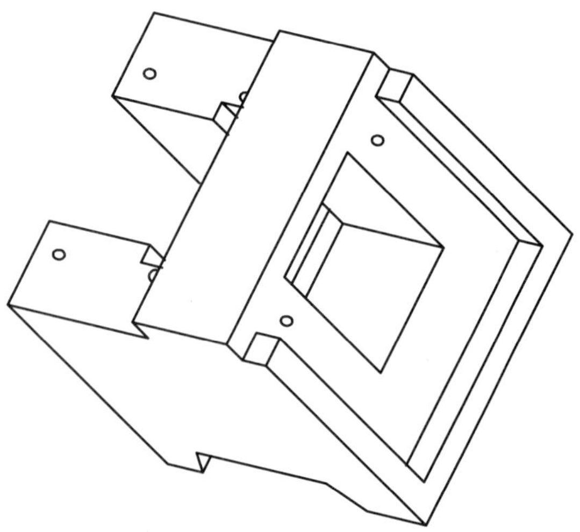

材料表

规格	总长度(mm)	单位重(kg/m)	总重(kg)
ф12	88.45	0.888	78.54

说明：

1. 图中尺寸单位以mm计。
2. 混凝土强度等级为C25。

结构类型	智能水闸
图　　名	分水闸闸室结构配筋图
图　　号	13/14

1—1 1∶25

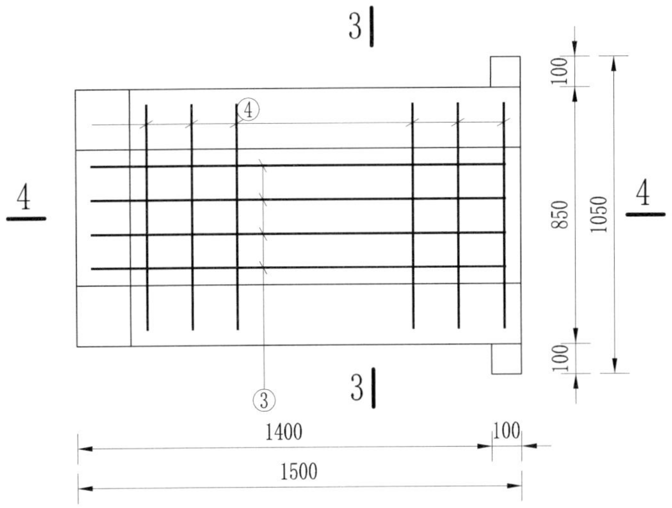

2—2 1∶25

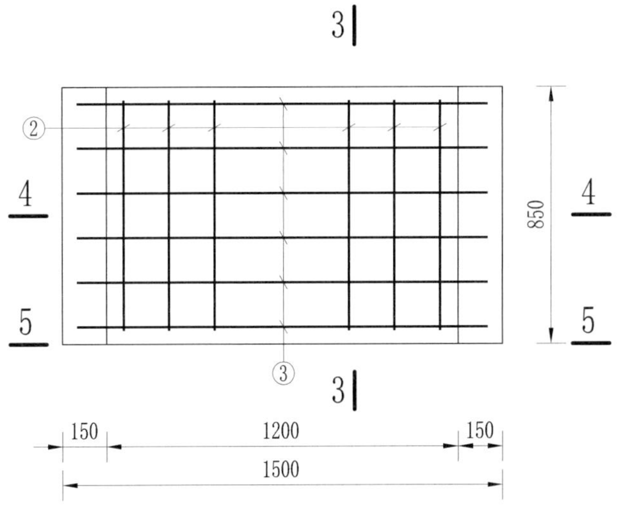

3—3 1∶25

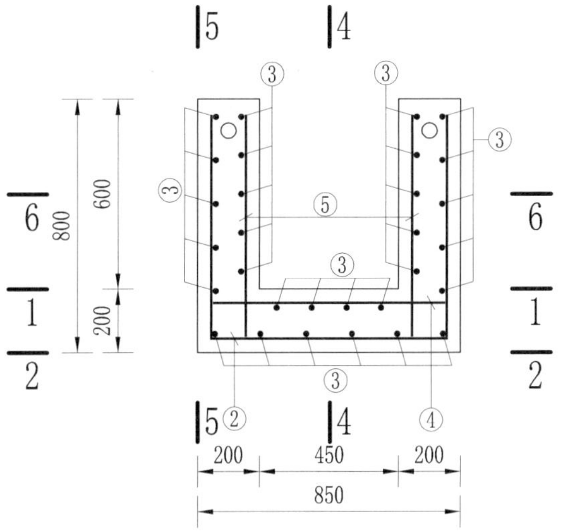

4—4 1∶25

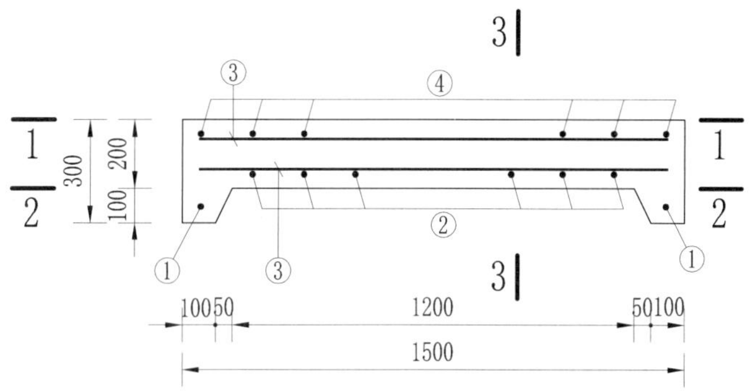

5—5 1∶25

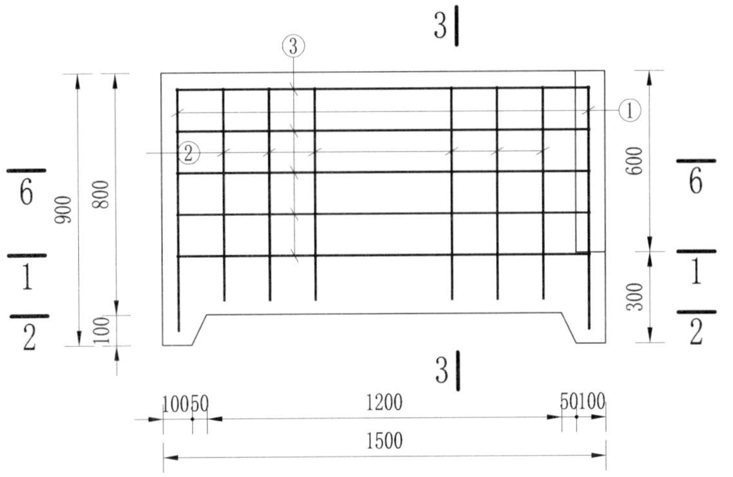

6—6 1∶25

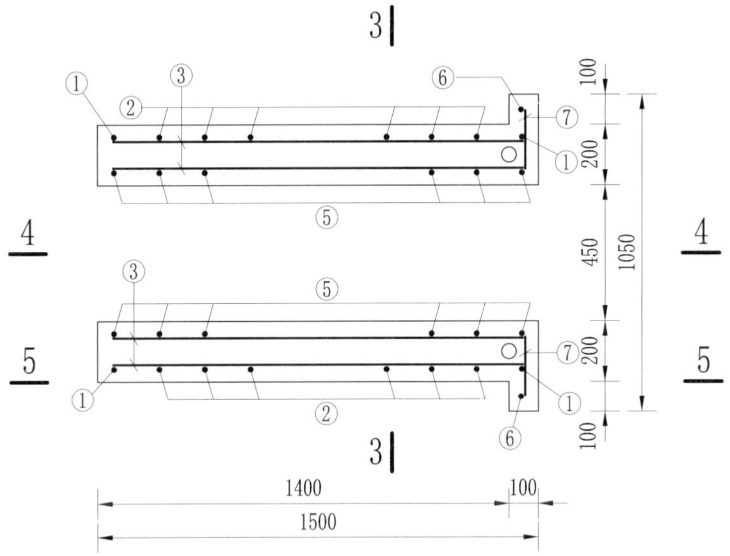

分水闸下游连接段轴测图

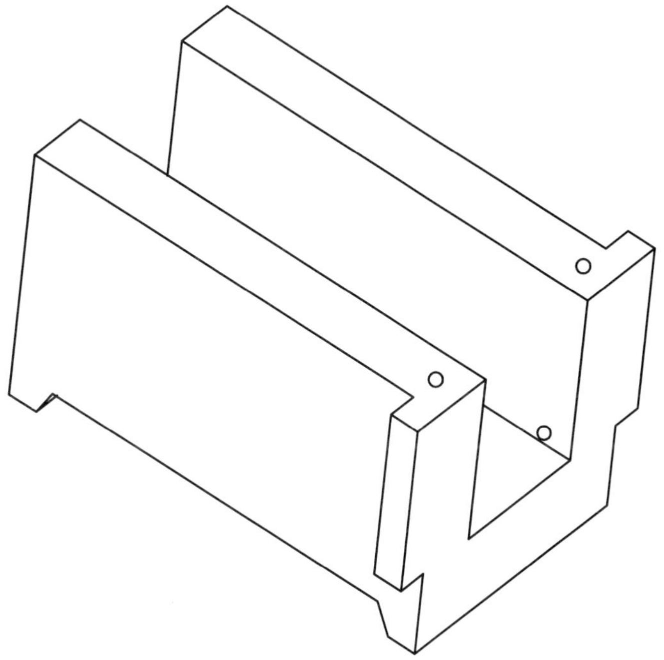

钢筋表

编号	直径(mm)	型式	间距(mm)	单根长(mm)	根数	总长(mm)
①	ф12	750 800 800	—	2350	1×2	4.70
②	ф12	700 750 700	150	2150	8	17.20
③	ф12	1400	150	1400	30	42.00
④	ф12	750	150	750	10	7.50
⑤	ф12	700	150	700	10×2	14.00
⑥	ф12	500	—	500	1×2	1.00
⑦	ф12	200	150	200	5×2	2.00

材料表

规格	总长度(mm)	单位重(kg/m)	总重(kg)
ф12	88.40	0.888	78.50

说明：

1. 图中尺寸单位以mm计。
2. 混凝土强度等级为C25。

结构类型	智能水闸
图　名	分水闸下游连接段结构配筋图
图　号	14/14

智能箱涵结构进水闸轴测图

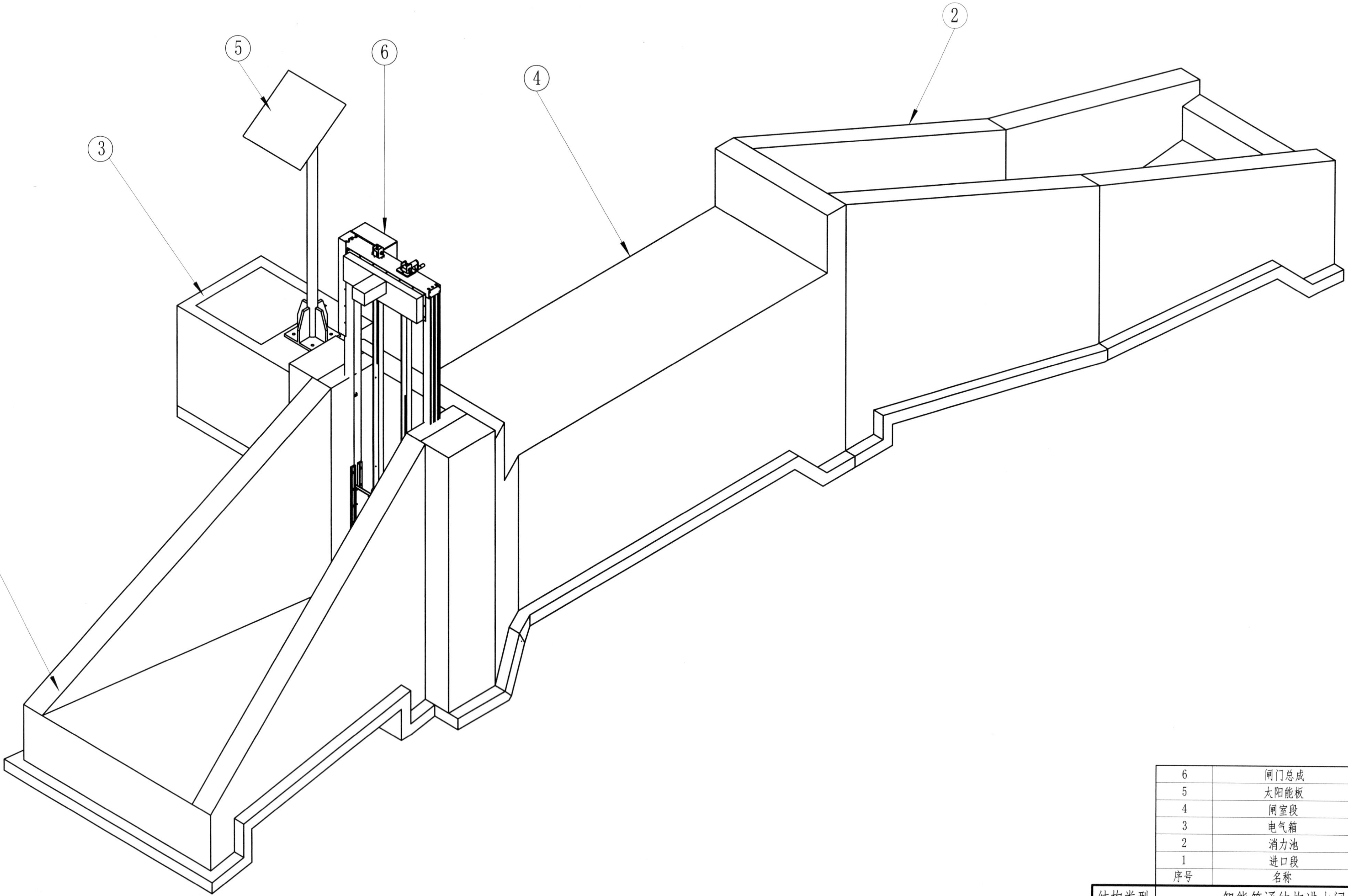

序号	名称	数量
6	闸门总成	1
5	太阳能板	1
4	闸室段	1
3	电气箱	1
2	消力池	1
1	进口段	1

结构类型	智能箱涵结构进水闸
图　名	智能箱涵结构进水闸轴测图
图　号	1/9

平面图 1:50

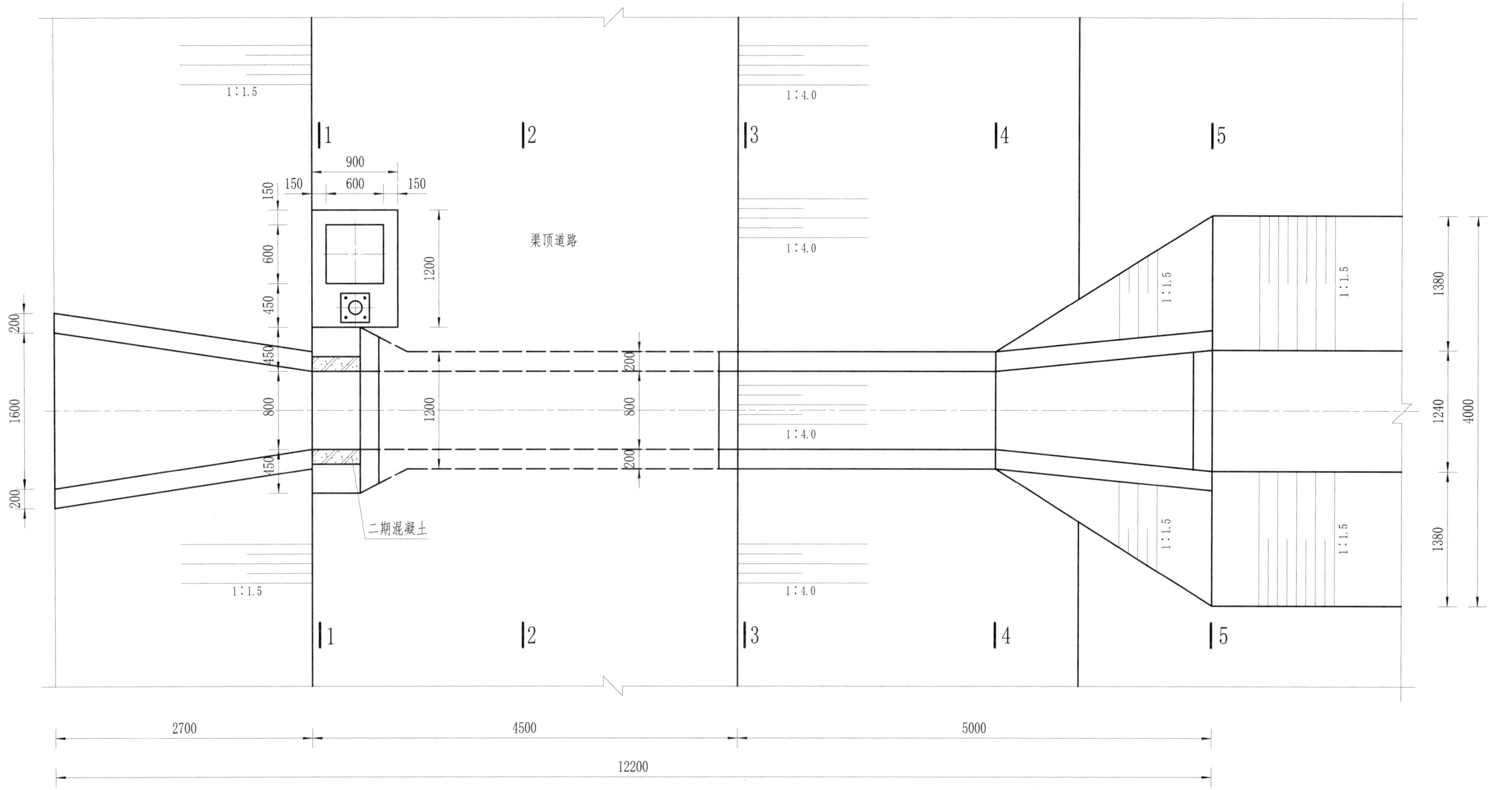

1—1 1:50

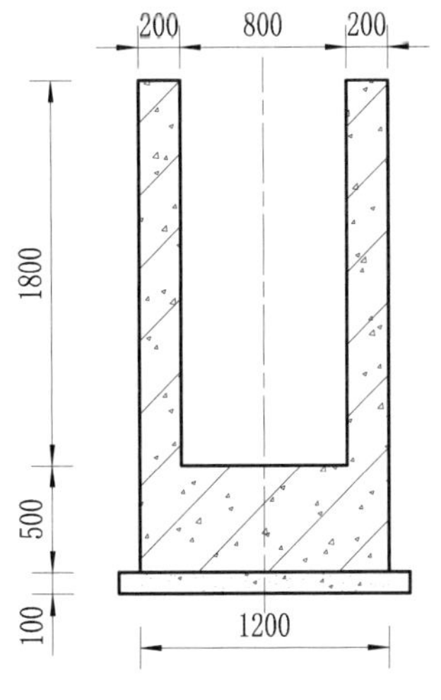

2—2 1:50

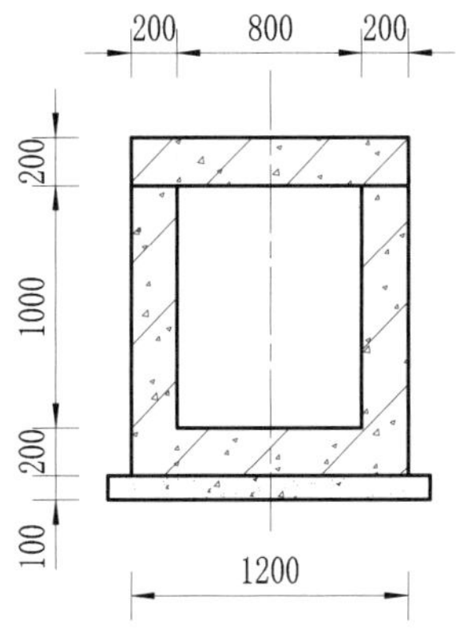

3—3 1:50

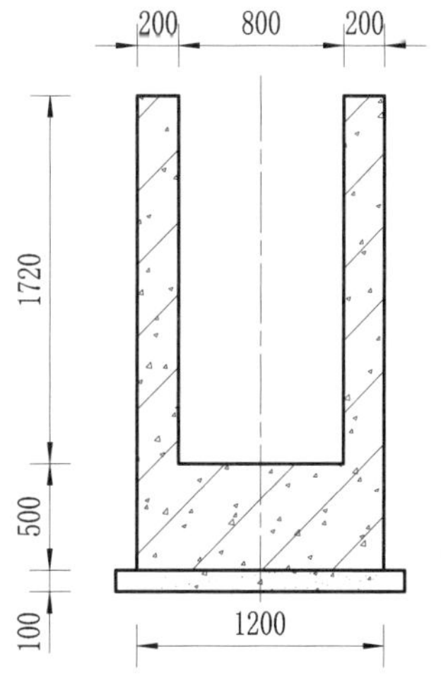

4—4 1:50

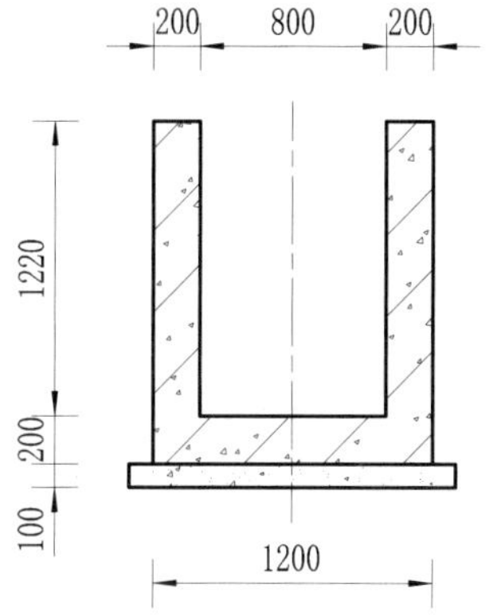

说明:

1. 图中尺寸单位以mm计。
2. 混凝土强度等级为C25。
3. 止水缝采用橡胶止水，闭孔泡沫板填充，聚氨酯胶泥封口。

结构类型	智能箱涵结构进水闸
图　名	智能箱涵结构进水闸平面图
图　号	2/9

纵剖视图 1:50

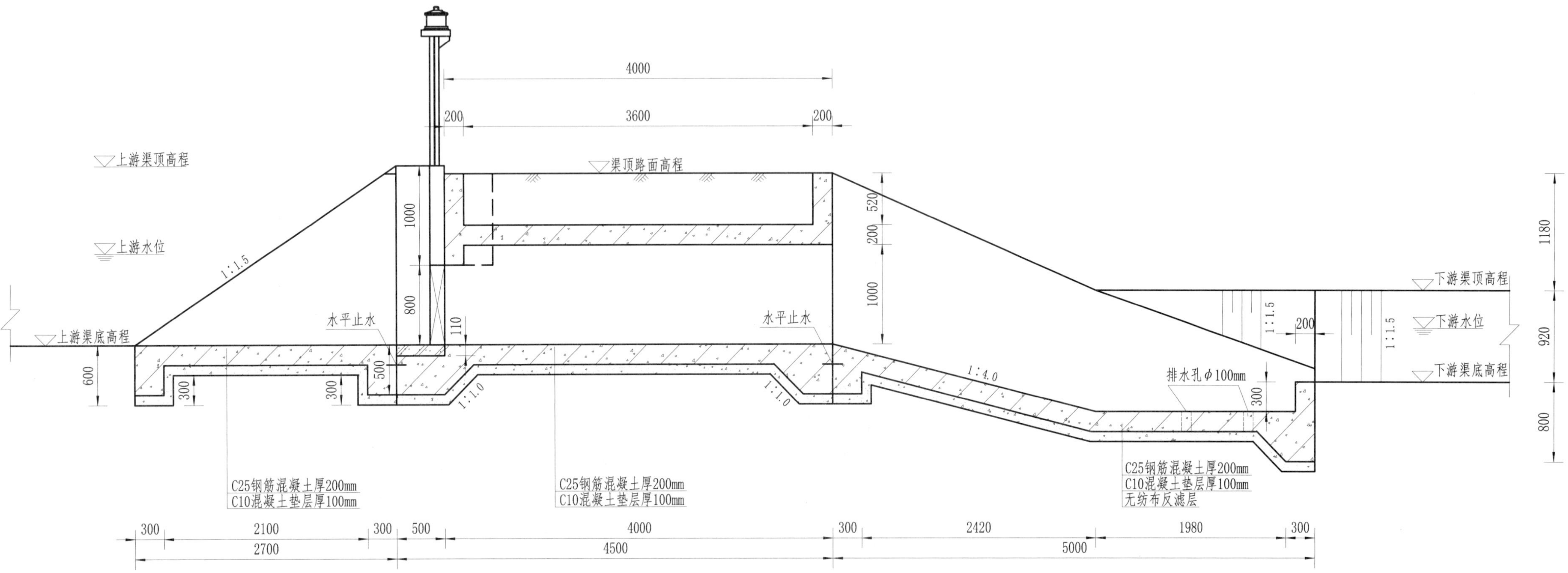

闸室剖面图 1:50

5—5 1:50

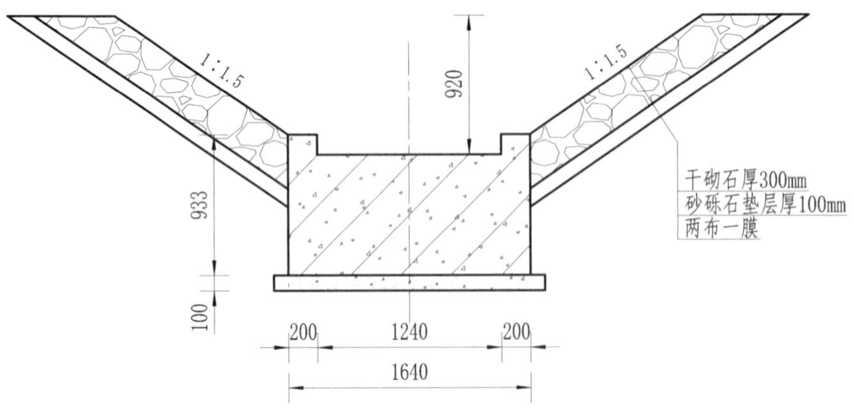

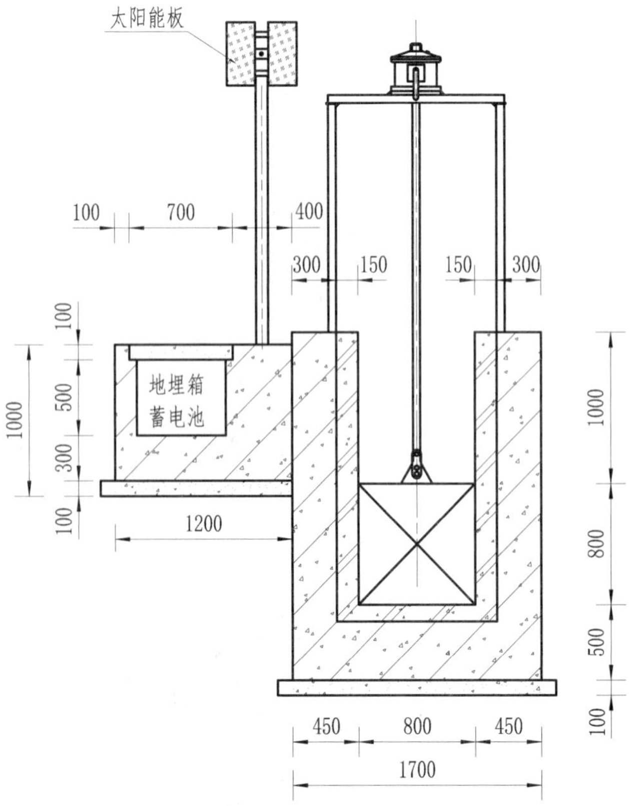

说明：

1. 图中尺寸单位以mm计。
2. 钢筋混凝土强度等级为C25。
3. 止水缝采用橡胶止水，闭孔泡沫板填充，聚氨酯胶泥封口。

结构类型	智能箱涵结构进水闸
图　名	智能箱涵结构进水闸剖面图
图　号	3/9

上游铺盖底板上层钢筋图 1:50

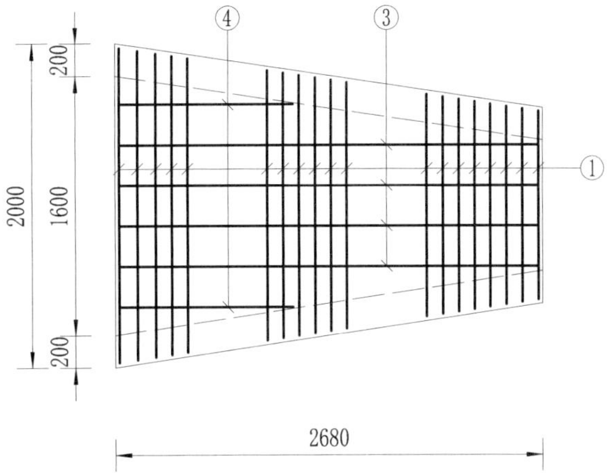

上游铺盖底板下层钢筋图 1:50

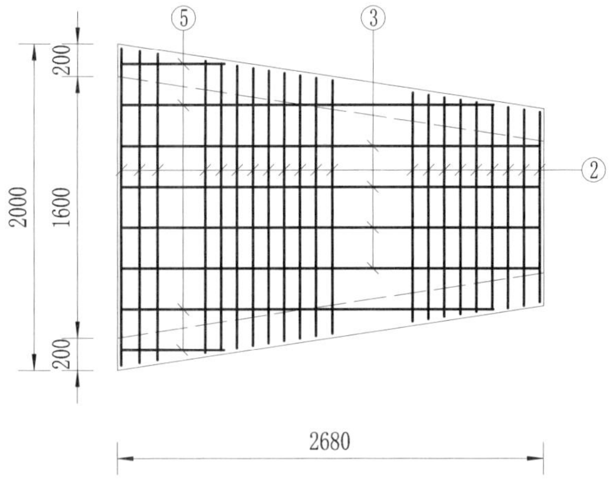

上游铺盖底板钢筋表

编号	直径(mm)	型式	间距(mm)	单根长(mm)	根数	总长(m)
①	Φ10	1163~1942 Δ=15	100	1553	27	41.93
②	Φ10	200 1163~1933 200 Δ=15	100	1953	27	52.73
③	Φ8	2630	250	2730	7	19.11
④	Φ8	1091	—	1191	2	2.38
⑤	Φ8	648~2336 Δ=15	250	1592	2×2	6.37
⑥	Φ8	100 250 230 450	250	1130	6	6.78
⑦	Φ8	1195	—	1295	2	2.59

上游翼墙外侧钢筋图 1:50

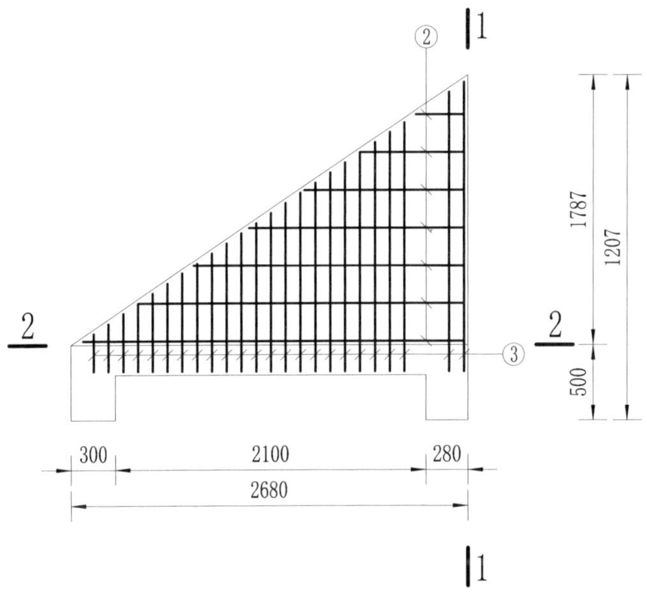

上游翼墙内侧钢筋图 1:50

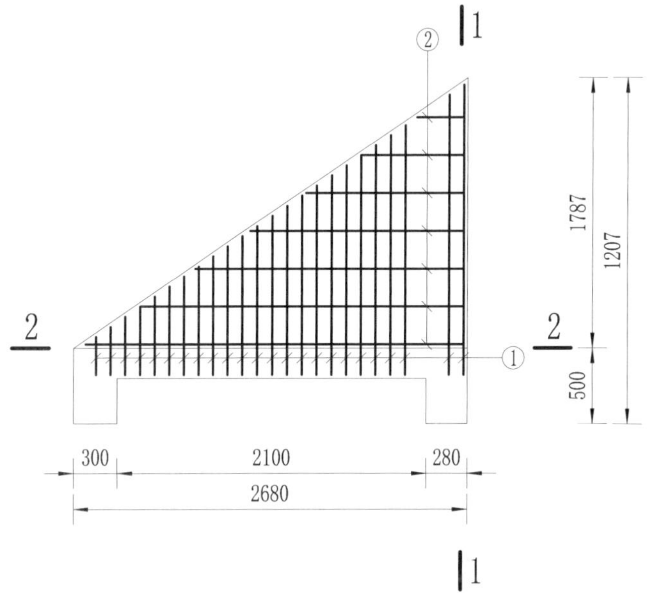

上游翼墙(一侧)钢筋表

编号	直径(mm)	型式	间距(mm)	单根长(mm)	根数	总长(m)
①	Φ10	248~1915 Δ=67	100	1082	26	28.13
②	Φ8	322~2572 Δ=375	250	1547	7×2	21.66
③	Φ10	248~1915 Δ=67 200	100	1282	26	33.33

上游铺盖底板材料表

规格	总长度(m)	单位重(kg/m)	总重(kg)
Φ8	37.23	0.395	14.71
Φ10	94.66	0.617	58.41
合计	131.89		73.12

上游翼墙(两侧)材料表

规格	总长度(m)	单位重(kg/m)	总重(kg)
Φ8	21.66×2	0.395	17.11
Φ10	61.46×2	0.617	75.84
合计	166.24		92.95

上游铺盖底板纵剖面钢筋图 1:50

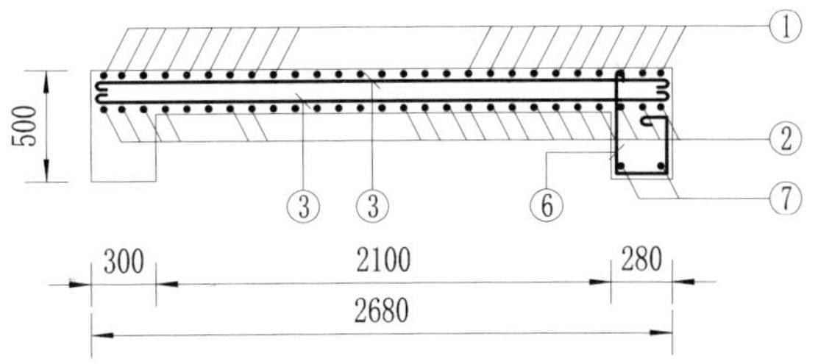

1—1 1:50

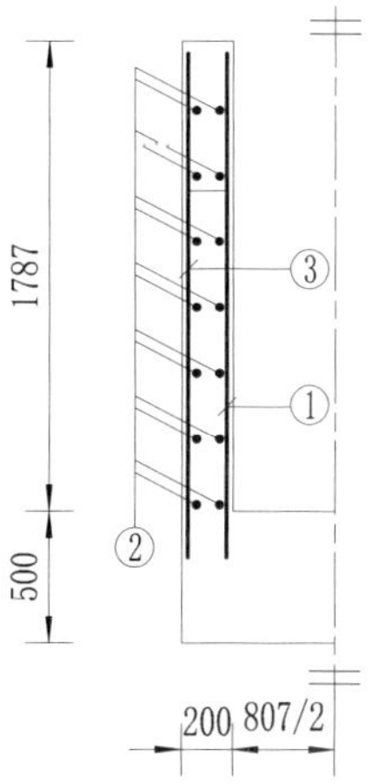

2—2 1:50

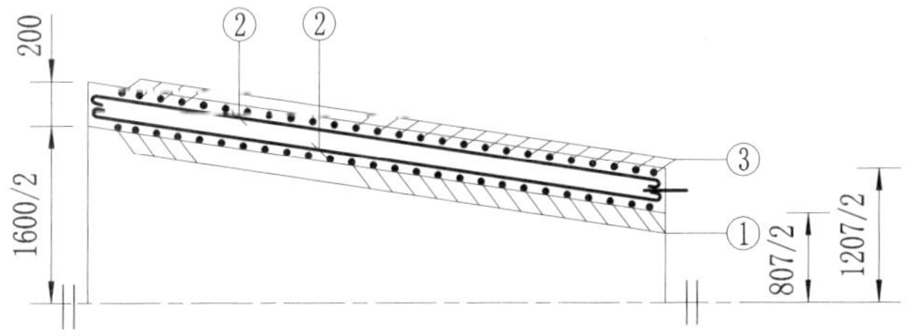

说明:

1. 图中尺寸单位以mm计，钢筋尺寸单位以mm计。
2. 混凝土强度等级为C25，混凝土垫层为C10。
3. 混凝土保护层为25mm。
4. 钢筋接头采用焊接接头，双面焊不小于5d，单面焊不小于10d，若绑扎搭接长度按规范要求。
5. 钢筋接头位置要相互错开，避免接头在同一截面内。

结构类型	智能箱涵结构进水闸
图　名	智能箱涵结构进水闸进口段钢筋图
图　号	4/9

闸室底板上层钢筋图 1:50

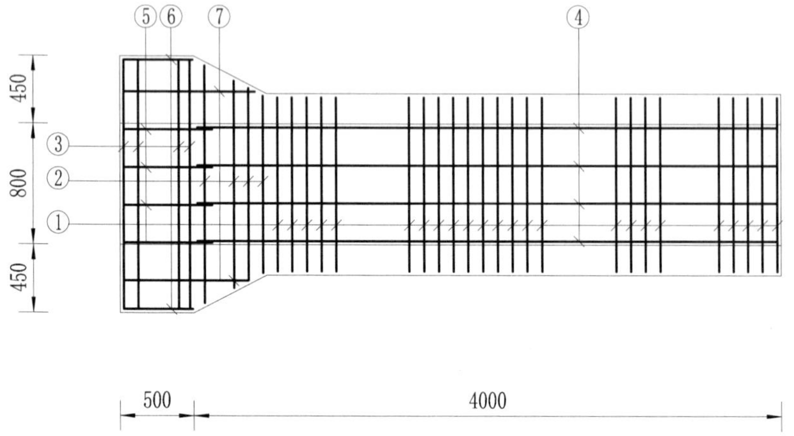

侧墙内层钢筋图 1:50

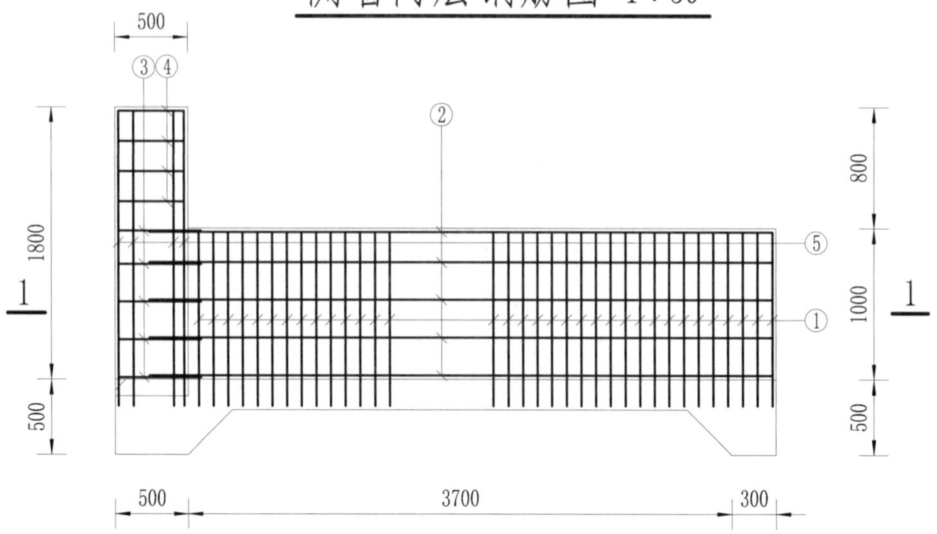

闸室底板下层钢筋图 1:50

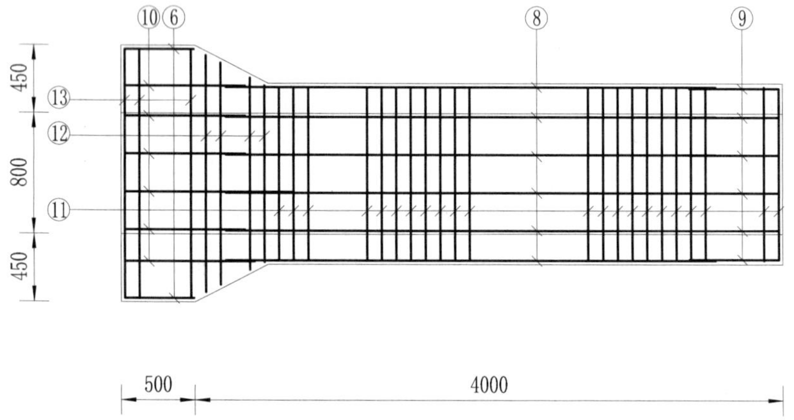

侧墙外层钢筋图 1:50

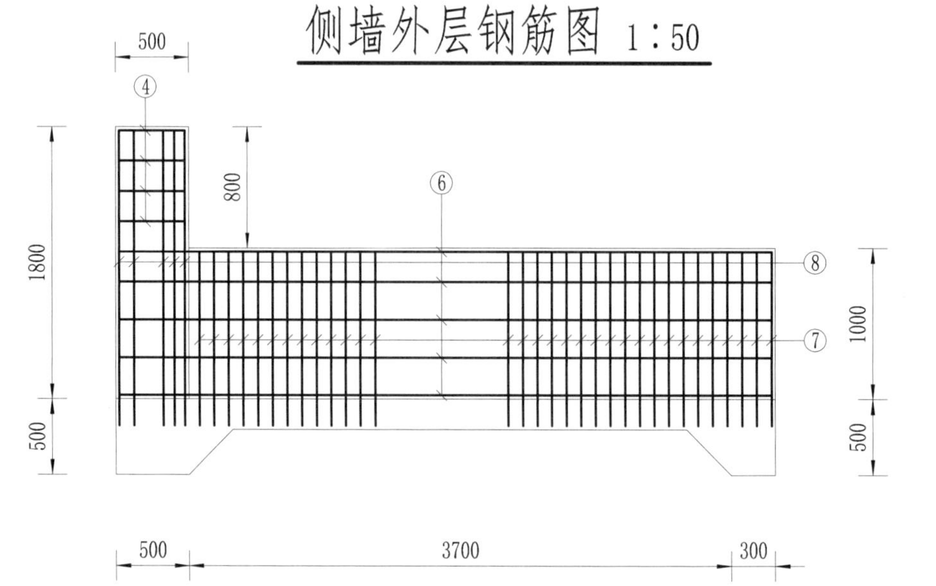

1—1 1:50

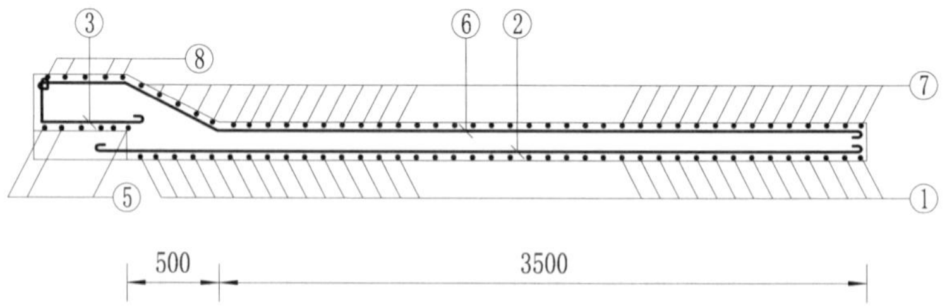

闸室底板纵剖面钢筋图 1:50

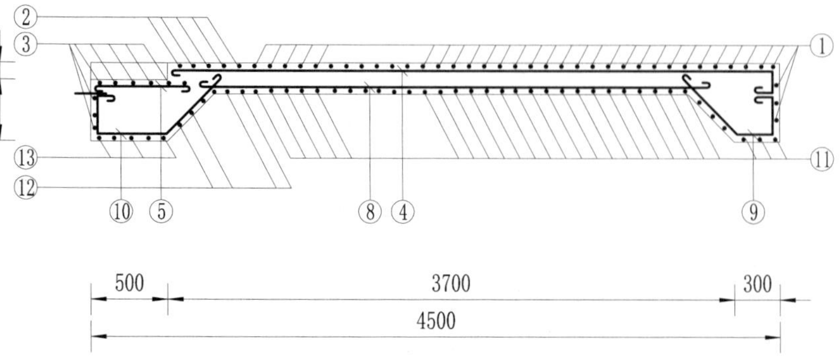

说明:

1.图中尺寸单位以mm计，钢筋尺寸单位以mm计。
2.混凝土强度等级为C25，混凝土垫层为C10。
3.混凝土保护层为25mm。
4.钢筋接头采用焊接接头，双面焊不小于5d,单面焊不小于10d，若绑扎搭接长度按规范要求。
5.钢筋接头位置要相互错开，避免接头在同一截面内。

闸室底板钢筋表

编号	直径(mm)	型式	间距(mm)	单根长(mm)	根数	总长(m)
①	Φ10	1150	100	1150	38	43.70
②	Φ10	1170~1570 Δ=50	100	1370	6	8.22
③	Φ10	1650	100	1650	8	13.20
④	Φ8	3950 245 100	250	4295	4	17.18
⑤	Φ8	598	250	698	4	2.79
⑥	Φ8	470	—	570	2×2	2.28
⑦	Φ8	892	—	992	2	1.98
⑧	Φ8	3333	250	3433	6	20.60
⑨	Φ8	100 45° 596 246 245	250	1187	6	7.12
⑩	Φ8	100 245 450 580 45°	250	1395	6	8.37
⑪	Φ10	200 1150 200	100	1550	35	54.25
⑫	Φ10	200 1170~1570 Δ=50 200	100	1770	5	8.85
⑬	Φ10	200 1650 200	100	2050	6	12.30

闸室侧墙(一侧)钢筋表

编号	直径(mm)	型式	间距(mm)	单根长(mm)	根数	总长(m)
①	Φ10	1150	100	1150	40	46.00
②	Φ8	4105	250	4205	5	21.03
③	Φ8	218 530	250	848	5	4.24
④	Φ8	450	200	550	4×2	4.40
⑤	Φ10	1950	100	1950	6	11.70
⑥	Φ8	450 27° 550 3461	250	4570	5	22.85
⑦	Φ10	1150 200	100	1350	40	54.00
⑧	Φ10	1950 200	100	2150	6	12.90

结构类型	智能箱涵结构进水闸
图 名	智能箱涵结构进水闸闸室段钢筋图(一)
图 号	5/9

涵洞顶板纵剖面钢筋图 1:50

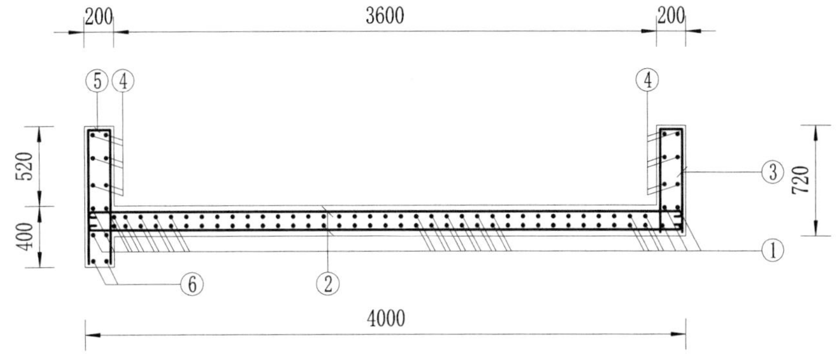

涵洞顶板上层钢筋图 1:50

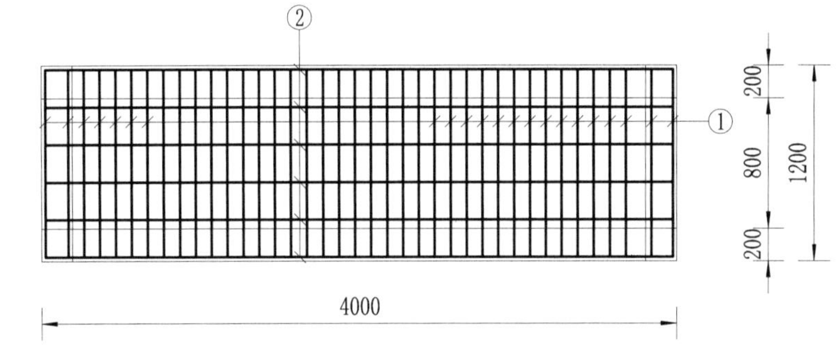

涵洞顶板下层钢筋图 1:50

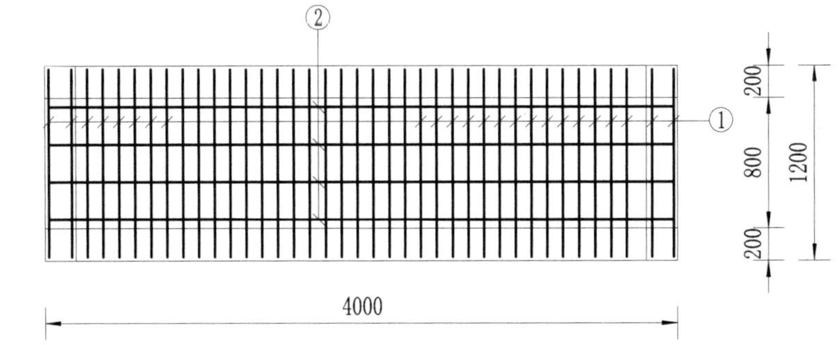

闸室底板材料表

规格	总长度(m)	单位重(kg/m)	总重(kg)
Φ8	60.32	0.395	23.83
Φ10	140.52	0.617	86.70
合计	200.84		110.53

闸室侧墙(两侧)材料表

规格	总长度(m)	单位重(kg/m)	总重(kg)
Φ8	52.52×2	0.395	41.49
Φ10	124.60×2	0.617	153.76
合计	354.24		195.25

闸室顶板材料表

规格	总长度(m)	单位重(kg/m)	总重(kg)
Φ8	56.00	0.395	22.12
Φ10	109.18	0.617	67.36
合计	165.18		89.48

闸室顶板钢筋表

编号	直径(mm)	型式	间距(mm)	单根长(mm)	根数	总长(m)
①	Φ10	1150	1150	1150	39×2	89.70
②	Φ8	3950	4050	4050	10	40.50
③	Φ10	670 150 670	1490	1490	8	11.92
④	Φ8	1150	1150	1150	6×2	13.80
⑤	Φ10	870 150 870	1890	1890	4	7.56
⑥	Φ8	750	850	850	2	1.70

进口段轴测图

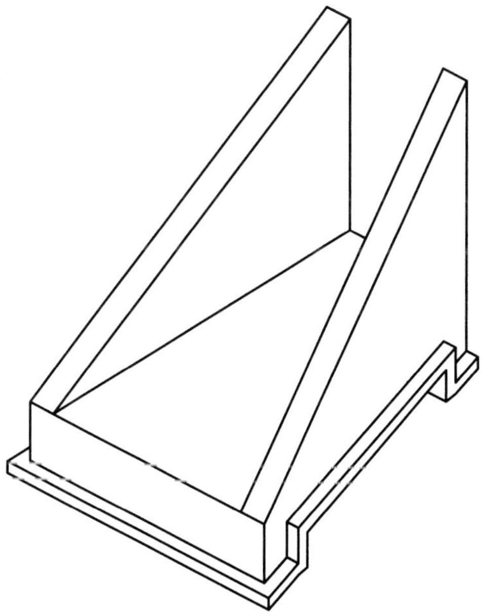

闸室段轴测图

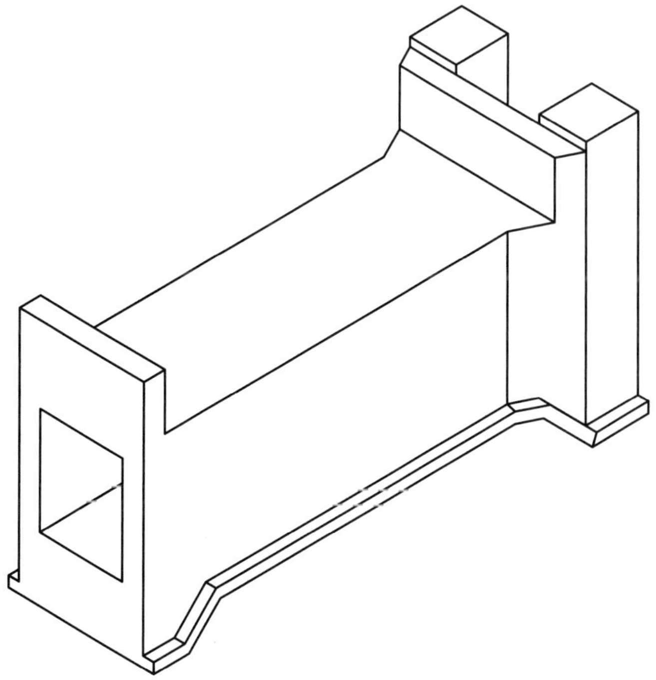

说明:

1. 图中尺寸单位以mm计，钢筋尺寸单位以mm计。
2. 混凝土强度等级为C25，混凝土垫层为C10。
3. 混凝土保护层为25mm。
4. 钢筋接头采用焊接接头，双面焊不小于5d,单面焊不小于10d，若绑扎搭接长度按规范要求。
5. 钢筋接头位置要相互错开，避免接头在同一截面内。

结构类型	智能箱涵结构进水闸
图　名	智能箱涵结构进水闸闸室段钢筋图(二)
图　号	6/9

消力池翼墙内侧钢筋图 1：50

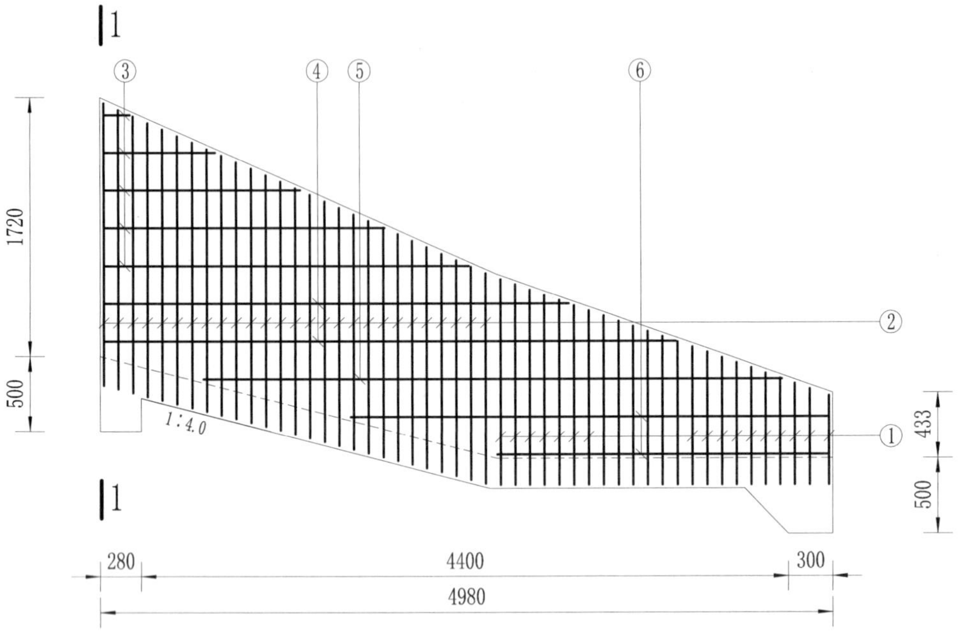

消力池翼墙(一侧)钢筋表

编号	直径(mm)	型式	间距(mm)	单根长(mm)	根数	总长(m)
①	Φ10	590～1360 Δ=35	100	975	23	22.43
②	Φ10	1393～1870 Δ=43.25	100	1632	27	44.06
③	Φ8	180～2485 Δ=576	250	1433	5×2	14.33
④	Φ8	3163～3888 Δ=724	250	3626	2×2	14.50
⑤	Φ8	3934	250	4034	1×2	8.07
⑥	Φ8	3252～2250 Δ=1000	250	2851	2×2	11.40
⑦	Φ10	590～1360 Δ=35 200	100	1175	23	27.03
⑧	Φ10	1393～1870 Δ=43.25 200	100	1832	27	49.46

消力池翼墙(两侧)材料表

规格	总长度(m)	单位重(kg/m)	总重(kg)
Φ8	48.3×2	0.395	38.16
Φ10	142.98×2	0.617	176.44
合计	382.56		214.60

消力池翼墙外侧钢筋图 1：50

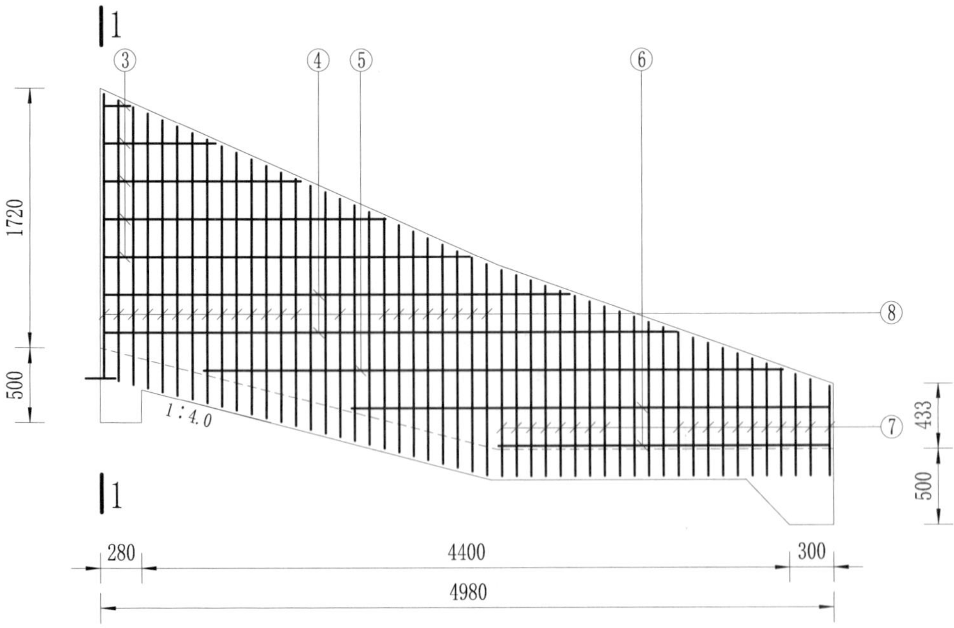

1—1 1：50

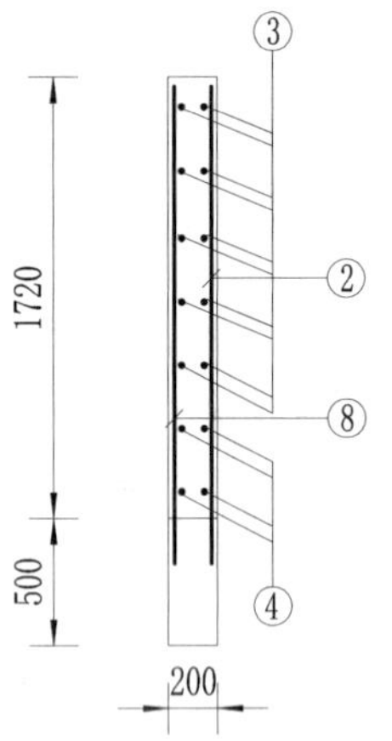

消力池轴测图

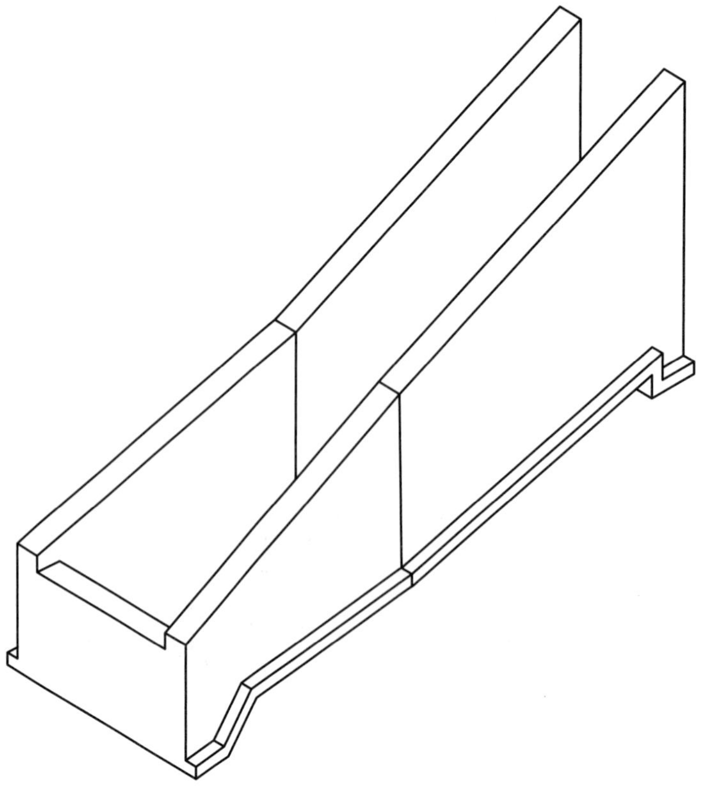

说明：

1. 图中尺寸单位以mm计，钢筋尺寸单位以mm计。
2. 混凝土强度等级为C25，混凝土垫层为C10。
3. 混凝土保护层为25mm。
4. 钢筋接头采用焊接接头，双面焊不小于5d，单面焊不小于10d，若绑扎搭接长度按规范要求。
5. 钢筋接头位置要相互错开，避免接头在同一截面内。

结构类型	智能箱涵结构进水闸
图　　名	智能箱涵结构进水闸消力池翼墙钢筋图
图　　号	7/9

消力池底板纵剖面钢筋图 1:50

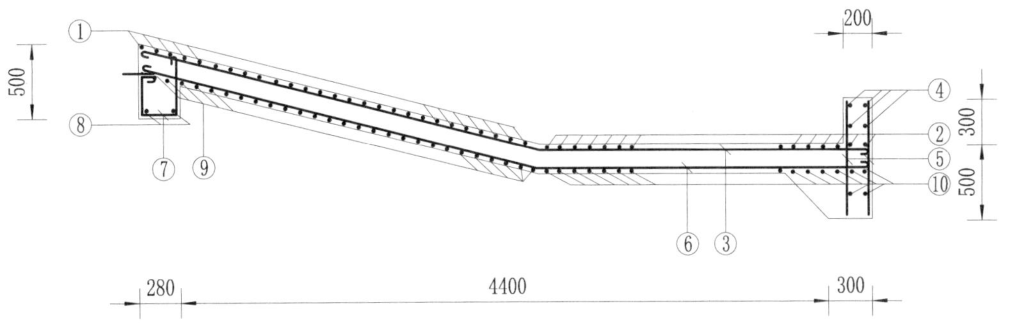

消力池底板上层钢筋图 1:50

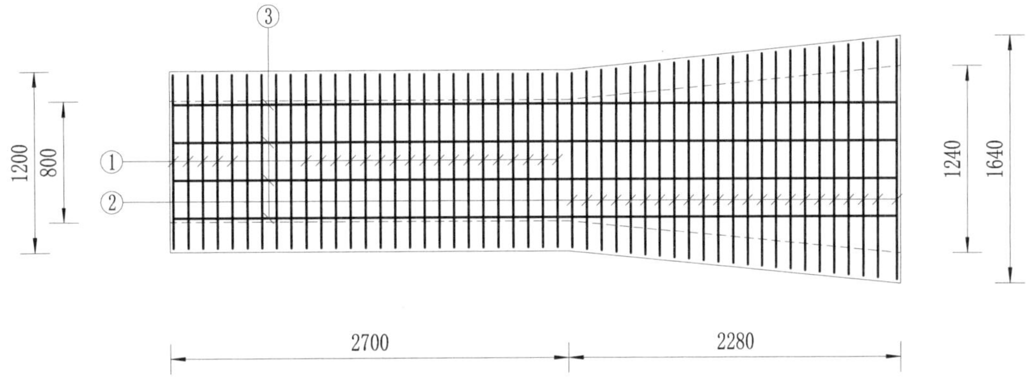

消力池底板下层钢筋图 1:50

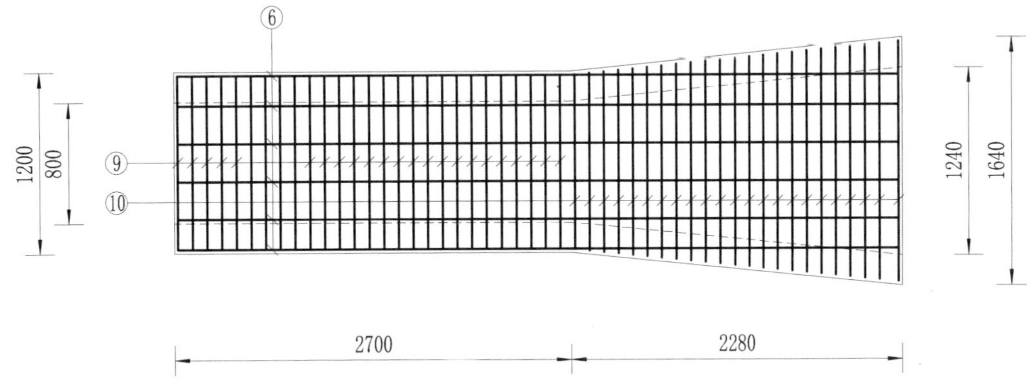

消力池底板钢筋表

编号	直径(mm)	型式	间距(mm)	单根长(mm)	根数	总长(m)
①	Φ10	1150	100	1150	27	31.05
②	Φ10	1155~1585 Δ=10	100	1370	23	31.51
③	φ8	2738 166° 2255	250	5093	4	20.37
④	φ8	1240	150	1340	2×2	5.36
⑤	Φ10	150 750 750	240	1650	6	9.90
⑥	φ8	2717 166° 2255	250	5072	6	30.43
⑦	φ8	70 250 230 365	150	1015	6	6.09
⑧	φ8	1150	—	1250	2	2.50
⑨	Φ10	200 1150 200	100	1550	27	41.85
⑩	Φ10	200 1155~1585 Δ=10 200	100	1770	23	40.71

消力池底板材料表

规格	总长度(m)	单位重(kg/m)	总重(kg)
φ8	64.75	0.395	25.58
Φ10	155.02	0.617	95.65
合计	219.77		121.23

说明：

1. 图中尺寸单位以mm计，钢筋尺寸单位以mm计。
2. 混凝土强度等级为C25，混凝土垫层为C10。
3. 混凝土保护层为25mm。
4. 钢筋接头采用焊接接头，双面焊不小于5d，单面焊不小于10d，若绑扎搭接长度按规范要求。
5. 钢筋接头位置要相互错开，避免接头在同一截面内。

结构类型	智能箱涵结构进水闸
图　　名	智能箱涵结构进水闸消力池底板钢筋图
图　　号	8/9

蓄电池地埋箱侧墙平面图 1:50

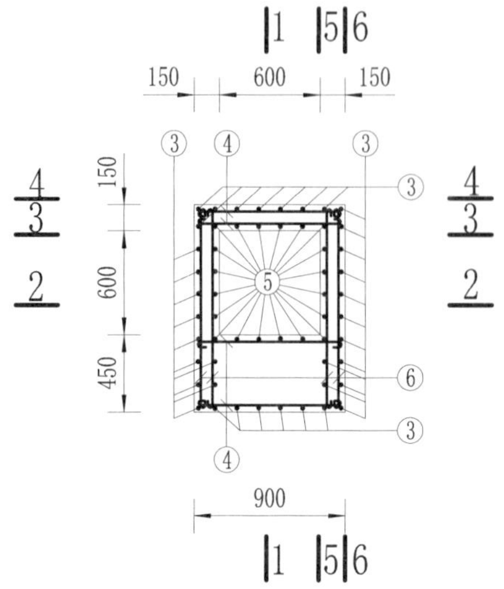

底板上、下层钢筋图 1:50

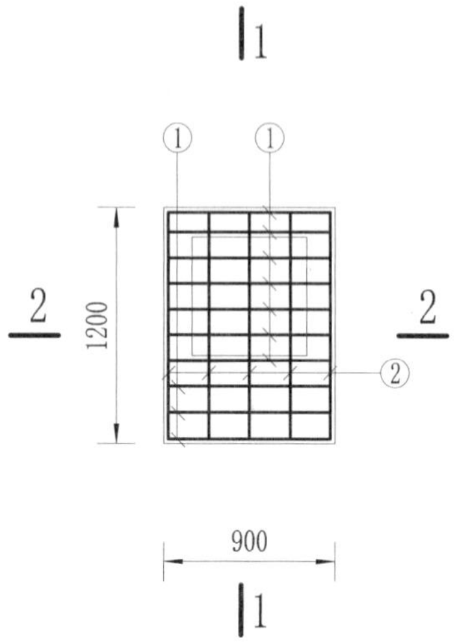

3—3 1:50

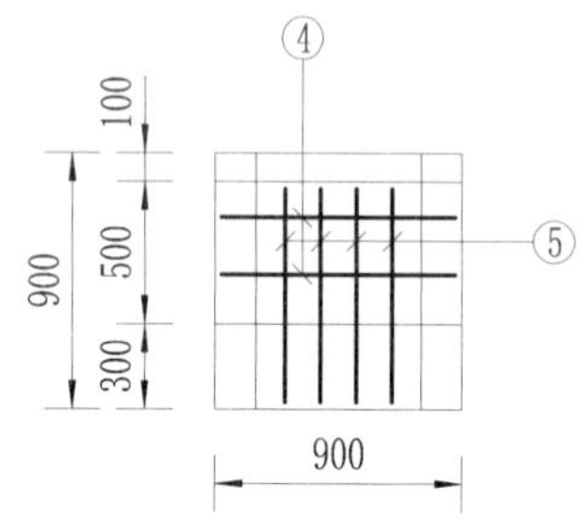

4—4 1:50

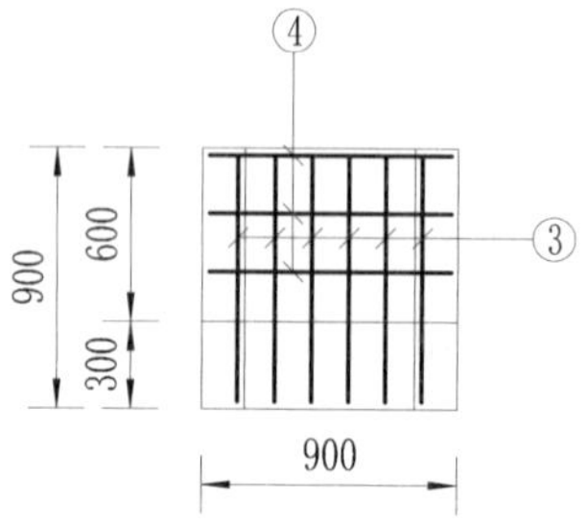

1—1 1:50

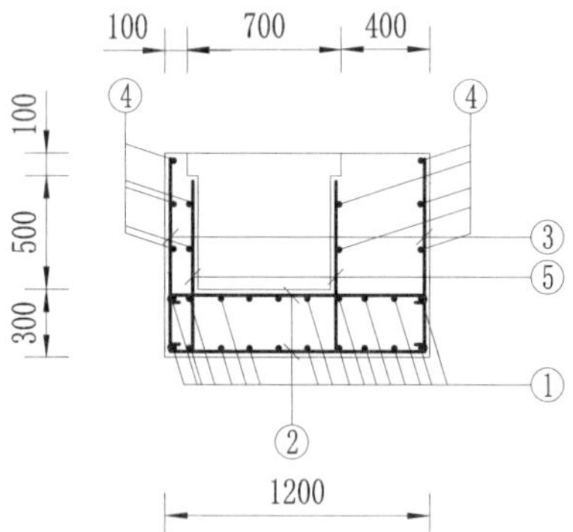

2—2 1:50

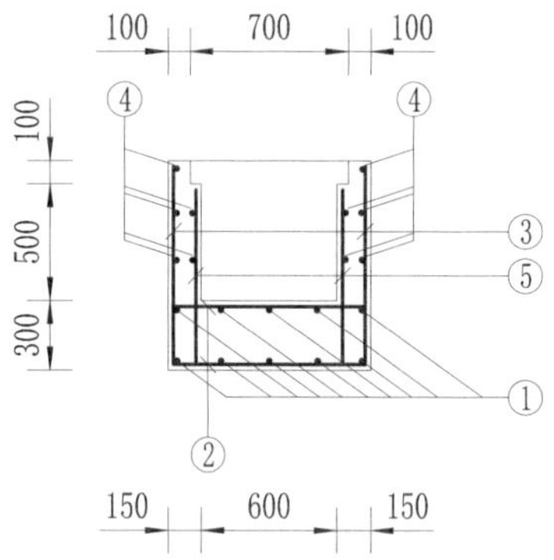

5—5 1:50

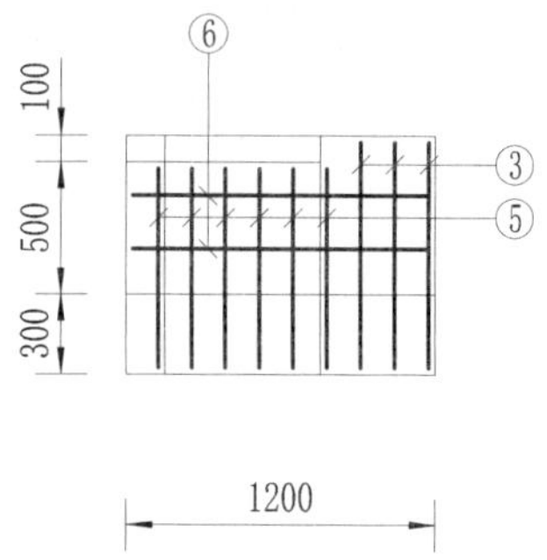

6—6 1:50

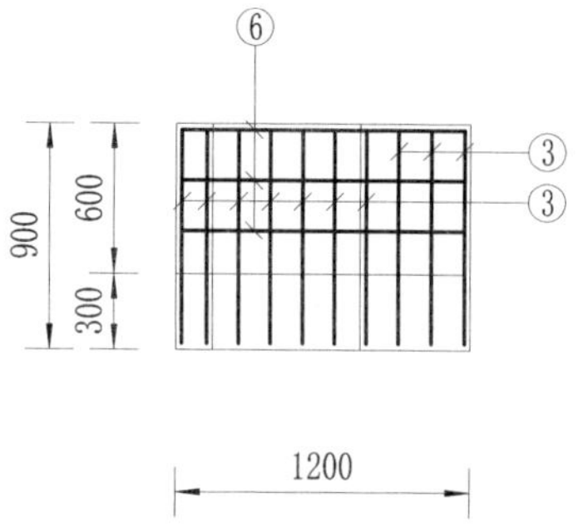

蓄电池地埋箱底板、侧墙钢筋表

编号	直径(mm)	型式	间距(mm)	单根长(mm)	根数	总长(m)
①	Φ8	850	100	850	2×2	3.40
			130	850	5×2	8.50
			130	850	3×2	5.10
②	Φ8	1150	210	1250	5×2	12.50
③	Φ8	850	130	850	12	10.20
④	Φ8	850	130	950	5×2	9.50
⑤	Φ8	750	200	750	4×2	6.00
③	Φ8	850	130	850	12×2	20.40
⑤	Φ8	750	130	750	6×2	9.00
⑥	Φ8	1150	200	1250	5×2	12.50

蓄电池地埋箱底板、侧墙材料表

规格	总长度(m)	单位重(kg/m)	总重(kg)
Φ8	62.60	0.395	24.73
Φ8	34.50	0.395	13.63
合计	97.1		59.49

地埋箱轴测图

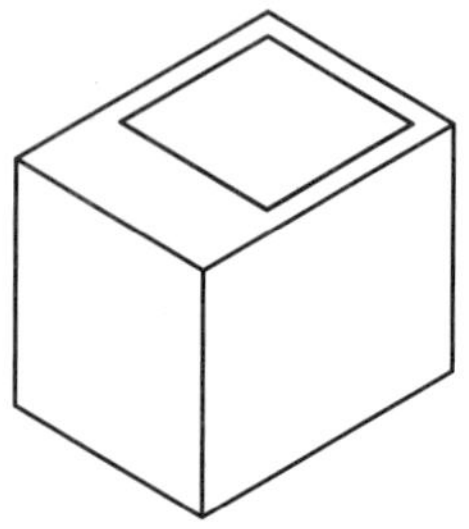

说明:

1. 图中尺寸单位以mm计，钢筋尺寸单位以mm计。
2. 混凝土强度等级为C25，混凝土垫层为C10。
3. 混凝土保护层为25mm。
4. 钢筋接头采用焊接接头，双面焊不小于5d，单面焊不小于10d，若绑扎搭接长度按规范要求。
5. 钢筋接头位置要相互错开，避免接头在同一截面内。

结构类型	智能箱涵结构进水闸
图　名	智能箱涵结构进水闸蓄电池地埋箱钢筋图
图　号	9/9

第四部分

泵　　站

扬水泵站轴测图

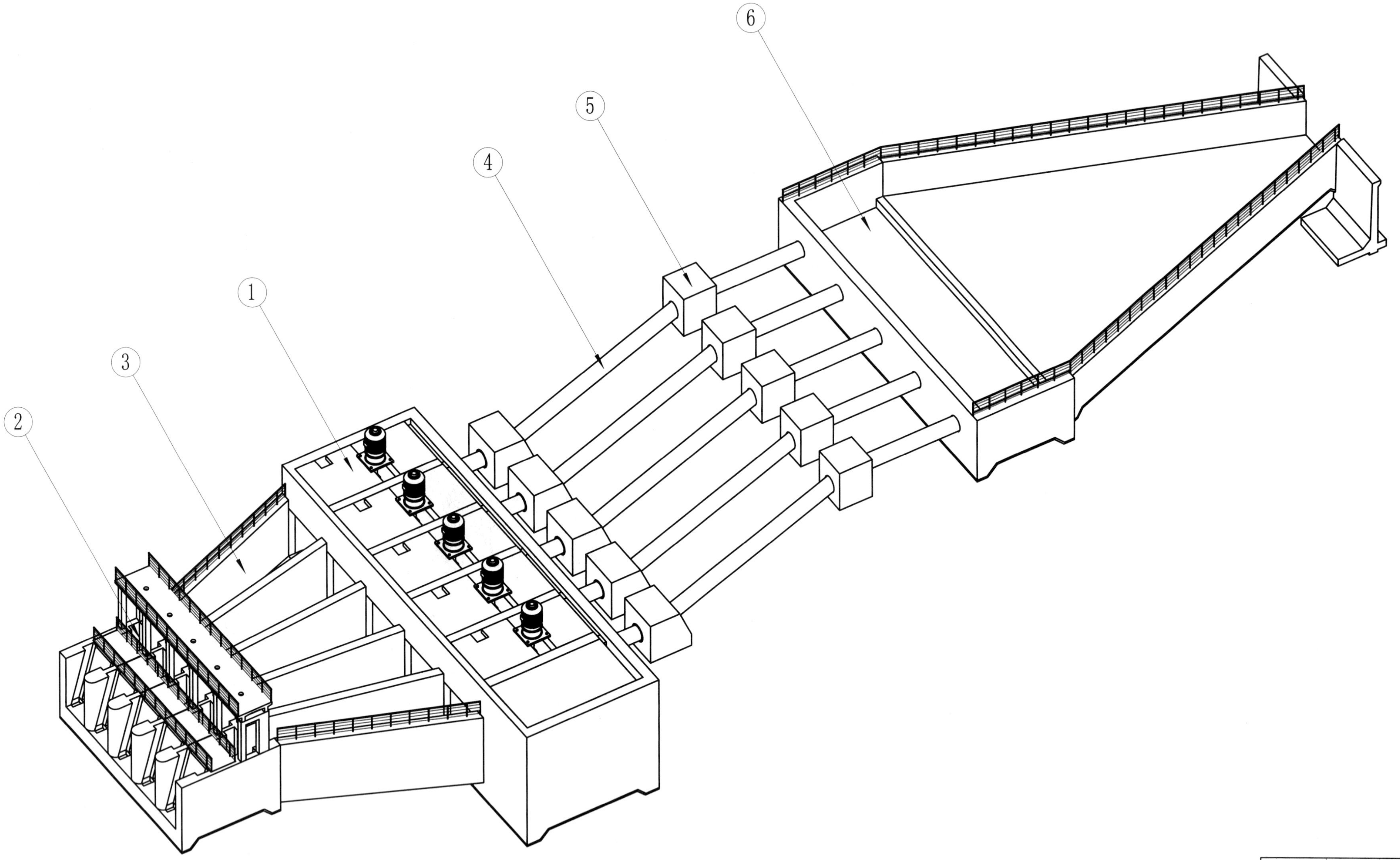

序号	名称	数量
6	泵站后池	1
5	镇墩	1
4	输水管	1
3	扬水泵站前池	1
2	进水闸	1
1	扬水泵站	1

结构类型	扬水泵站
图　　名	扬水泵站轴测图
图　　号	1/9

平面图 1∶50

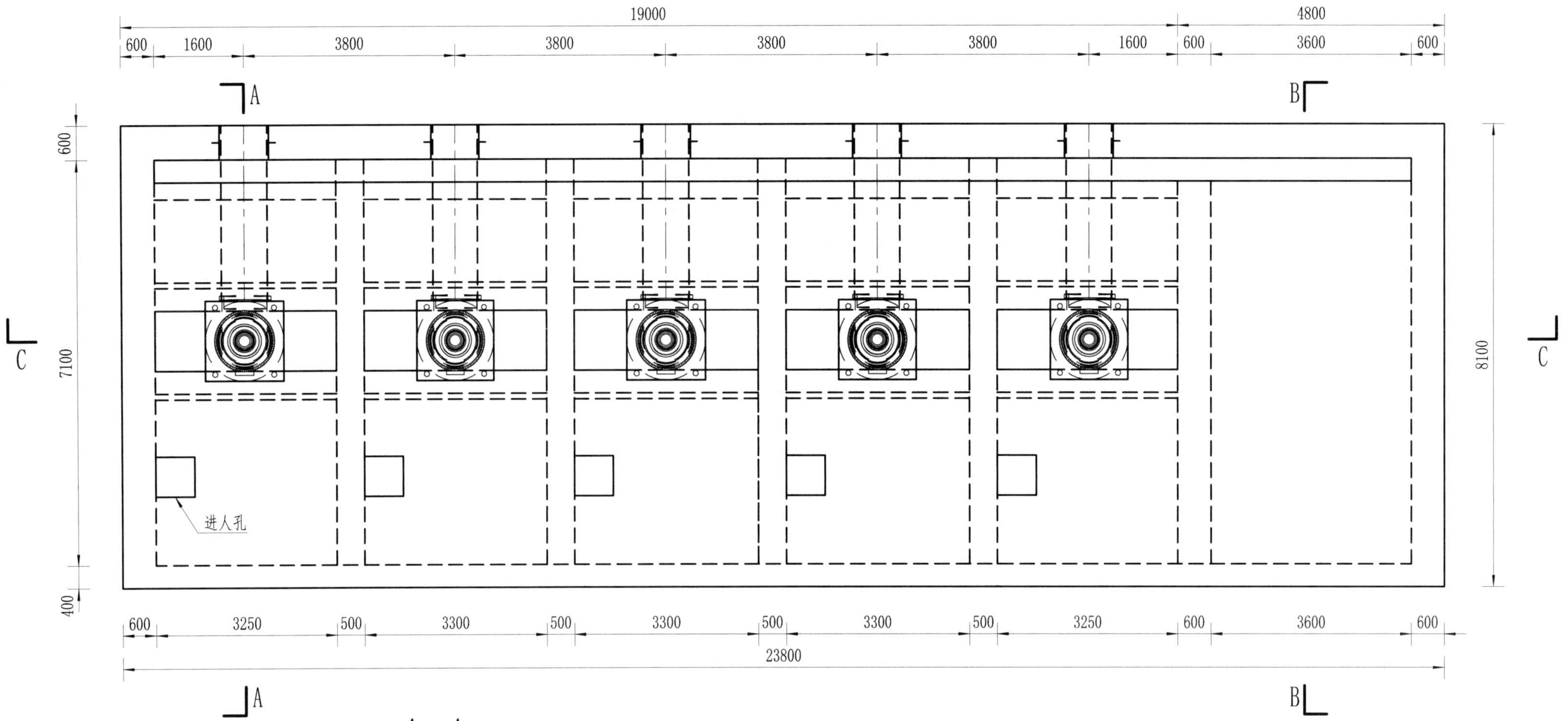

A—A 1∶50

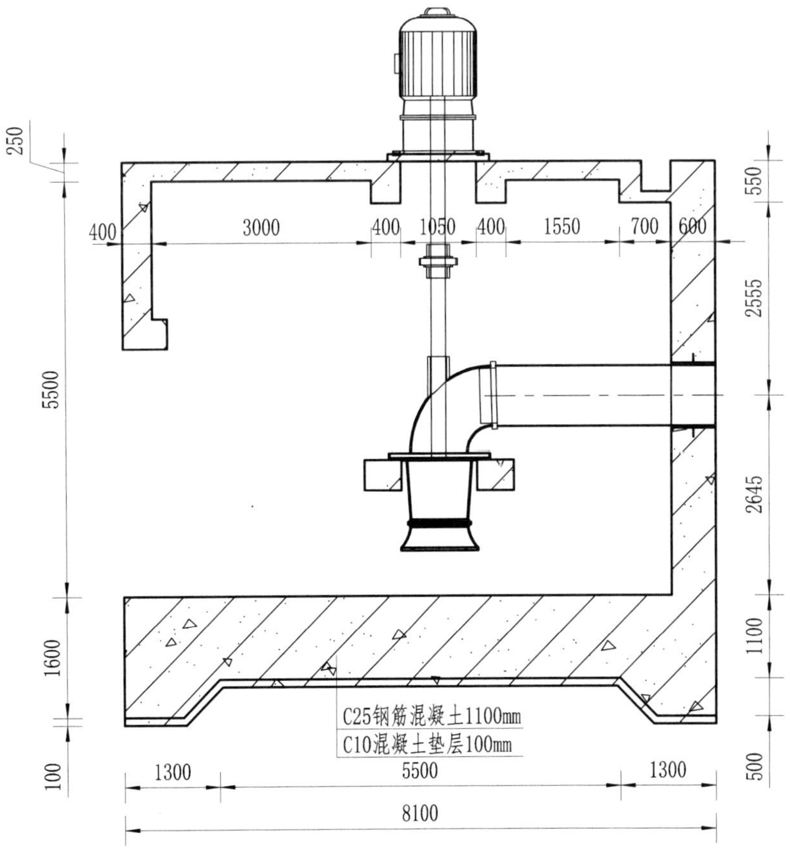

扬水泵站轴测图

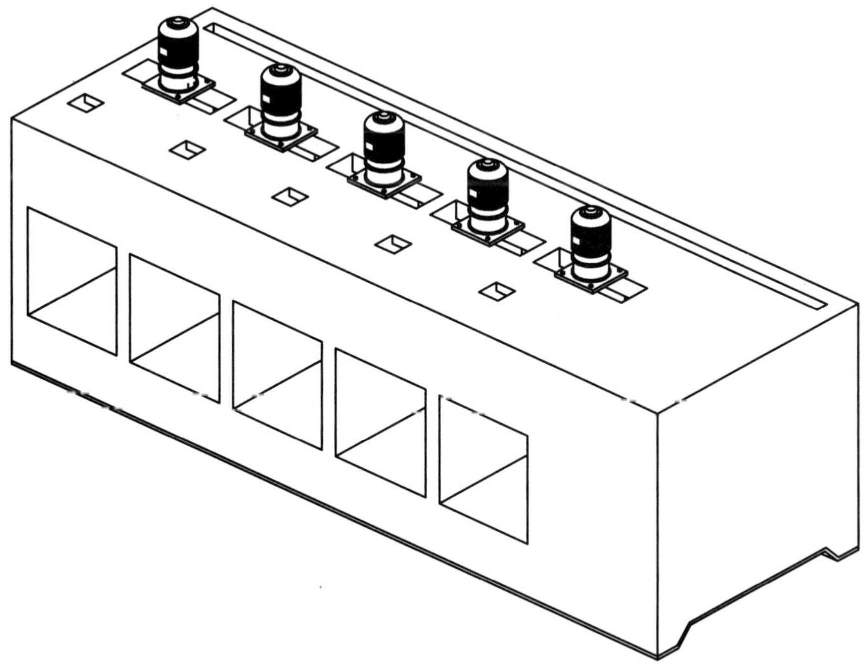

说明：

1. 图中尺寸单位以mm计。
2. 混凝土强度等级为C25。

结构类型	扬水泵站
图　名	扬水泵站结构图(一)
图　号	2/9

C—C 1∶50

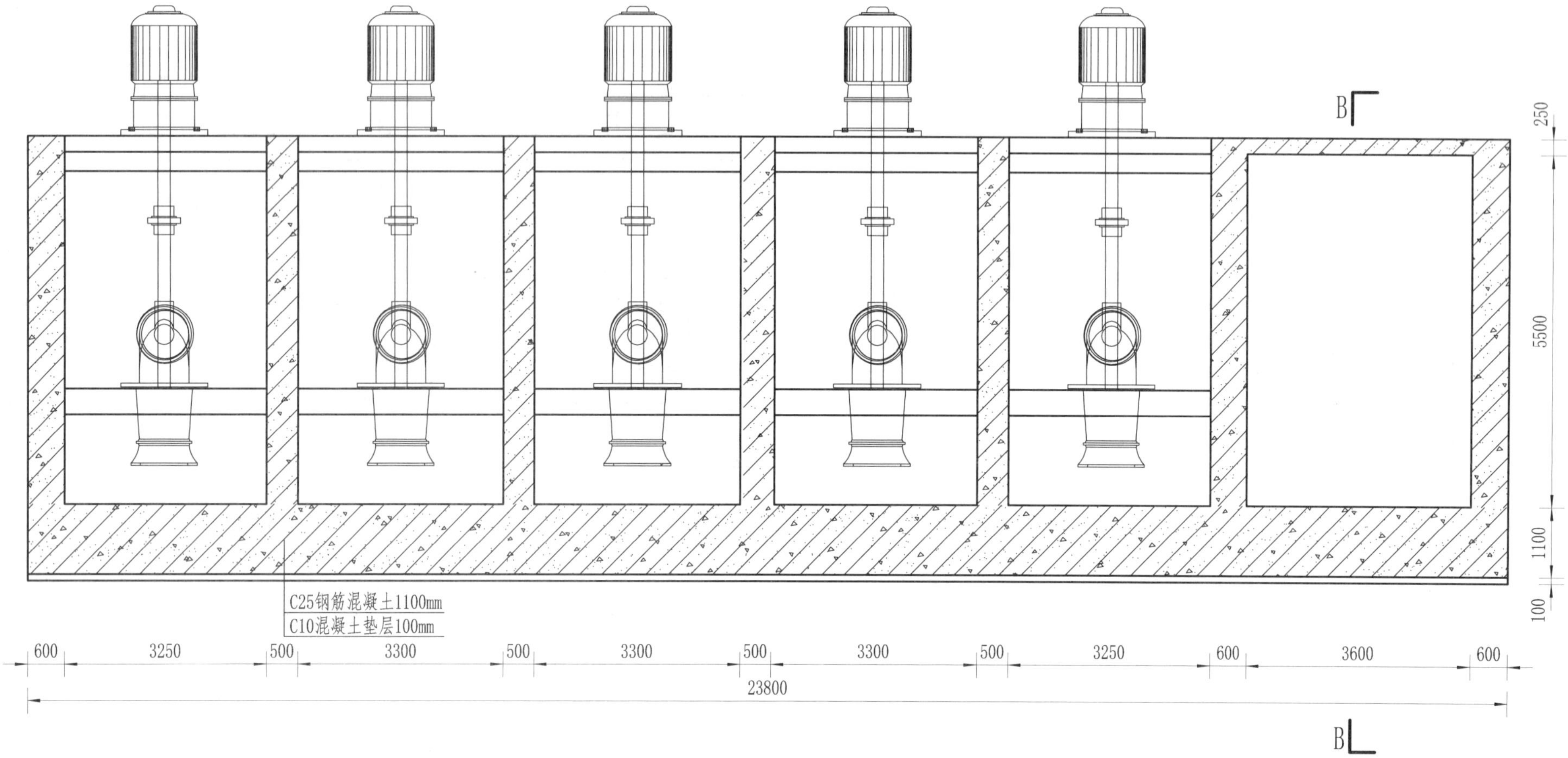

B—B 1∶50

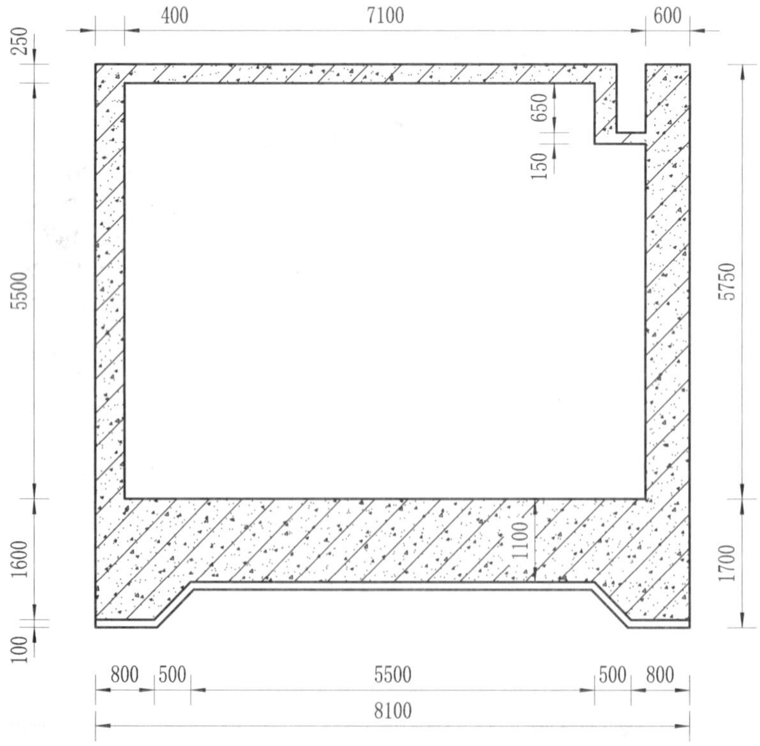

扬水泵站轴测图

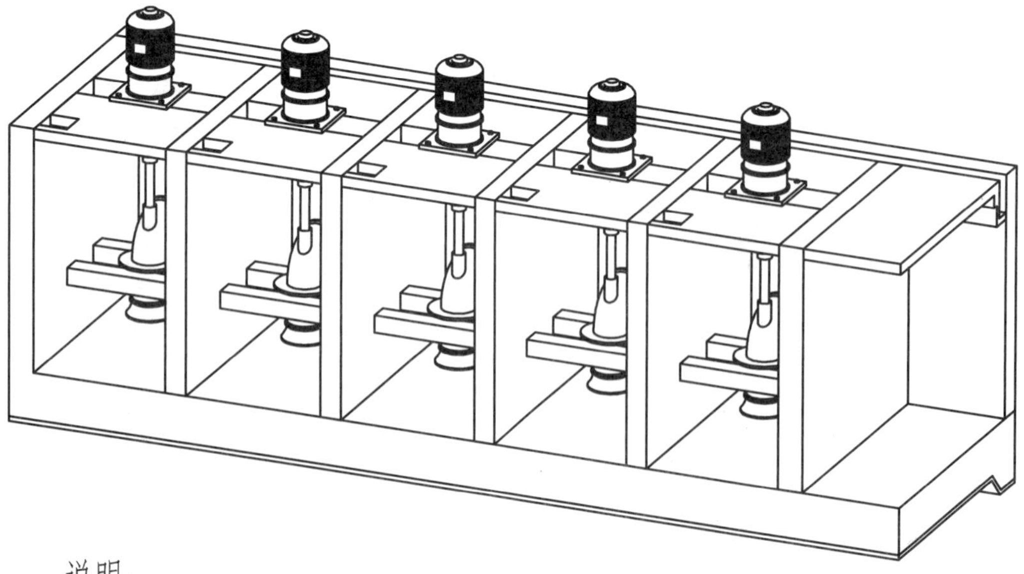

说明：

1. 图中尺寸单位以mm计。
2. 混凝土强度等级为C25。

结构类型	扬水泵站
图　　名	扬水泵站结构图(二)
图　　号	3/9

电机层底板上层钢筋图 1:100

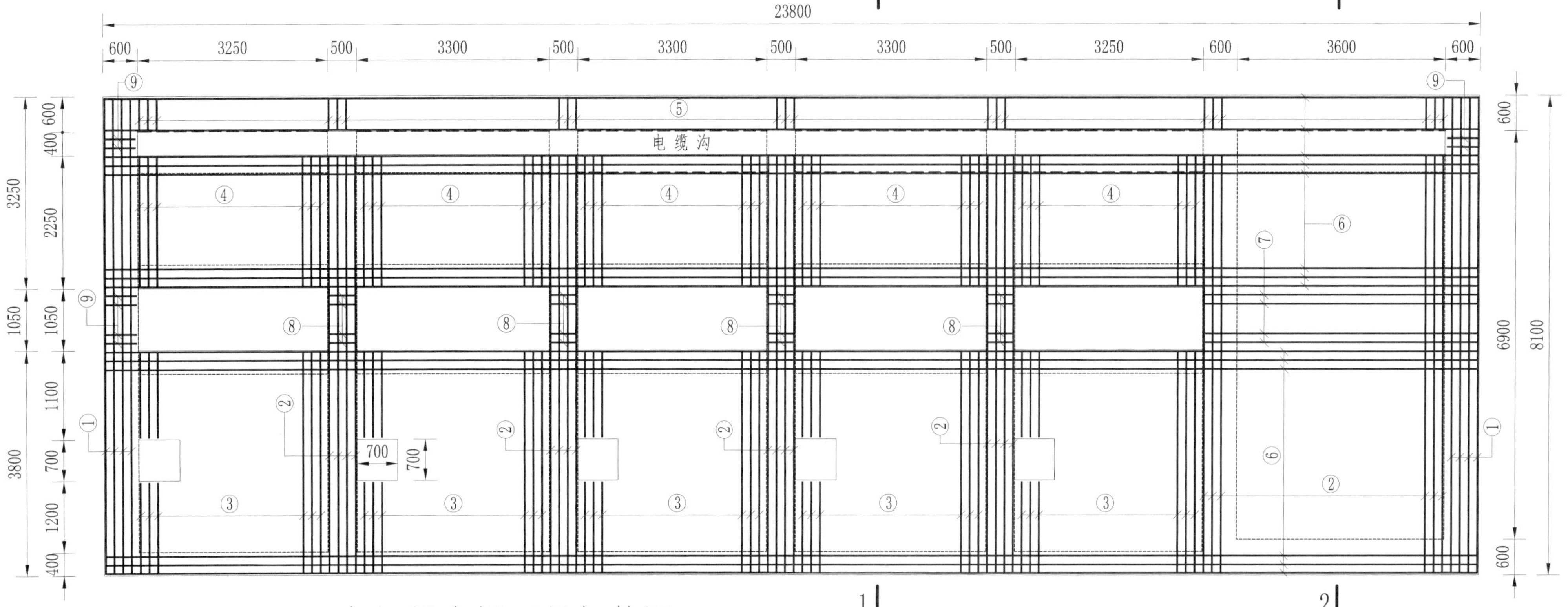

电机层底板下层钢筋图 1:100

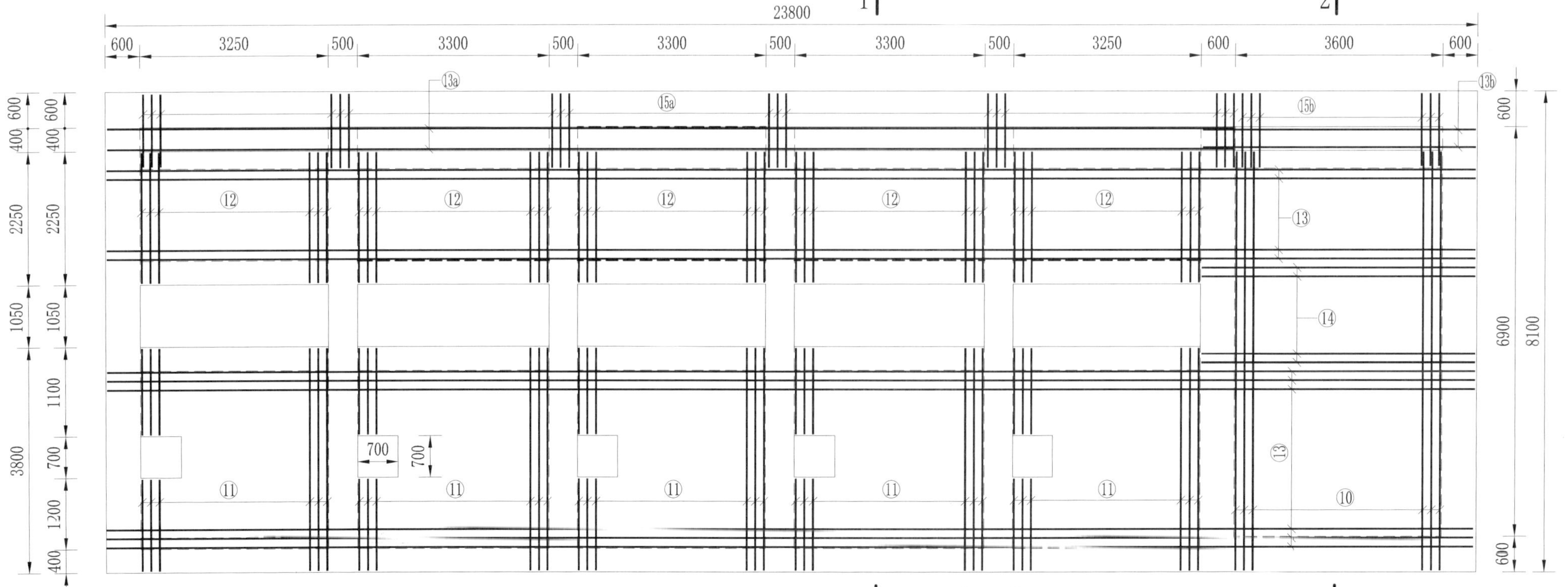

1—1 1:100

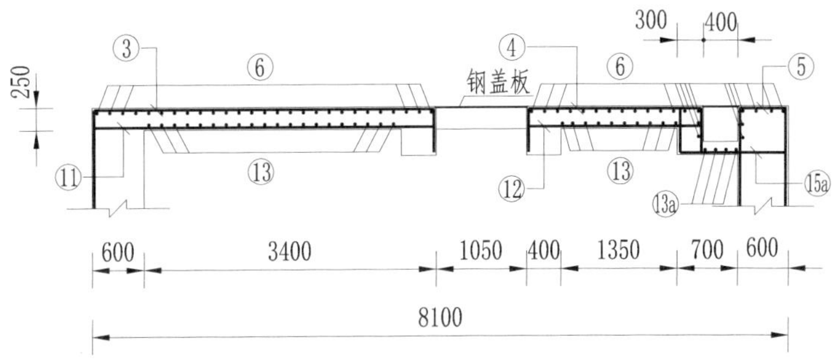

2—2 1:100

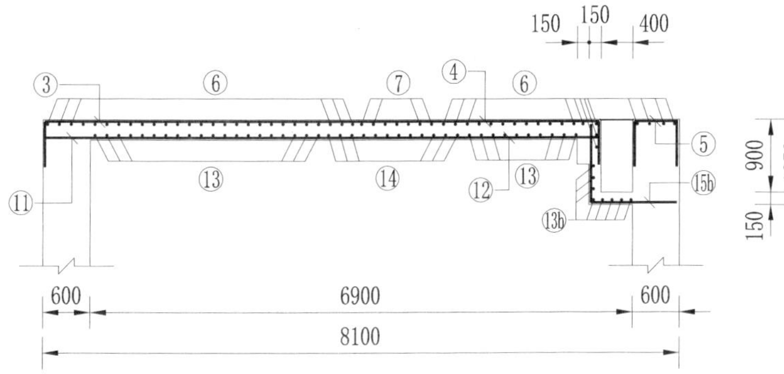

钢筋表

编号	直径(mm)	型式	间距(mm)	单根长(mm)	根数	总长(mm)
①	ф16	560 8050 560	150	9170	8	73.36
②	ф16	560 7050 560	150	8170	49	400.33
③	ф16	560 3750 560	150	4870	106	516.22
④	ф16	500 2200 450	150	3150	106	333.90
⑤	ф16	560 550 560	150	1670	151	252.17
⑥	ф16	560 23750 560	150	24870	49	1218.63
⑦	ф16	560 4750 560	150	5870	7	41.09
⑧	ф16	450	150	450	24	10.80
⑨	ф16	550	150	550	10	5.50
⑩	ф16	7450	150	7450	25	186.25
⑪	ф14	3750	150	3750	110	412.50
⑫	ф14	2200	150	2200	110	242.00
⑬	ф16	23750	150	23750	32	760.00
⑬a	ф14	19550	150	19550	4	78.20
⑬b	ф14	4750	150	4750	8	38.00
⑭	ф16	4750	150	4750	12	57.00
⑮a	ф14	500 1250	150	1750	49	85.75
⑮b	ф14	1000 1250	150	2250	49	110.25
⑯	ф14	1820	150	1820	120	218.40
⑰	800×5	800	—	—	5	125.60
⑱	1000×5	1150	—	—	10	451.38
⑲	ф14	200	150	200	30	6.00

材料表

规格	总长度(m)	单位重(kg/m)	总重(kg)
ф14	1191.10	1.21	1441.23
ф16	3855.25	1.58	6091.30
合计	5046.35		7531.53

进人孔钢筋图 1:100

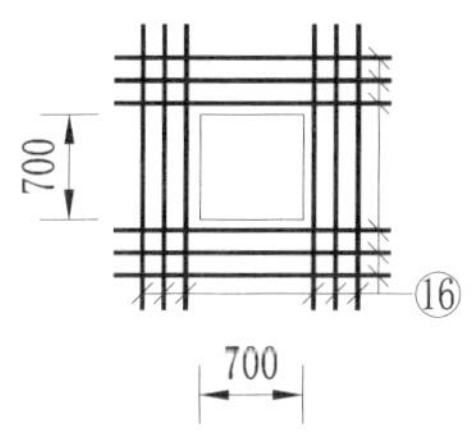

钢盖板1 1:100

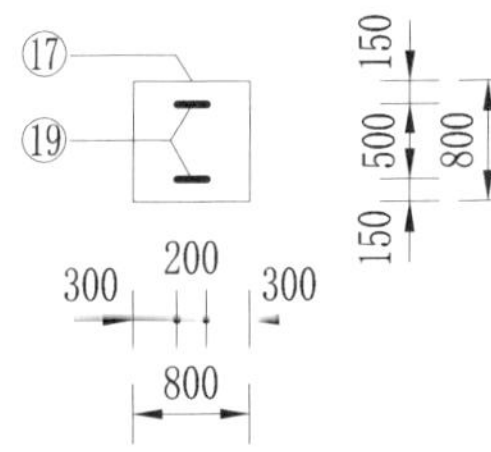

钢盖板2 1:100

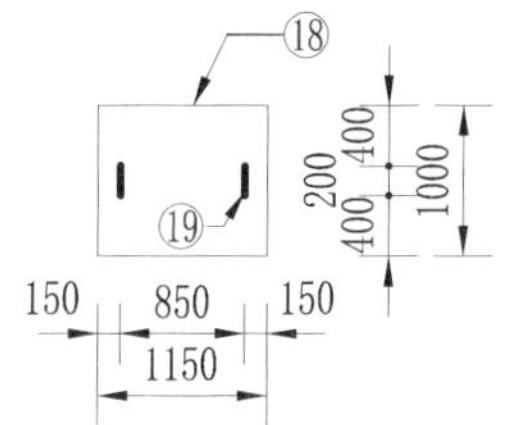

说明：

1.图中尺寸单位以mm计，高程单位以m计。

2.混凝土强度等级为C25。

结构类型	扬水泵站
图　名	电机层底板钢筋图
图　号	4/9

1—1 1：100

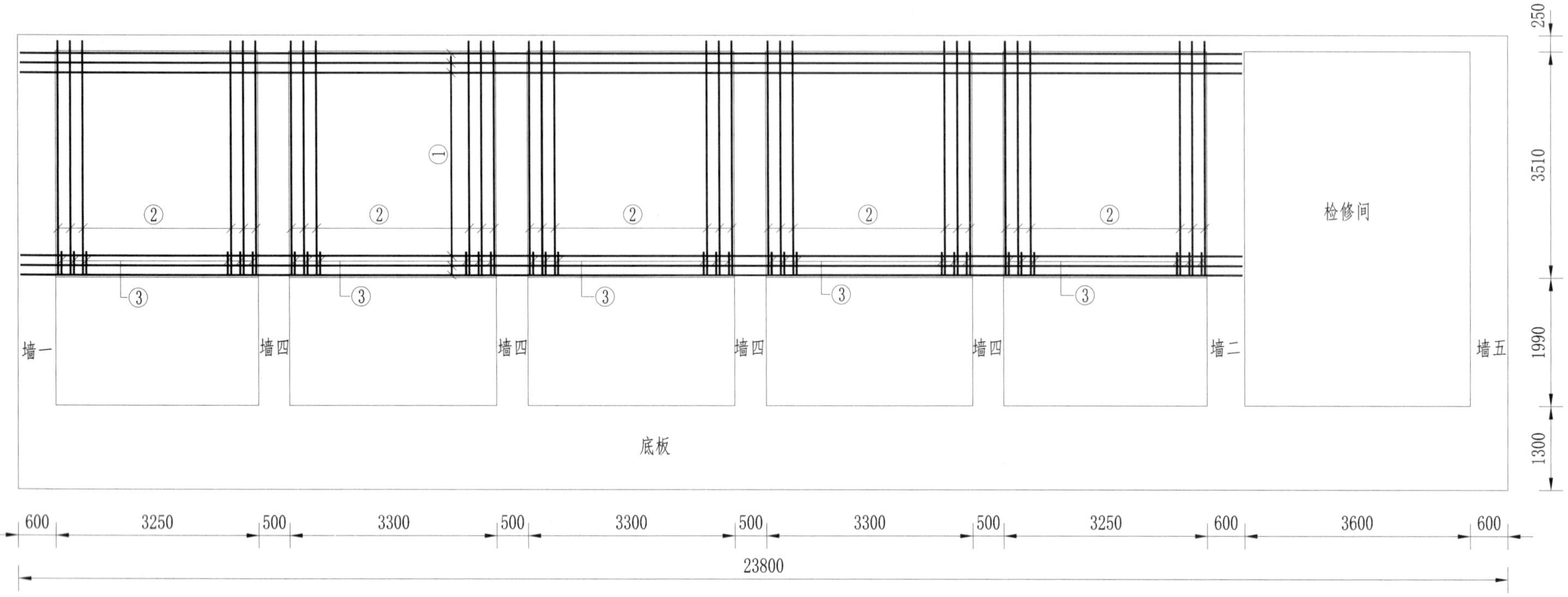

钢筋表

编号	直径(mm)	型式	间距(mm)	单根长(mm)	根数	总长(mm)
①	Φ16	19530	150	19530	54	1044.90
②	Φ14	330 3690 3690	200	7710	88	678.48
③	Φ14	330 530 530 330	200	1895	88	166.96

材料表

规格	总长度(m)	单位重(kg/m)	总重(kg)
Φ14	845.44	1.21	1022.98
Φ16	1044.90	1.58	1650.94
合计	1890.34		2673.92

胸墙剖面图 1：50

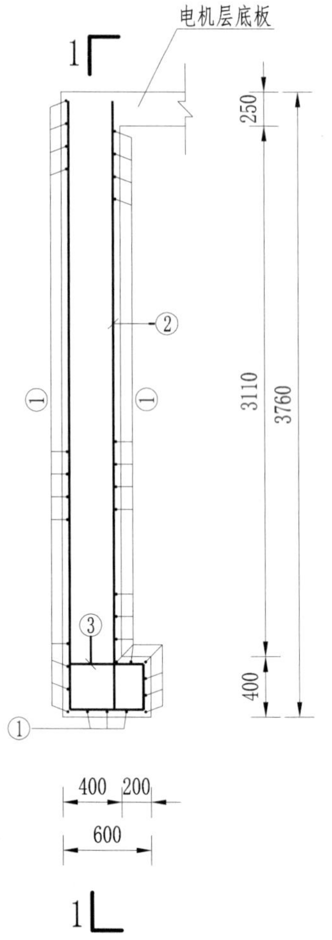

泵房墙标识图

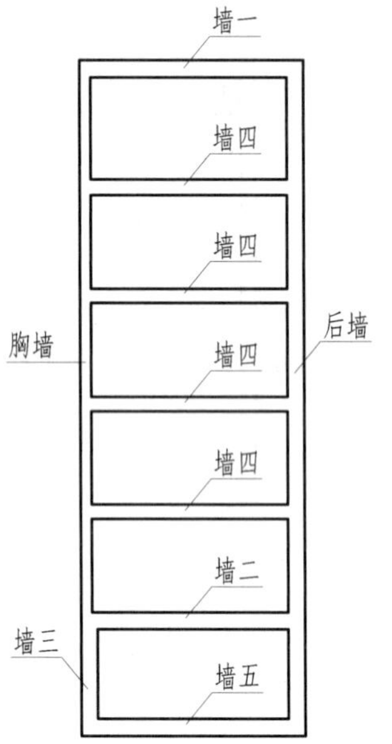

电机层底板下层轴测图

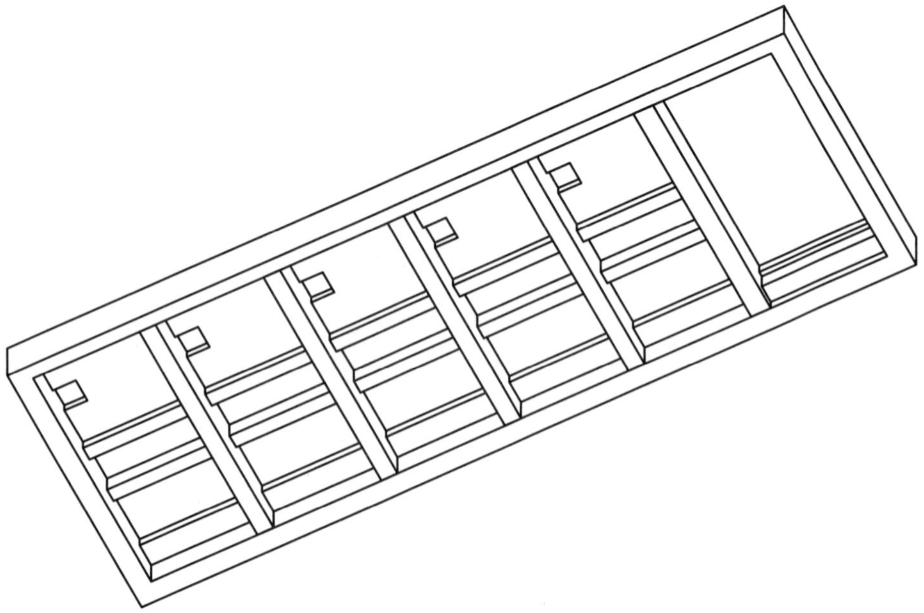

胸墙轴测图

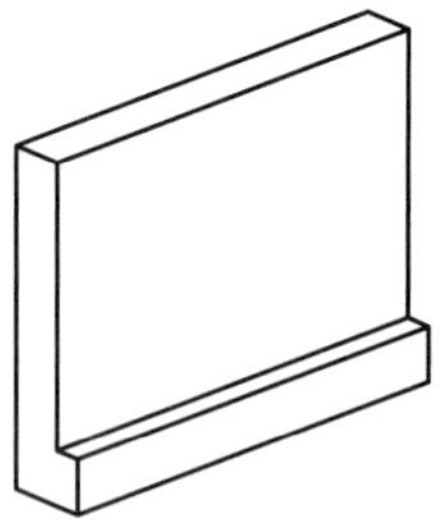

说明：

1. 图中尺寸单位以mm计，高程单位以m计。
2. 混凝土强度等级为C25。

结构类型	扬水泵站
图　名	泵房胸墙钢筋图
图　号	5/9

泵房底板下层钢筋图 1∶100

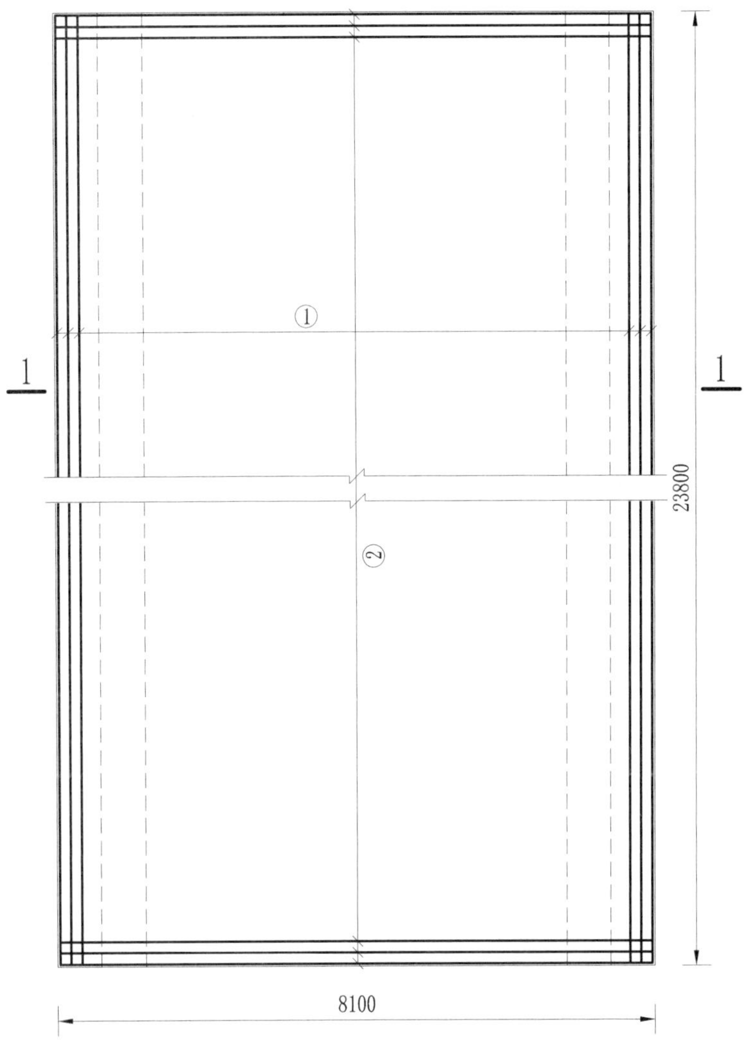

泵房底板上层钢筋图 1∶100

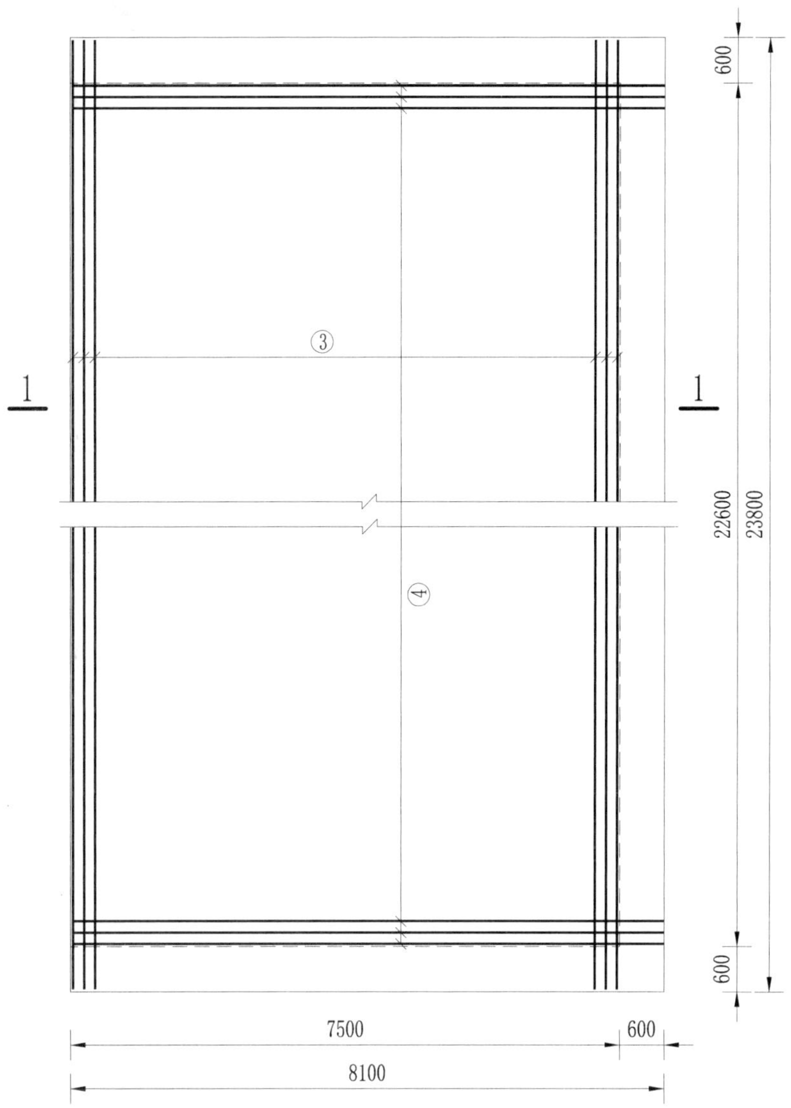

钢筋表

编号	直径(mm)	型式	间距(mm)	单根长(mm)	根数	总长(mm)
①	⌀20	700 23730 700	150	25130	61	1532.93
②	⌀20	480 220 8030 700	150	9430	159	1499.37
③	⌀16	23730	150	23730	51	1210.23
④	⌀16	180 520 8030	150	8730	151	1318.23
⑤	⌀16	980 730 135° 1550	150	3260	159×2	1036.68

材料表

规格	总长度(m)	单位重(kg/m)	总重(kg)
⌀16	3565.14	1.58	5632.92
⌀20	3032.30	2.47	7489.78
合计	6597.44		13122.70

1—1 1∶100

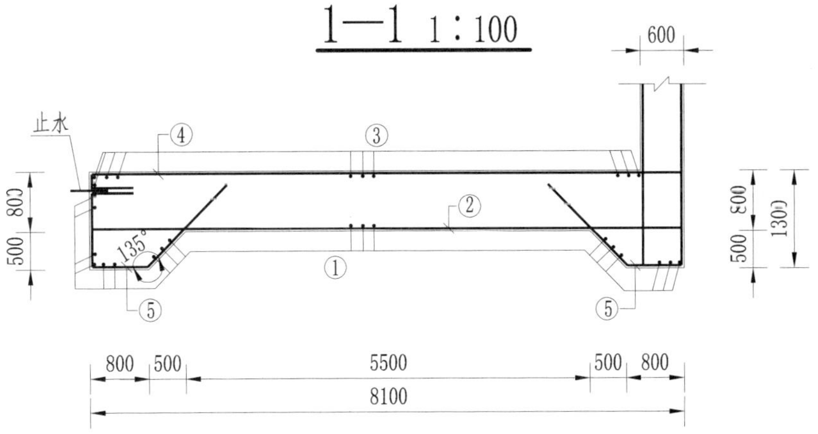

泵房底板轴测图

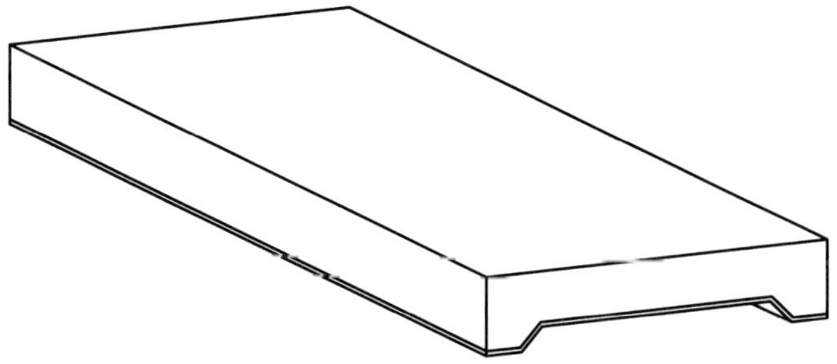

说明：

1. 图中尺寸单位以mm计，高程单位以m计。
2. 混凝土强度等级为C25。

结构类型	扬水泵站
图　　名	泵房底板钢筋图
图　　号	6/9

泵房后墙内层钢筋图 1:200

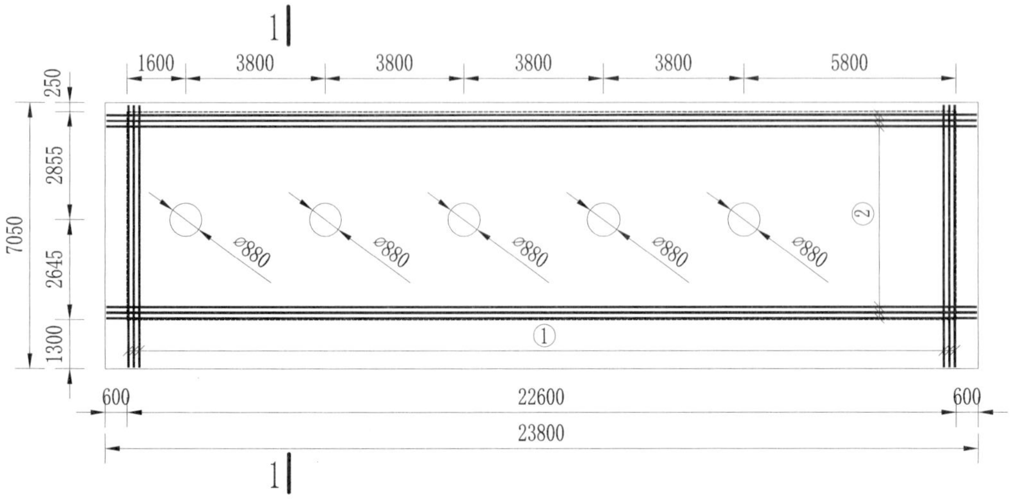

1—1 1:200

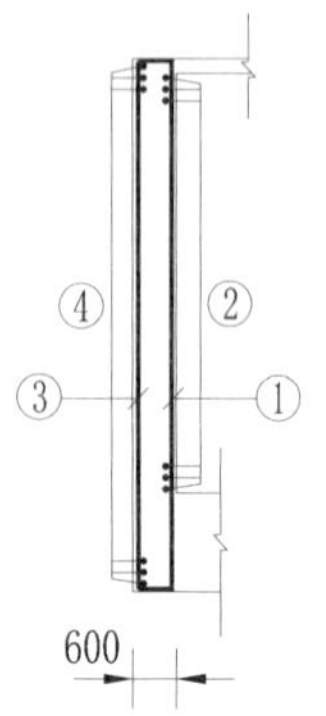

2—2 1:200

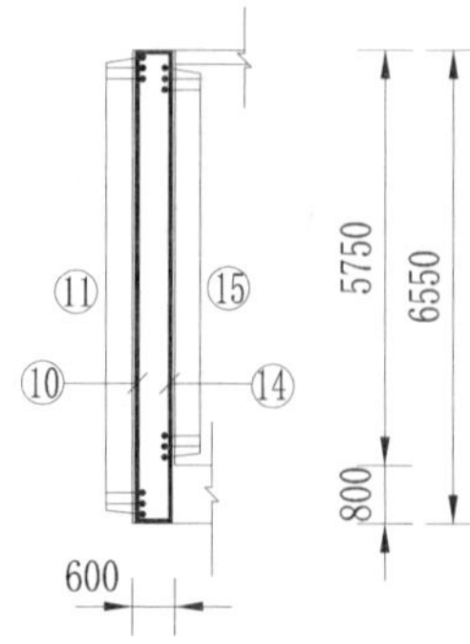

3—3 1:200

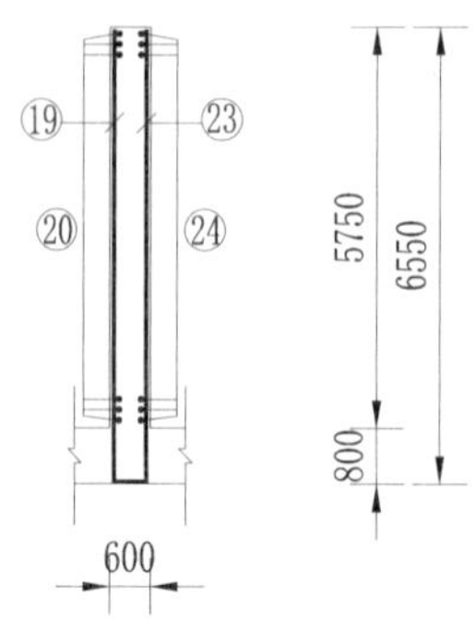

泵房后墙外层钢筋图 1:200

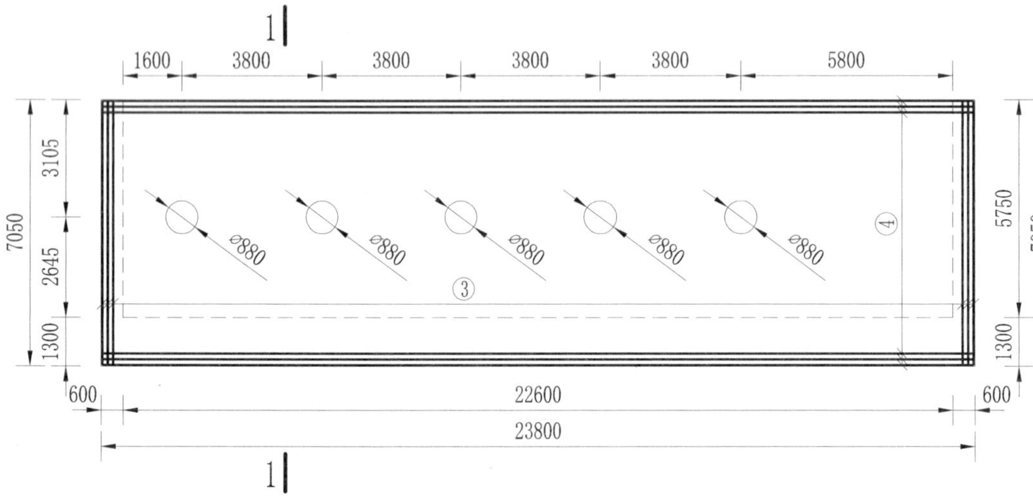

泵房墙二钢筋图 1:200

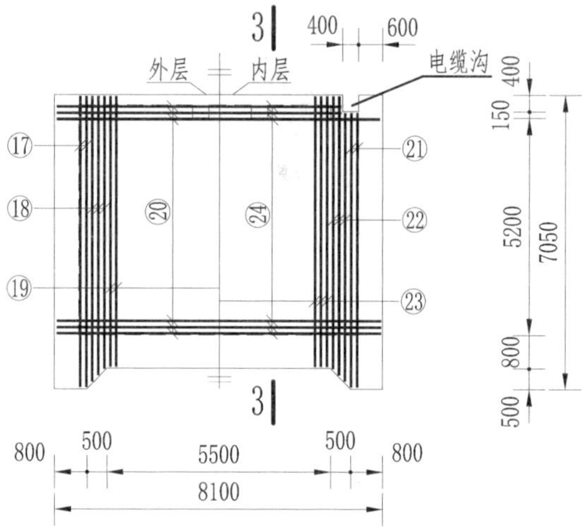

钢筋表

编号	直径(mm)	型式	间距(mm)	单根长(mm)	根数	总长(mm)
①	⌀16	6980	150	6980	151	1053.98
②	⌀16	23730	150	23730	38	901.74
③	⌀16	560 6980 560	150	8100	159	1287.90
④	⌀16	560 23730 560	150	24850	48	1192.80
⑤	⌀14	2360	200	2360	24×5	283.20
⑥	⌀14	560 530 560	200	1650	16×5	132.00
⑦	⌀14	R475	200	2983	2×5	29.83
⑧	⌀16	560 6980 560	150	8100	12	97.20
⑨	⌀16	560 6530~6830 560	150	7800	6	46.80
⑩	⌀16	560 6480 560	150	6800	38	258.40
⑪	⌀14	560 8030 560	150	9150	44	402.60
⑫	⌀16	6980	150	6980	4	27.92
⑬	⌀16	6530~6830	150	6680	6	40.08
⑭	⌀16	6480	150	6480	38	246.24
⑮	⌀14	8030	150	8030	38	305.14
⑯	⌀14	730~1050	150	2010	6	12.06
⑰	⌀16	6980 560	150	8040	4	32.16
⑱	⌀16	6530~6830 560	150	7240	6	43.44
⑲	⌀16	6480 560	150	7040	38	267.52
⑳	⌀14	8030	150	8030	38	305.14
㉑	⌀16	6980 560	150	7540	4	30.16
㉒	⌀16	6530~6830 560	150	7240	6	43.44
㉓	⌀16	6480 560	150	7040	38	267.52
㉔	⌀14	8030	150	8010	38	304.38

泵房各墙轴测图

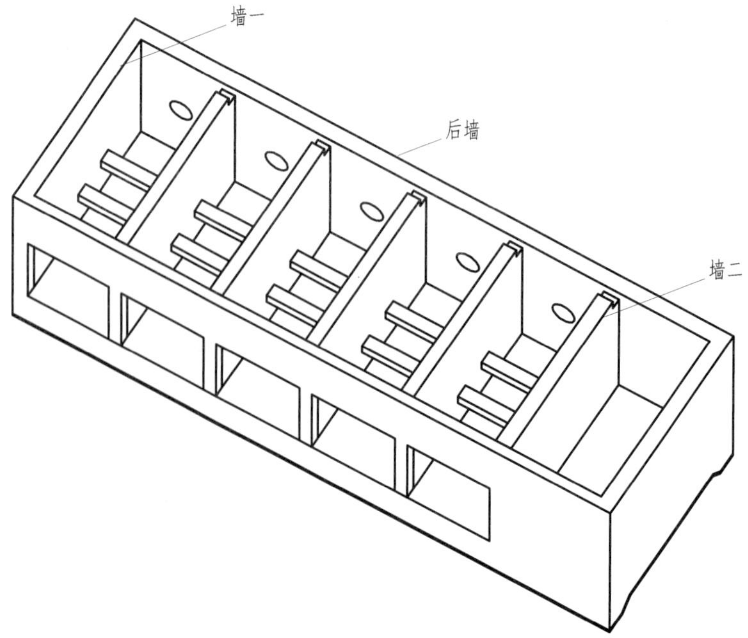

泵房墙一钢筋图 1:200

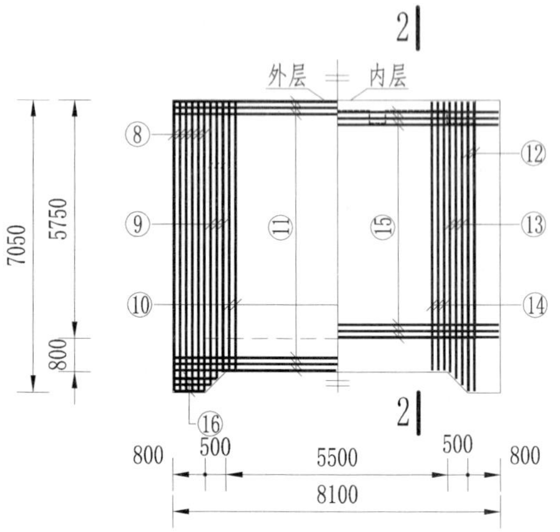

孔洞加固钢筋图 1:100

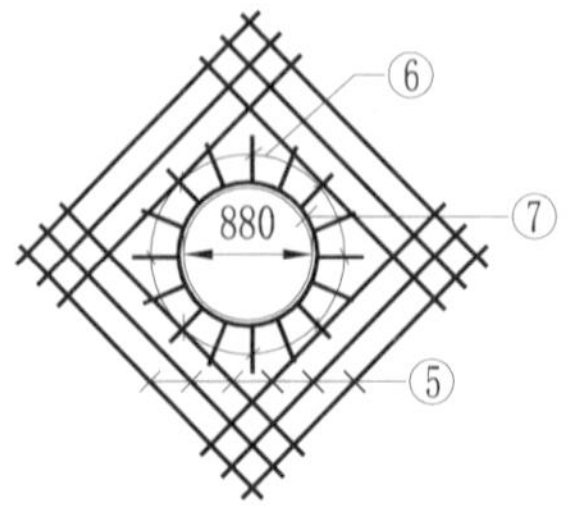

材料表

规格	总长度(m)	单位重(kg/m)	总重(kg)
⌀14	445.03	1.21	538.49
⌀16	4436.42	1.58	7009.54
⌀14	719.80	1.21	870.96
⌀16	716.64	1.58	1132.29
⌀14	609.52	1.21	737.52
⌀16	684.24	1.58	1081.10
合计	7611.65		11369.90

说明:

1. 图中尺寸单位以mm计，高程单位以m计。
2. 混凝土强度等级为C25。

结构类型	扬水泵站
图 名	泵房后墙、墙一、墙二钢筋图
图 号	7/9

墙三钢筋图 1:100

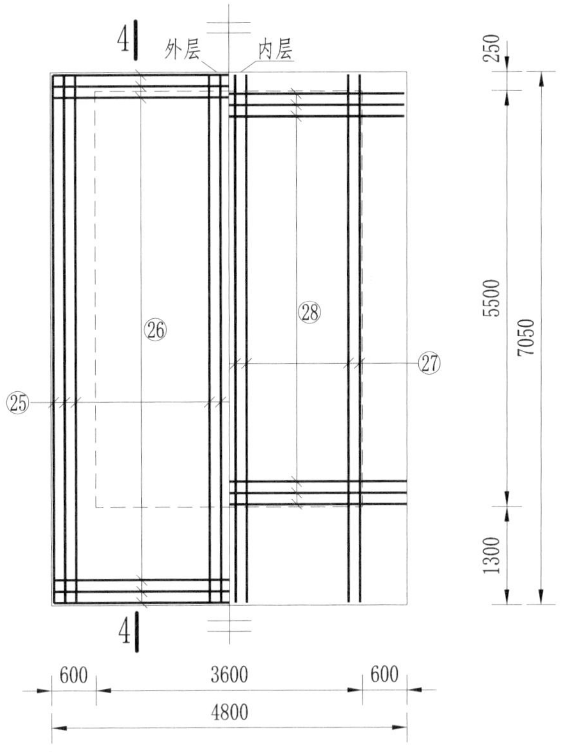

墙四内、外钢筋图 1:100

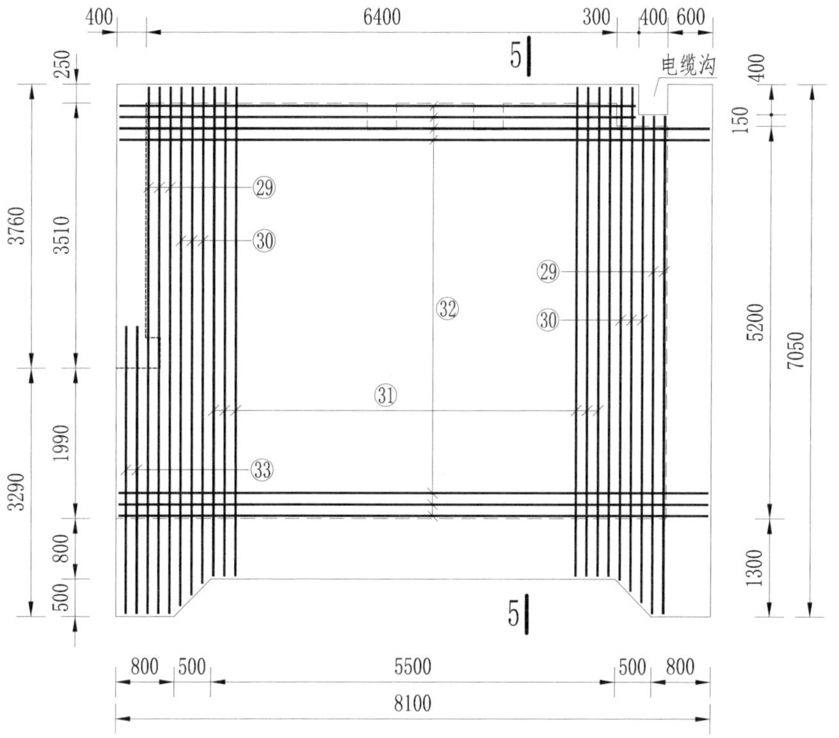

钢筋表

编号	直径(mm)	型式	间距(mm)	单根长(mm)	根数	总长(mm)
㉕	ф16	560 6980 560	150	8100	33	267.30
㉖	ф16	560 4730 560	150	5850	48	280.80
㉗	ф14	6980	150	6980	25	174.50
㉘	ф14	4730	150	4730	37	175.01
㉙	ф16	6980	150	6980	10	69.80
㉚	ф16	6580~6880	150	6730	12	80.76
㉛	ф16	6480	150	6480	72	466.56
㉜	ф16	8030	150	8030	74	594.22
㉝	ф16	3815	150	3815	4	15.26

材料表

规格	总长度(m)	单位重(kg/m)	总重(kg)
ф14	349.51	1.21	422.91
ф16	548.10	1.58	866.00
ф16	1226.60	1.58	1938.03
合计	2124.21		3226.94

4—4 1:100

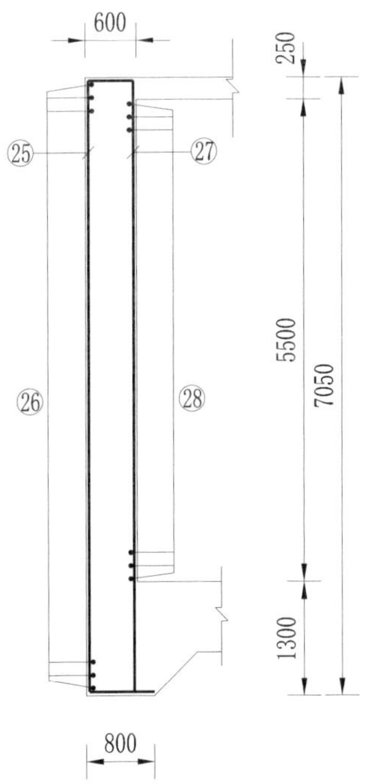

5—5 1:100

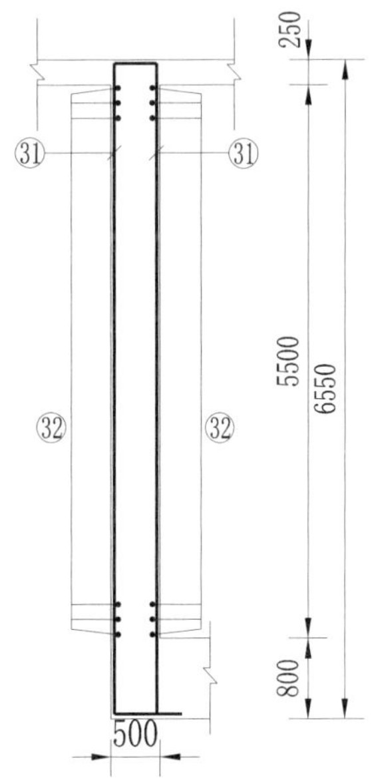

泵房墙标识图

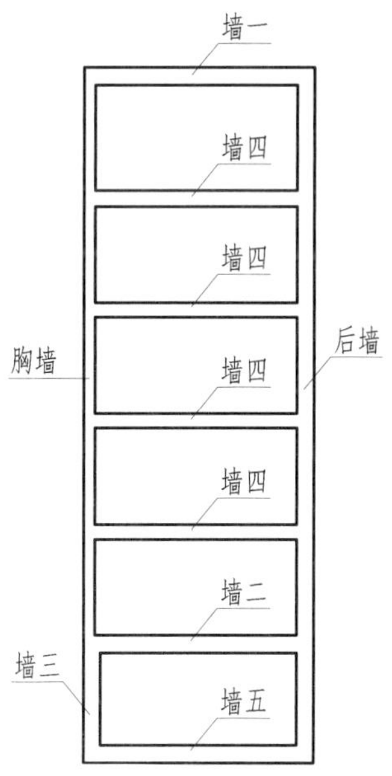

泵房各墙轴测图

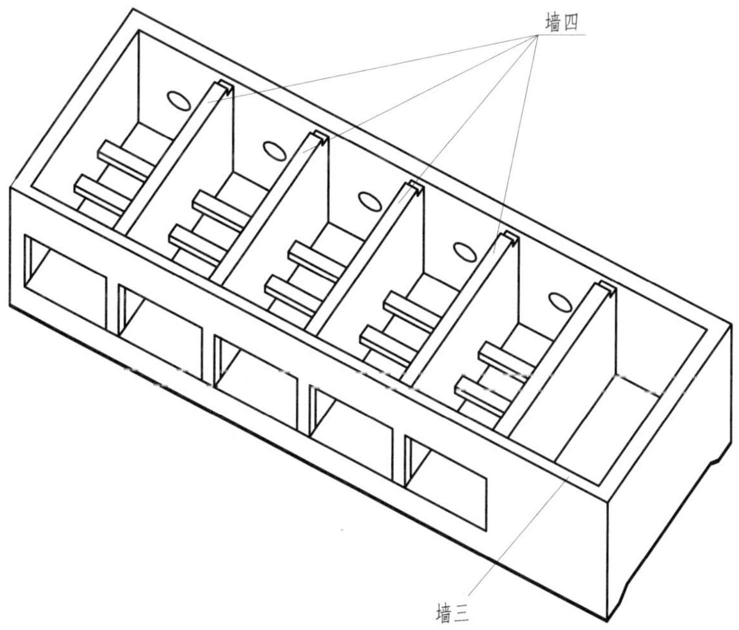

说明:

1. 图中尺寸单位以mm计，高程单位以m计。
2. 混凝土强度等级为C25。

结构类型	扬水泵站
图　名	泵房墙三、墙四钢筋图
图　号	8/9

墙五外层钢筋图 1∶100

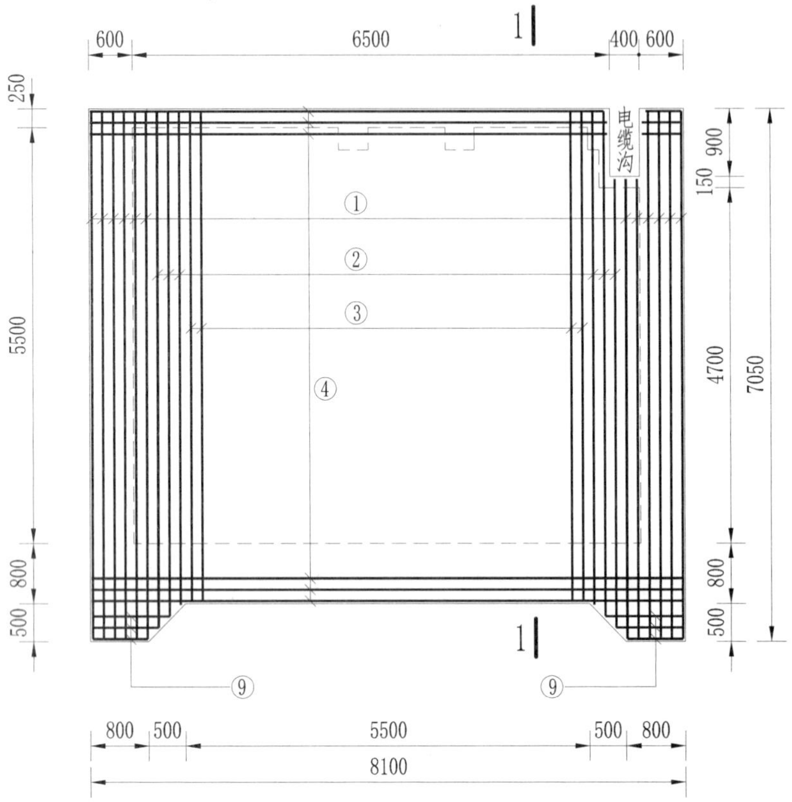

墙五内层钢筋图 1∶100

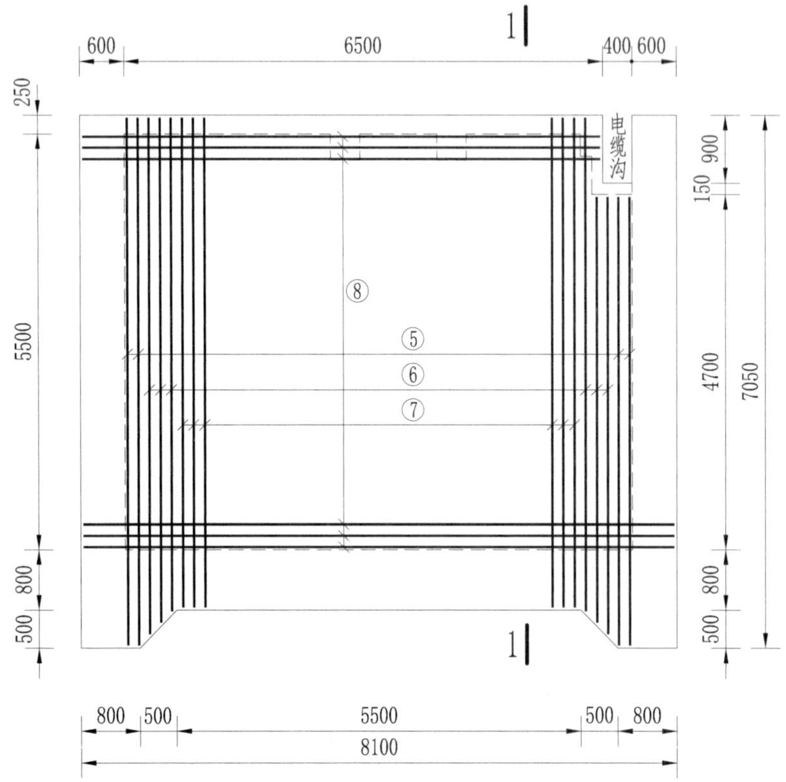

钢筋表

编号	直径(mm)	型式	间距(mm)	单根长(mm)	根数	总长(mm)
①	Φ16	560 6980 560	150	8100	12	97.20
②	Φ16	560 6530~6830 560	150	7800	6	46.80
③	Φ16	560 6480 560	150	6800	38	258.40
④	Φ16	560 8030 560	150	9150	44	402.60
⑤	Φ16	6980	150	6980	4	27.92
⑥	Φ16	6530~6830	150	6680	6	40.08
⑦	Φ16	6480	150	6480	38	246.24
⑧	Φ14	8030	150	8030	37	297.11
⑨	Φ14	730~1050	150	2010	6	12.06

材料表

规格	总长度(m)	单位重(kg/m)	总重(kg)
Φ14	309.17	1.21	374.10
Φ16	1119.24	1.58	1768.40
合计	1428.41		2142.50

1—1 1∶100

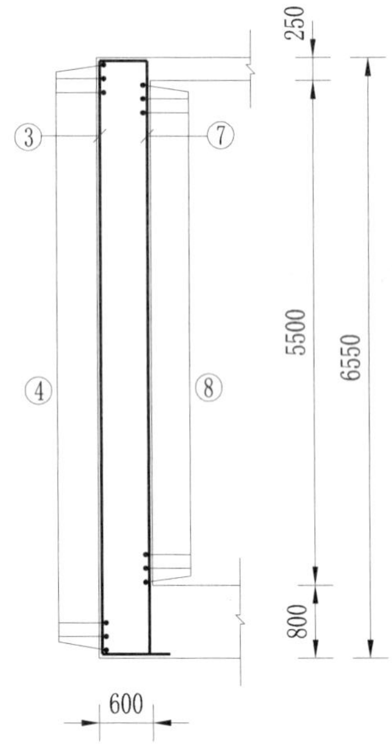

泵房墙标识图

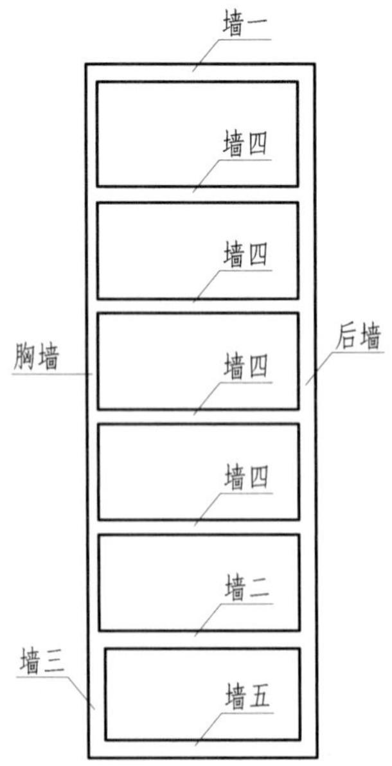

泵房各墙轴测图

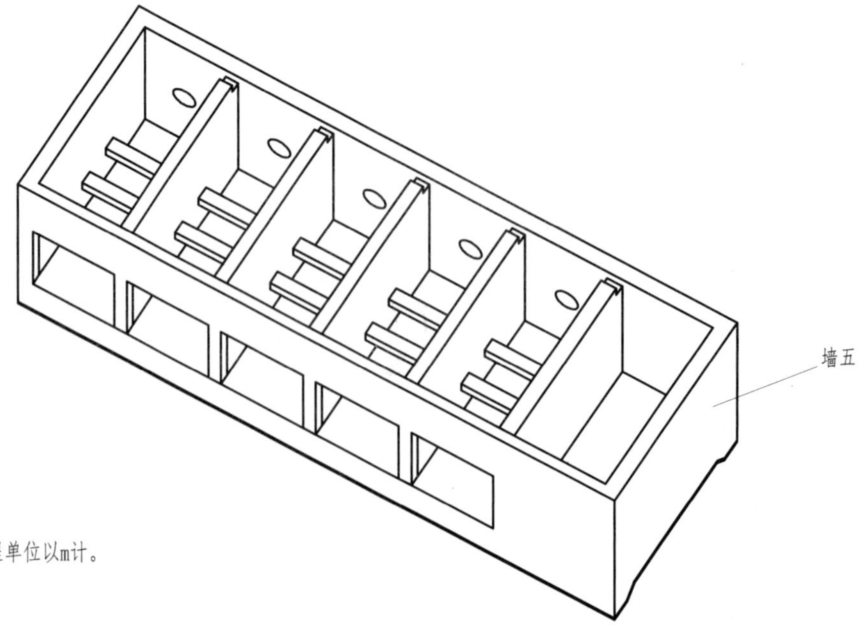

说明：

1. 图中尺寸单位以mm计，高程单位以m计。
2. 混凝土强度等级为C25。

结构类型	扬水泵站
图　名	泵房墙五钢筋图
图　号	9/9

第五部分

桥

简支板结构农桥轴测图

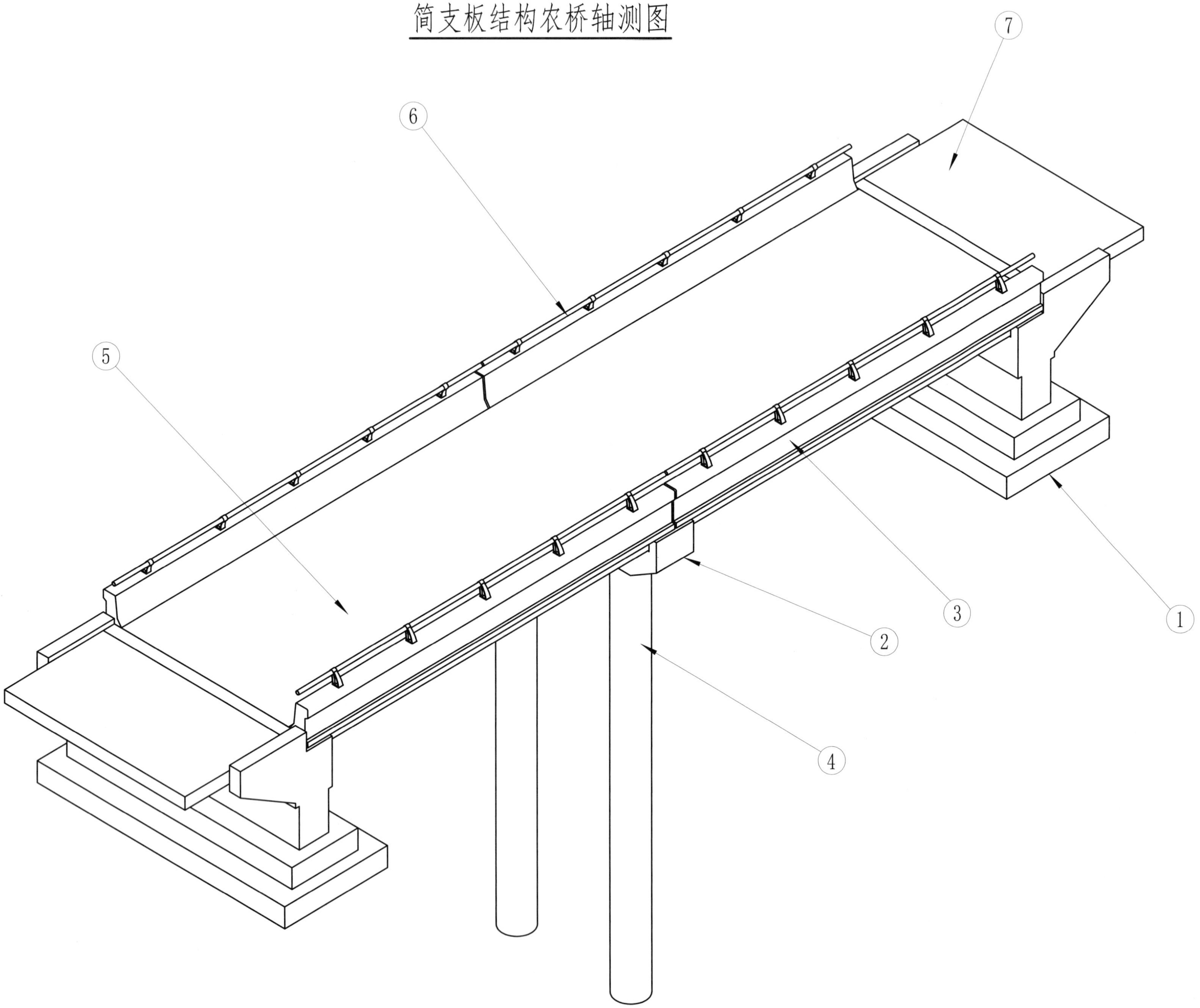

序号	名称	数量
7	混凝土引桥	2
6	钢制栏杆	2
5	钢筋混凝土简支板中板	6
4	混凝土构造柱	2
3	钢筋混凝土简支板边板	4
2	钢筋混凝土盖梁	1
1	钢筋混凝土扩大基础	2

结构类型	简支板结构农桥
图　　名	简支板结构农桥轴测图
图　　号	1/3

简支板结构农桥平面图 1∶100

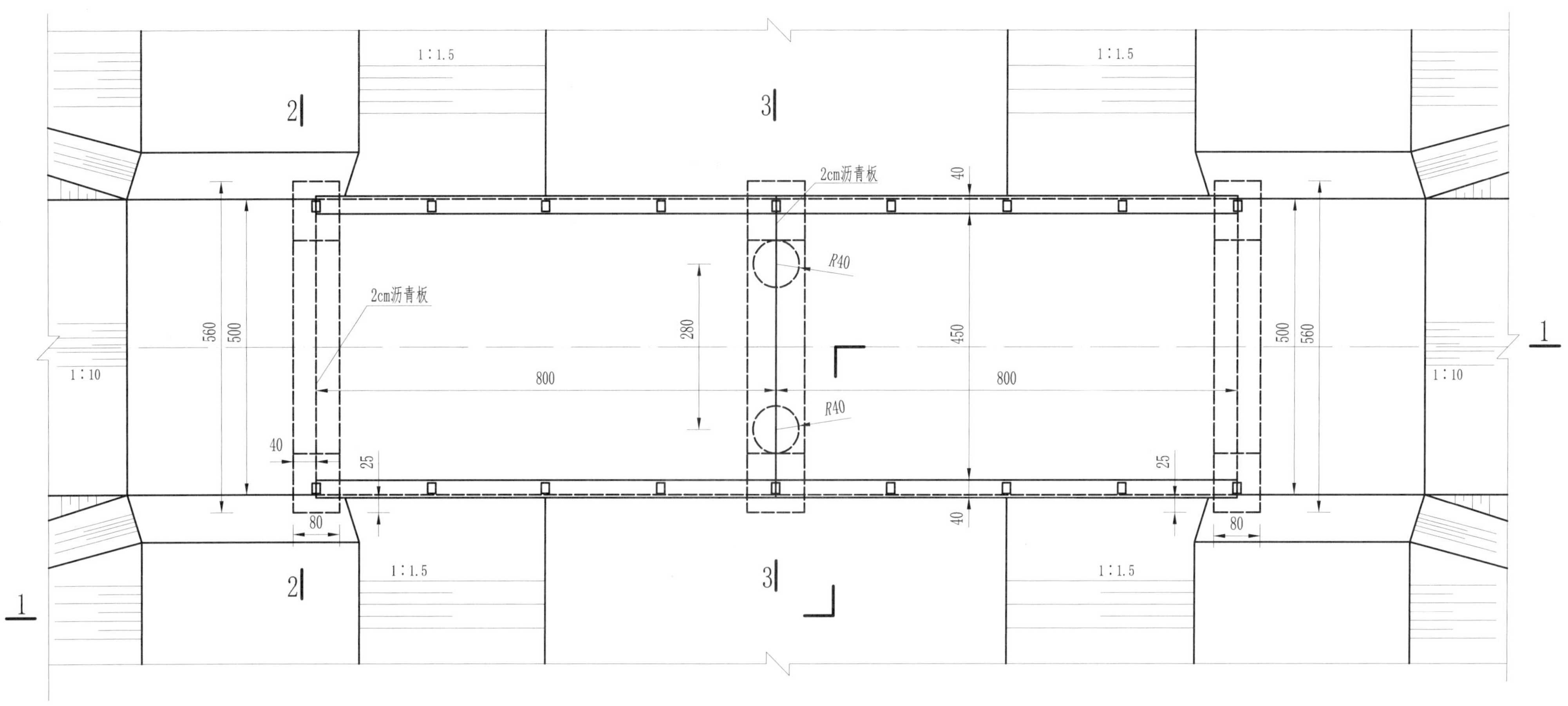

1—1剖视图 1∶100

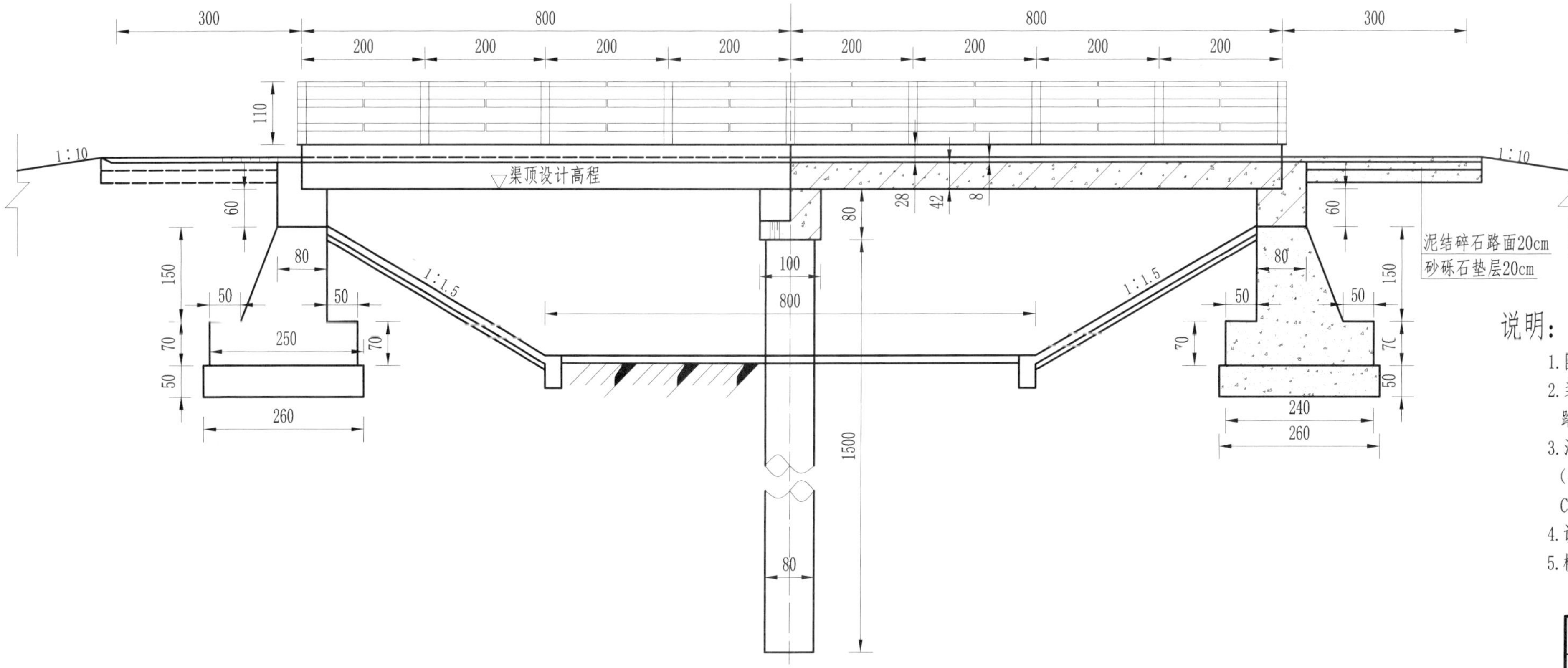

说明：

1. 图中尺寸单位以cm计。
2. 装配式钢筋混凝土简支板套用《中华人民共和国交通行业公路桥涵 通用图装配式钢筋混凝土简支板桥上部构造》部分。
3. 混凝土：预制板混凝土强度等级为C30，现浇整体化混凝土（铺装层）强度等级为C40，帽梁、灌注桩混凝土强度等级为C30；其余混凝土强度等级为C25。
4. 设计标准为公路-II级。
5. 桥面板与帽梁支承处设8mm厚橡胶支座。

结构类型	简支板结构农桥
图　　名	简支板结构农桥平面图、剖视图
图　　号	2/3

2—2剖面图 1:50

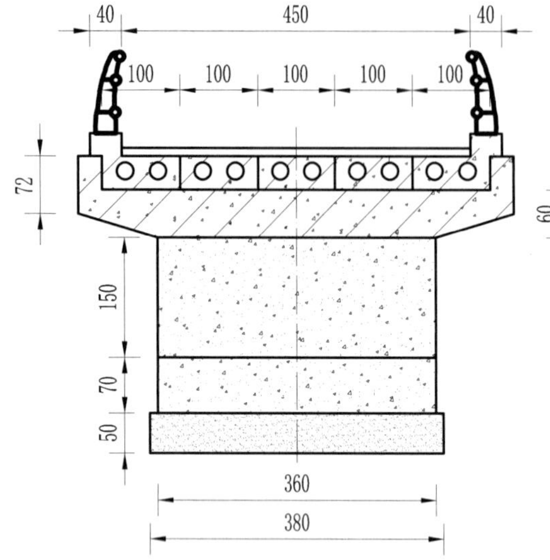

中部装配块平面图 1:50

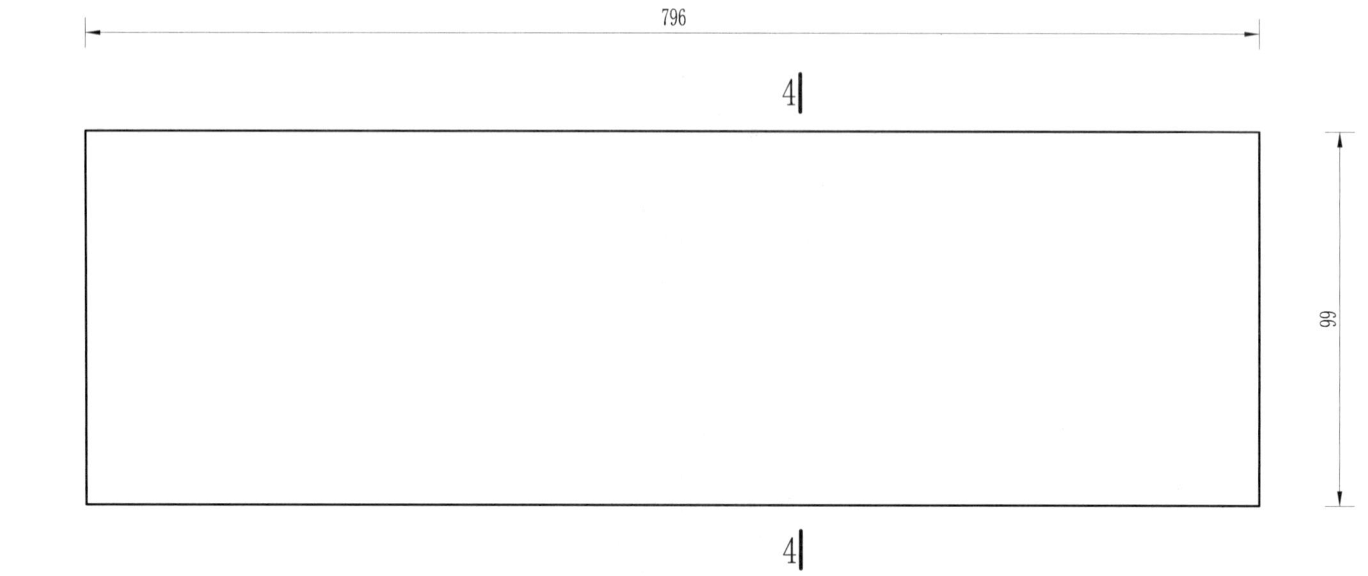

4—4剖面图 1:50

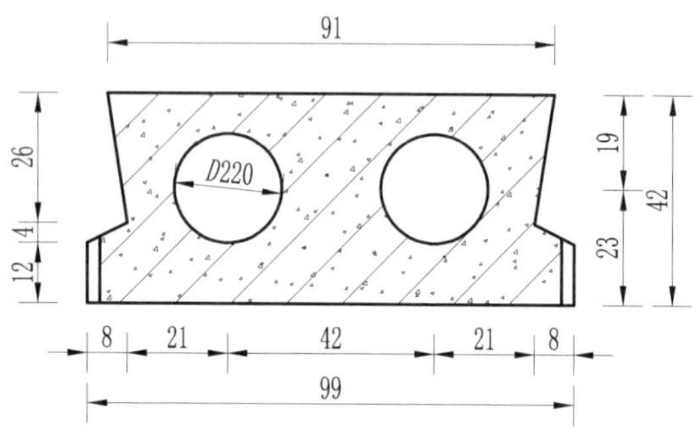

两边装配块平面图 1:50

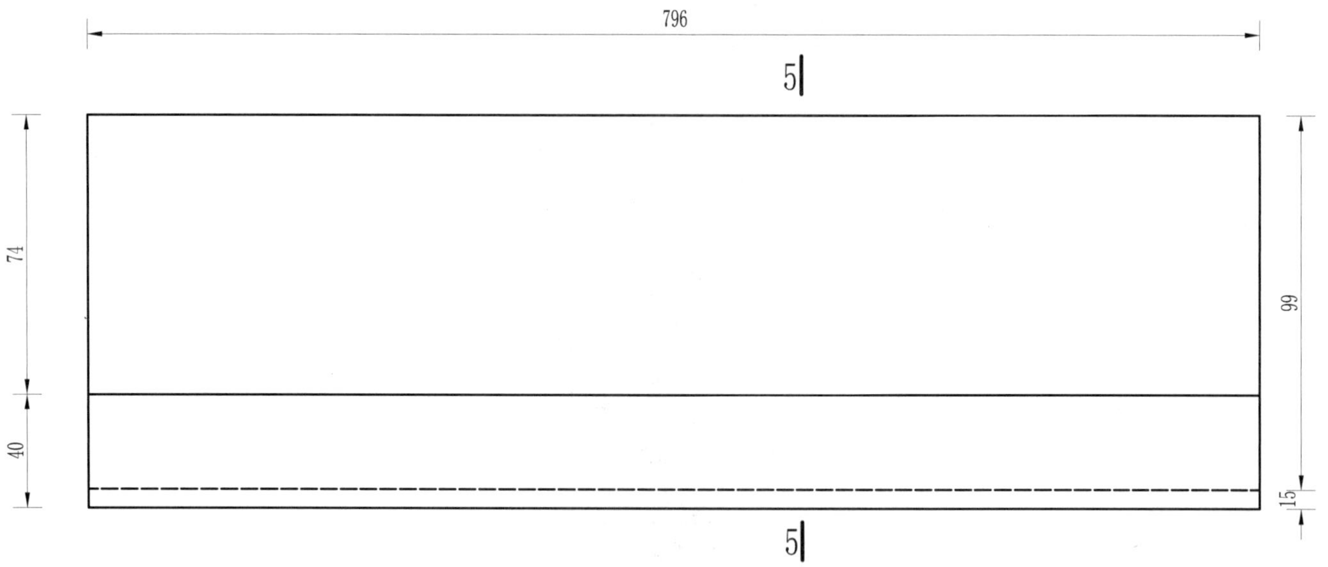

5—5剖面图 1:50

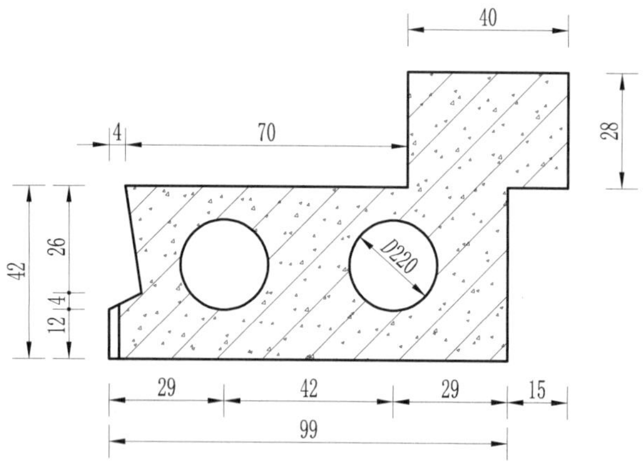

3—3剖面图 1:50

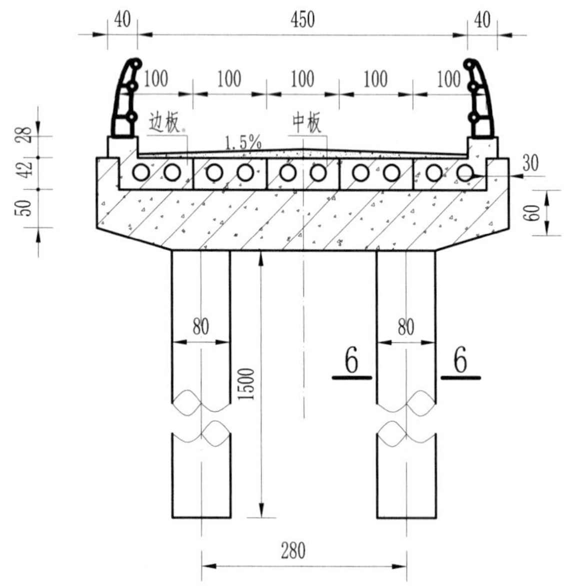

接缝断面图 1:50

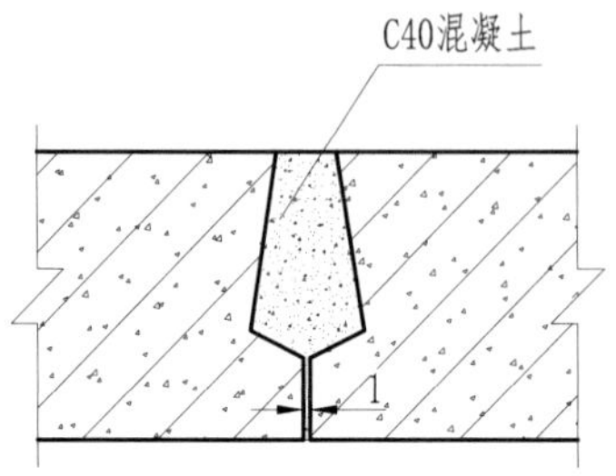

6—6剖面图 1:50

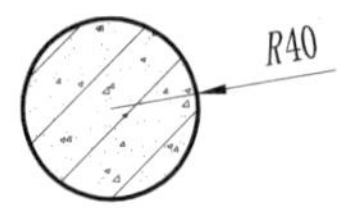

桥支座详图 1:50

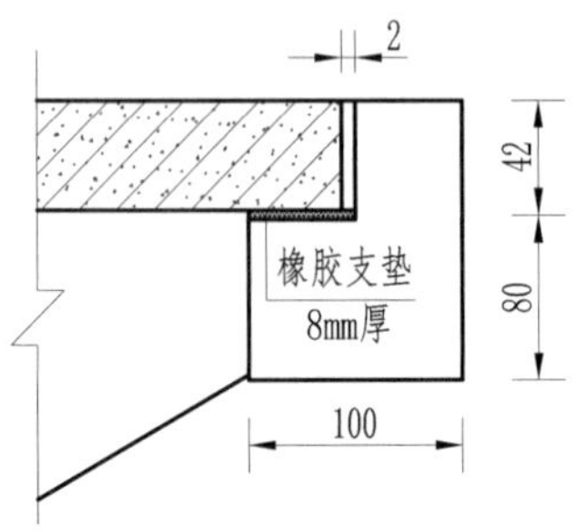

说明：

1. 图中尺寸单位以cm计。
2. 装配式钢筋混凝土简支板套用《中华人民共和国交通行业公路桥涵通用图装配式钢筋混凝土简支板桥上部构造》部分。
3. 混凝土：预制板混凝土强度等级为C30，现浇整体化混凝土（铺装层）强度等级为C40，帽梁、灌注桩混凝土强度等级为C30；其余混凝土强度等级为C25。
4. 设计标准为公路-II级。
5. 桥面板与帽梁支承处设8mm厚橡胶支座。

结构类型	简支板结构农桥
图　　名	简支板结构农桥简支板、井柱基础剖面图
图　　号	3/3

测流桥轴测图

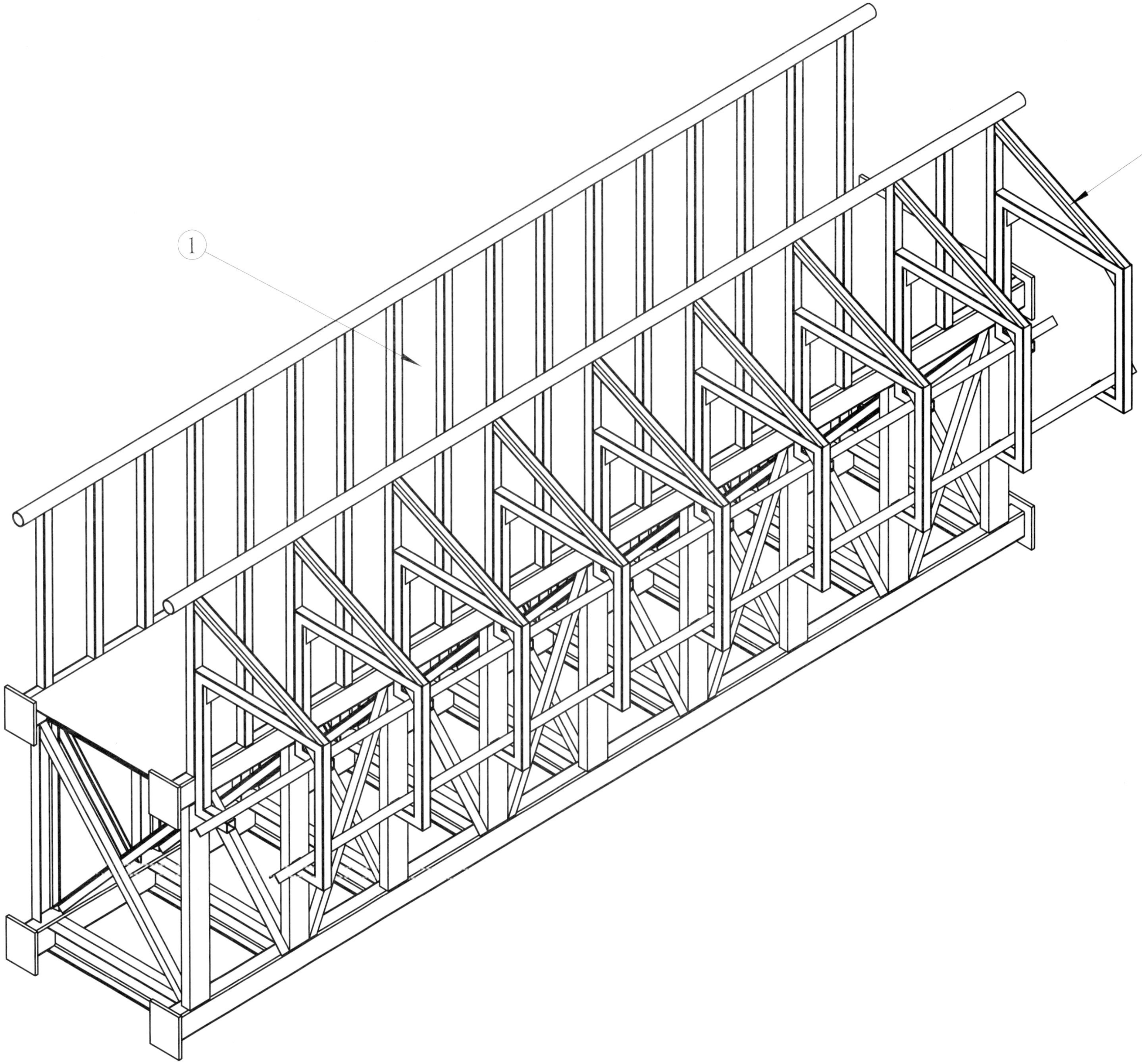

2	测流架	1
1	测流桥	1
序号	名称	数量

结构类型	桁架测流桥
图　　名	测流桥轴测图
图　　号	1/4

主视图 1∶30

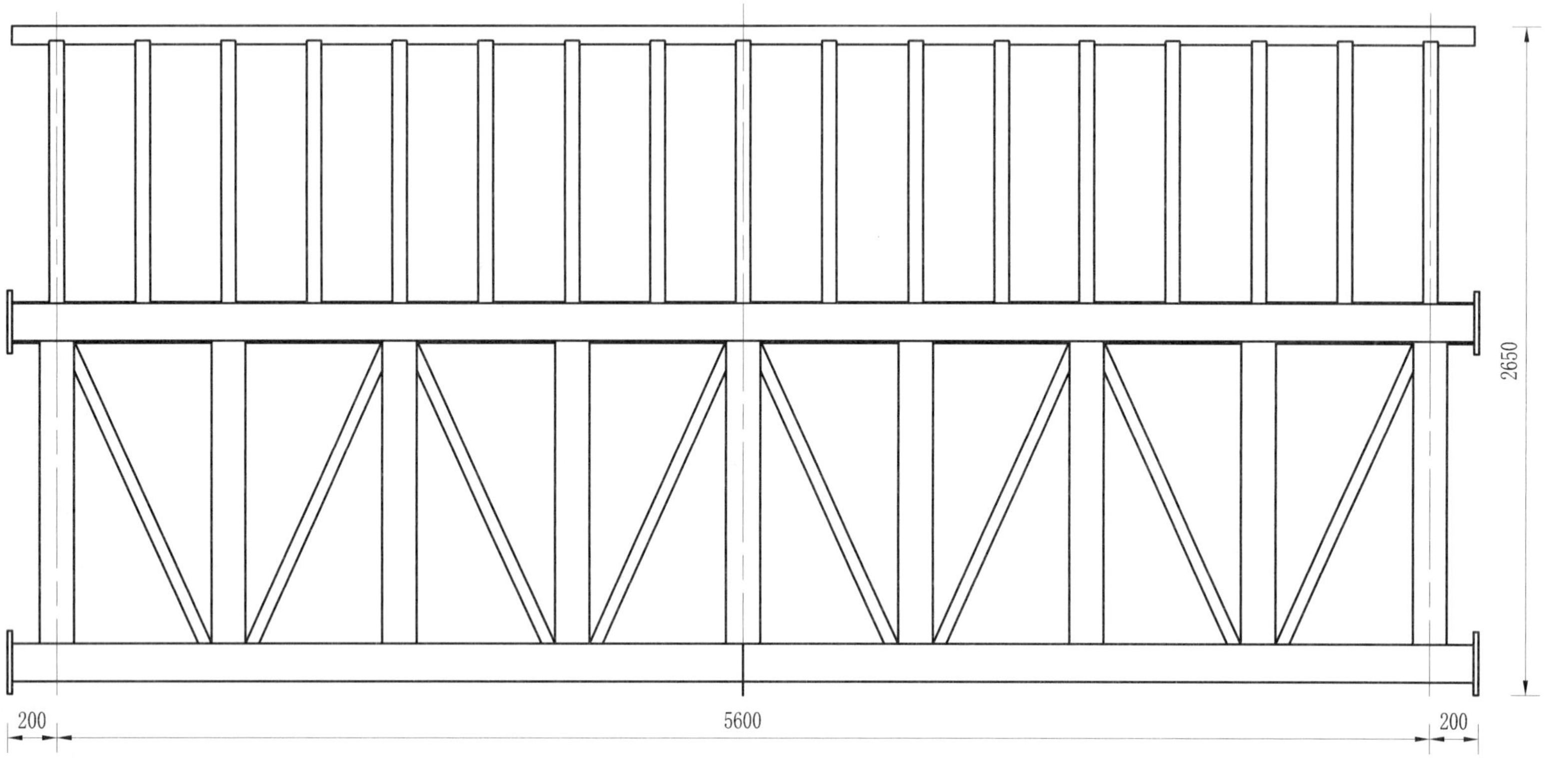

侧视图 1∶30

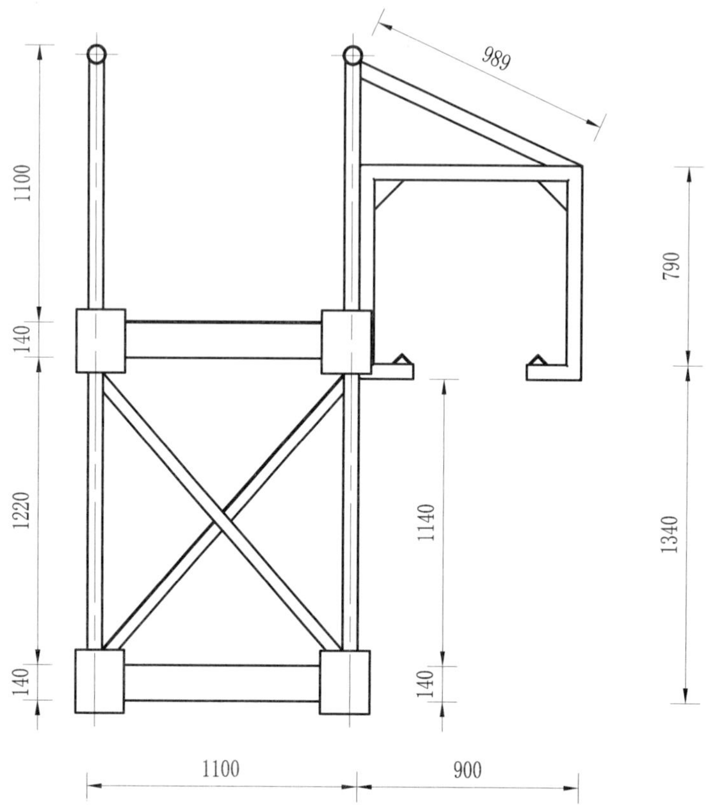

平面图 1∶30

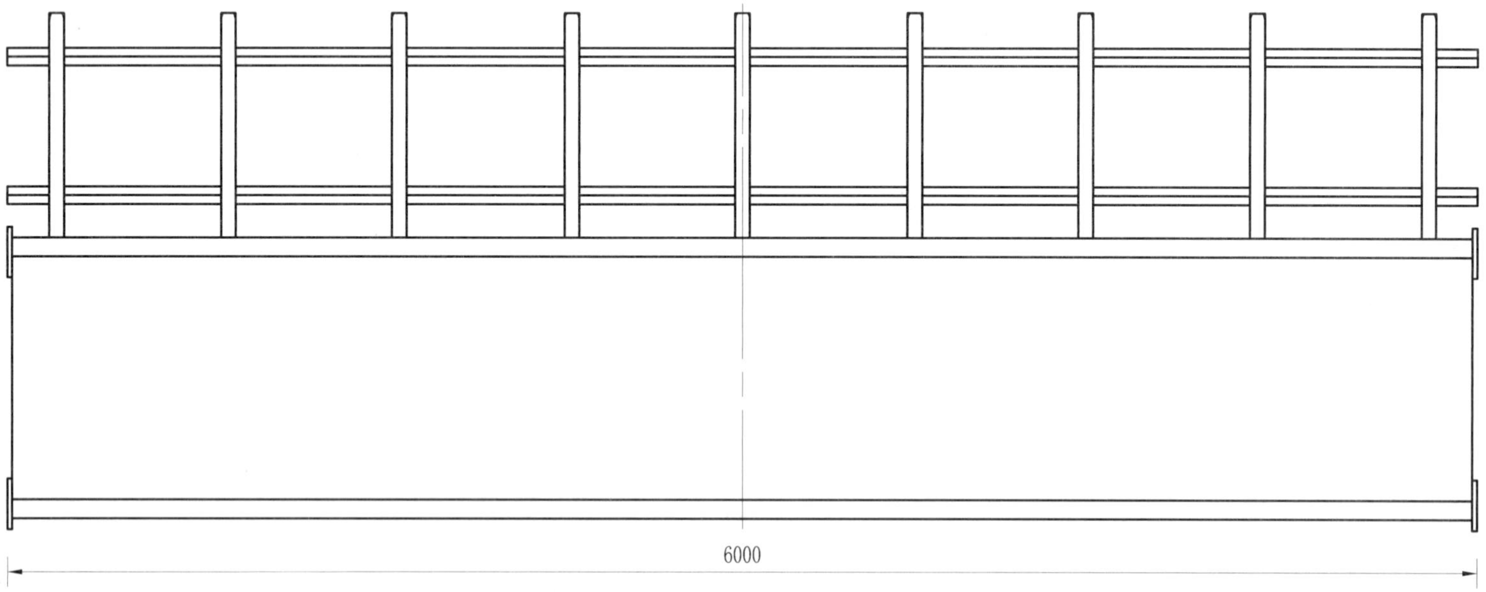

说明：

1. 桁架材质为Q235B。
2. 除锈，刷防锈漆要求：
   底漆：60μm厚环氧富锌底漆。
   中间漆:60μm厚环氧云铁中间漆。
   面漆:30μm厚氯化橡胶面漆。
3. 桁架细部节点、预埋件及大样图由专业厂家设计制作。

测流桥轴测图

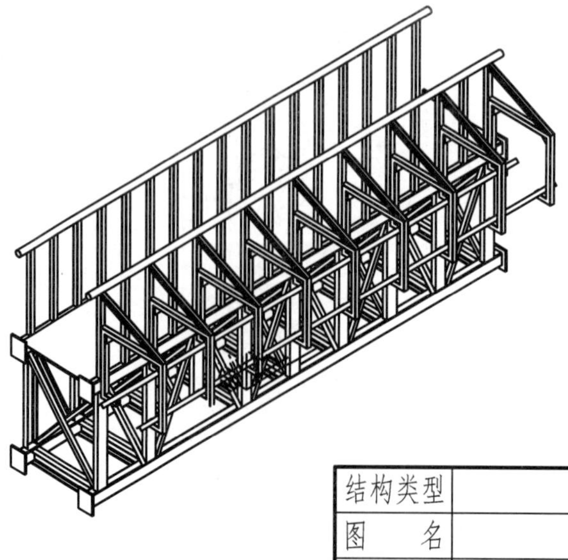

结构类型	桁架测流桥
图　名	测流桥结构图(一)
图　号	2/4

主视图 1∶30

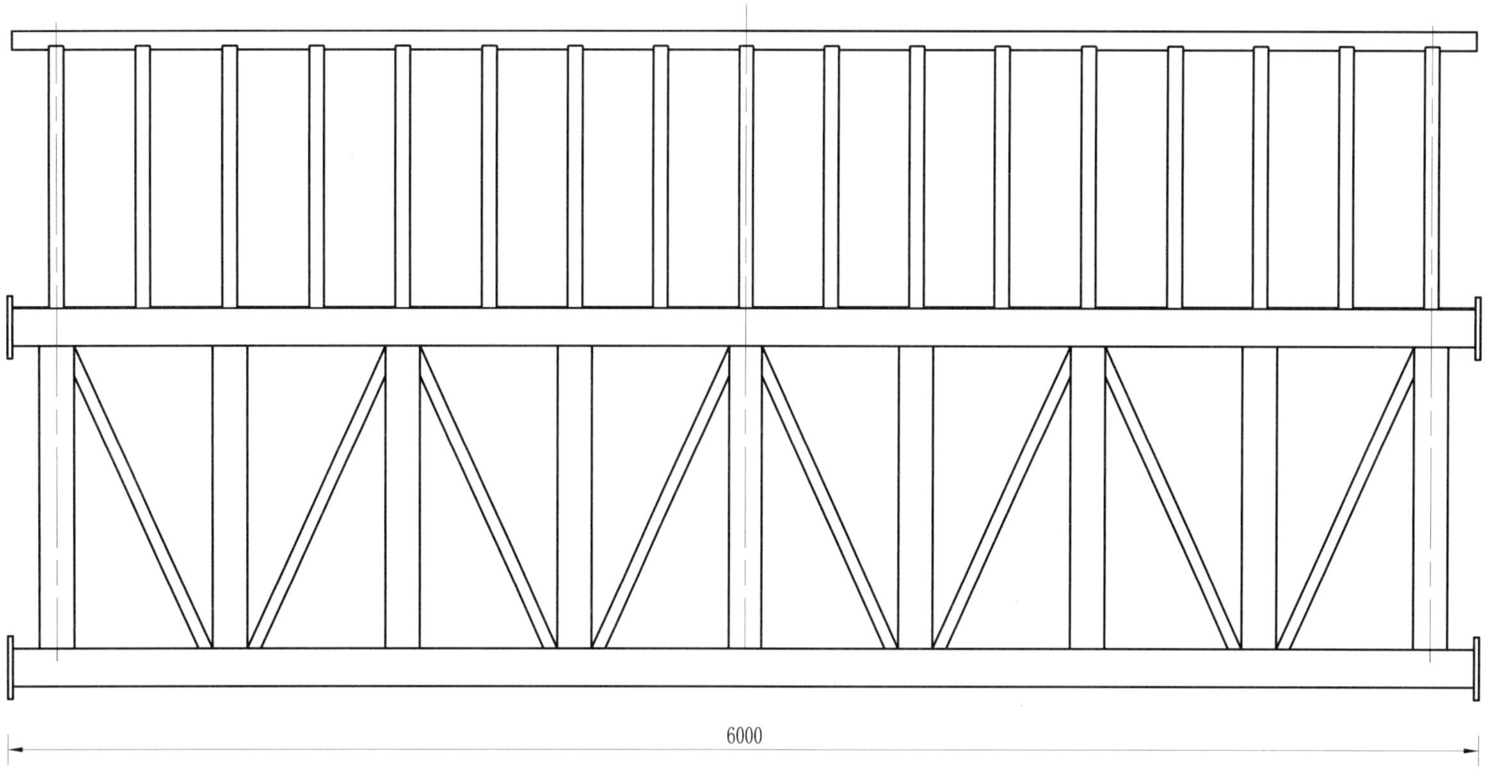

侧视图 1∶30

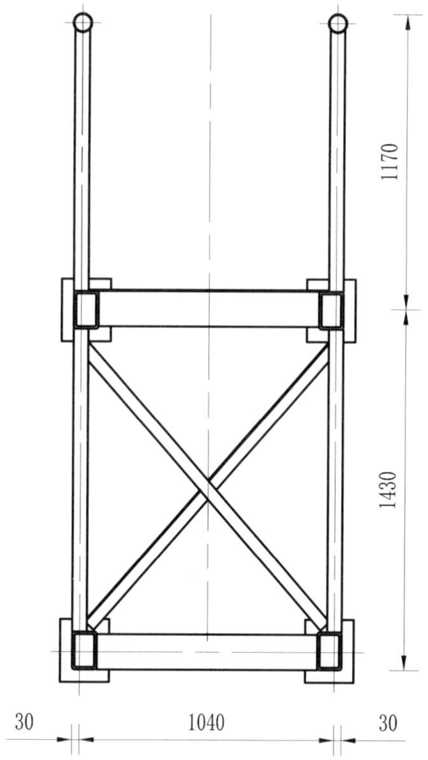

平面图 1∶30

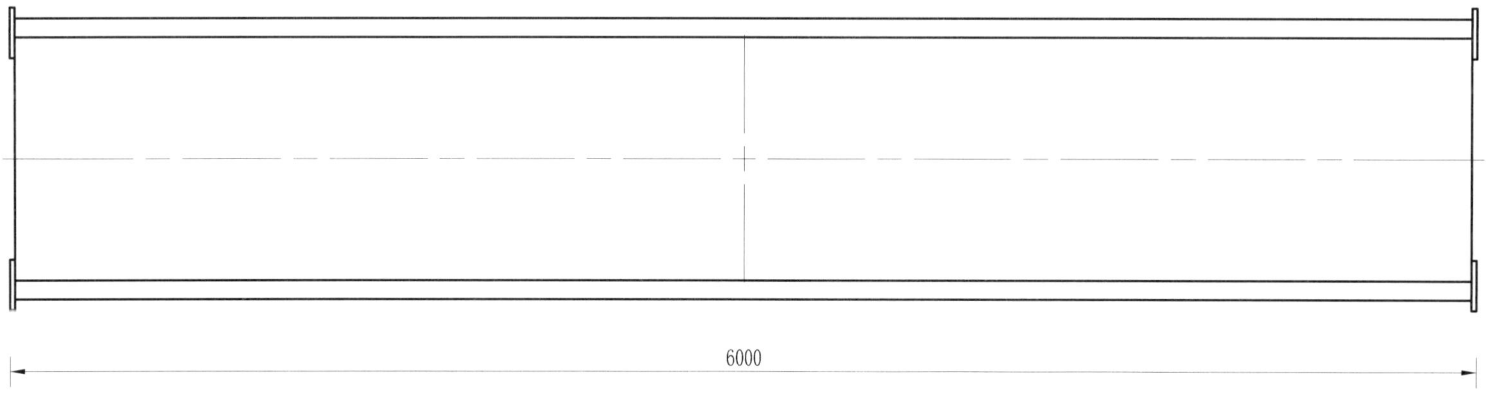

测流桥轴测图

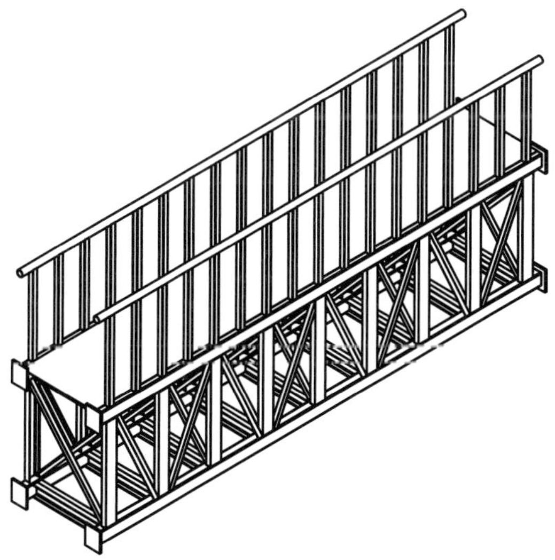

说明：

1. 桁架材质为Q235B。
2. 除锈，刷防锈漆要求：
   底漆：60μm厚环氧富锌底漆。
   中间漆:60μm厚环氧云铁中间漆。
   面漆:30μm厚氯化橡胶面漆。
3. 桁架细部节点、预埋件及大样图由专业厂家设计制作。

结构类型	桁架测流桥
图　名	测流桥结构图(二)
图　号	3/4

主视图 1∶30

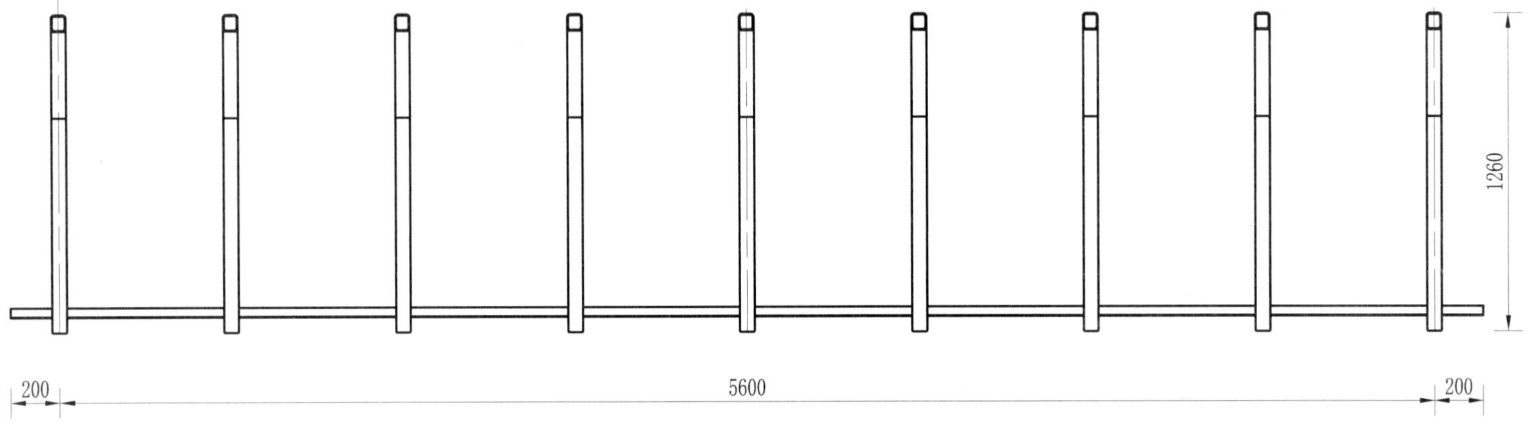

侧视图 1∶10

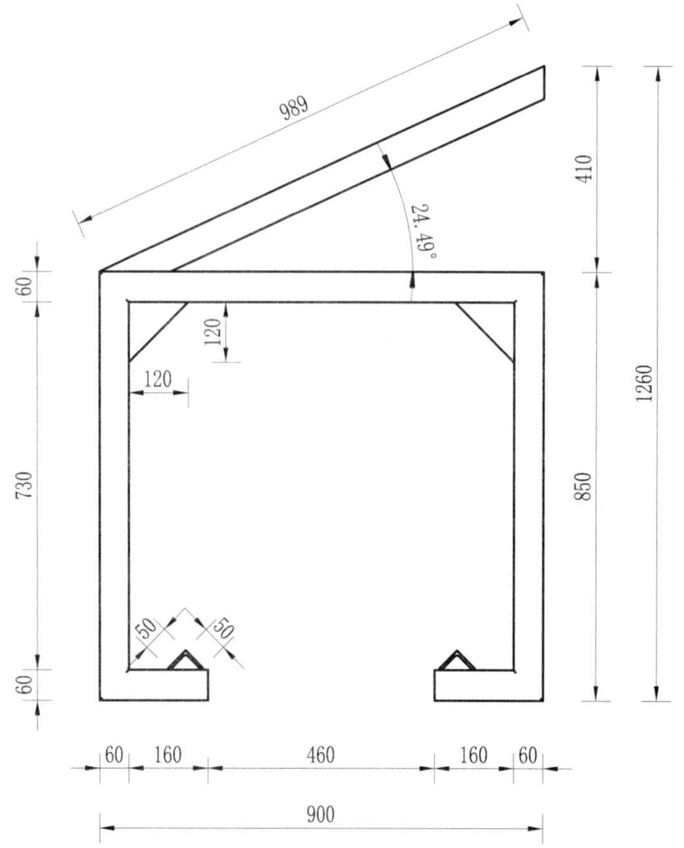

平面图 1∶30

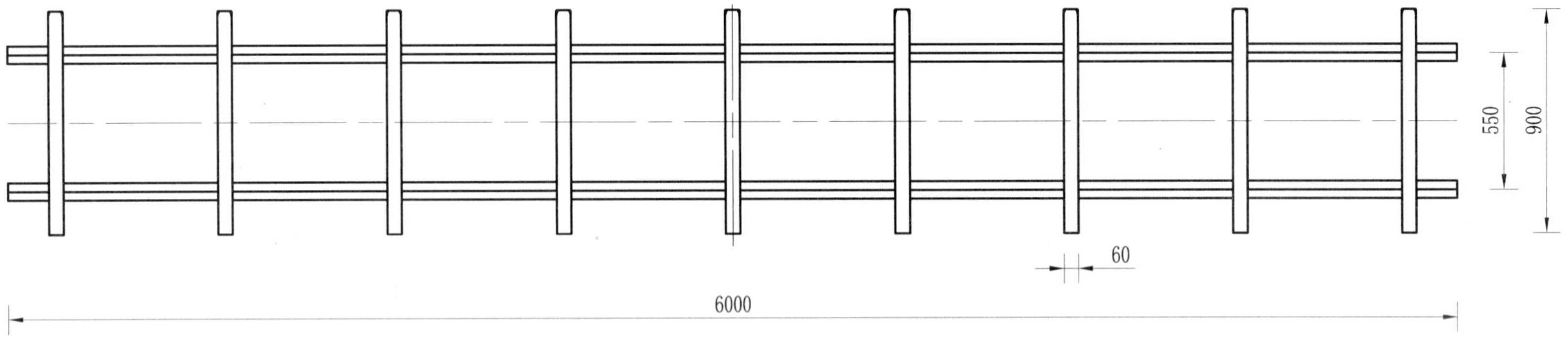

测流架轴测图

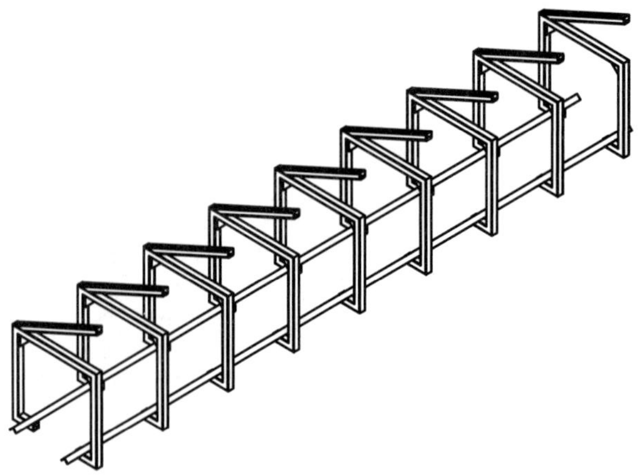

说明：

1. 桁架材质为Q235B。
2. 除锈，刷防锈漆要求：
   底漆：60μm厚环氧富锌底漆。
   中间漆：60μm厚环氧云铁中间漆。
   面漆：30μm厚氯化橡胶面漆。
3. 桁架细部节点、预埋件及大样图由专业厂家设计制作。

结构类型	桁架测流桥
图　名	测流架结构图
图　号	4/4

第六部分

渡　槽

矩形结构渡槽轴测图

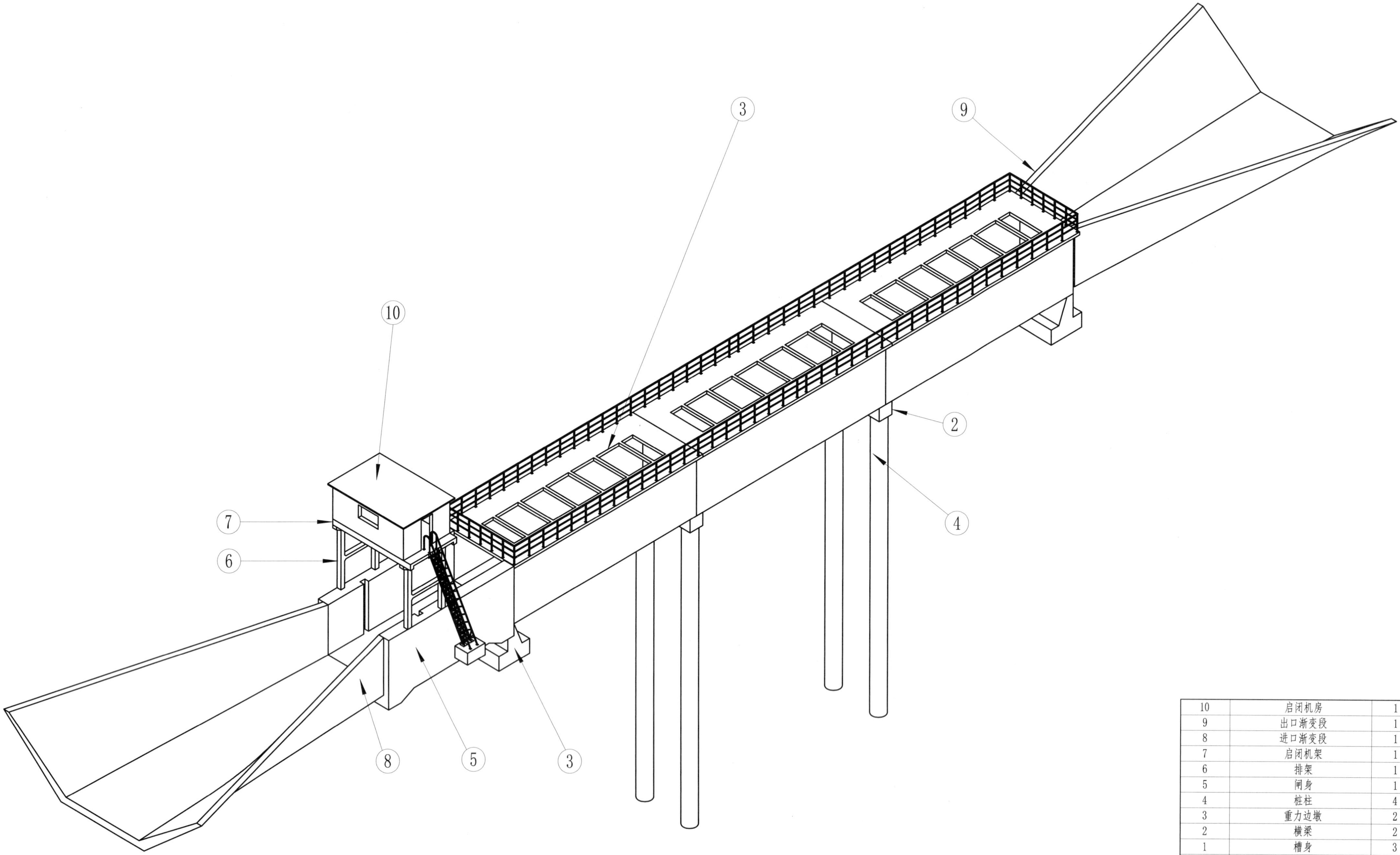

序号	名称	数量
10	启闭机房	1
9	出口渐变段	1
8	进口渐变段	1
7	启闭机架	1
6	排架	1
5	闸身	1
4	桩柱	4
3	重力边墩	2
2	横梁	2
1	槽身	3

结构类型	矩形结构渡槽
图　名	矩形结构渡槽轴测图
图　号	1/6

平面图 1:200

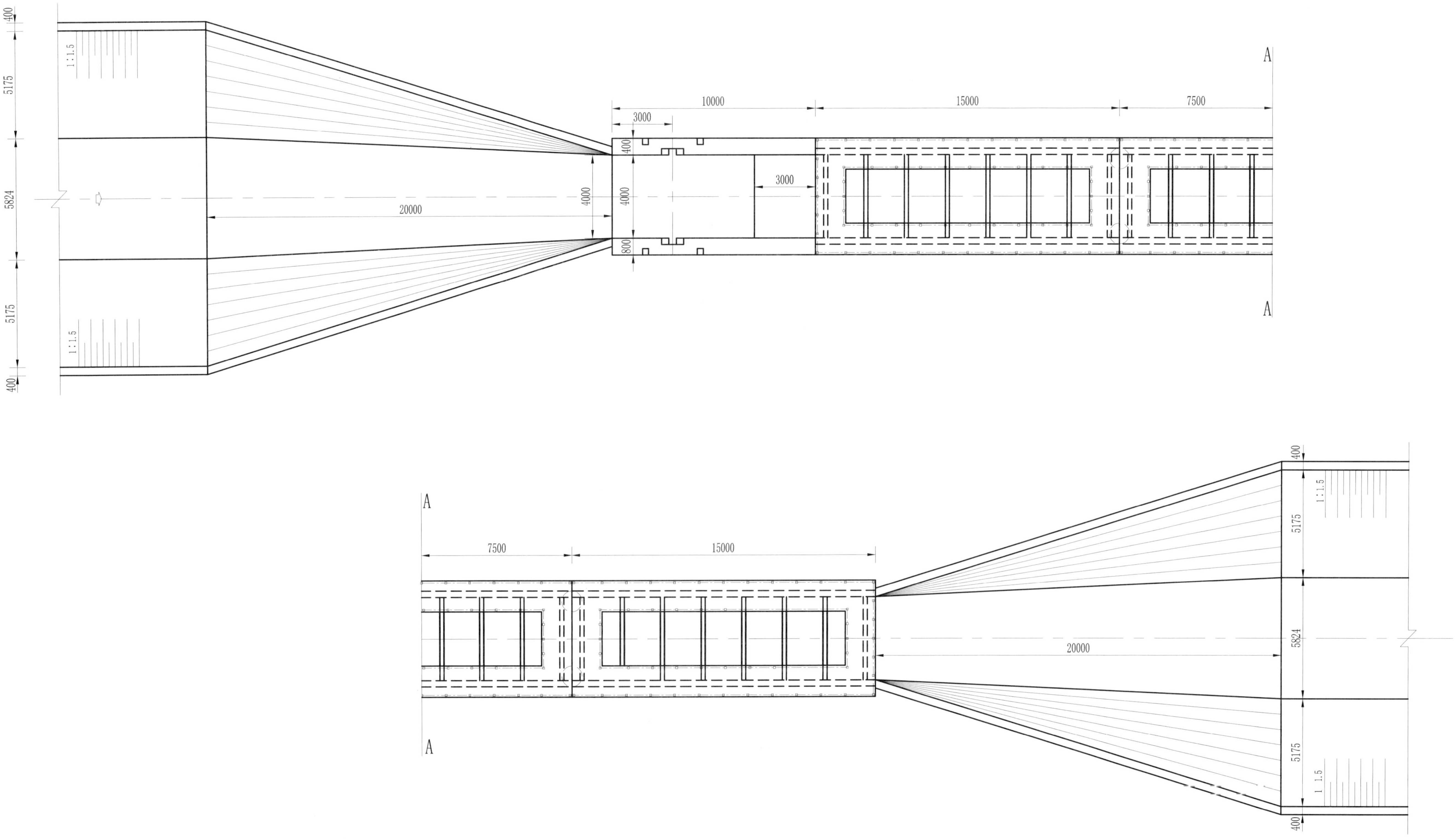

说明：

1. 图中尺寸单位以mm计。
2. 混凝土强度等级为C30。
3. 进出口连接段、闸室、渡槽端部均采用橡胶止水带止水。
4. 渡槽支座采用盆式橡胶止水。

结构类型	矩形结构渡槽
图　　名	矩形结构渡槽平面图
图　　号	2/6

剖面图 1：200

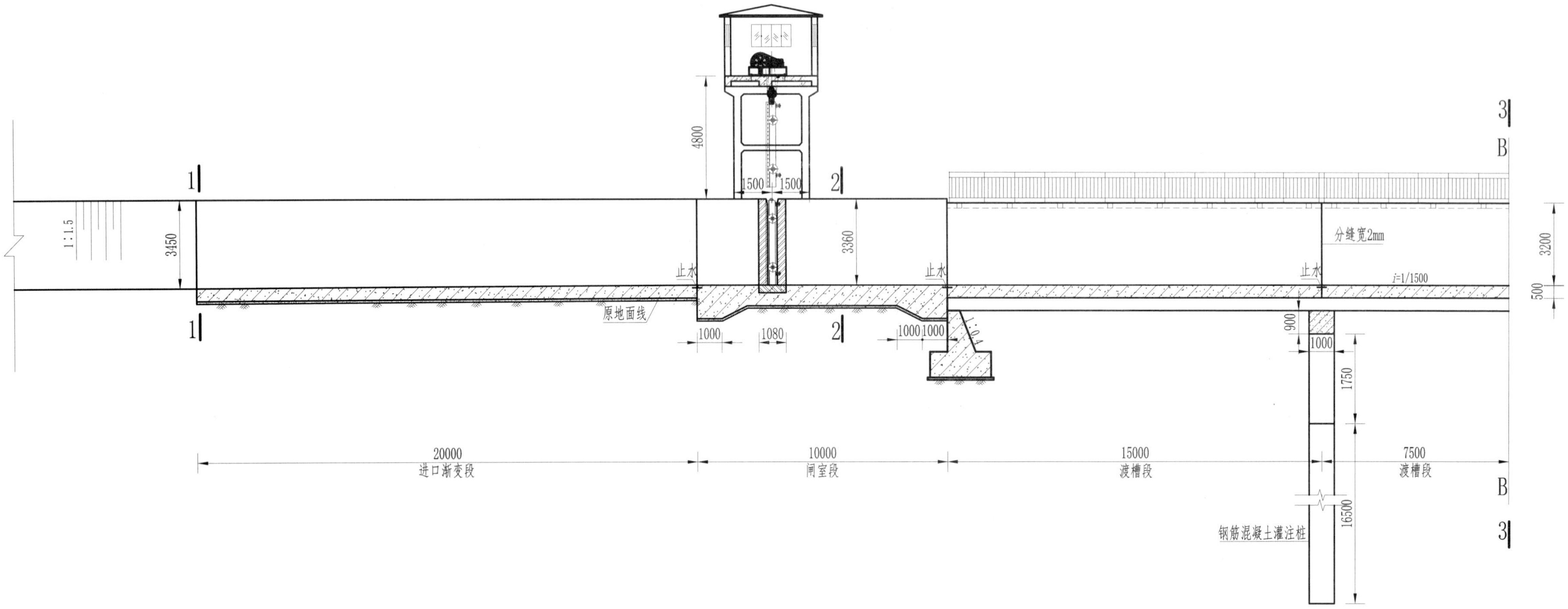

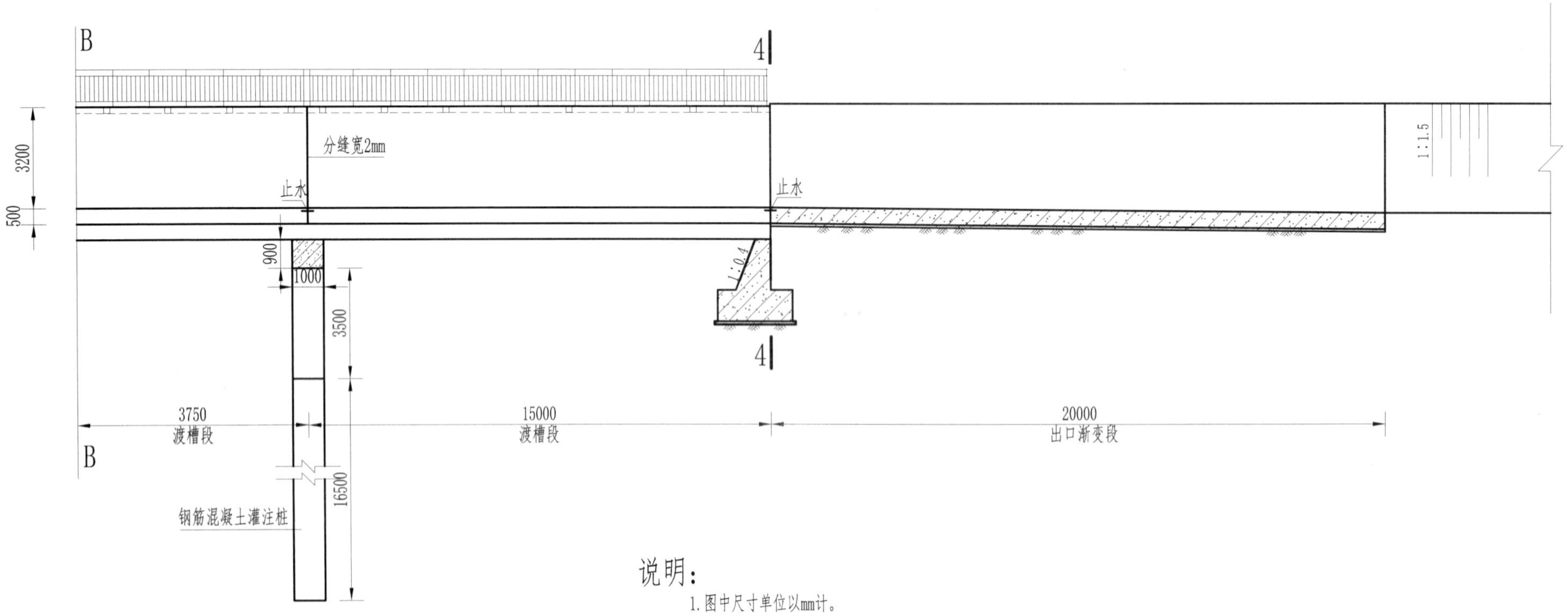

说明：

1. 图中尺寸单位以mm计。
2. 混凝土强度等级为C30。
3. 进出口连接段、闸室、渡槽端部均采用橡胶止水带止水。
4. 渡槽支座采用盆式橡胶止水。

结构类型	矩形结构渡槽
图　　名	矩形结构渡槽纵剖面图
图　　号	3/6

1—1 1:100

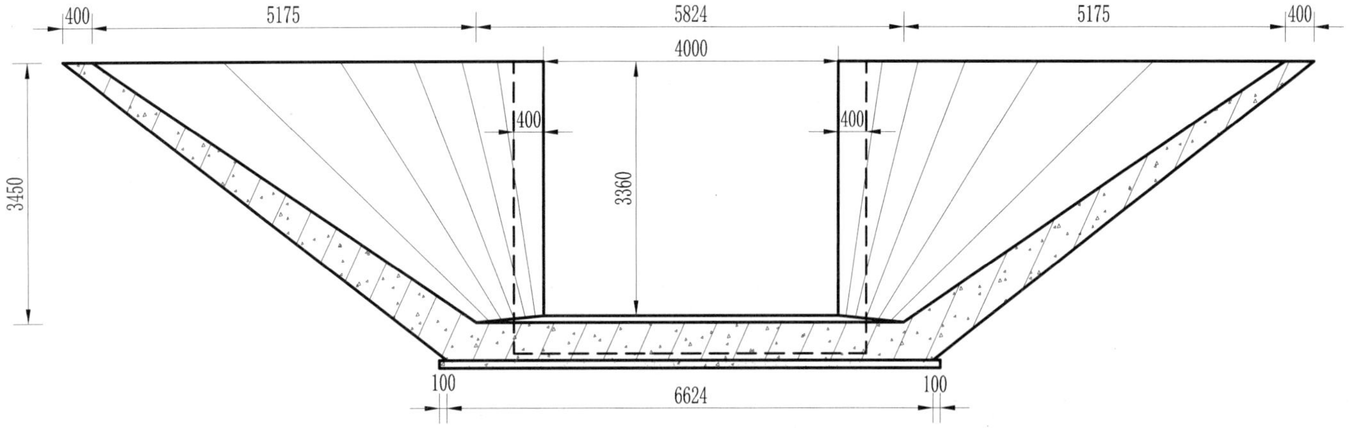

2—2 1:100

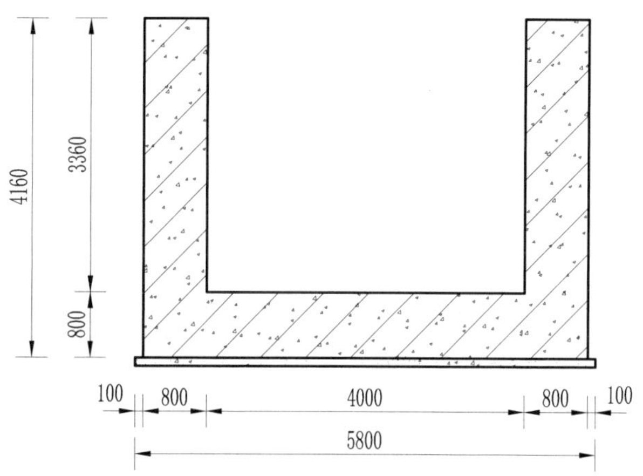

3—3 1:100

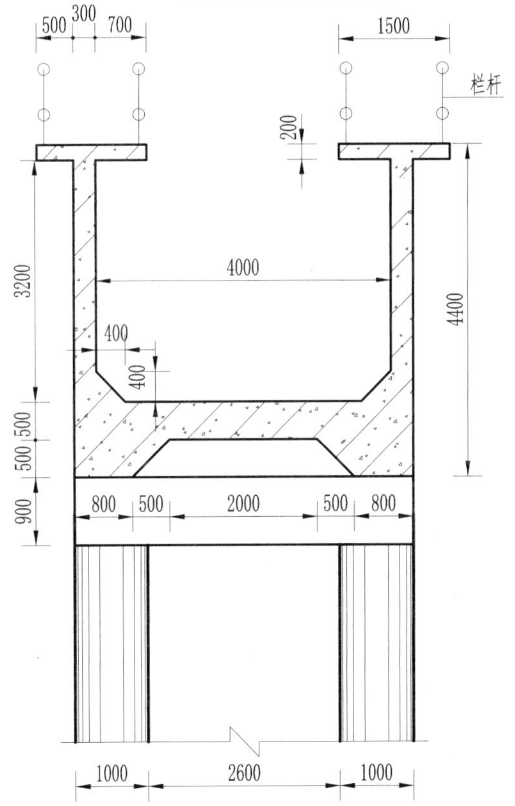

4—4 1:100

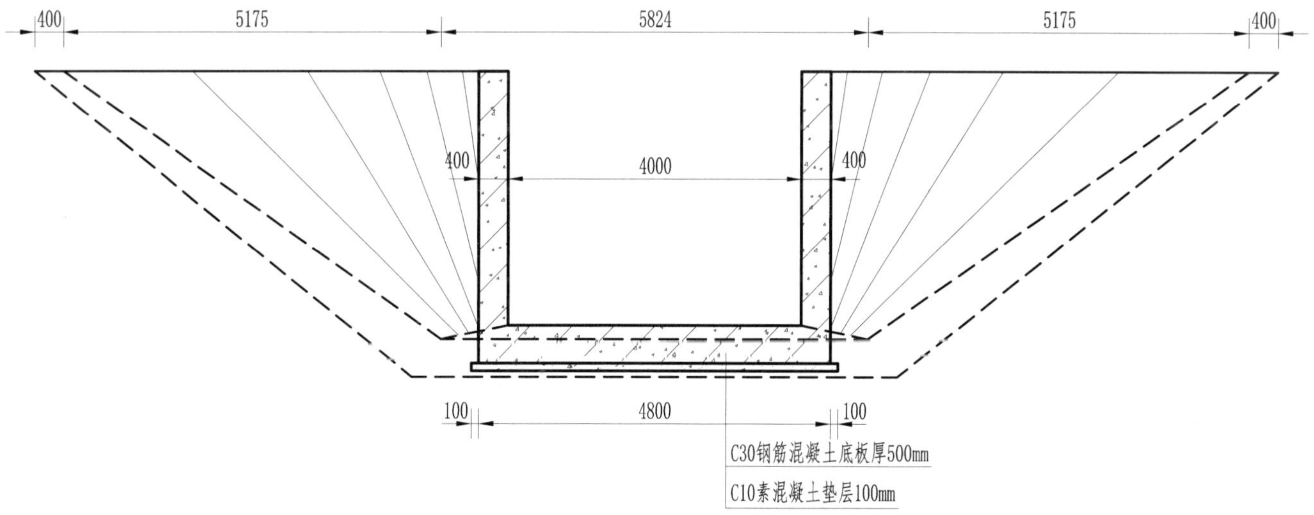

槽台结构图 1:100

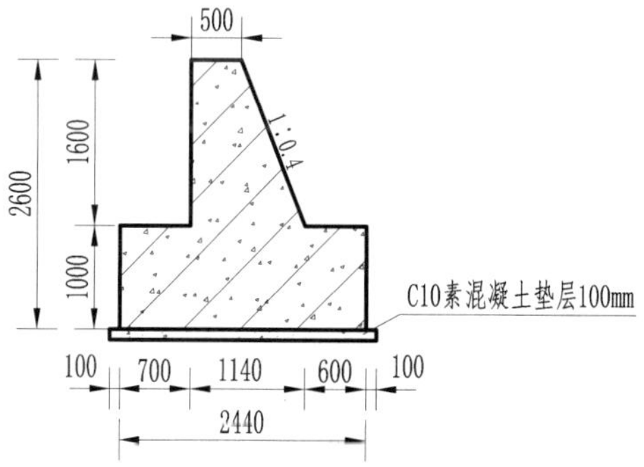

说明:

1. 图中尺寸单位以mm计。
2. 混凝土强度等级为C30。
3. 进出口连接段、闸室、渡槽端部均采用橡胶止水带止水。
4. 渡槽支座采用盆式橡胶止水。

结构类型	矩形结构渡槽
图　名	矩形结构渡槽剖面图
图　号	4/6

渡槽纵向钢筋图 1∶50

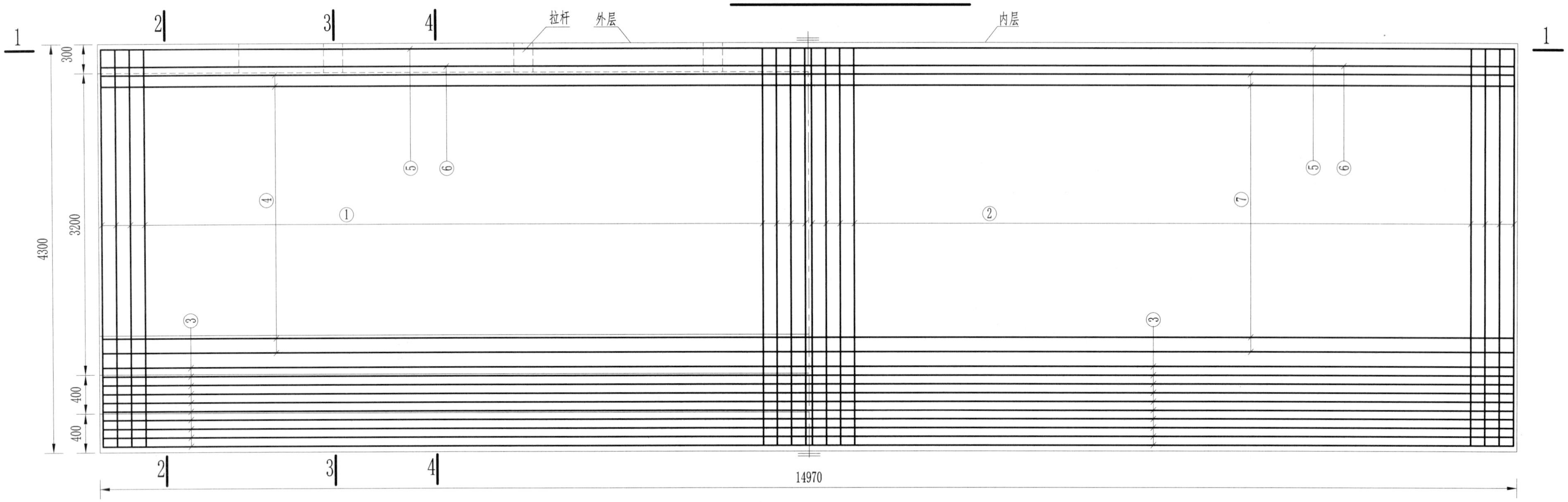

1—1 1∶50

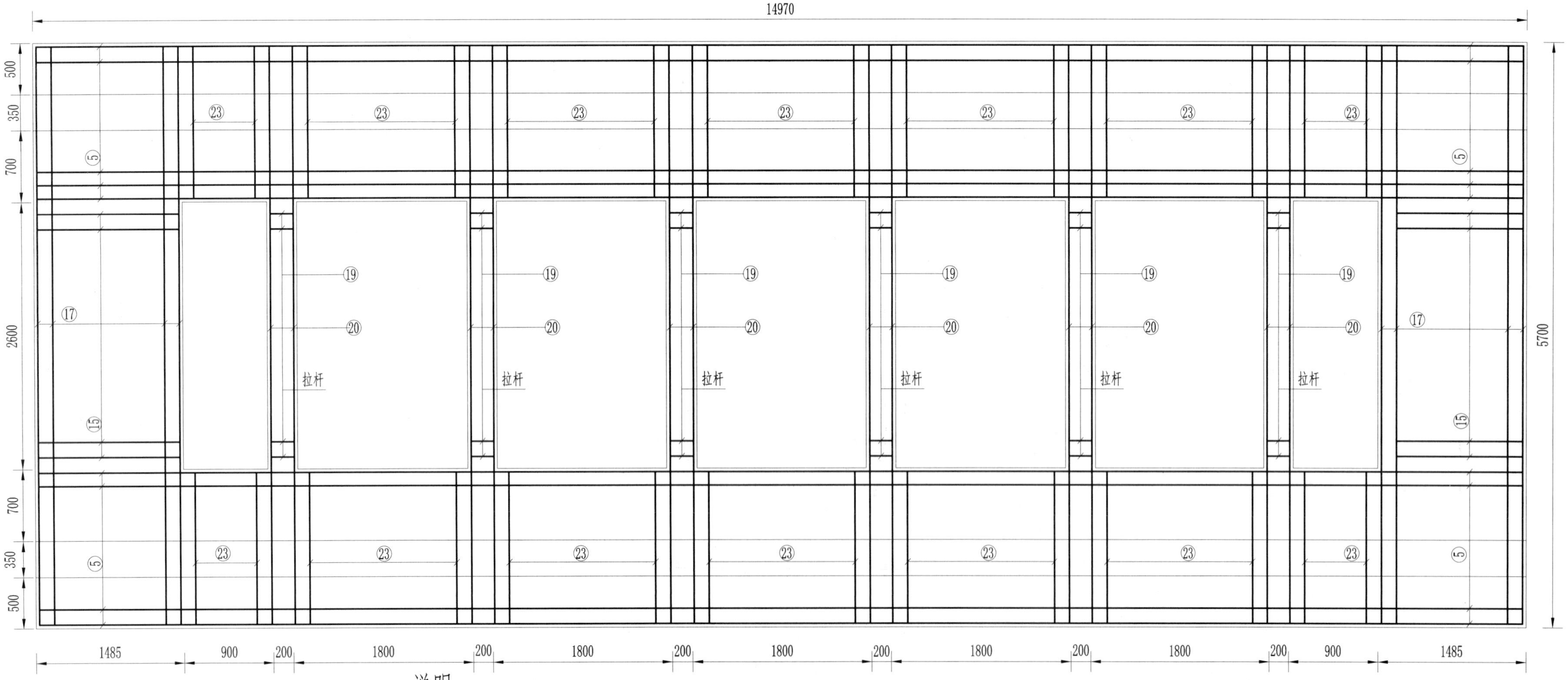

说明:

1.图中尺寸单位以mm计。

2.混凝土强度等级为C30。

3.钢筋搭接采用搭接焊，双面焊缝，搭接长度应符合规范要求。

结构类型	矩形结构渡槽
图　　名	矩形结构渡槽钢筋图(一)
图　　号	5/6

2—2 1∶50

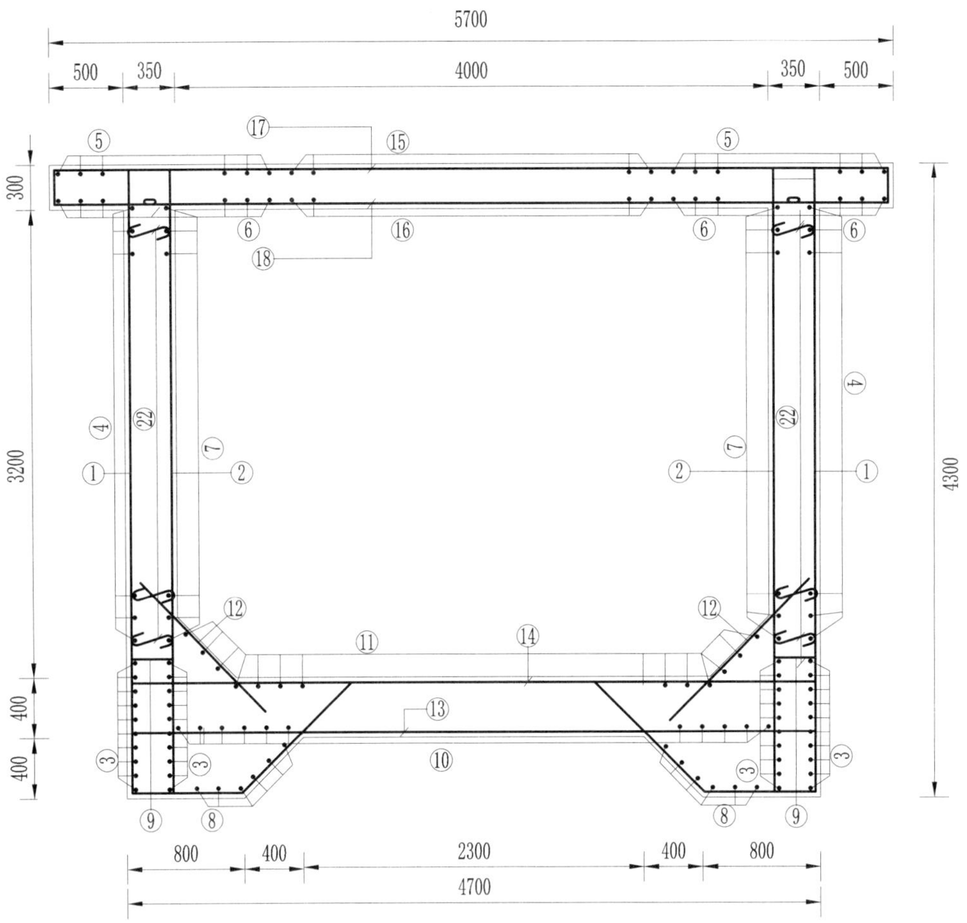

3—3 1∶50

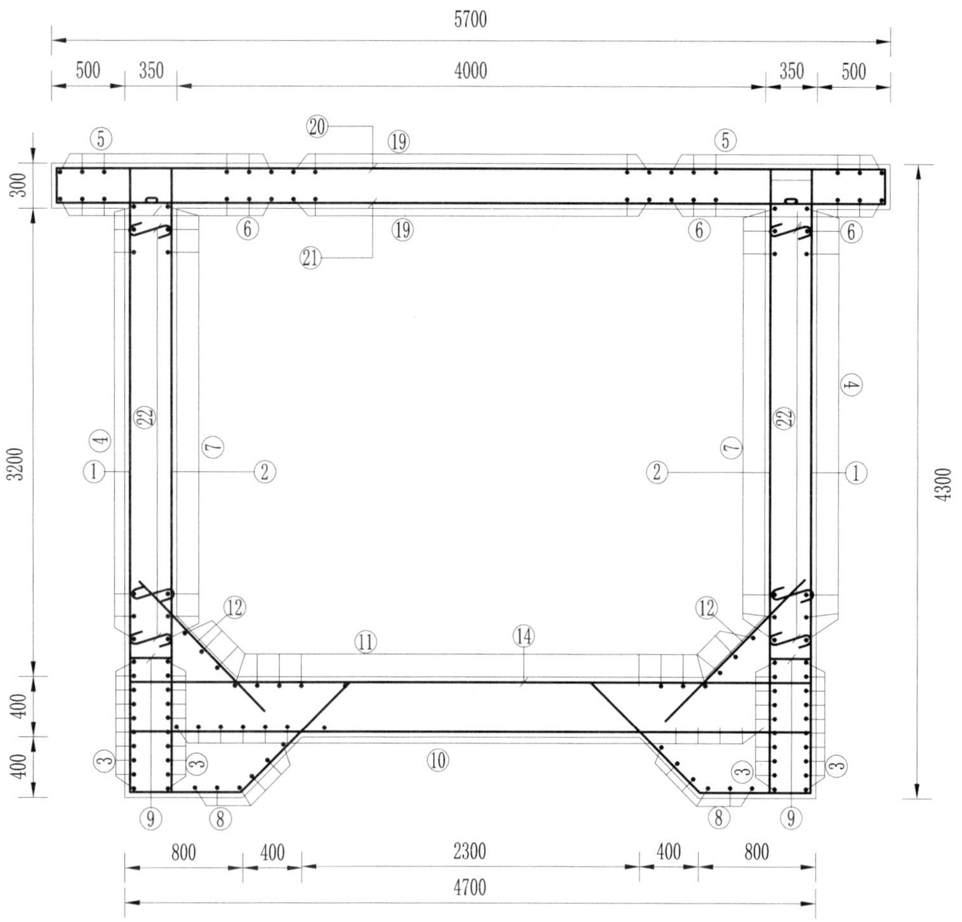

4—4 1∶50

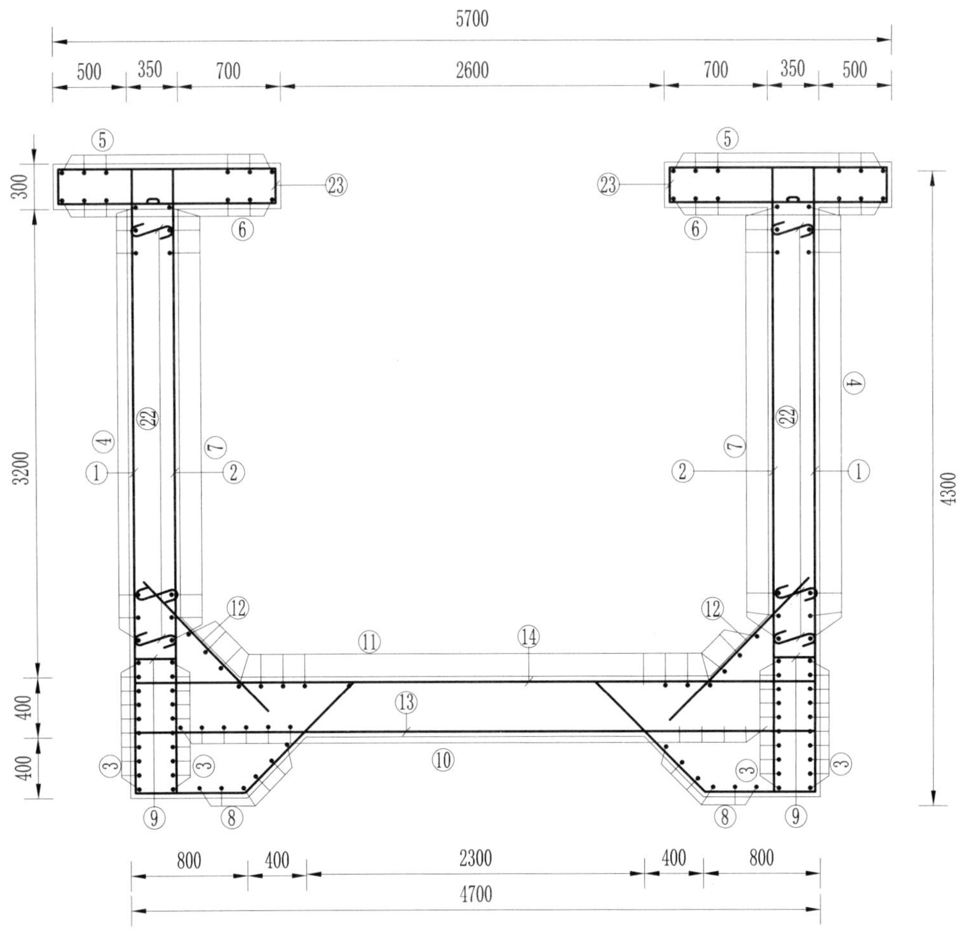

单跨槽身钢筋表

编号	直径(mm)	型式	间距(mm)	单根长(mm)	根数	总长(mm)
①	Φ16	4230, 1041, 730	150	6001	100×2	1200.20
②	Φ16	4230, 280, 280	150	4790	100×2	958.00
③	Φ25	683, 683, 280, 14900, 280	150	16826	20×2	673.04
④	Φ14	14900	150	14900	20×2	596.00
⑤	Φ14	260, 260, 230, 14900, 230	150	15880	11×2	349.36
⑥	Φ14	14900	150	14900	11×2	327.80
⑦	Φ14	210, 210, 280, 14900, 280	150	15880	20×2	635.20
⑧	Φ25	595, 595, 280, 14900, 280	150	16826	6×2	201.91
⑨	Φ10	770, 280, 770, 280	150	2100	100×2	420.00
⑩	Φ14	14900	150	14900	28	417.20
⑪	Φ14	160, 160, 330, 14900, 330	150	15880	28	436.24
⑫	Φ16	1466	150	1466	100×2	293.20
⑬	Φ16	4630	150	4630	100	463.00
⑭	Φ16	560, 4630, 560	150	5750	100	575.00
⑮	Φ14	260, 260, 230, 1415, 230	150	2395	17×2	81.43
⑯	Φ14	1415	150	1415	17×2	48.11
⑰	Φ16	260, 260, 230, 5630, 230	150	6610	10×2	132.20
⑱	Φ16	5630	150	5630	10×2	112.60
⑲	Φ14	230, 230, 230, 230	150	1160	17×6	118.32
⑳	Φ16	260, 260, 230, 5630, 230	—	6610	4×6	158.64
㉑	Φ16	5630	150	5630	4×6	135.12
㉒	Φ10	410	150	410	20×51	418.20
㉓	Φ16	1480, 230, 1480, 230	150	3660	65×2	475.80

单跨槽身材料表（共三跨）

规格	总长度(m)	单位重(kg/m)	总重(kg)
Φ10	838.20	0.62	519.68
Φ14	3009.66	1.21	3641.69
Φ16	4503.76	1.58	7115.94
Φ25	874.95	3.85	3368.56
合计	9226.57		14645.87

说明：

1. 图中尺寸单位以mm计。
2. 混凝土强度等级为C30。
3. 施工时应注意沉降缝止水带设置，缝宽为30mm，缝间设止水。
4. 钢筋搭接采用搭接焊，双面焊缝，搭接长度应符合规范要求。
5. 与止水带交叉的钢筋应避开止水，锚固长度应符合规范要求。

结构类型	矩形结构渡槽
图　名	矩形结构渡槽钢筋图(二)
图　号	6/6

U型渡槽轴测图

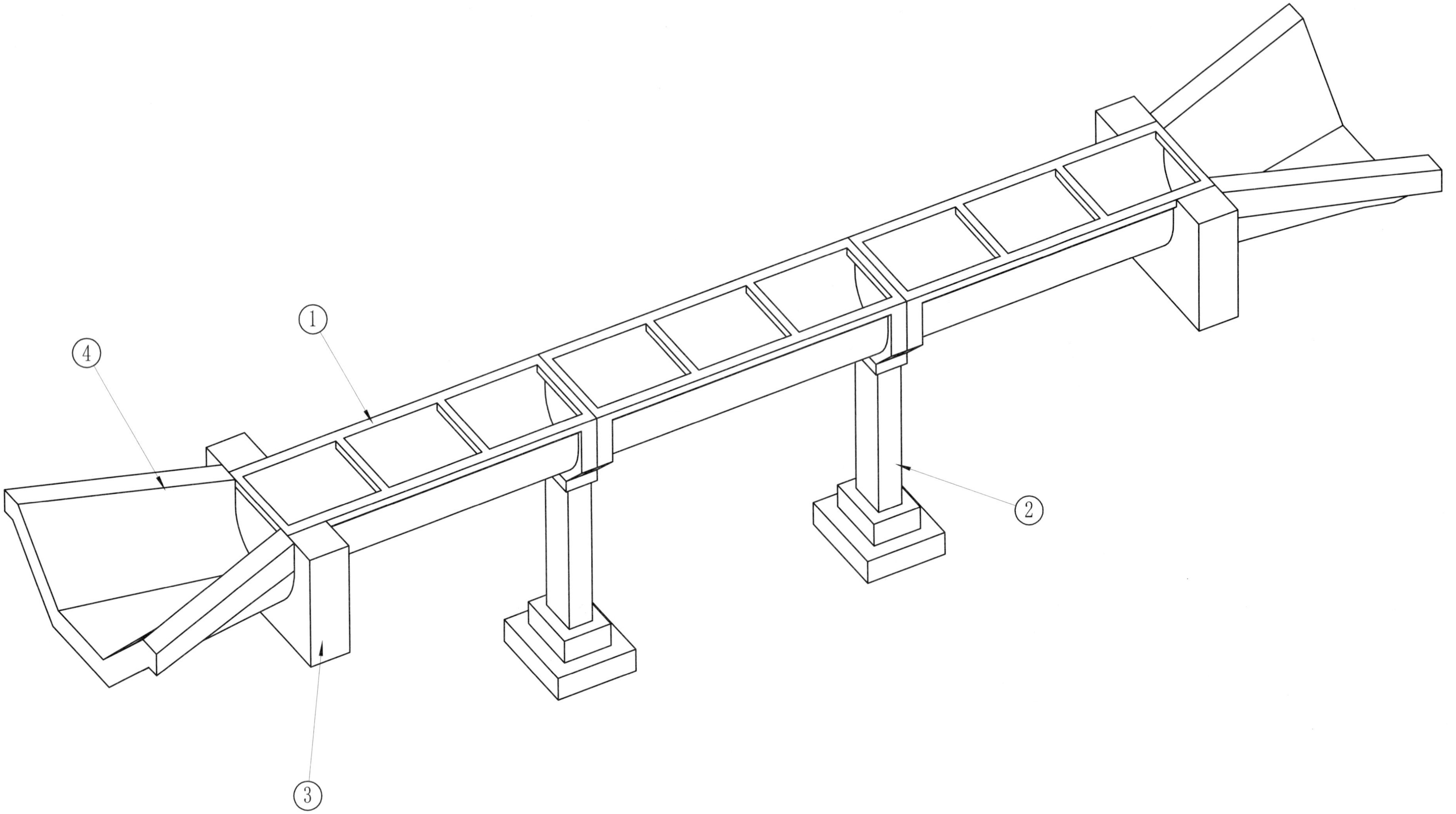

4	上、下游连接段	2
3	浆砌石墙	2
2	渡槽墩柱	2
1	渡槽槽身	3
序号	名称	数量

结构类型	U型渡槽
图　　名	U型渡槽轴测图
图　　号	1/5

纵剖面图1:50

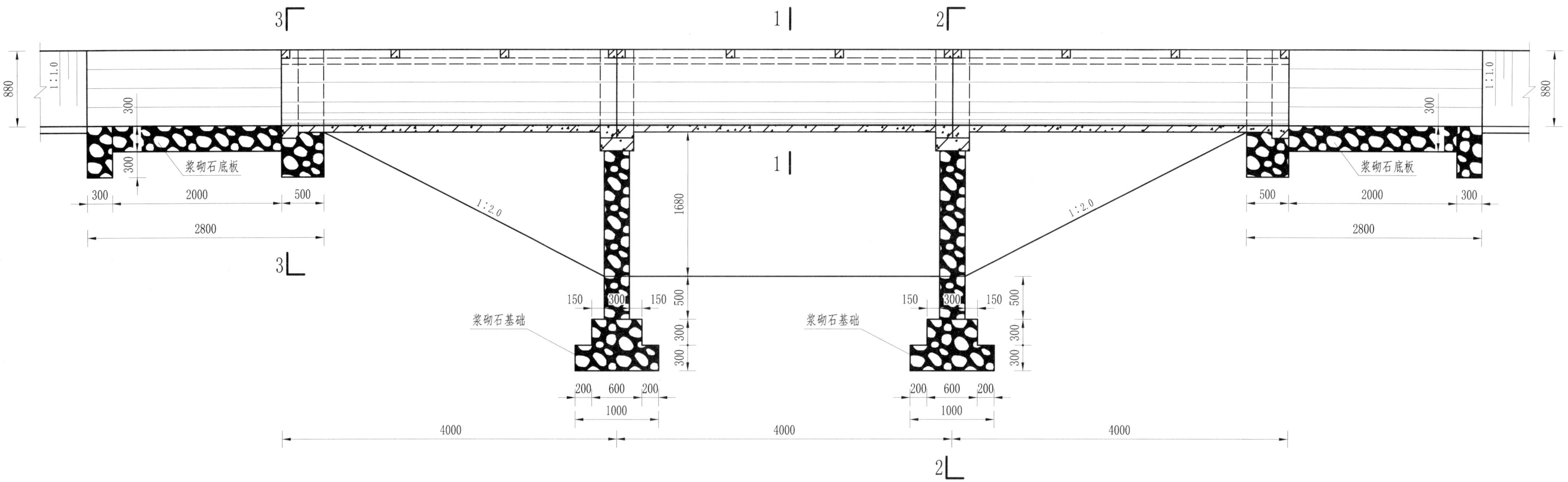

平面布置图1:50

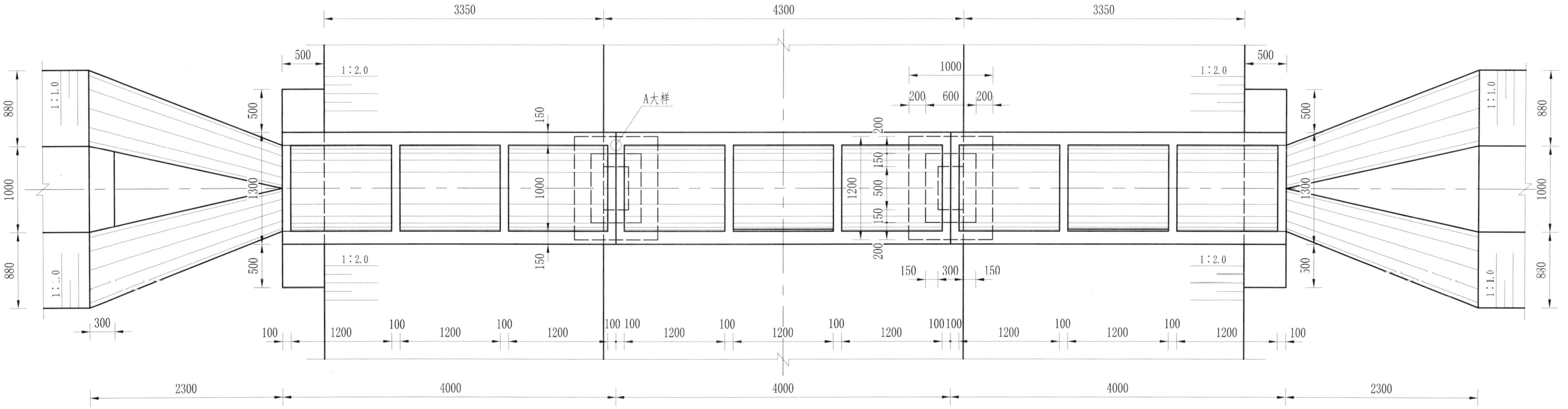

说明:

1.图中尺寸单位以mm计。

2.混凝土强度等级为C25。

结构类型	U型渡槽
图　　名	U型渡槽平面布置图、纵剖面图
图　　号	2/5

1—1 1:25

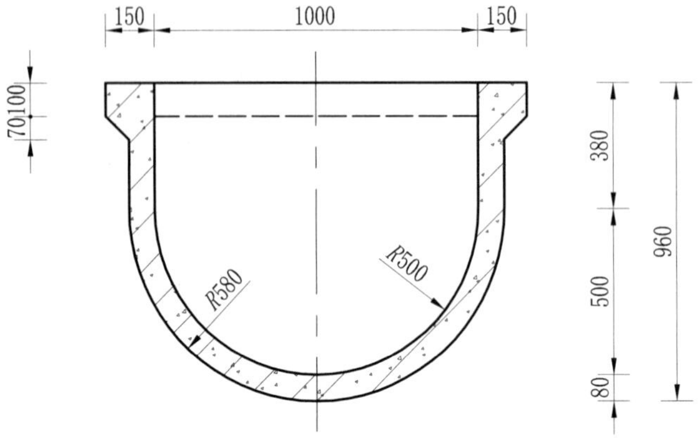

2—2 1:25

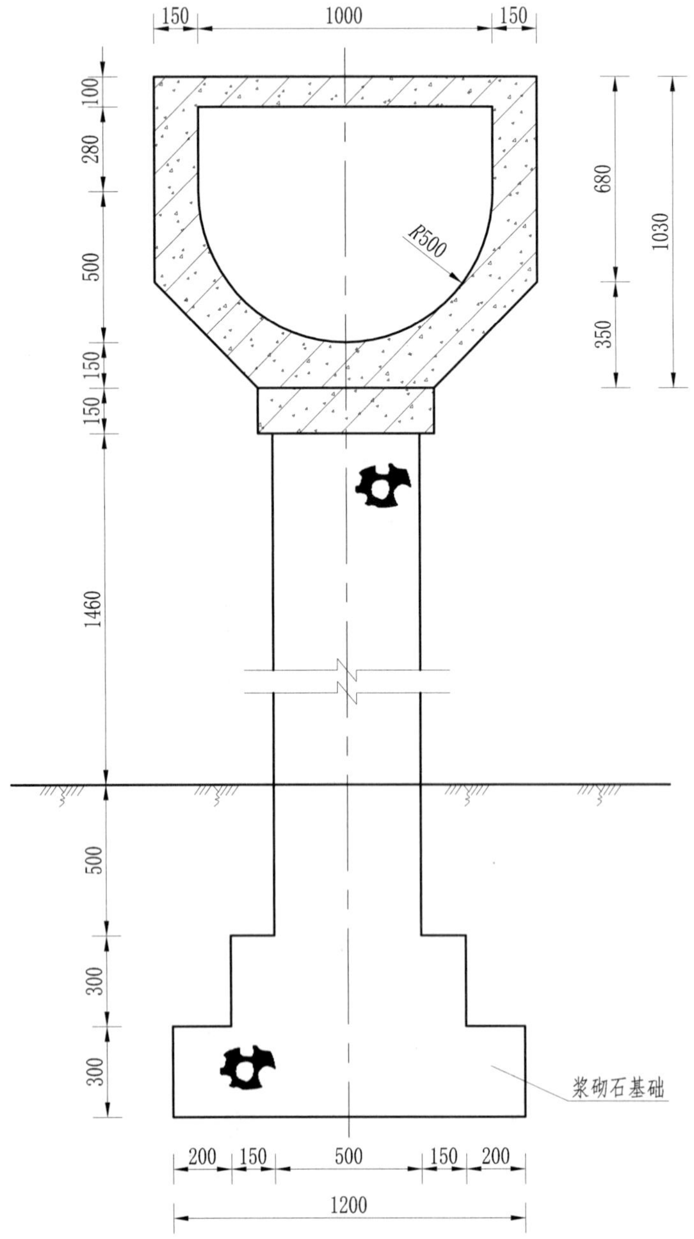

3—3 1:25

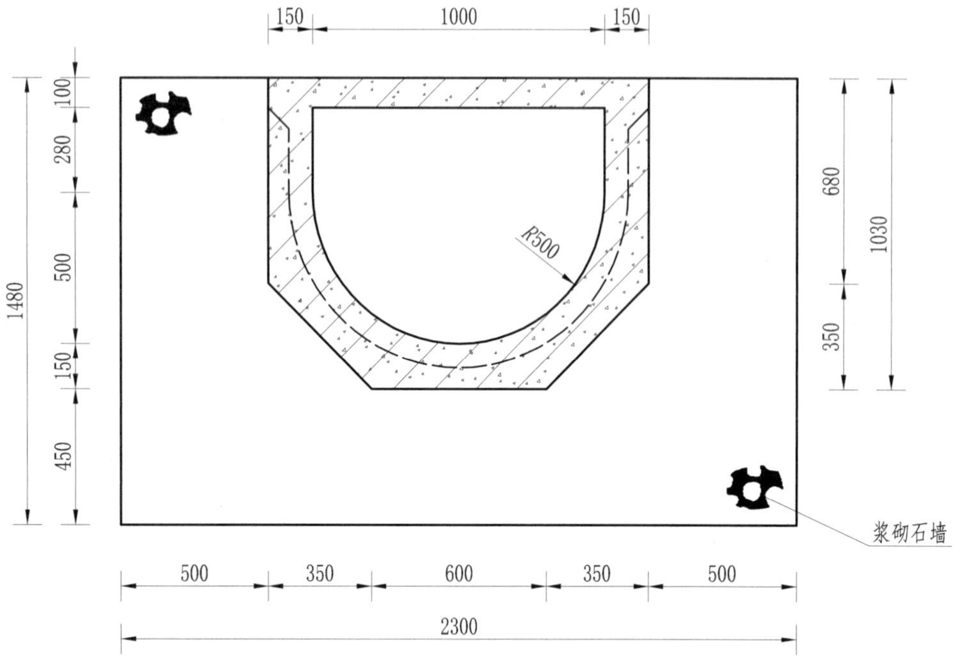

A大样图 1:4

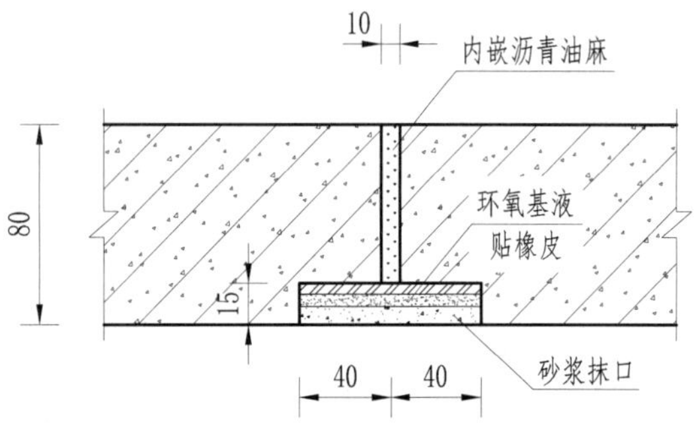

说明：

1. 图中尺寸单位以mm计。
2. 混凝土强度等级为C25。

结构类型	U型渡槽
图　　名	U型渡槽剖面图、大样图
图　　号	3/5

1—1 1∶25

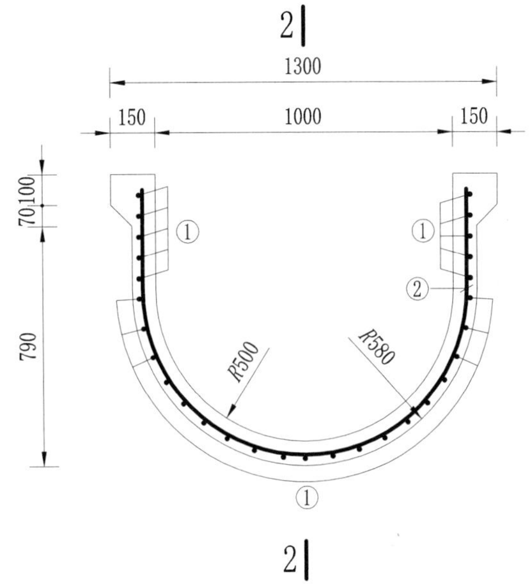

2—2 1∶25

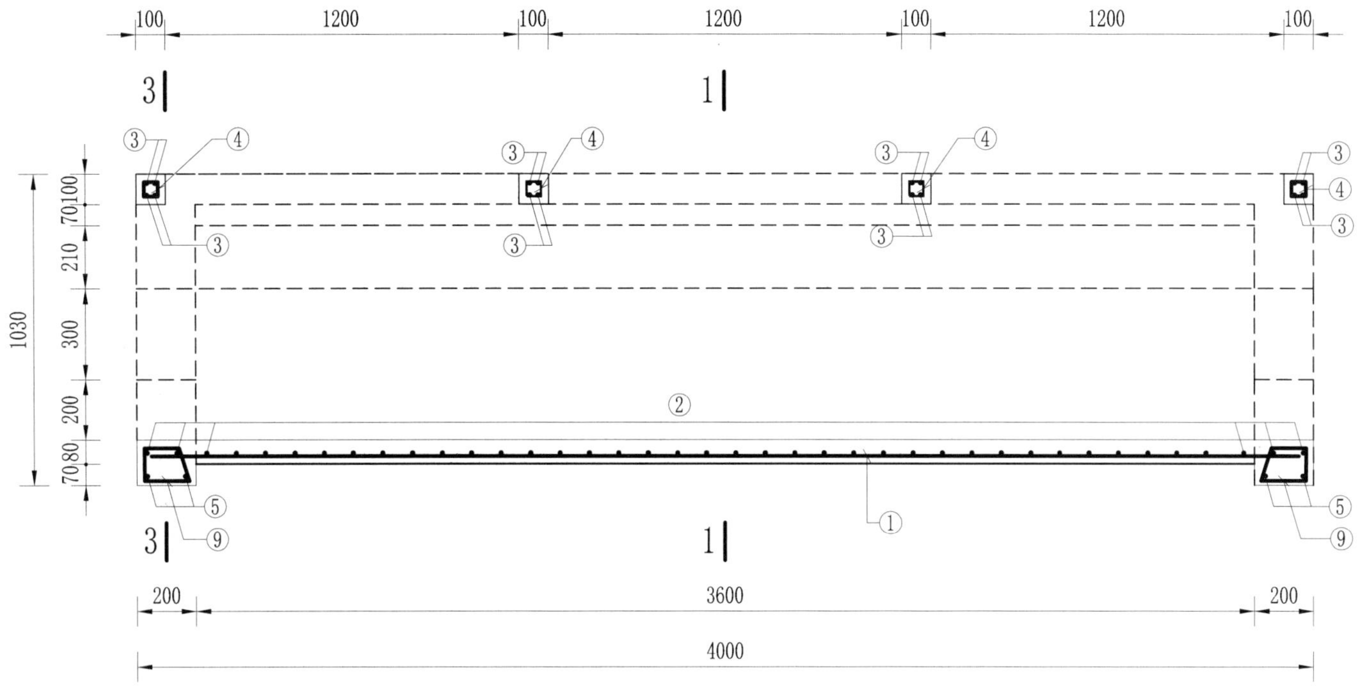

3—3 1∶25

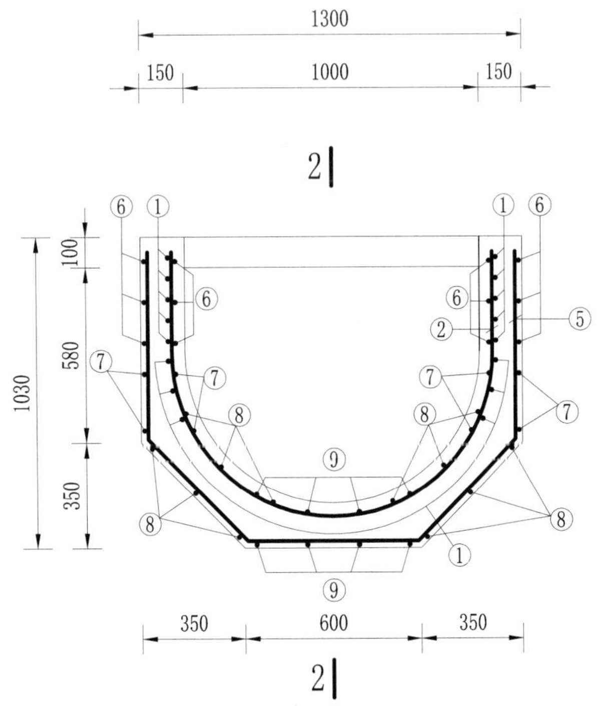

说明：

1. 图中尺寸单位以mm计。
2. 混凝土强度等级为C25；受力钢筋采用HRB400。

结构类型	U型渡槽
图　名	U型渡槽槽体结构配筋图(一)
图　号	4/5

钢筋表

编号	直径(mm)	型式	间距(mm)	单根长(mm)	根数	总长(mm)
①	⌀12		100	3900	28	109.20
②	⌀10	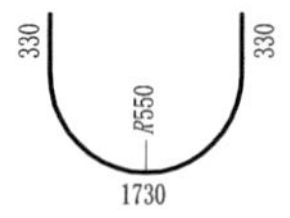	100	2390	40	95.60
③	⌀12		—	1240	2×8	19.84
④	⌀8	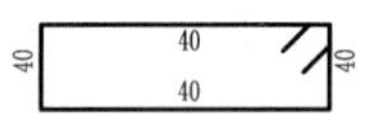	200	180	6×4	4.32
⑤	⌀12	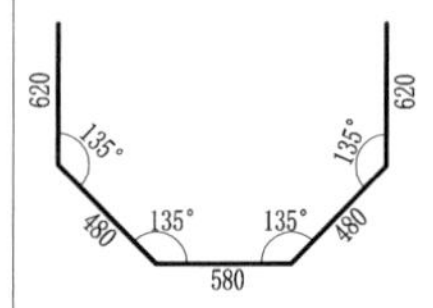	100	2780	2×2	11.12
⑥	⌀8	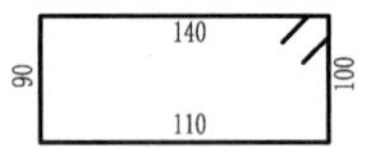	200	460	3×4	5.52
⑦	⌀8	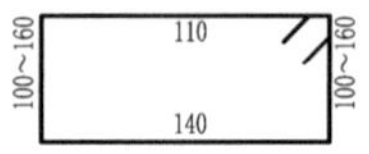	200	670~550	2×4	4.88
⑧	⌀8	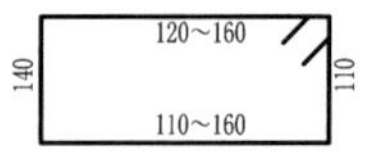	200	500~590	3×4	6.72
⑨	⌀8	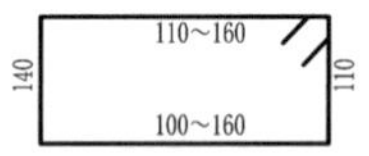	200	480~590	4×2	4.28

材料表

规格	总长度(m)	单位重(kg/m)	总重(kg)
⌀8	25.72	0.395	10.16
⌀10	95.60	0.617	58.99
⌀12	140.16	0.888	124.46
合计	261.48		193.61

渡槽槽体轴测图

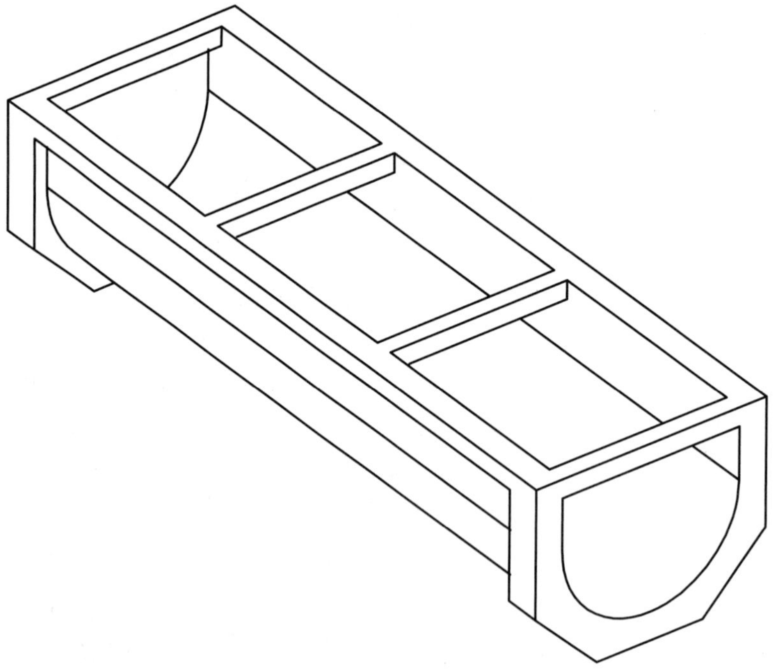

说明:

1. 图中尺寸单位以mm计。
2. 混凝土强度等级为C25;受力钢筋采用HRB400。

结构类型	U型渡槽
图　　名	U型渡槽槽体结构配筋图(二)
图　　号	5/5

第七部分

倒　虹　吸

竖井结构倒虹吸轴测图

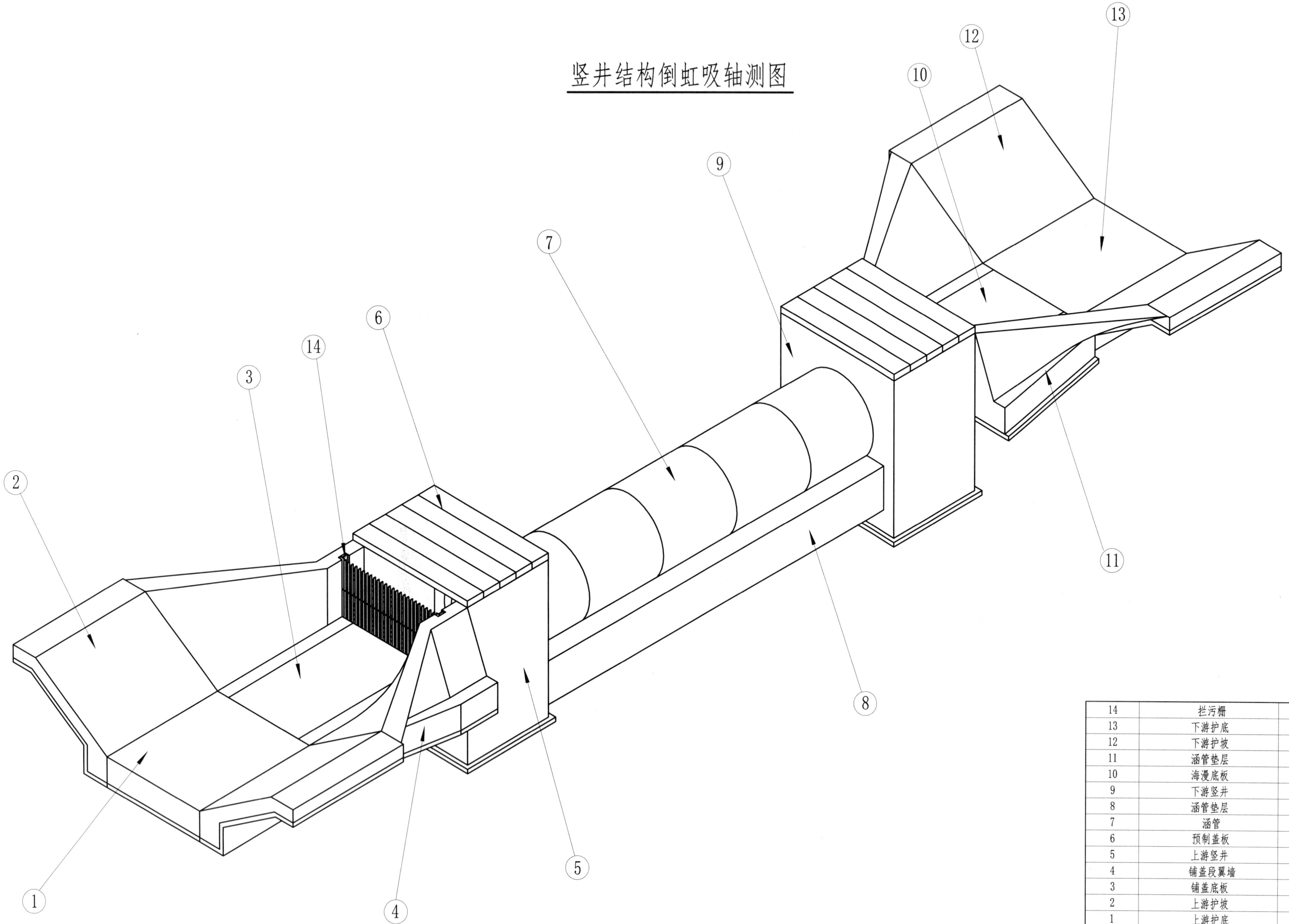

序号	名称	数量
14	拦污栅	1
13	下游护底	1
12	下游护坡	1
11	涵管垫层	1
10	海漫底板	1
9	下游竖井	1
8	涵管垫层	1
7	涵管	5
6	预制盖板	10
5	上游竖井	1
4	铺盖段翼墙	2
3	铺盖底板	1
2	上游护坡	1
1	上游护底	1

结构类型	竖井结构倒虹吸
图　名	竖井结构倒虹吸轴测图
图　号	1/8

倒虹吸平面图 1∶100

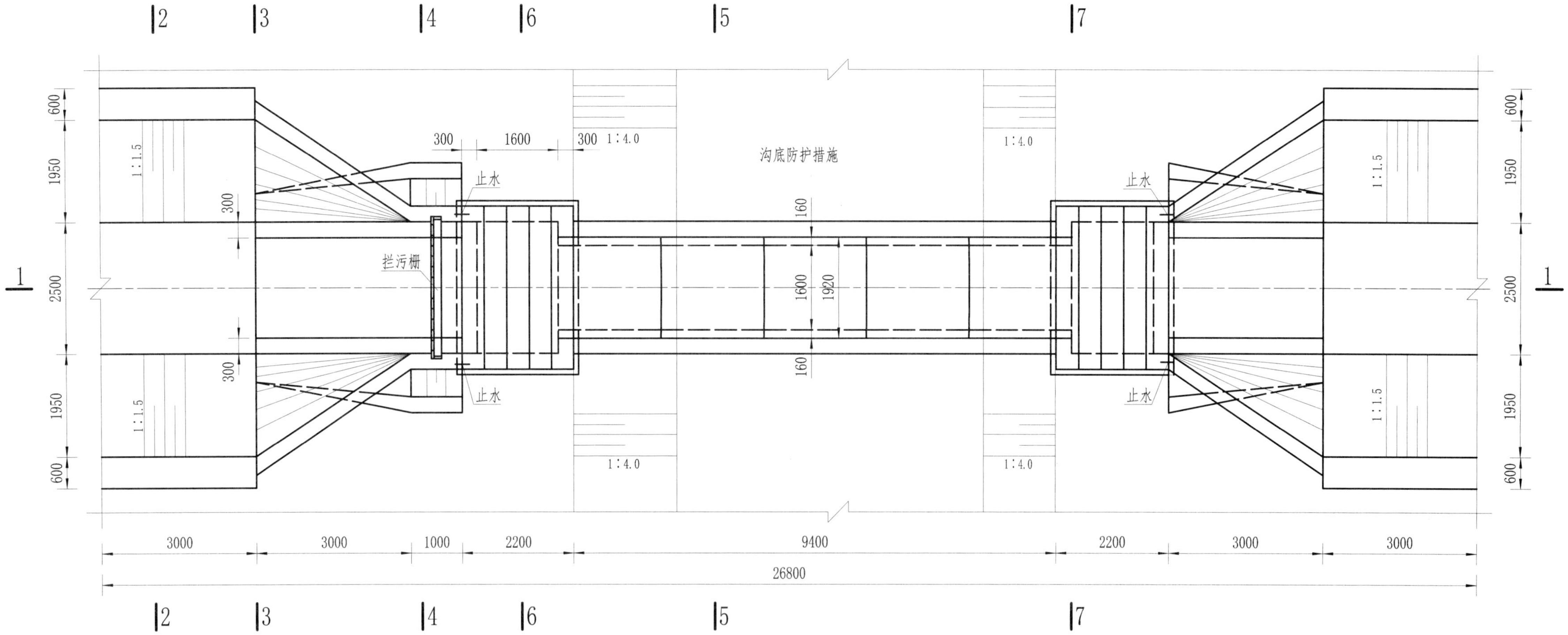

1—1 1∶100

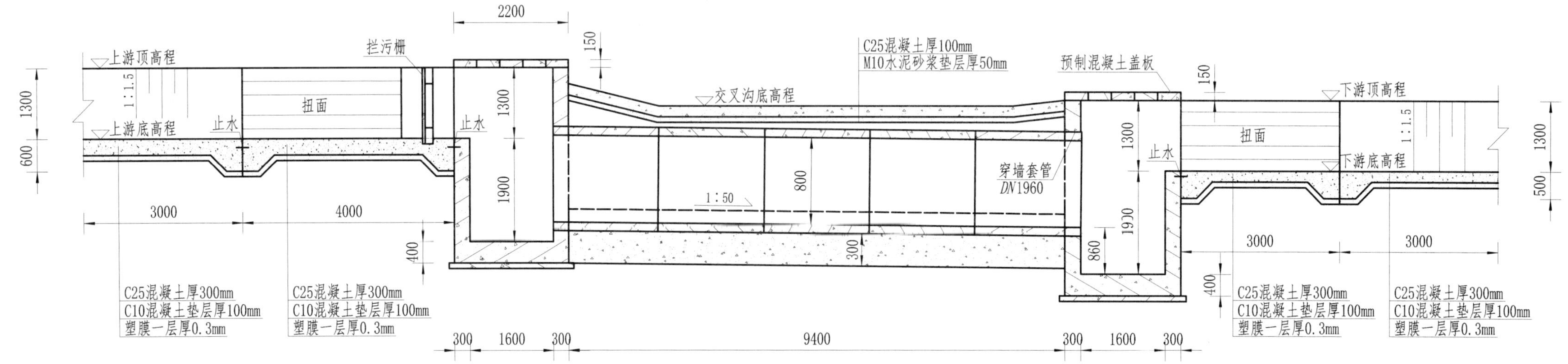

说明:

1. 图中尺寸单位以mm计，高程单位以m计。
2. 混凝土强度等级为C25，混凝土垫层为C10。

结构类型	竖井结构倒虹吸
图　　名	竖井结构倒虹吸结构图
图　　号	2/8

2—2 1:50

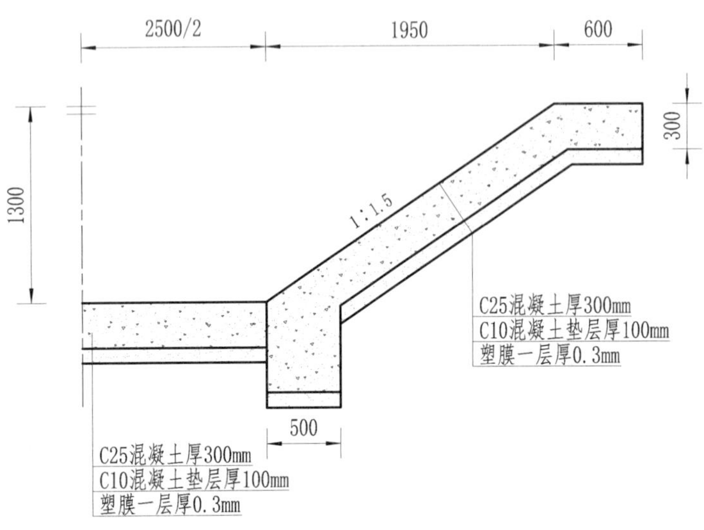

5—5 1:50

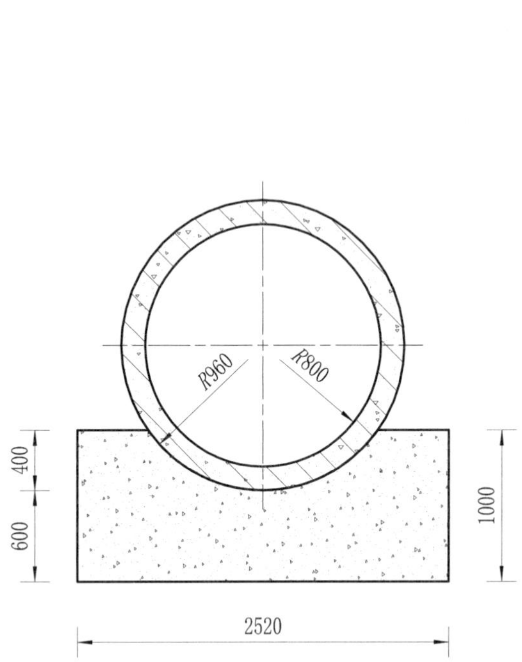

6—6 1:50

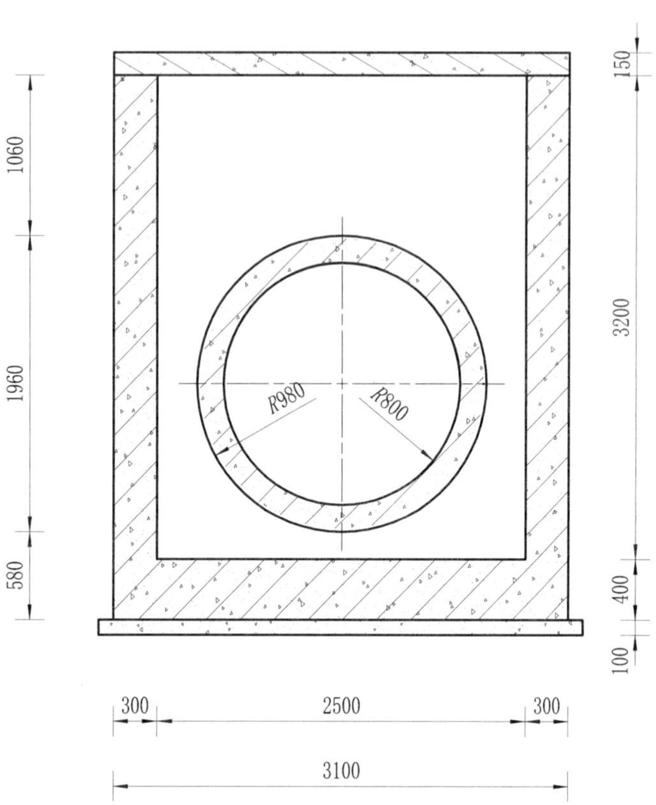

7—7 1:50

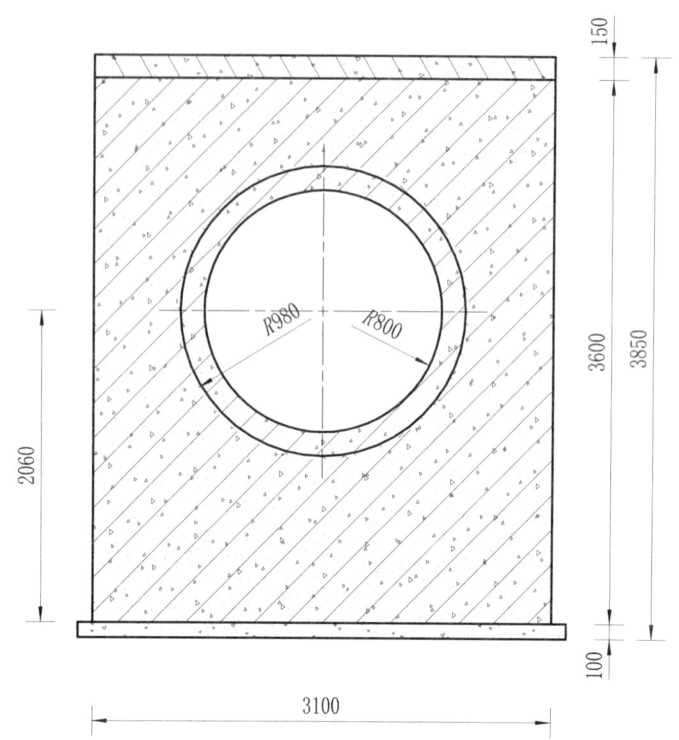

3—3 1:50

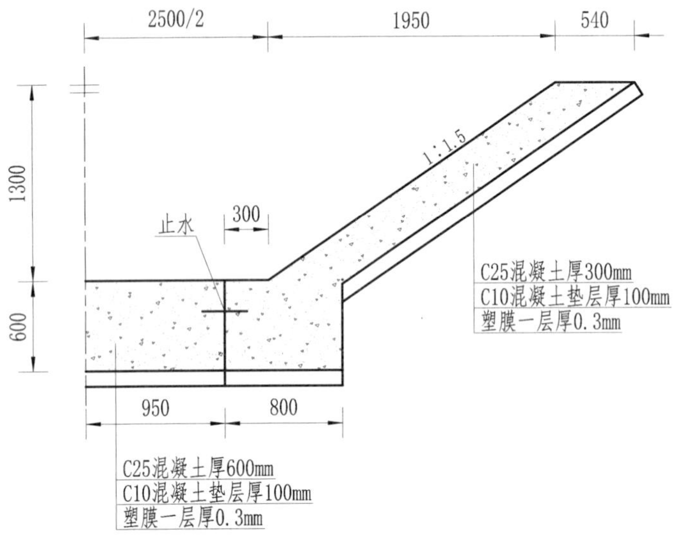

4—4 1:50

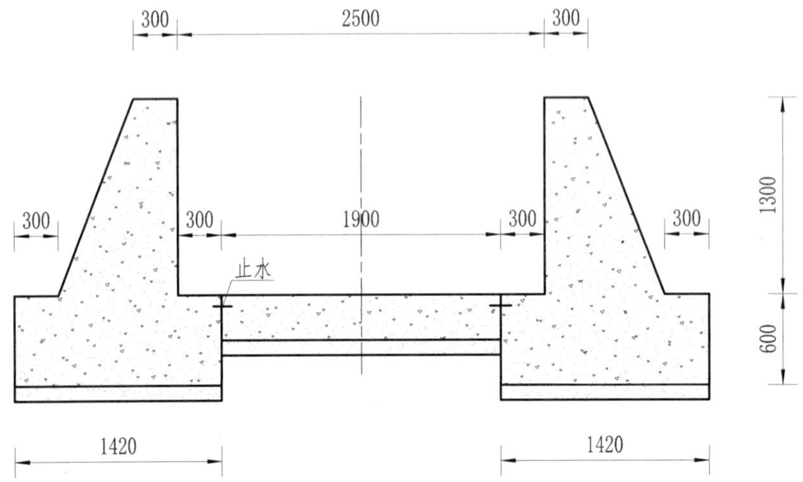

承插口管柔性接口大样图 1:10

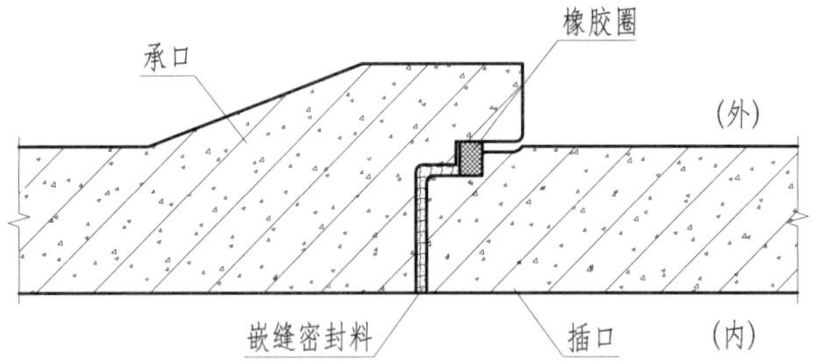

倒虹吸剖切轴测图

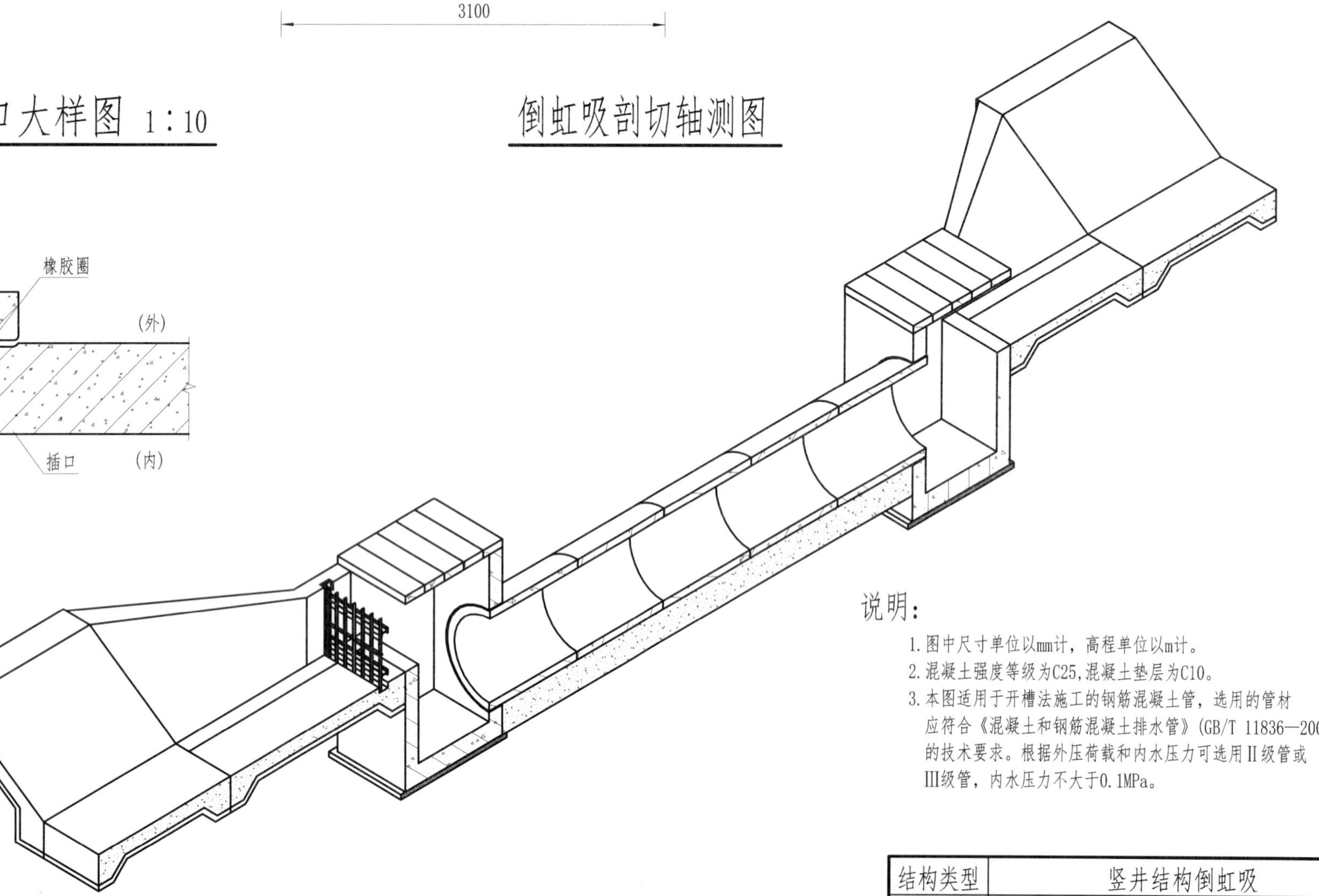

说明:

1. 图中尺寸单位以mm计，高程单位以m计。
2. 混凝土强度等级为C25，混凝土垫层为C10。
3. 本图适用于开槽法施工的钢筋混凝土管，选用的管材应符合《混凝土和钢筋混凝土排水管》(GB/T 11836—2009)的技术要求。根据外压荷载和内水压力可选用Ⅱ级管或Ⅲ级管，内水压力不大于0.1MPa。

结构类型	竖井结构倒虹吸
图　　名	竖井结构倒虹吸剖面图
图　　号	3/8

2—2 1:50

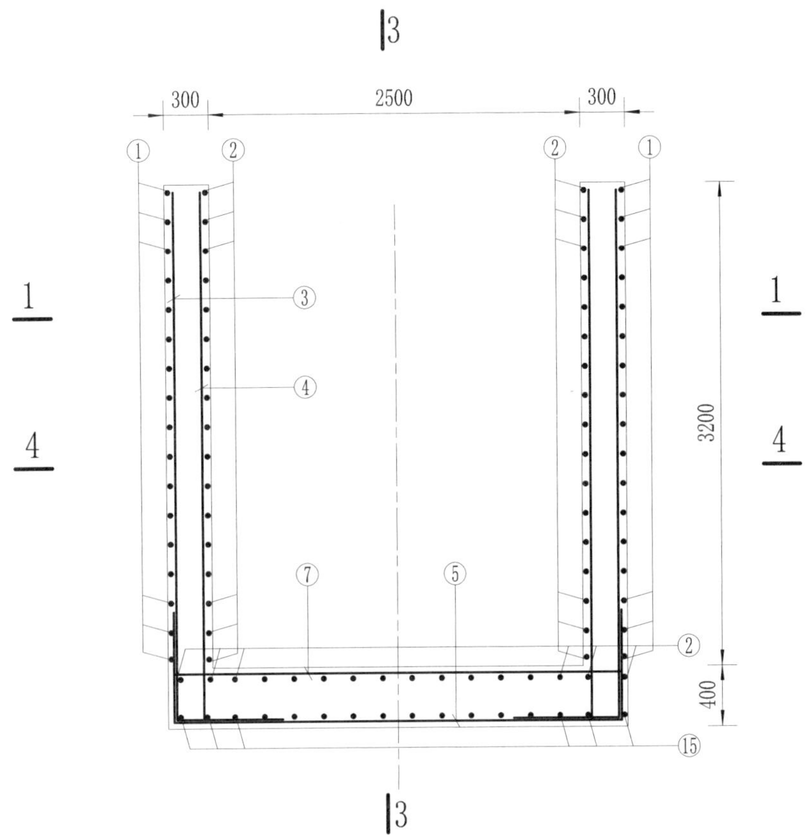

3—3 1:50

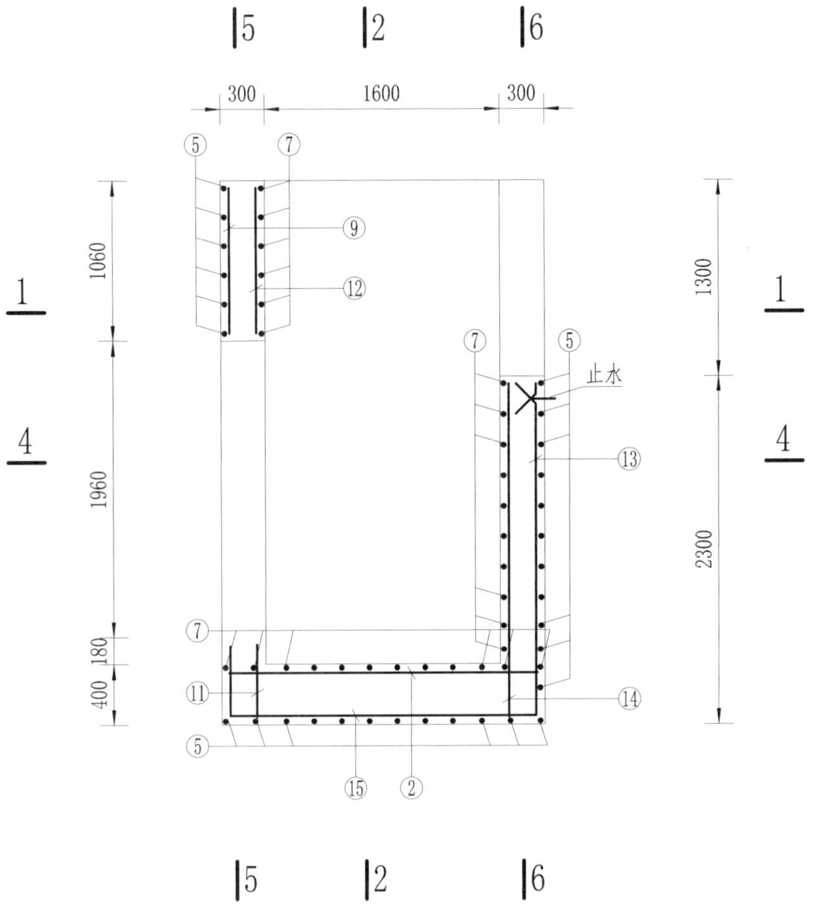

1—1 1:50

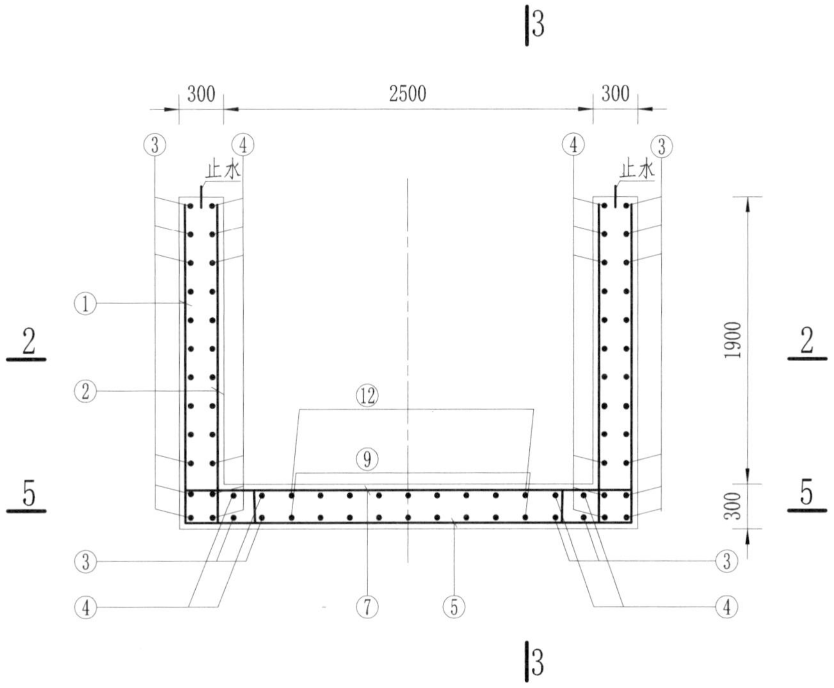

上游竖井轴测图

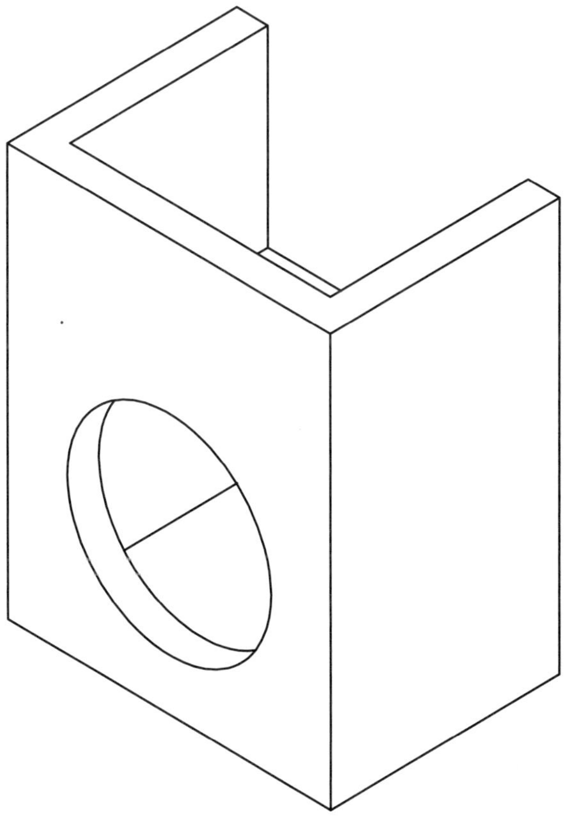

4—4 1:50

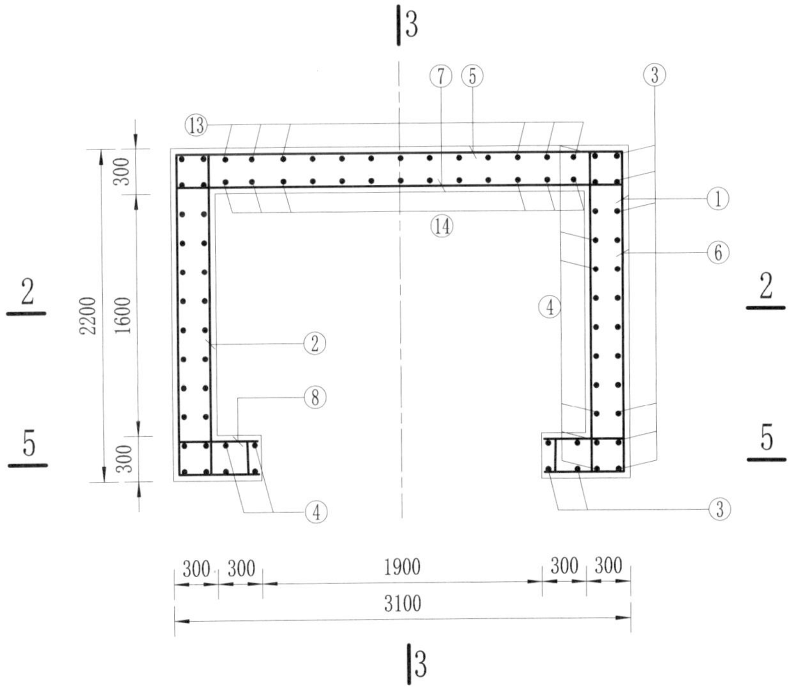

说明：

1. 图中尺寸单位以mm计。
2. 混凝土强度等级为C25，混凝土垫层为C10。
3. 混凝土保护层为50mm。
4. 钢筋接头采用焊接接头，双面焊不小于$5d$，单面焊不小于$10d$，若绑扎搭接长度按规范要求。
5. 钢筋接头位置要相互错开，避免接头在同一截面内。
6. 钢筋在管孔处尽量绕过，凡需截断的钢筋，必须和洞口加固环筋锚固。

结构类型	竖井结构倒虹吸
图　　名	竖井结构倒虹吸上游竖井钢筋图(一)
图　　号	4/8

5—5 1:50

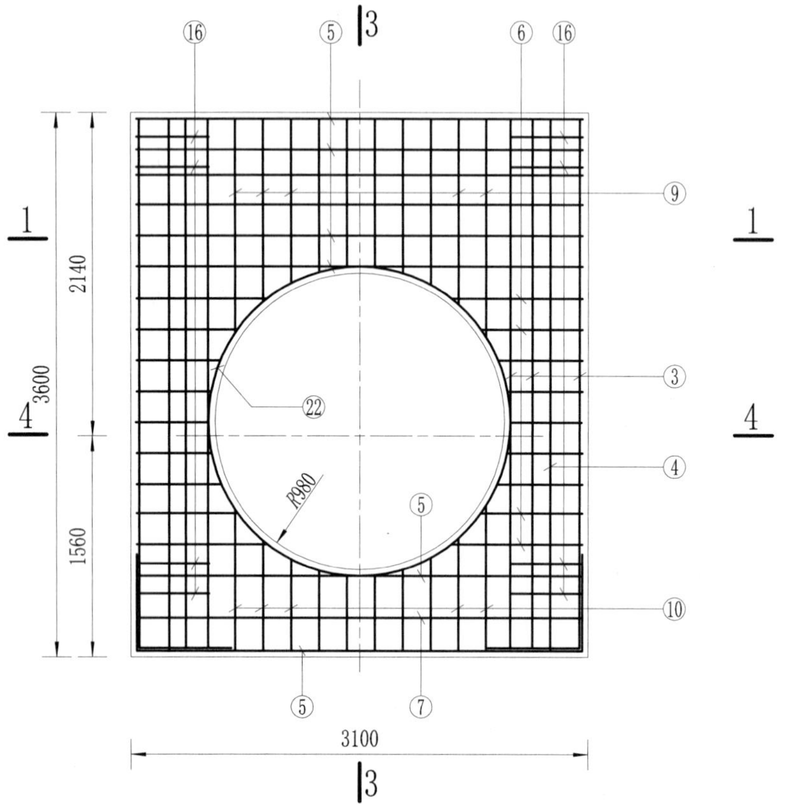

6—6 1:50

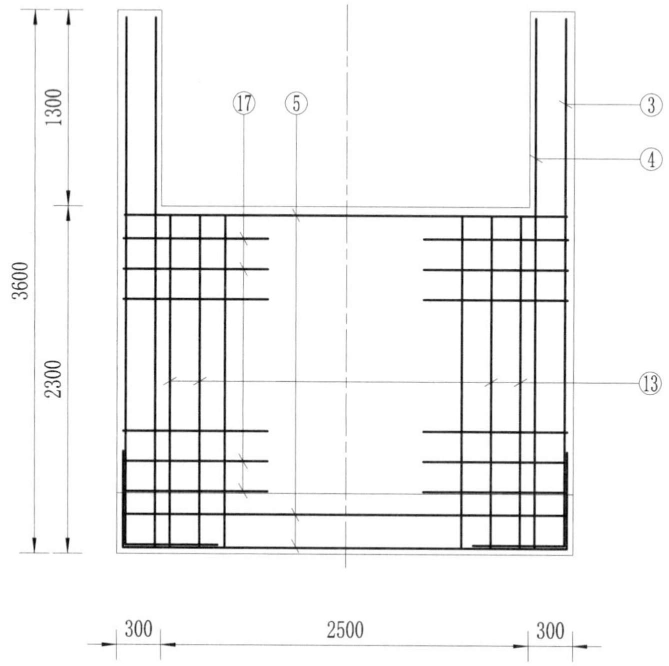

钢筋表

编号	直径(mm)	型式	间距(mm)	单根长(mm)	根数	总长(m)
①	⌀18	2100 450 88.7° 200	200	2750	17×2	93.50
②	⌀18	2100	200	2100	50	105.00
③	⌀18	720 3500	200	4220	28	118.16
④	⌀18	3500	200	3500	28	98.00
⑤	⌀18	720 3000 720	200	4440	30	133.20
⑥	⌀18	720 890~1040	200	1380	20	27.54
⑦	⌀18	3000	200	3000	29	87.00
⑧	⌀18	930~1120	200	675	20	13.48
⑨	⌀18	960~1370	200	1120	9	10.08
⑩	⌀18	720 480~850	200	1346	9	12.12
⑪	⌀18	480~890	200	637	9	5.74
⑫	⌀18	960~1370	200	1118	9	10.06
⑬	⌀18	720 2200	200	2920	13	37.96
⑭	⌀18	2200	200	2200	13	28.60
⑮	⌀18	450 2100 720	200	3270	16	52.32
⑯	⌀18	700 50 430 88.8° 30	200	1210	18×2	43.56
⑰	⌀18	50 1000 700 50	200	1800	11×2	39.60
⑱	⌀14	70 400	—	470	2×2	1.88
⑲	⌀14	70 400	—	470	5×6	14.10
⑳	⌀14	70 400	—	470	2×2	1.88
㉑	⌀18	2800	200	2800	1×16	44.80
㉒	⌀14	6470 R1030	—	6470	2	12.94

竖井圆孔处钢筋图 1:50

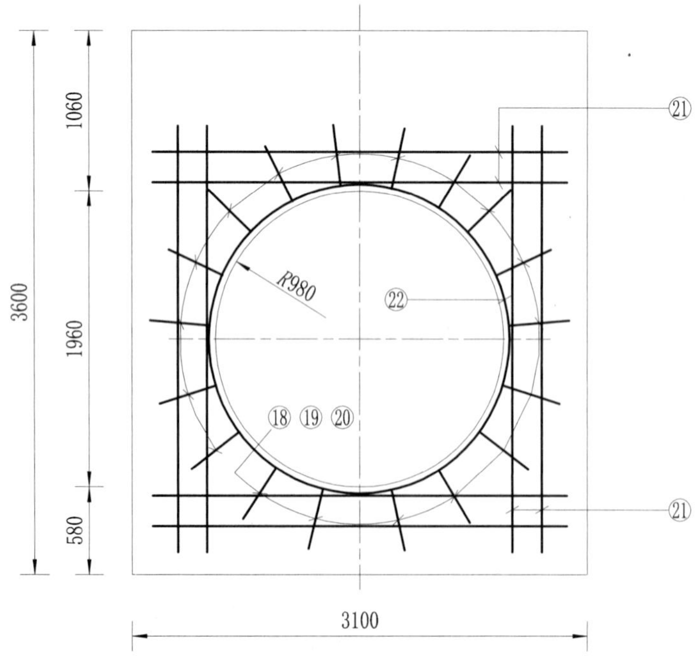

材料表

规格	总长度(m)	单位重(kg/m)	总重(kg)
⌀14	30.80	1.210	37.27
⌀18	960.72	2.000	1921.44
合计	991.52		1958.71

说明:

1. 图中尺寸单位以mm计。
2. 混凝土强度等级为C25,混凝土垫层为C10。
3. 混凝土保护层为50mm。
4. 钢筋接头采用焊接接头，双面焊不小于5d,单面焊不小于10d，若绑扎搭接长度按规范要求。
5. 钢筋接头位置要相互错开，避免接头在同一截面内。
6. 钢筋在管孔处尽量绕过，凡需截断的钢筋，必须和洞口加固环筋锚固。

结构类型	竖井结构倒虹吸
图　名	竖井结构倒虹吸上游竖井钢筋图(二)
图　号	5/8

1—1 1:50

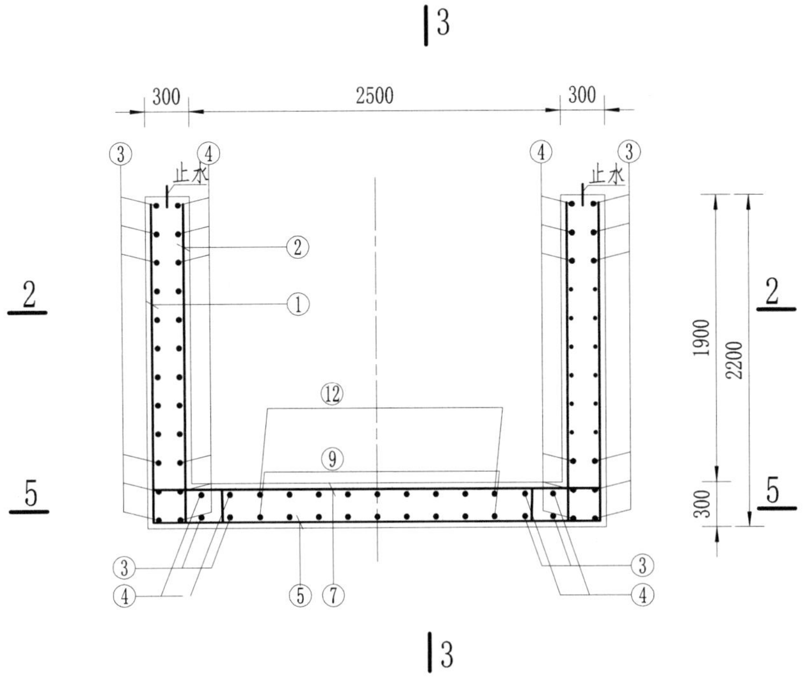

2—2 1:50

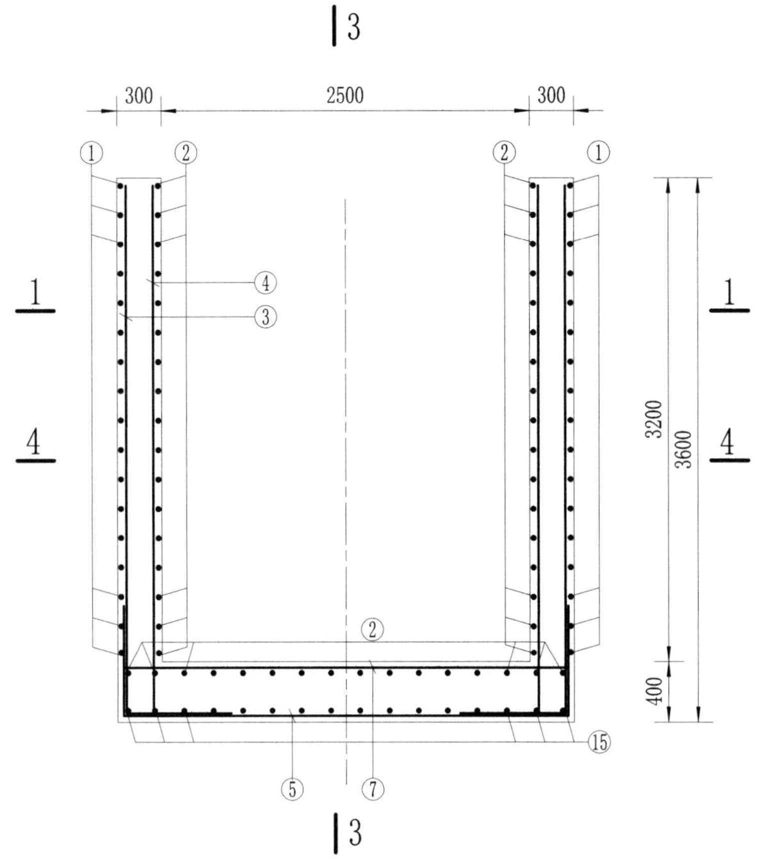

3—3 1:50

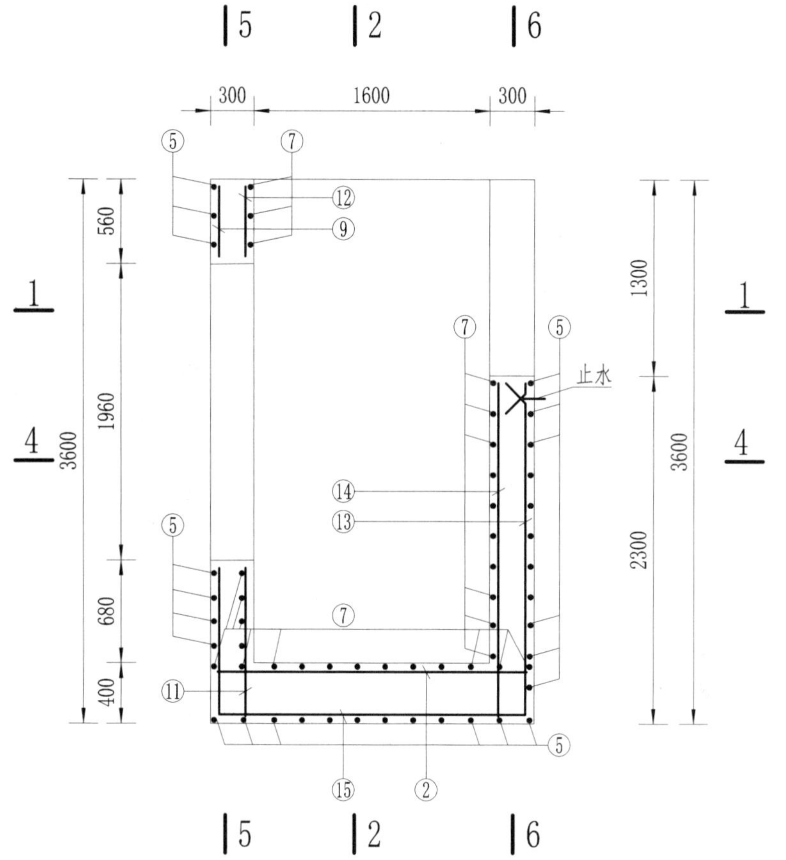

4—4 1:50

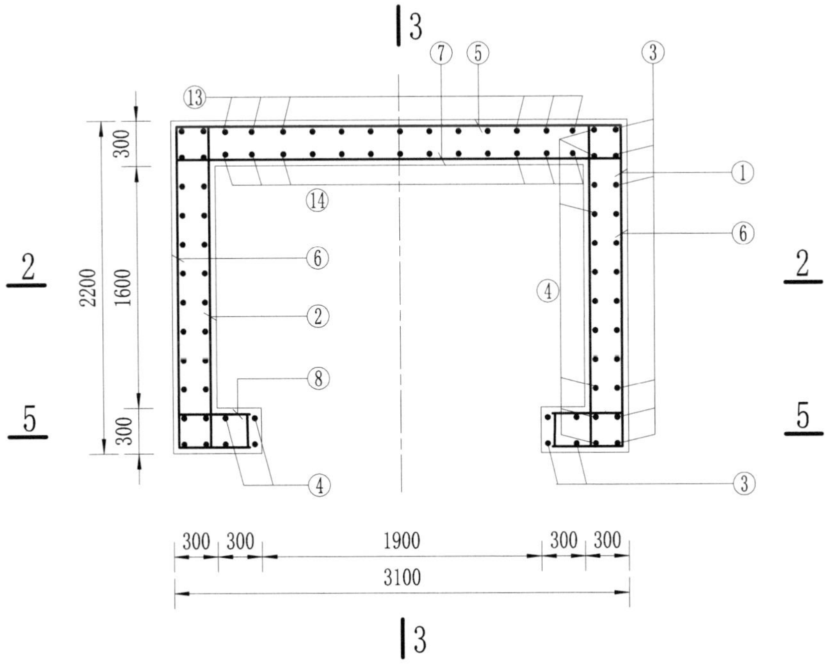

下游竖井轴测图

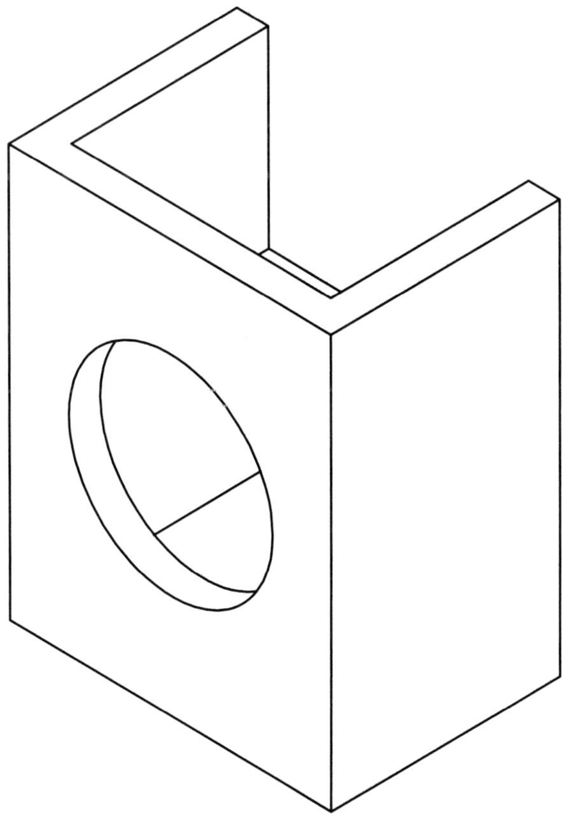

说明:

1.图中尺寸单位以mm计。
2.混凝土强度等级为C25,混凝土垫层为C10。
3.混凝土保护层为50mm。
4.钢筋接头采用焊接接头，双面焊不小于$5d$,单面焊不小于$10d$，若绑扎搭接长度按规范要求。
5.钢筋接头位置要相互错开，避免接头在同一截面内。
6.钢筋在管孔处尽量绕过，凡需截断的钢筋，必须和洞口加固环筋锚固。

结构类型	竖井结构倒虹吸
图　名	竖井结构倒虹吸下游竖井钢筋图(一)
图　号	6/8

5—5 1:50

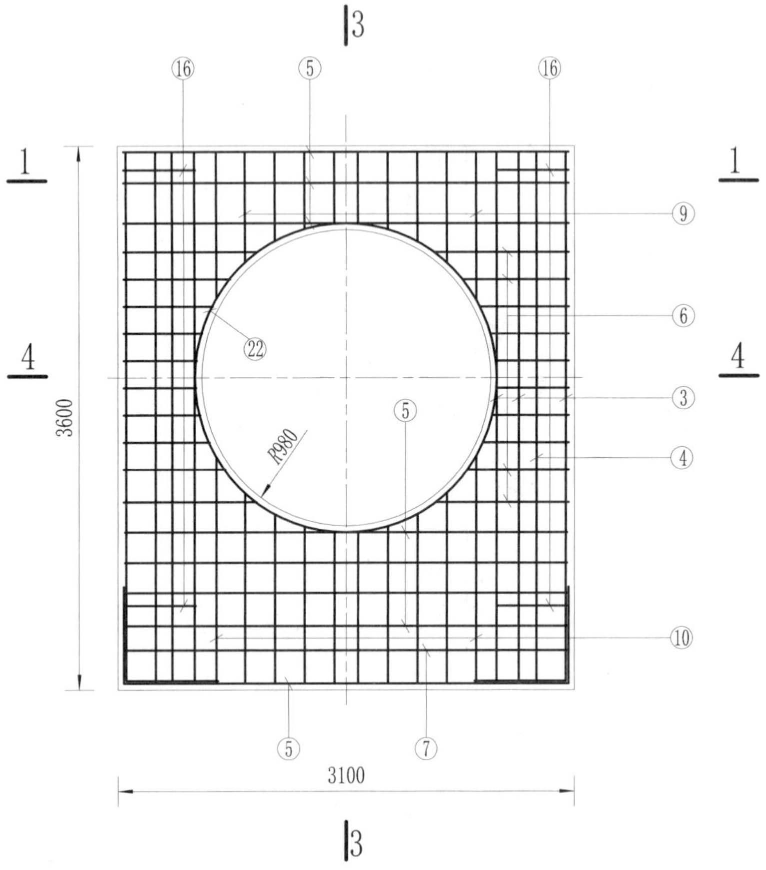

6—6 1:50

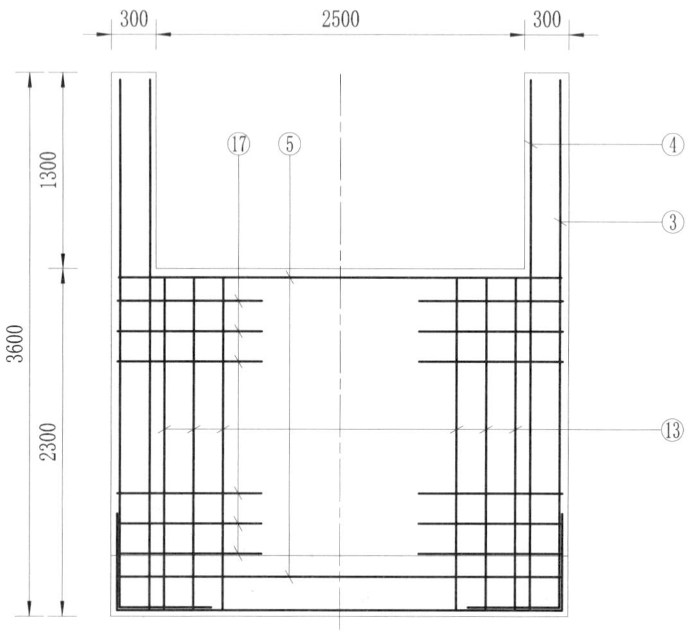

竖井圆孔处钢筋图 1:50

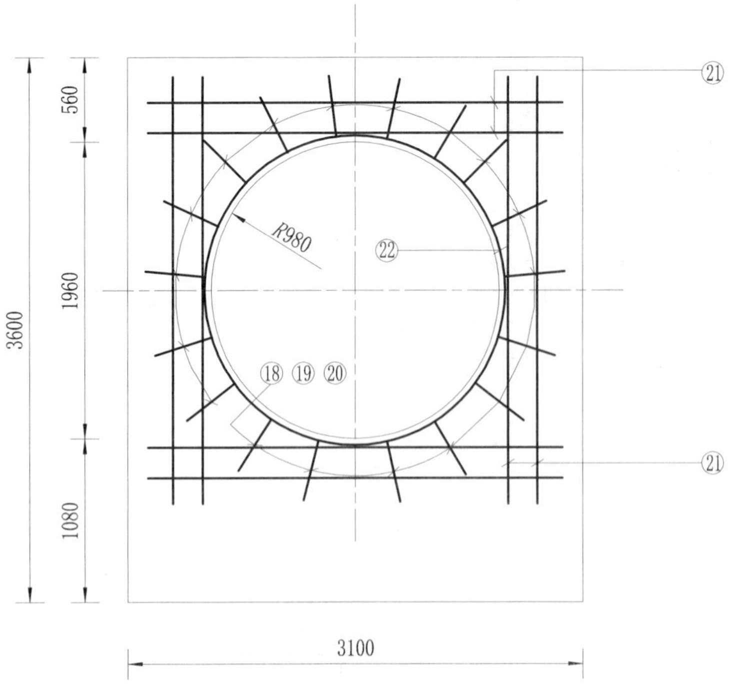

材料表

规格	总长度(m)	单位重(kg/m)	总重(kg)
Φ14	30.80	1.210	37.27
Φ18	960.72	2.000	1921.44
合计	991.52		1958.71

钢筋表

编号	直径(mm)	型式	间距(mm)	单根长(mm)	根数	总长(m)
①	Φ18	2100 450 88.7° 200	200	2750	17×2	93.50
②	Φ18	2100	200	2100	50	105.00
③	Φ18	720 3500	200	4220	28	118.16
④	Φ18	3500	200	3500	28	98.00
⑤	Φ18	720 3000 720	200	4440	30	133.20
⑥	Φ18	720 890~1040	200	1380	20	27.54
⑦	Φ18	3000	200	3000	29	87.00
⑧	Φ18	930~1120	200	675	20	13.48
⑨	Φ18	460~870	200	620	9	5.58
⑩	Φ18	720 980~1350	200	1846	9	16.62
⑪	Φ18	480~890	200	637	9	5.74
⑫	Φ18	960~1370	200	1118	9	10.06
⑬	Φ18	720 2200	200	2920	13	37.96
⑭	Φ18	2200	200	2200	13	28.60
⑮	Φ18	450 2100 720	200	3270	16	52.32
⑯	Φ18	50 700 430 88.8° 30	200	1210	18×2	43.56
⑰	Φ18	50 1000 700 50	200	1800	11×2	39.60
⑱	Φ14	70 400	—	470	2×2	1.88
⑲	Φ14	70 400	—	470	5×6	14.10
⑳	Φ14	70 400	—	470	2×2	1.88
㉑	Φ18	2800	200	2800	1×16	44.80
㉒	Φ14	6470 R1030	—	6470	2	12.94

说明：

1. 图中尺寸单位以mm计。
2. 混凝土强度等级为C25，混凝土垫层为C10。
3. 混凝土保护层为50mm。
4. 钢筋接头采用焊接接头，双面焊不小于5d，单面焊不小于10d，若绑扎搭接长度按规范要求。
5. 钢筋接头位置要相互错开，避免接头在同一截面内。
6. 钢筋在管孔处尽量绕过，凡需截断的钢筋，必须和洞口加固环筋锚固。

结构类型	竖井结构倒虹吸
图　名	竖井结构倒虹吸下游竖井钢筋图(二)
图　号	7/8

1—1 1:20

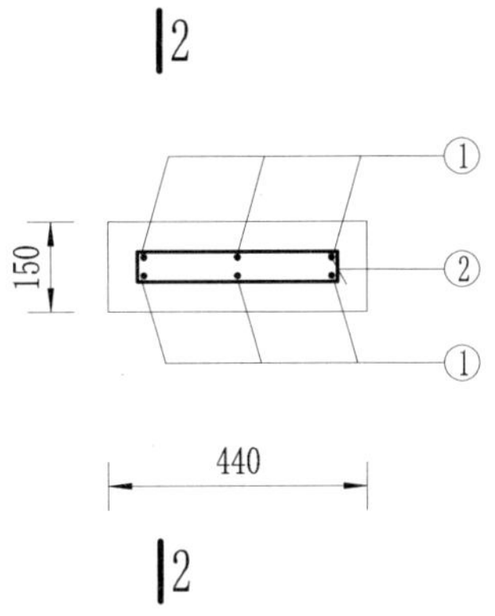

2—2 1:20

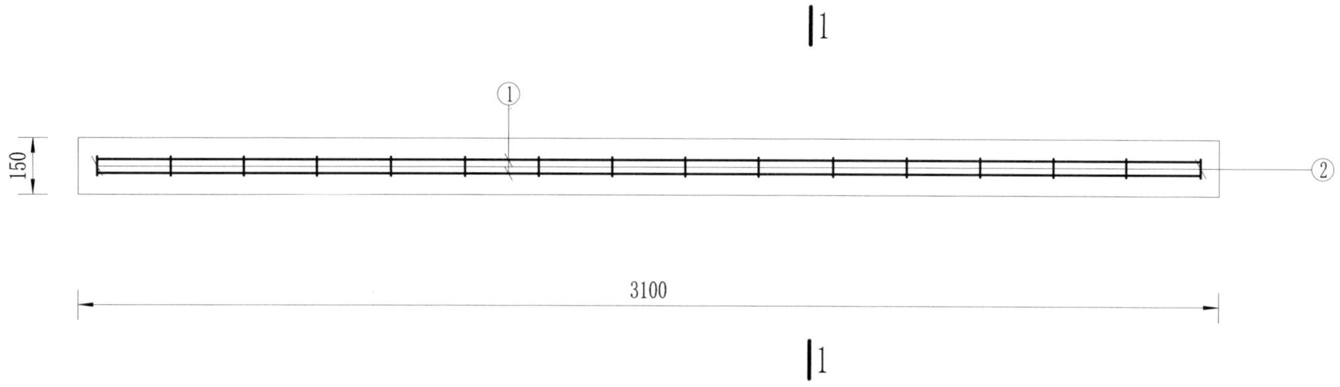

钢筋表

编号	直径(mm)	型式	间距(mm)	单根长(mm)	根数	总长(m)
①	⌀14	3000	200	3000	3×2	87.12
②	⌀10	340 50 50 340	200	780	16	79.20

单块盖板材料表

规格	总长度(m)	单位重(kg/m)	总重(kg)
⌀10	12.48	0.617	7.70
⌀14	18.00	1.210	21.78
合计	30.48		29.48

十块盖板材料表

规格	总长度(m)	单位重(kg/m)	总重(kg)
⌀10	124.8	0.617	77.0
⌀14	180.0	1.210	217.8
合计	304.8		294.8

竖井盖板轴测图

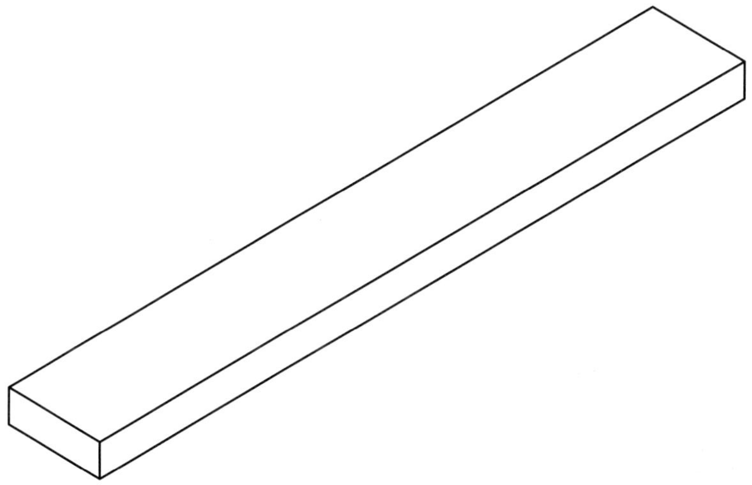

说明：

1. 图中尺寸单位以mm计。
2. 混凝土强度等级为C25，混凝土垫层为C10。
3. 混凝土保护层为50mm。
4. 钢筋接头采用焊接接头，双面焊不小于5d，单面焊不小于10d，若绑扎搭接长度按规范要求。
5. 钢筋接头位置要相互错开，避免接头在同一截面内。
6. 钢筋在管孔处尽量绕过，凡需截断的钢筋，必须和洞口加固环筋锚固。

结构类型	竖井结构倒虹吸
图　名	竖井结构倒虹吸竖井盖板钢筋图
图　号	8/8

缓坡结构倒虹吸轴测图

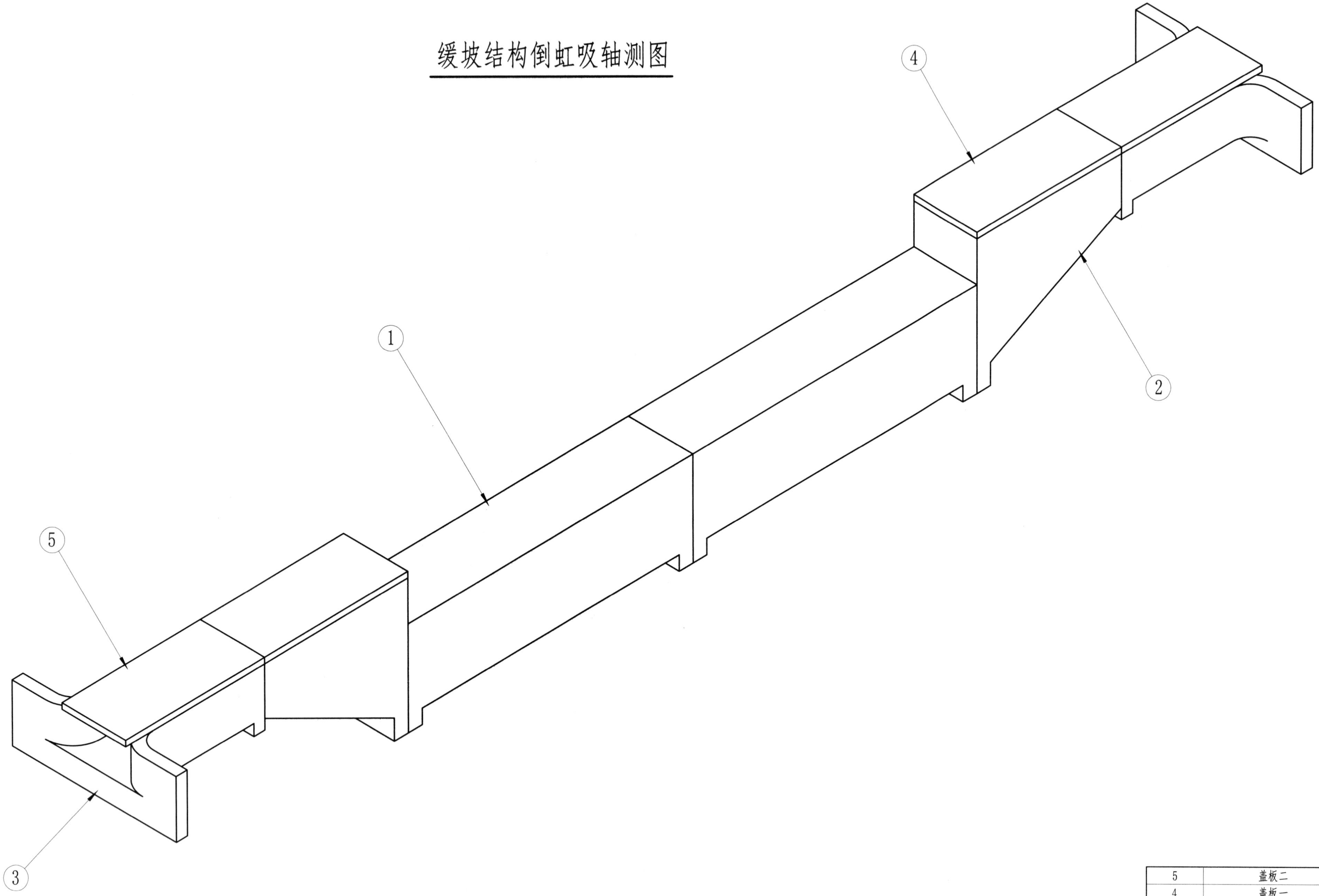

序号	名称	数量
5	盖板二	2
4	盖板一	2
3	连接段	2
2	斜管	2
1	倒虹吸管	2

结构类型	缓坡结构倒虹吸
图　名	缓坡结构倒虹吸轴测图
图　号	1/8

A—A 1∶200

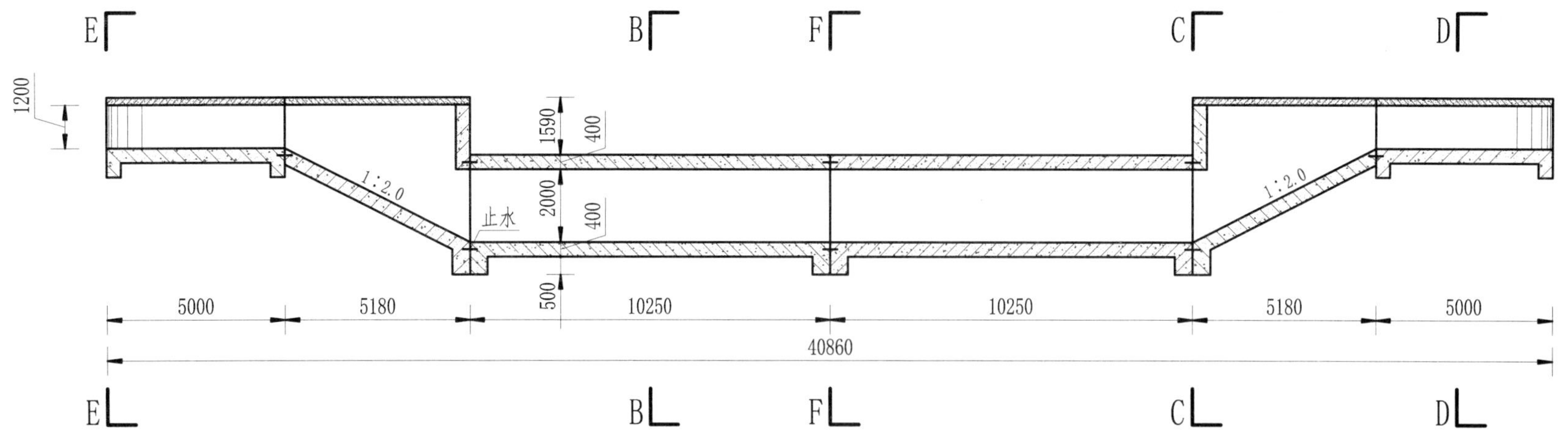

B—B 1∶100

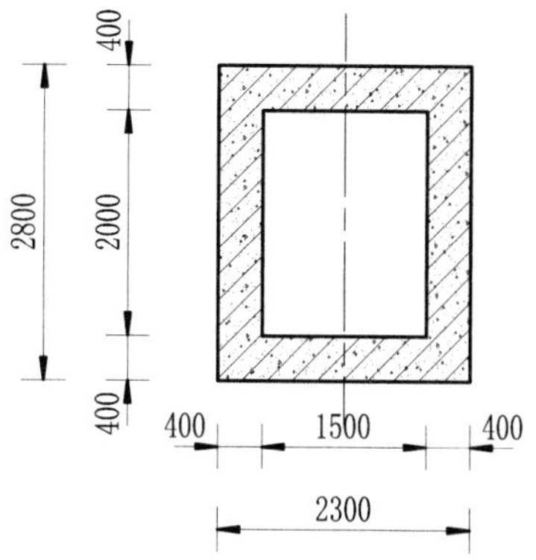

平面图 1∶200

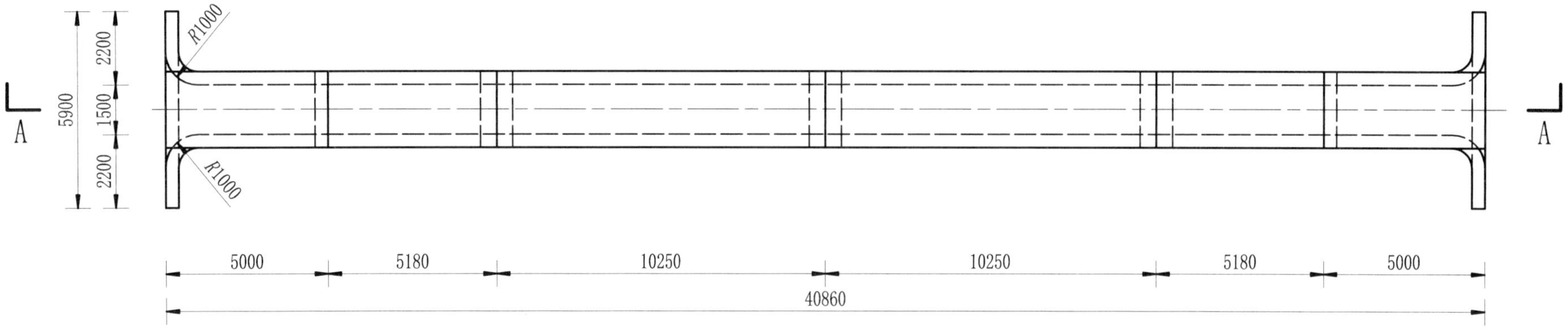

C—C 1∶100

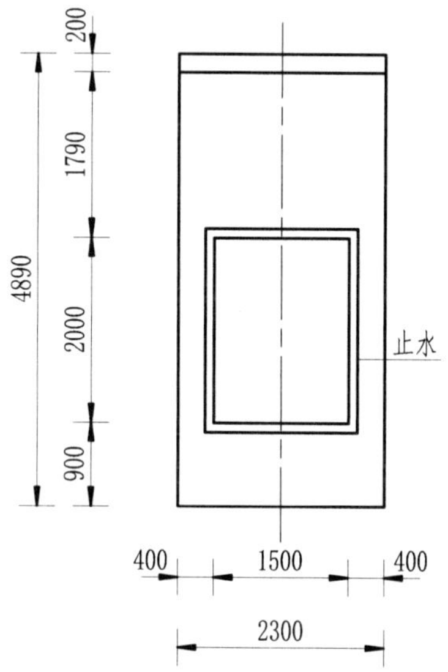

D—D 1∶100

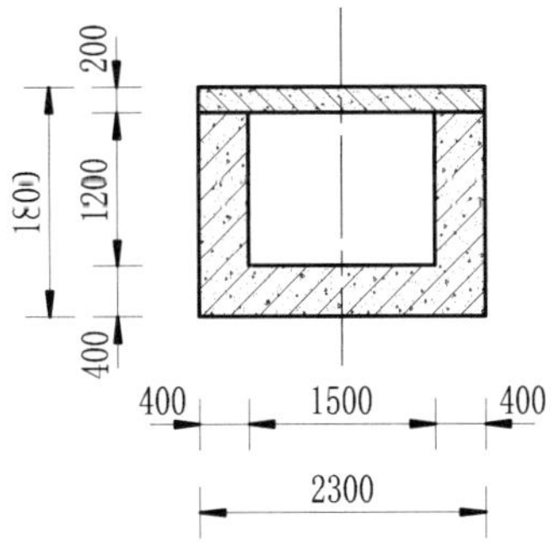

E—E 1∶100

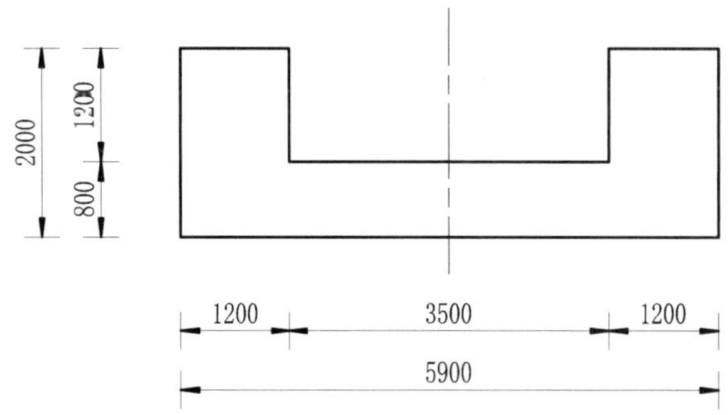

F—F 1∶100

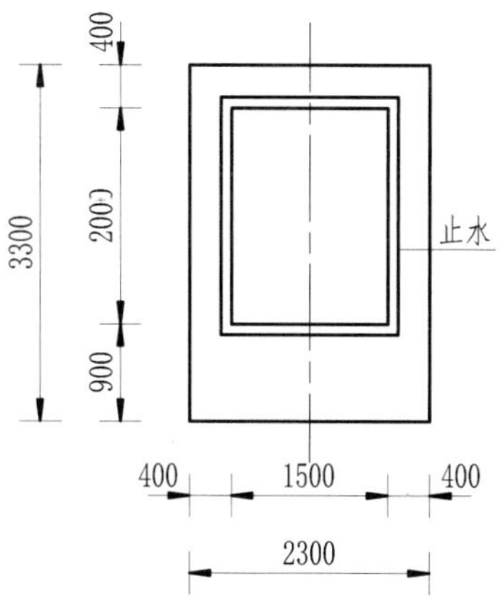

说明：

1. 图中尺寸单位以mm计。
2. 混凝土强度等级为C30。

结构类型	缓坡结构倒虹吸
图　名	缓坡结构倒虹吸结构图
图　号	2/8

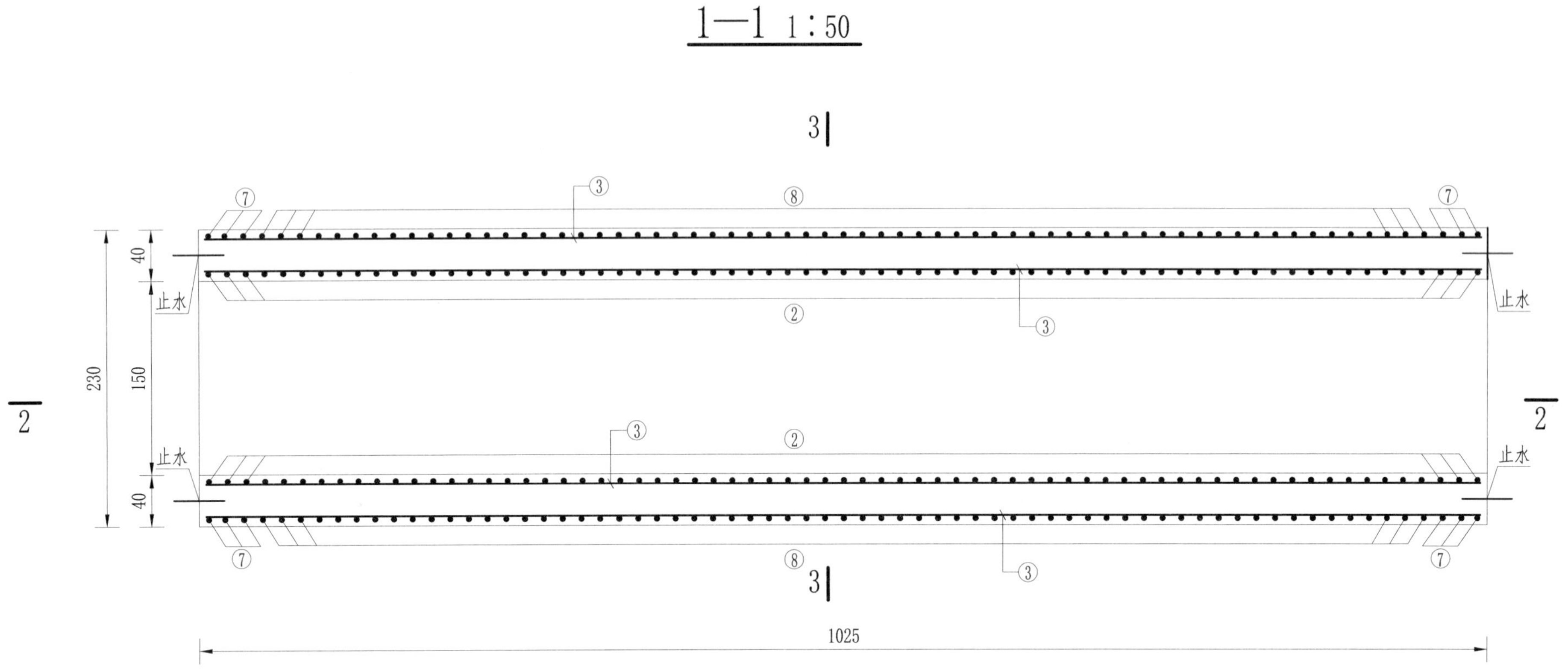

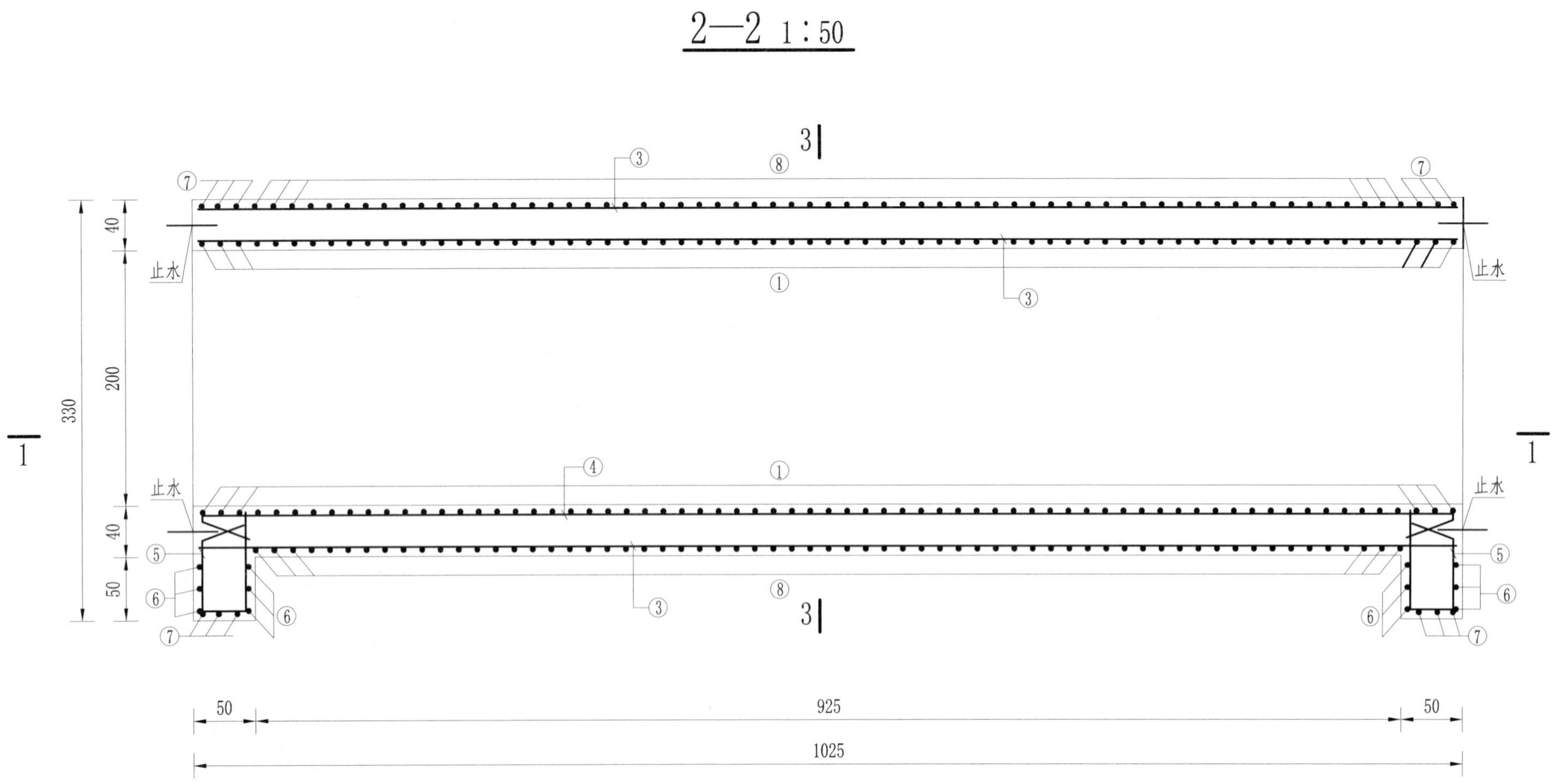

说明:

1. 图中尺寸单位以cm计。
2. 混凝土保护层为50mm。
3. 钢筋混凝土强度等级为C30。

结构类型	缓坡结构倒虹吸
图　　名	倒虹吸管段钢筋图(一)
图　　号	3/8

3—3 1∶50

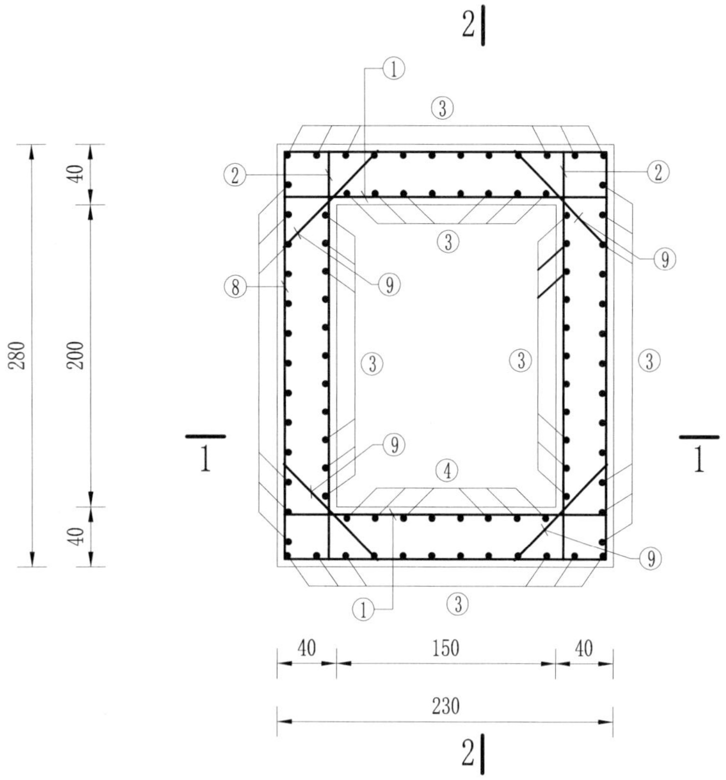

钢筋表

编号	直径(mm)	型式	间距(mm)	单根长(mm)	根数	总长(mm)
①	Φ18	2200	150	2200	69×2	303.60
②	Φ16	2700	150	2700	69×2	372.60
③	Φ14	10150	200	10150	80	812.00
④	Φ14	75 110° 10150 430 110° 75 430	200	11160	8	89.28
⑤	Φ14	382 110° 579 802 404	200	2167	8×2	34.67
⑥	Φ14	398 2198 398 2198	200	5192	3×2	31.15
⑦	Φ16	2200 3200 2200 3200	150	10800	3×2	64.80
⑧	Φ16	2200 2700 2200 2700	150	9800	63	617.40
⑨	Φ16	900	150	900	69×4	248.40

倒虹吸管段轴测图

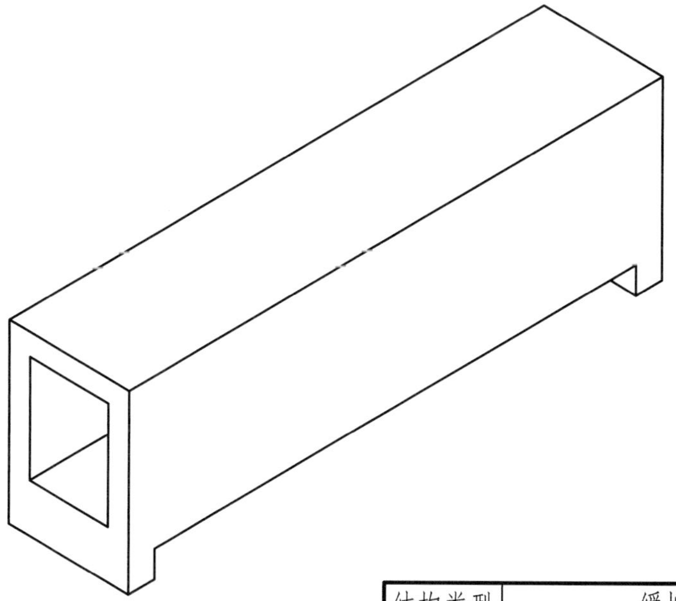

材料表

规格	总长度(m)	单位重(kg/m)	总重(kg)
Φ14	967.10	1.210	1170.19
Φ16	1303.20	1.580	2059.06
Φ18	303.60	2.000	607.20
合计			3833.45

说明：

1. 图中尺寸单位以cm计。
2. 混凝土保护层为50mm。
3. 钢筋混凝土强度等级为C30。

结构类型	缓坡结构倒虹吸
图　　名	倒虹吸管段钢筋图(二)
图　　号	4/8

1—1 1:50

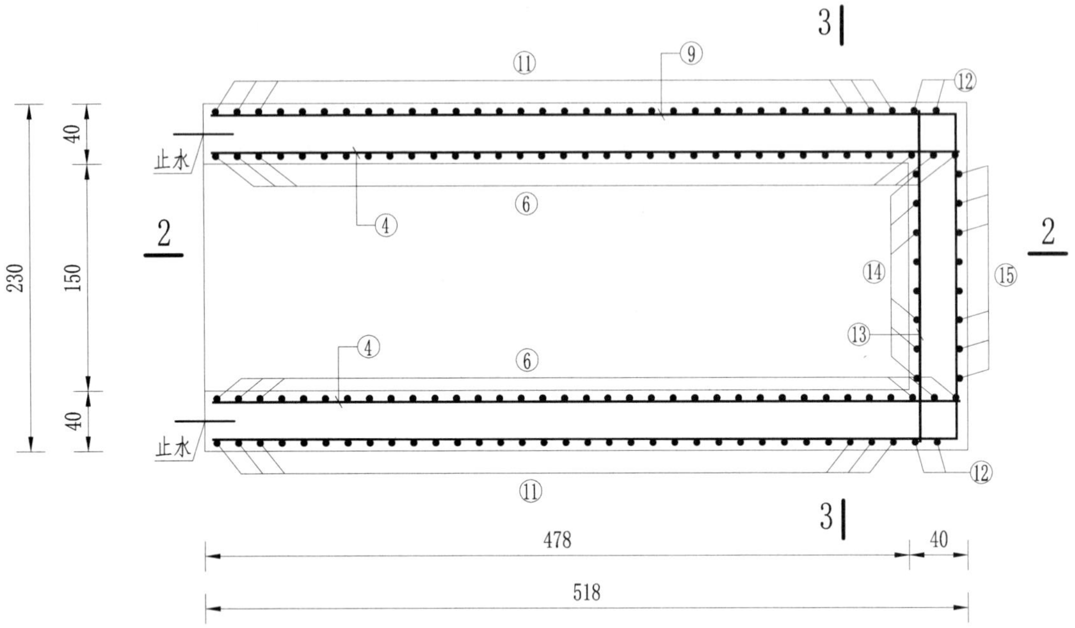

2—2 1:50

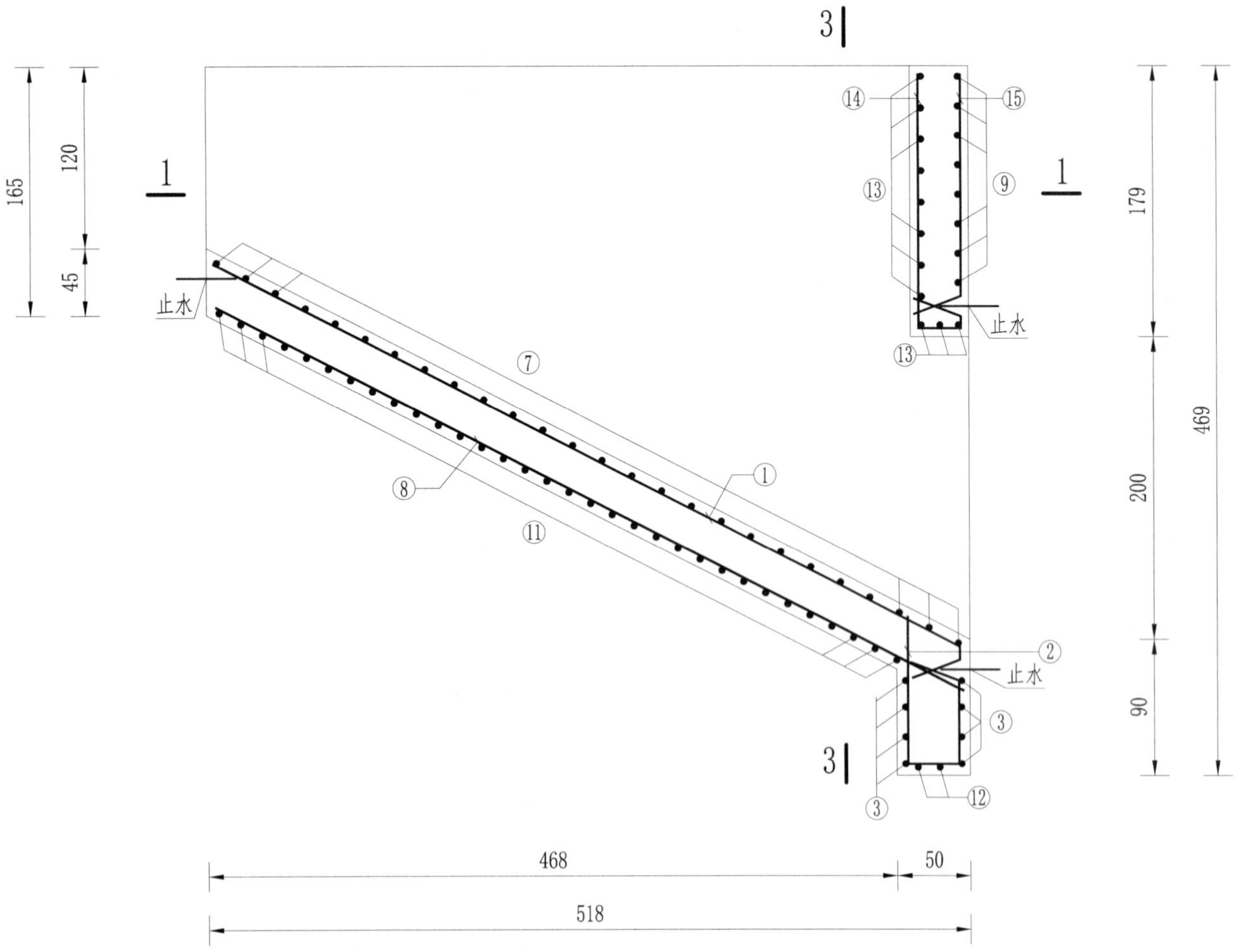

3—3 1:50

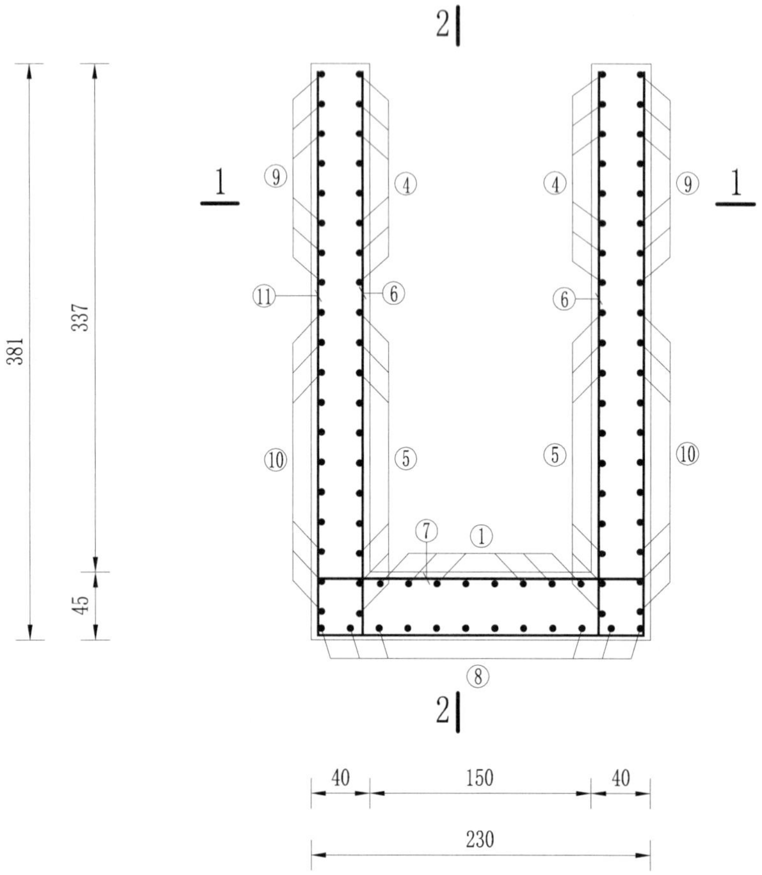

说明：

1. 图中尺寸单位以cm计。
2. 混凝土保护层为50mm。
3. 钢筋混凝土强度等级为C30。

结构类型	缓坡结构倒虹吸
图　　名	缓坡段钢筋图(一)
图　　号	5/8

钢筋表

编号	直径(mm)	型式	间距(mm)	单根长(mm)	根数	总长(mm)
①	Φ16	5685, 116.6°, 97, 110°, 383	200	6165	8	49.32
②	Φ16	1006, 383, 110°, 581, 406	200	2376	8	19.01
③	Φ22	390, 2190, 2190, 390	200	5160	4	20.64
④	Φ14	5080	200	5080	8×2	81.28
⑤	Φ14	1096~5078	200	1096~5078	11×2	67.91
⑥	Φ22	1572~4101	150	1572~4101	35×2	198.56
⑦	Φ20	2200	200	2200	26	57.20
⑧	Φ16	5680	200	5680	12	68.16
⑨	Φ14	5080, 5080, 2200	200	12360	8	98.88
⑩	Φ14	747~5128	200	747~5128	12×2	70.50
⑪	Φ22	1573~3879, 2200, 1573~3879	150	5346~9958	32	244.86
⑫	Φ22	4590, 2200, 4590	150	11380	2	22.76
⑬	Φ14	2200	200	2200	11	24.20
⑭	Φ14	1688, 350, 110°, 71, 296	200	2405	8	19.24
⑮	Φ14	350, 110°, 1463	200	1813	8	14.50

材料表

规格	总长度(m)	单位重(kg/m)	总重(kg)
Φ14	376.52	1.210	455.59
Φ16	136.49	1.580	215.65
Φ20	57.20	2.470	141.28
Φ22	486.82	2.980	1450.72
合计			2263.24

缓坡段轴测图

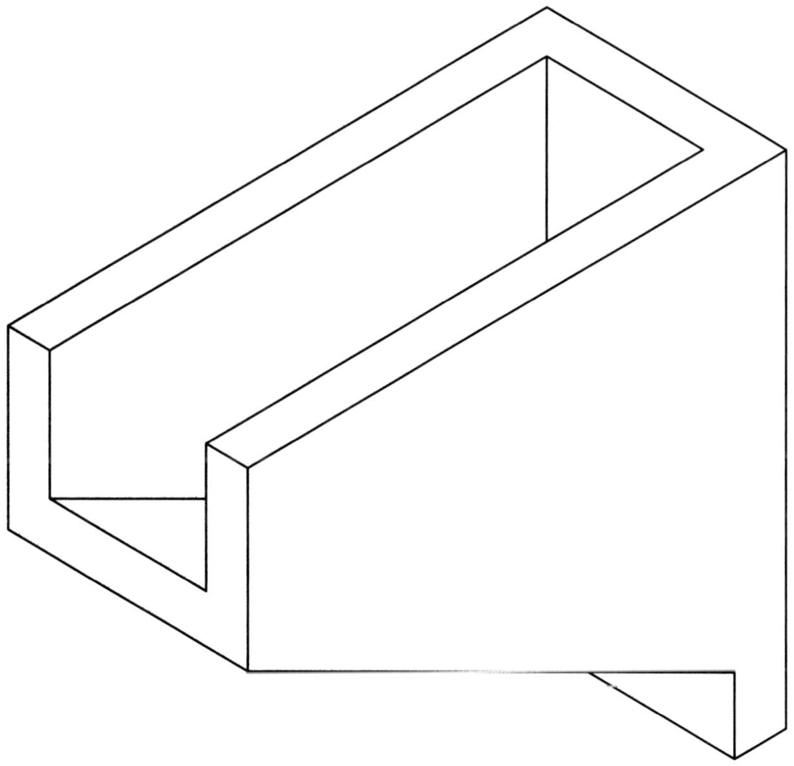

说明：
1. 图中尺寸单位以cm计。
2. 混凝土保护层为50mm。
3. 钢筋混凝土强度等级为C30。

结构类型	缓坡结构倒虹吸
图　名	缓坡段钢筋图(二)
图　号	6/8

1—1 1∶50

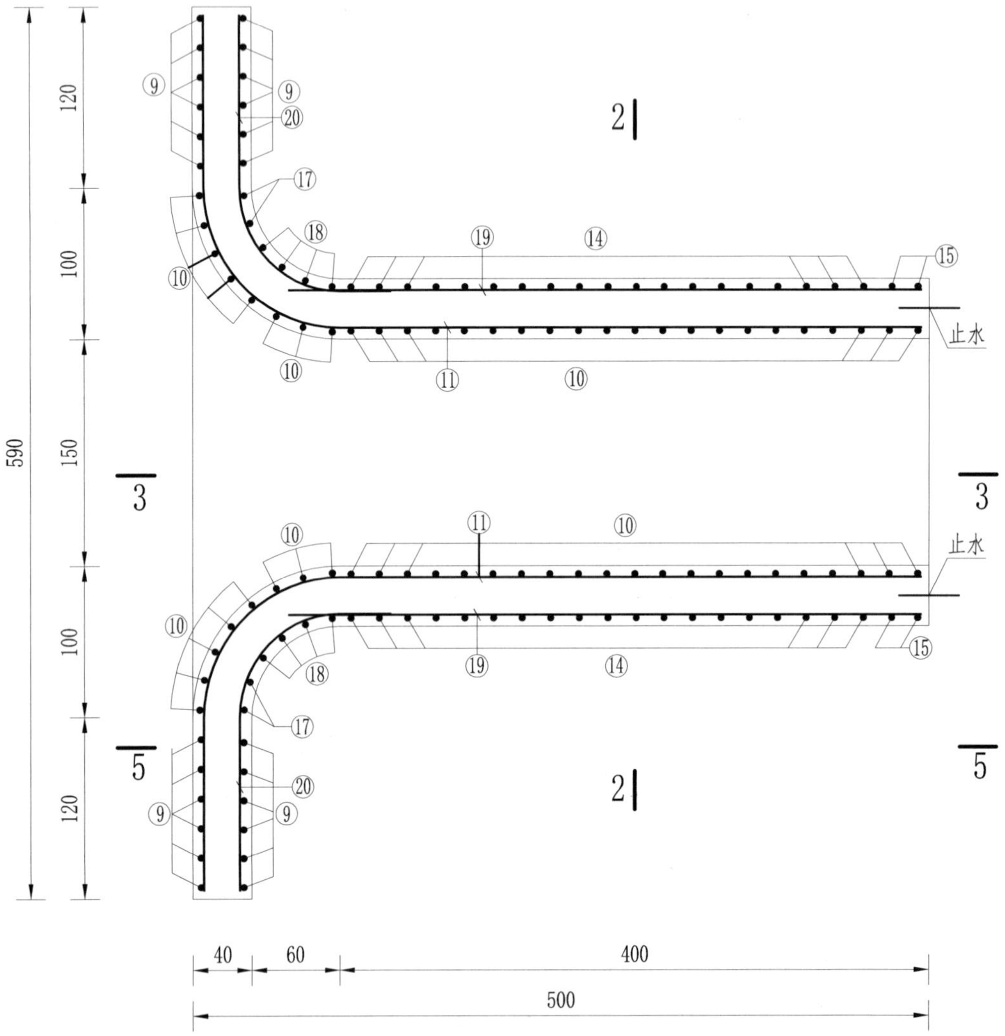

3—3 1∶50

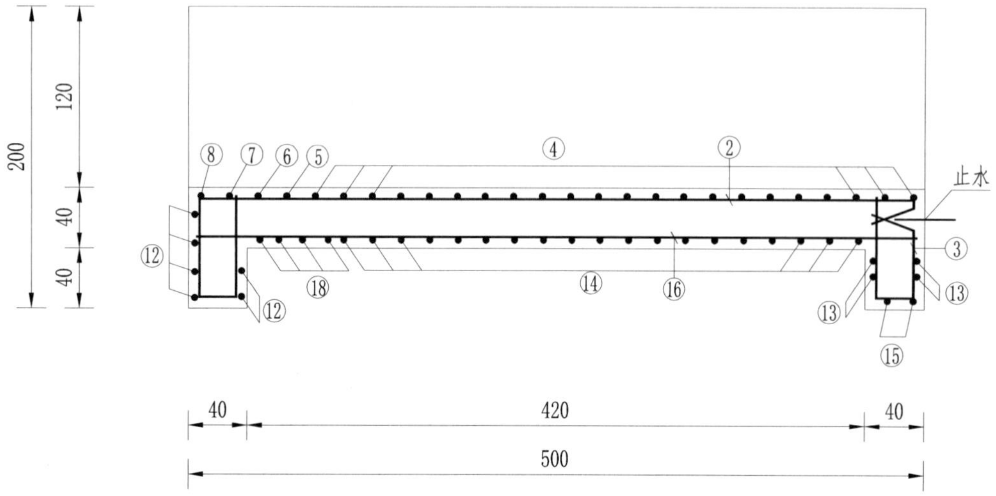

4—4 1∶50

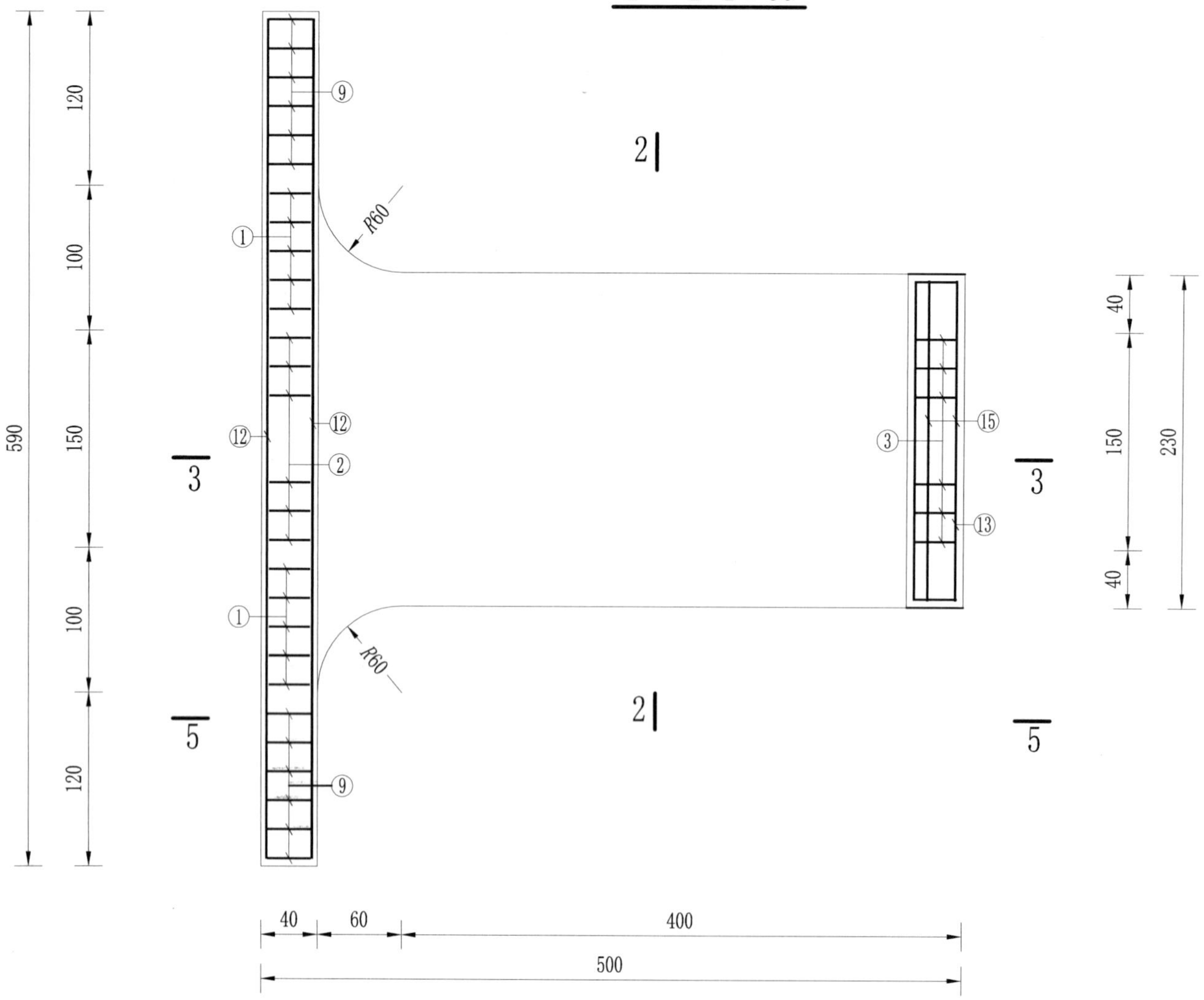

2—2 1∶50

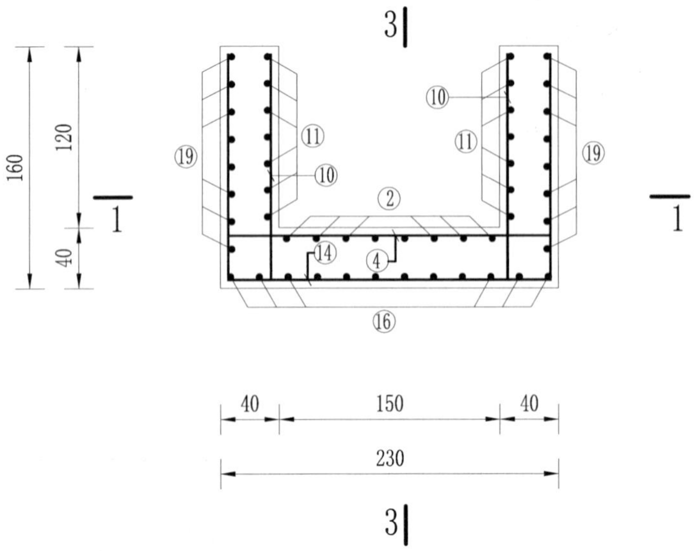

说明：

1. 图中尺寸单位以cm计。
2. 混凝土保护层为50mm。
3. 钢筋混凝土强度等级为C30。

结构类型	缓坡结构倒虹吸
图　　名	连接段钢筋图(一)
图　　号	7/8

钢筋表

编号	直径(mm)	型式		间距(mm)	单根长(mm)	根数	总长(mm)
①	Φ14	d 702 704 304	d	200		10	22.07
			359		2069	2	
			390		2100	2	
			411		2121	2	
			545		2255	2	
			780		2490	2	
②	Φ14	79 110° 4904 332 702 304 704		200	7025	8	56.20
③	Φ14	332 110° 702 479 304		200	1817	8	14.54
④	Φ16	2200		200	2200	22	48.40
⑤	Φ16	2400		200	2400	1	2.40
⑥	Φ16	2500		200	2500	1	2.50
⑦	Φ16	3300		200	3300	1	3.30
⑧	Φ16	3400		200	3400	1	3.40
⑨	Φ16	1897 294 1897		200	4088	6×2	49.06
⑩	Φ14	1500		200	1500	58	87.00
⑪	Φ12	1150 R950 1494 3950		200	6594	7×2	92.32
⑫	Φ12	5800		200	5800	6	34.80
⑬	Φ12	298 2198 298 2198		200	4992	2	9.98
⑭	Φ18	1497 2194 1497		200	5188	19	98.57
⑮	Φ18	1897 2194 1897		200	5988	2	11.98
⑯	Φ14	4900		200	4900	12	58.80
⑰	Φ18	1500		200	1500	2×2	6.00
⑱	Φ18	1497 b 1497	b	200		4	21.61
			2198		5192	1	
			2277		5271	1	
			2452		5446	1	
			2709		5703	1	
⑲	Φ12	4300		200	4300	8×2	68.80
⑳	Φ12	1150 R656 1031 350		200	2531	9×2	45.56

材料表

规格	总长度(m)	单位重(kg/m)	总重(kg)
Φ12	251.46	0.888	223.29
Φ14	238.61	1.210	288.71
Φ16	109.06	1.580	172.31
Φ18	138.16	2.000	276.32
合计			960.63

5—5 1:50

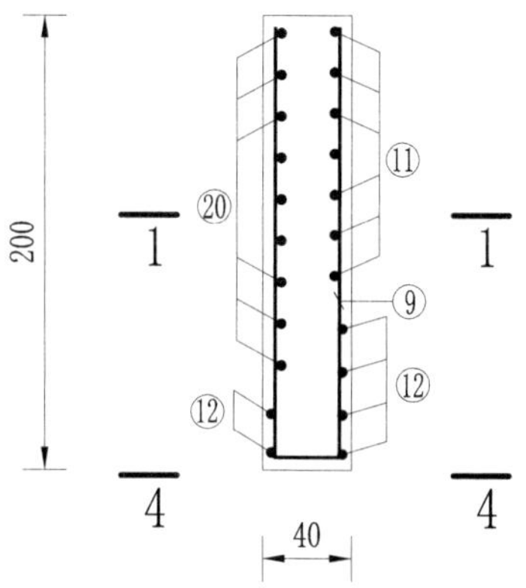

连接段轴测图

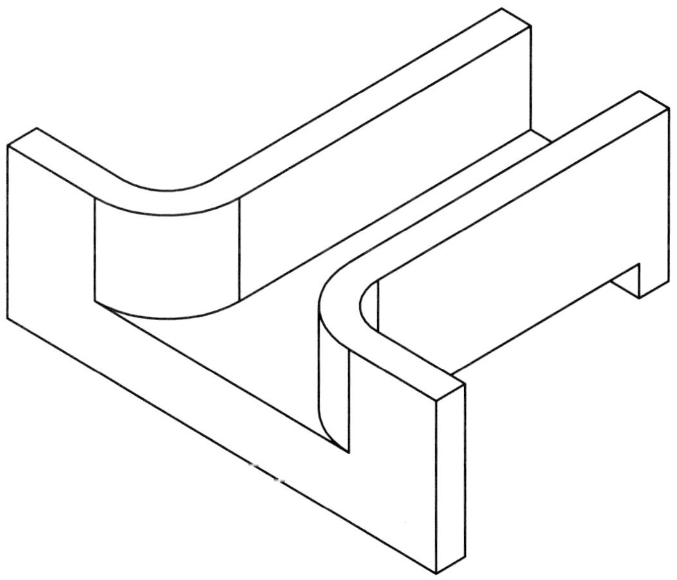

说明：

1. 图中尺寸单位以cm计。
2. 混凝土保护层为50mm。
3. 钢筋混凝土强度等级为C30。

结构类型	缓坡结构倒虹吸
图　名	连接段钢筋图(二)
图　号	8/8

第八部分

跌　水

跌坎结构跌水轴测图

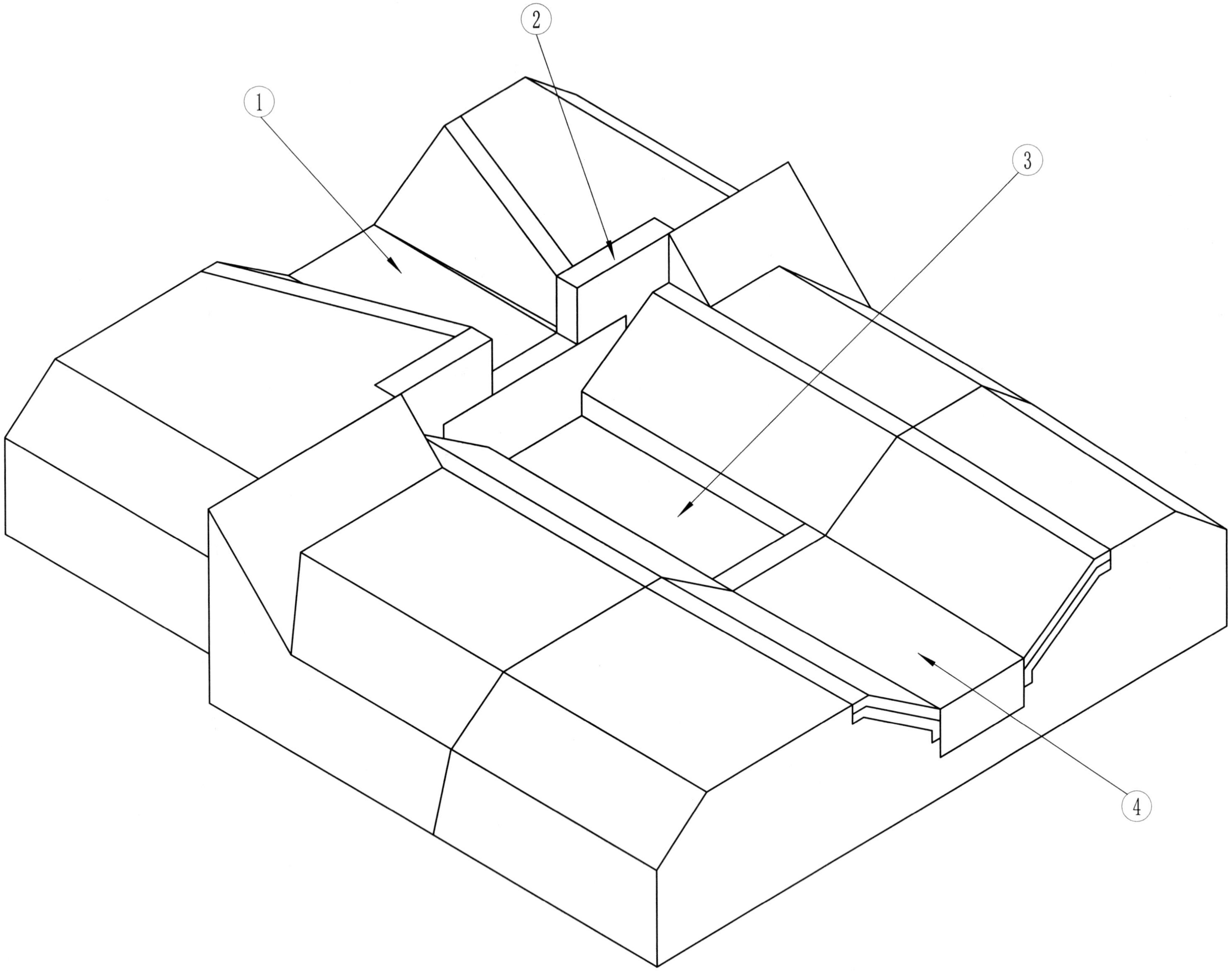

4	海漫段	1
3	消力池	1
2	跌墙	1
1	上游铺盖段	1
序号	名称	数量

结构类型	跌坎结构跌水
图　名	跌坎结构跌水轴测图
图　号	1/5

跌水平面图 1:50

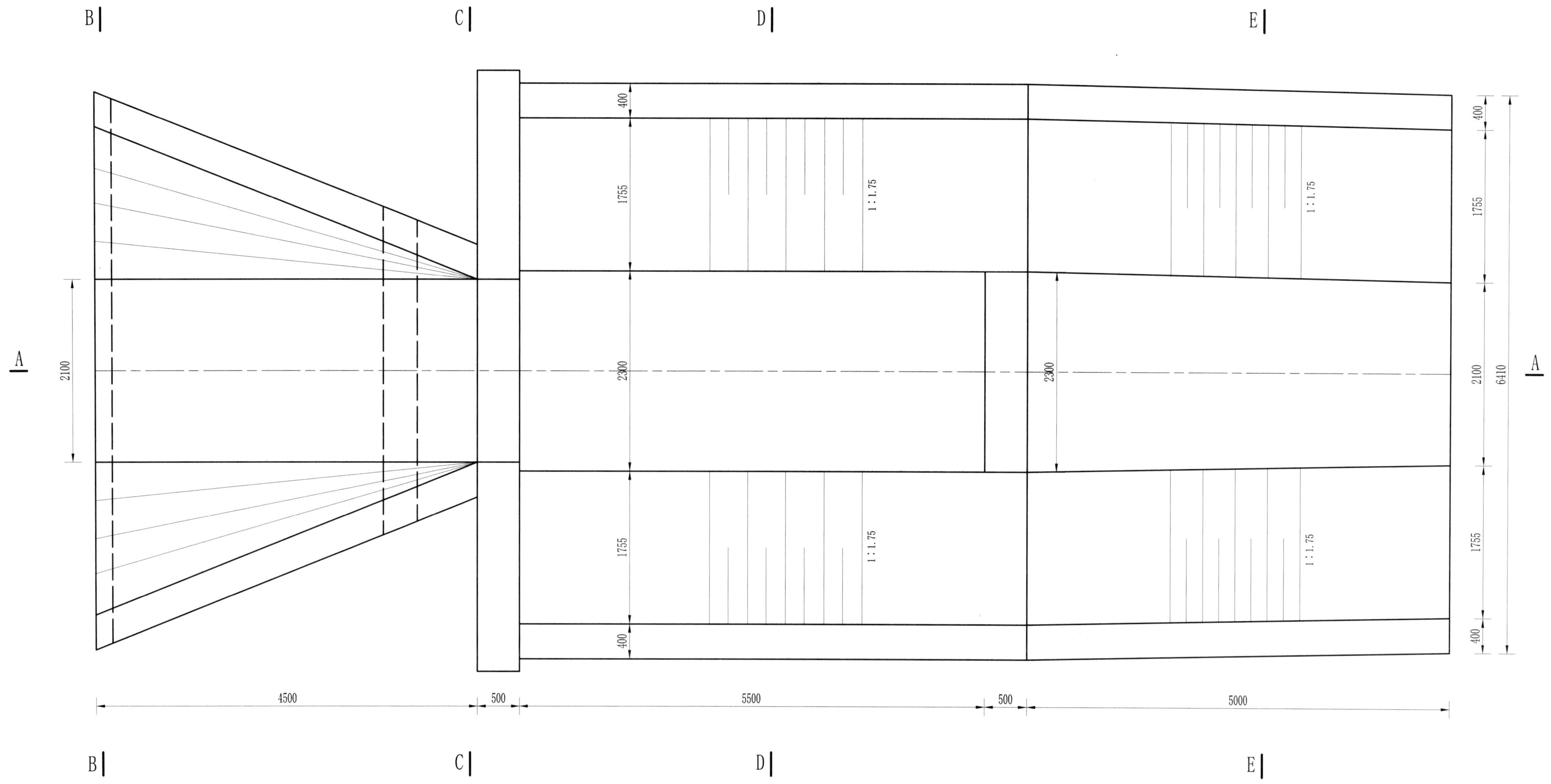

说明:

1. 图中尺寸单位以mm计。
2. 混凝土强度等级为C25，浆砌石采用M10砂浆砌筑。

结构类型	跌坎结构跌水
图　名	跌坎结构跌水平面图
图　号	2/5

A—A 1：50

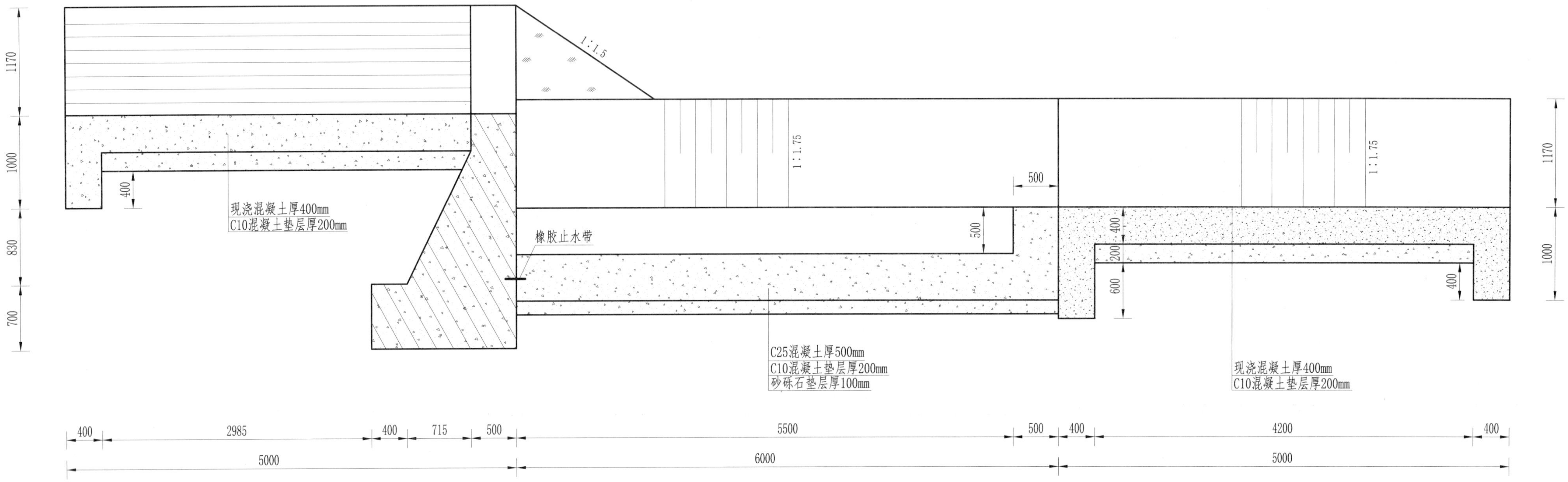

浆砌石挡墙轴测图

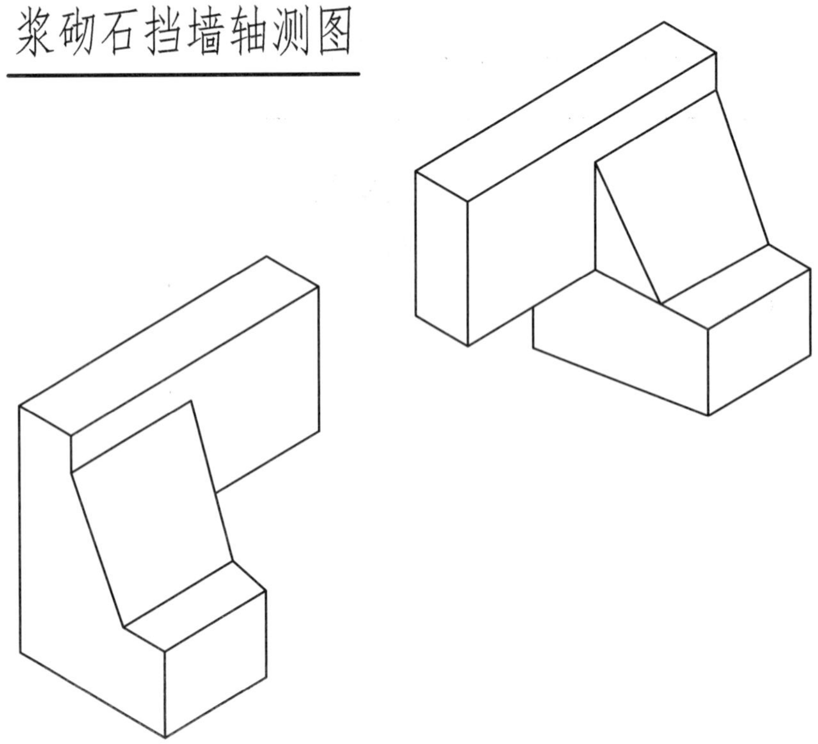

说明：

1. 图中尺寸单位以mm计。
2. 上游铺盖铺设两层塑料薄膜防渗。
3. 混凝土强度等级为C25，浆砌石采用M10砂浆砌筑。

结构类型	跌坎结构跌水
图　名	跌坎结构跌水剖面图(一)
图　号	3/5

B—B 1∶100

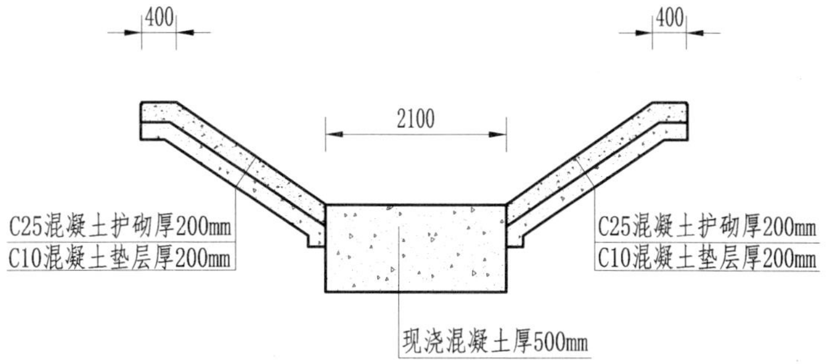

C—C 1∶100

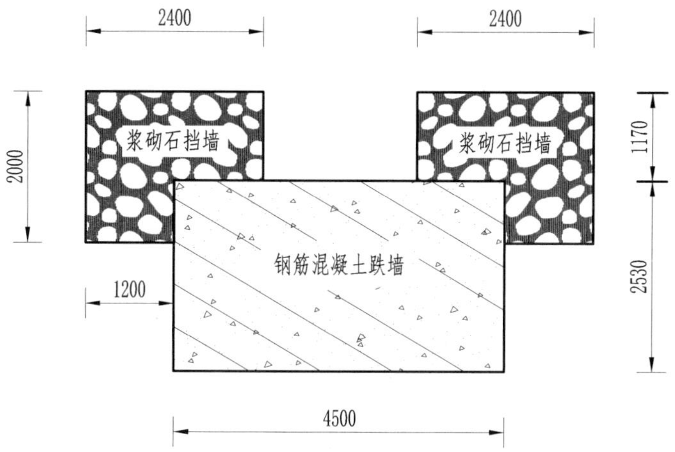

D—D 1∶100

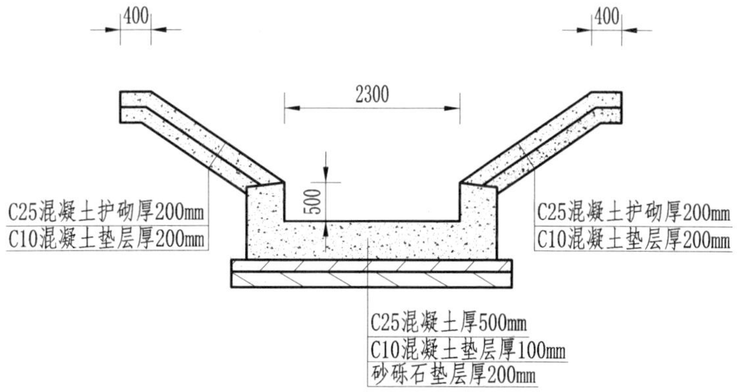

E—E 1∶100

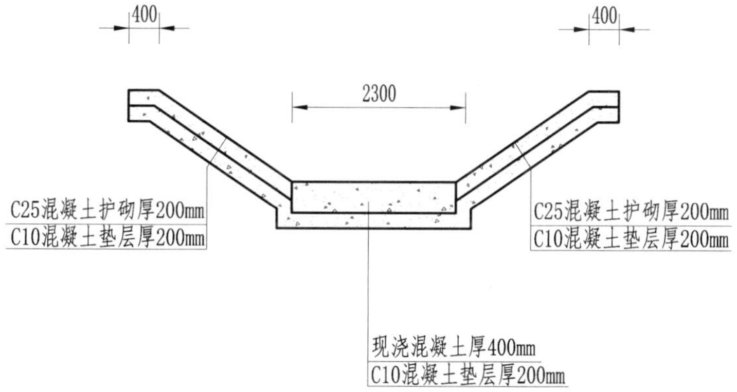

说明：

1. 图中尺寸单位以mm计。
2. 上游铺盖铺设两层塑料薄膜防渗。
3. 混凝土强度等级为C25，浆砌石采用M10砂浆砌筑。

结构类型	跌坎结构跌水
图　名	跌坎结构跌水剖面图（二）
图　号	4/5

跌墙钢筋表

编号	直径(mm)	型式	间距(mm)	单根长(mm)	根数	总长(m)
①	Φ12	1760 420	200	2180	23	50.14
②	Φ12	870 870 600 1605 600	200	4545	23	104.54
③	Φ12	3600 400 26.6°	200	4000	23	92.00
④	Φ12	400 400 400 400	200	1840	23	42.32
⑤	Φ12	7500	200	7500	33	247.50

消力池钢筋表

编号	直径(mm)	型式	间距(mm)	单根长(mm)	根数	总长(m)
⑥	Φ12	5900	200	5900	40	236.00
⑦	Φ12	400 900 900 400	200	2840	17	48.28
⑧	Φ12	500 2300 500	200	3300	27	89.10
⑨	Φ12	880 3200 880	200	4960	27	133.92
⑩	Φ12	3200	200	3200	6	19.20

跌墙材料表

规格	总长度(m)	单位重(kg/m)	总重(kg)
Φ12	536.50	0.888	476.41
合计	536.50		476.41

消力池材料表

规格	总长度(m)	单位重(kg/m)	总重(kg)
Φ12	526.50	0.888	467.53
合计	526.50		467.53

消力池配筋图 1:50

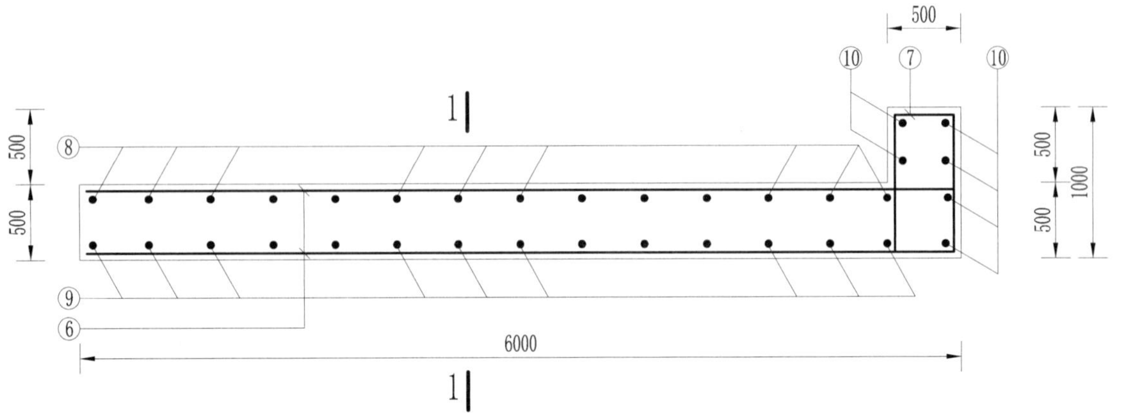

1—1 1:50

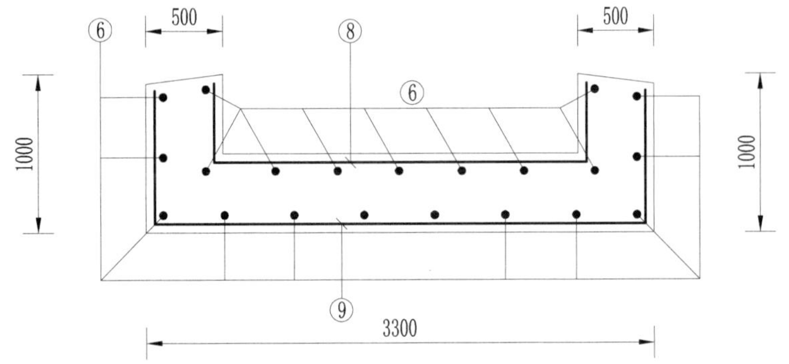

跌墙配筋图 1:50

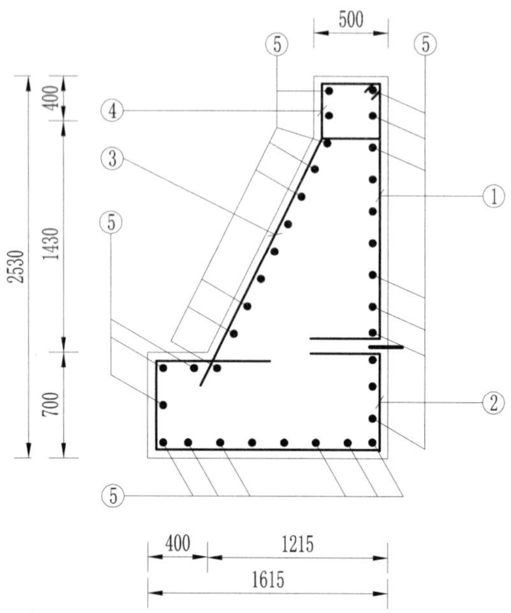

跌墙配筋轴测图

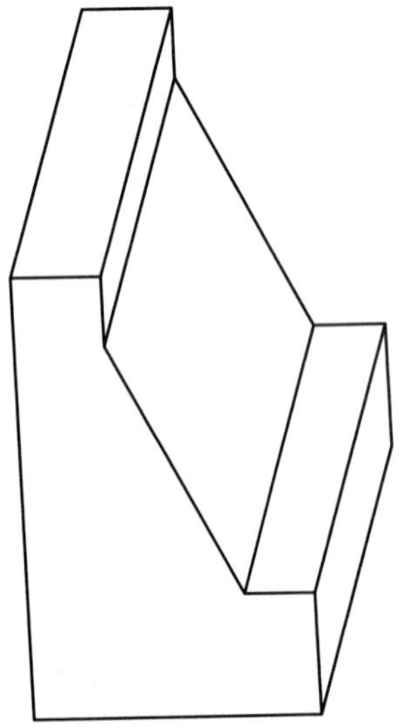

消力池配筋轴测图

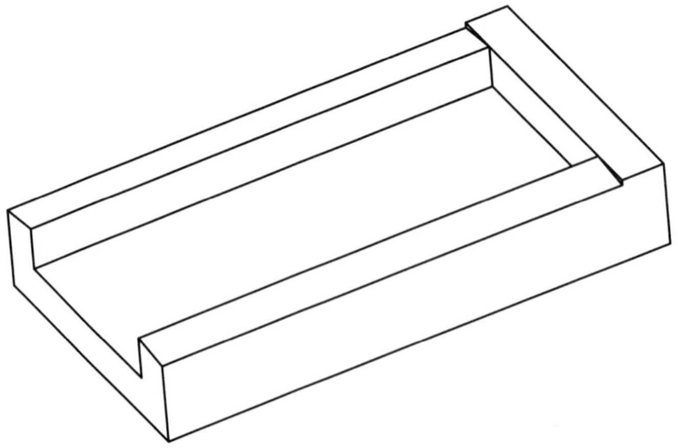

说明:

1. 图中结构尺寸单位以mm计，钢筋尺寸单位以mm计。
2. 混凝土保护层为50mm。
3. 混凝土强度等级为C25。

结构类型	跌坎结构跌水
图　名	跌坎结构跌水钢筋图
图　号	5/5

陡坡轴测图

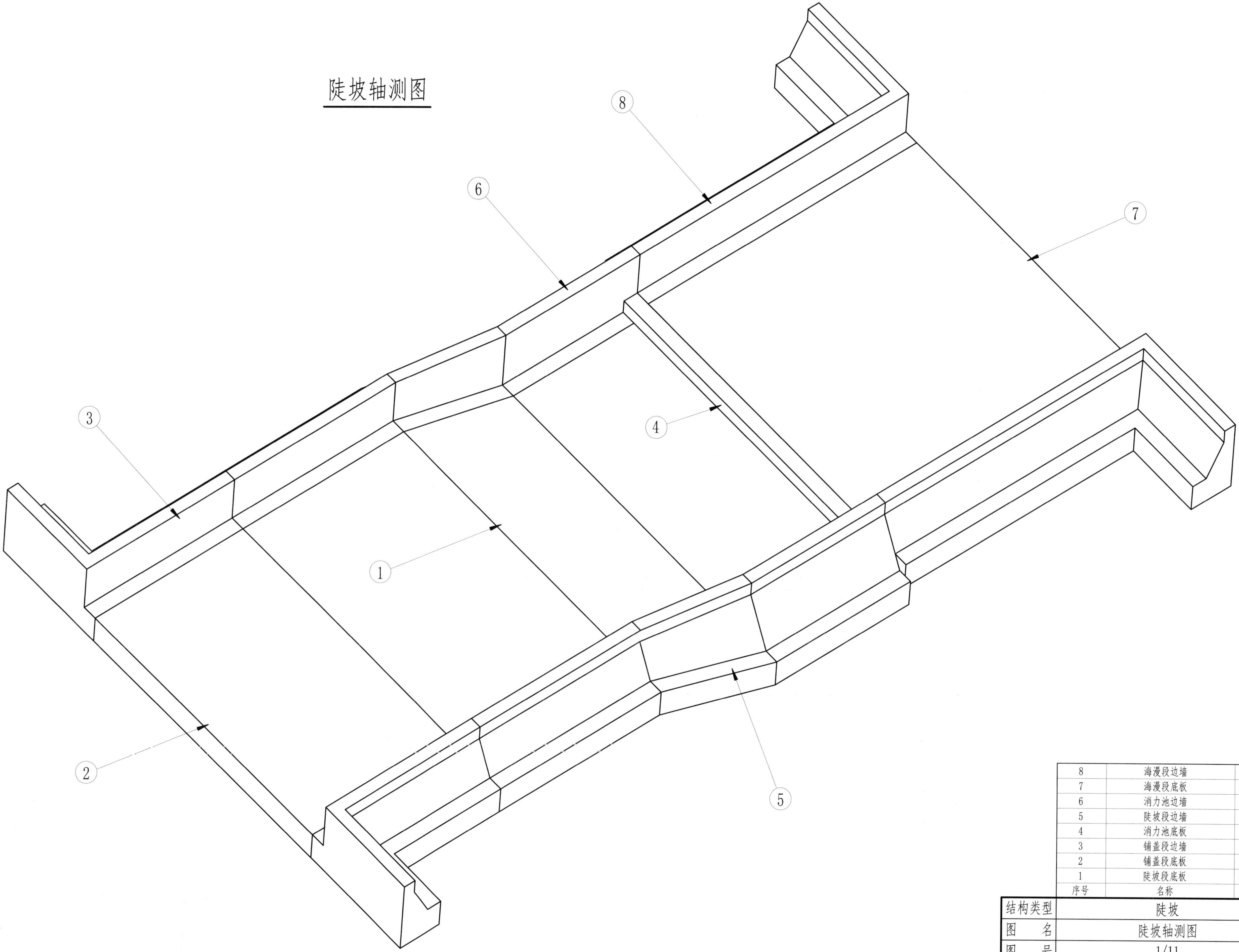

序号	名称	数量
8	海漫段边墙	1
7	海漫段底板	1
6	消力池边墙	2
5	陡坡段边墙	2
4	消力池底板	1
3	铺盖段边墙	2
2	铺盖段底板	1
1	陡坡段底板	1

结构类型	陡坡
图　　名	陡坡轴测图
图　　号	1/11

陡坡平面布置图 1:150

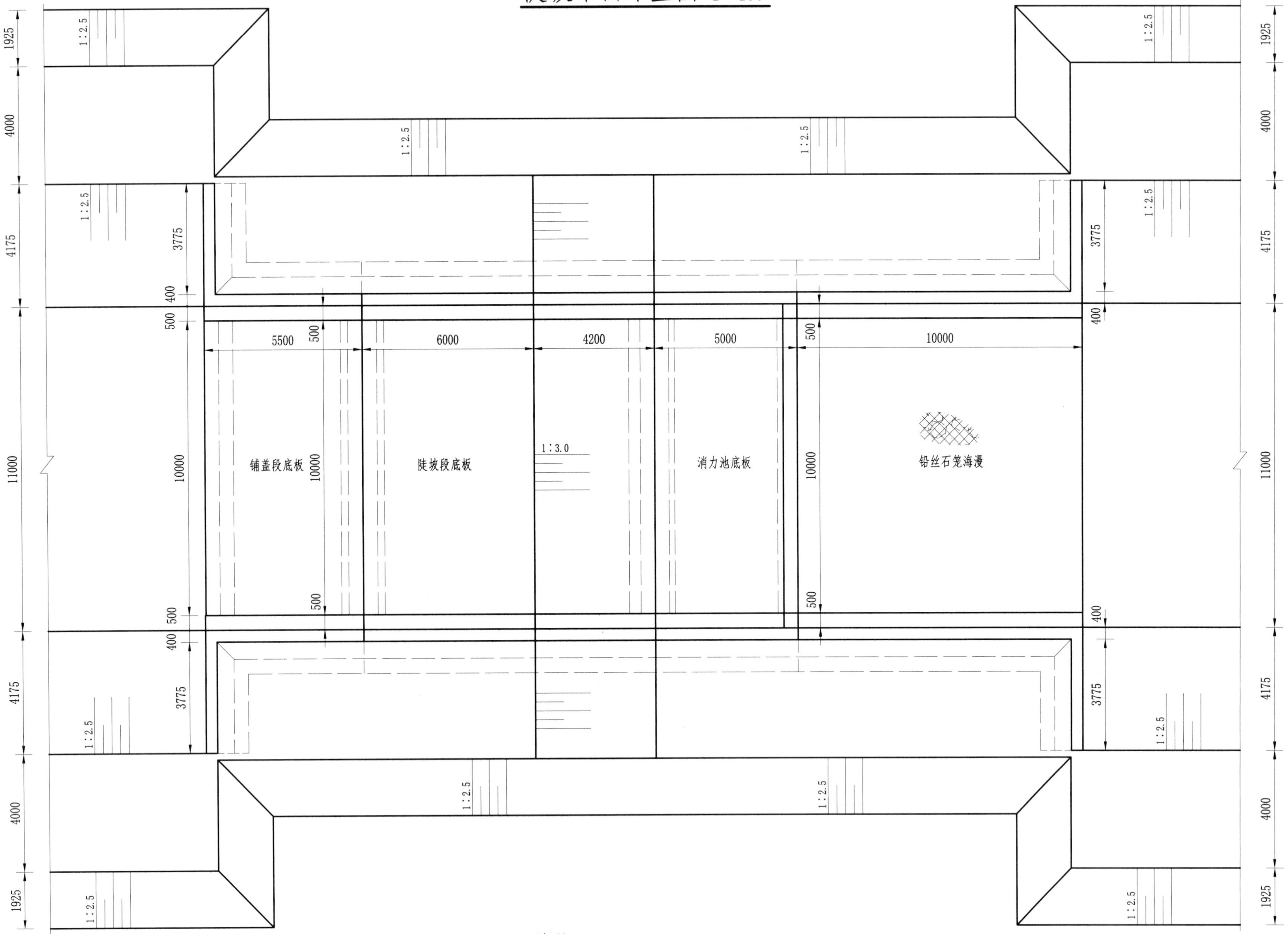

说明：

1. 图中尺寸单位以mm计，高程单位以m计。
2. 混凝土强度等级为C25。

结构类型	陡坡
图　名	陡坡平面布置图
图　号	2/11

陡坡纵剖面图 1∶150

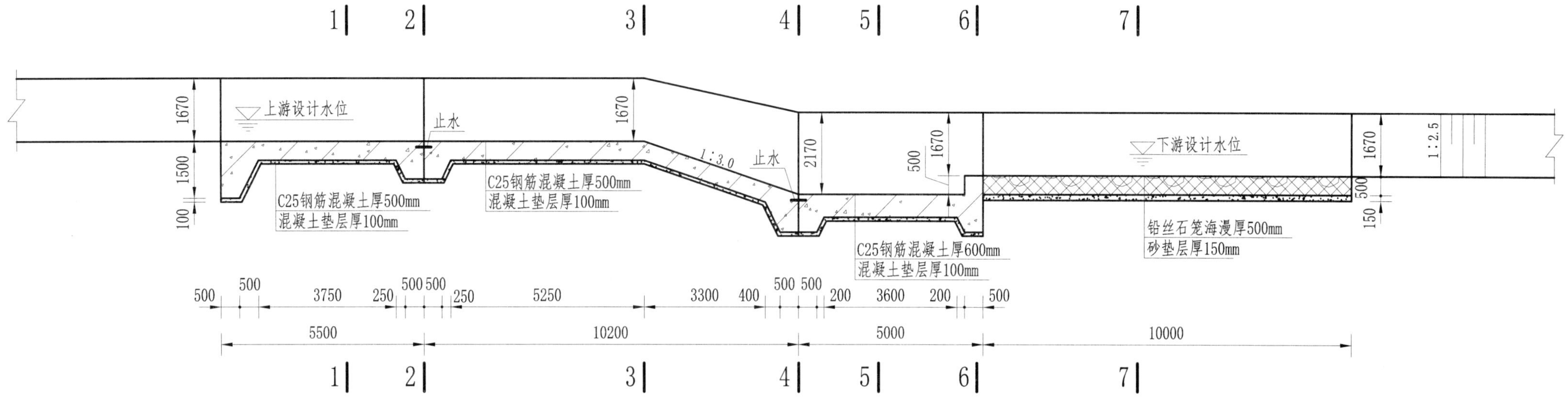

1—1 1∶150

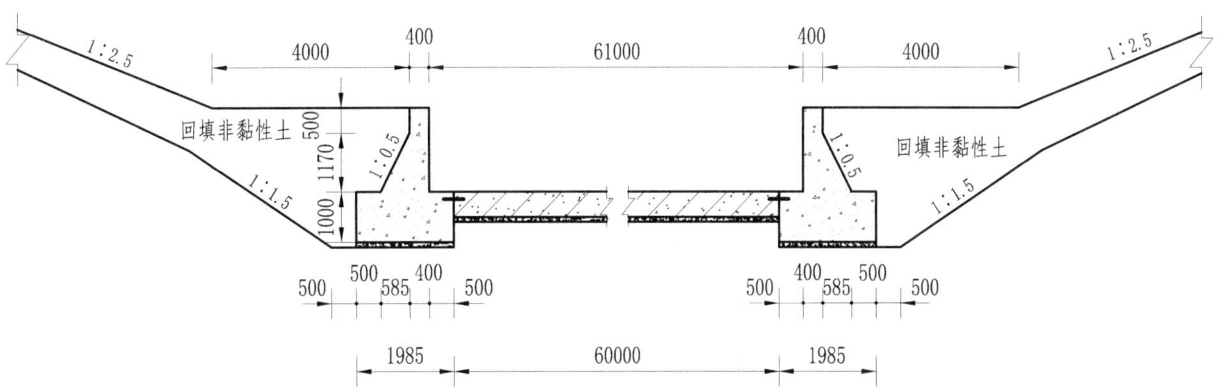

3—3 1∶150

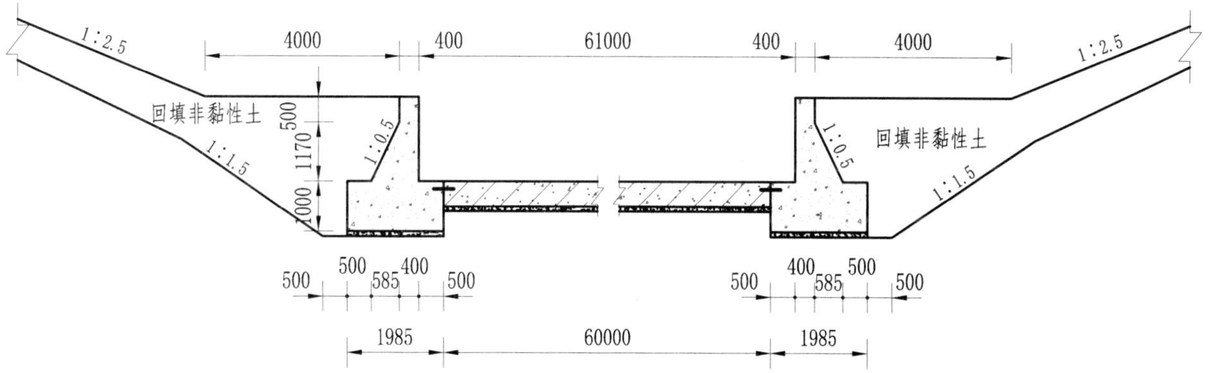

2—2 1∶150

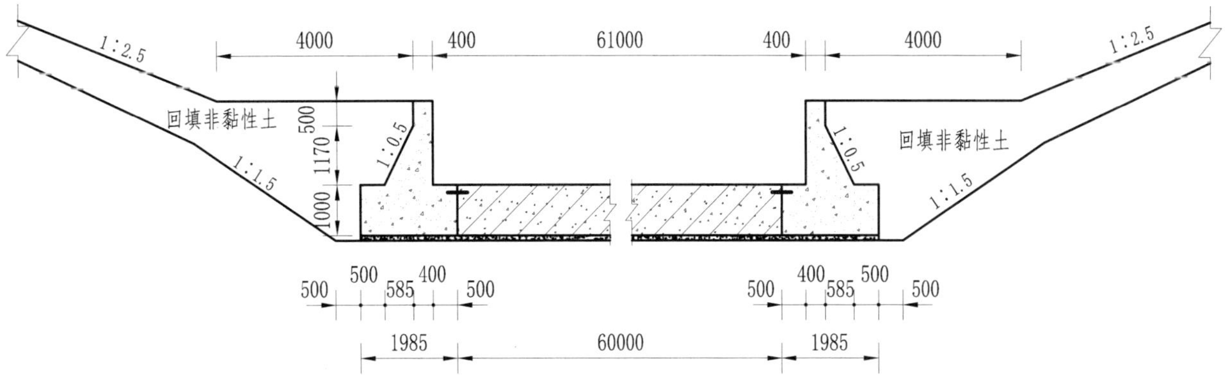

说明：

1. 图中尺寸单位以mm计，高程单位以m计。
2. 混凝土强度等级为C25。

结构类型	陡坡
图　名	陡坡纵剖面图、剖面图
图　号	3/11

4—4 1∶150

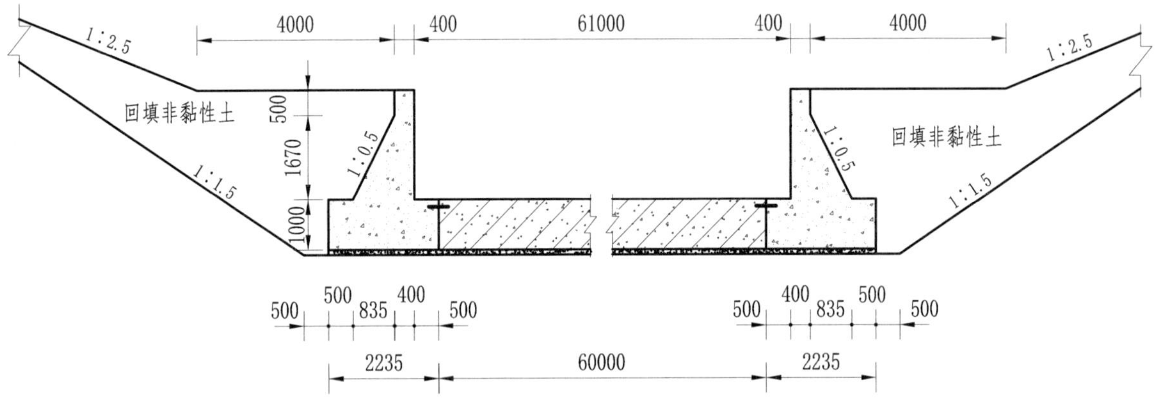

7—7 1∶150

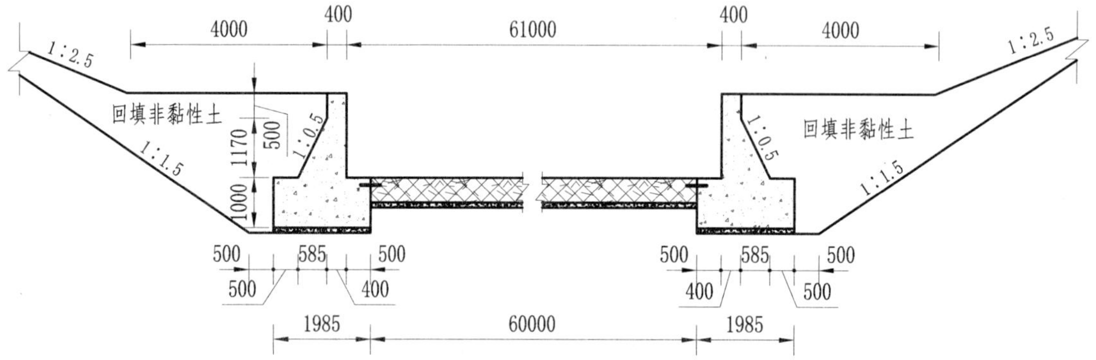

5—5 1∶150

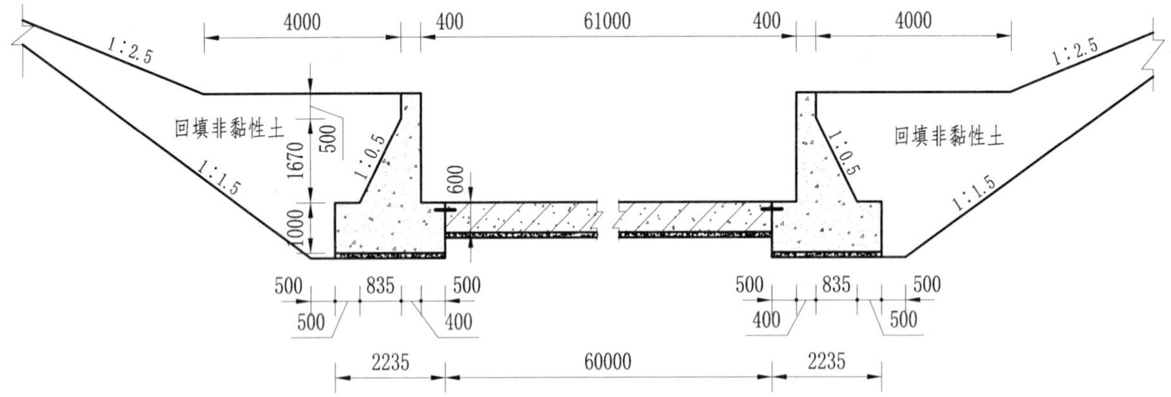

6—6 1∶150

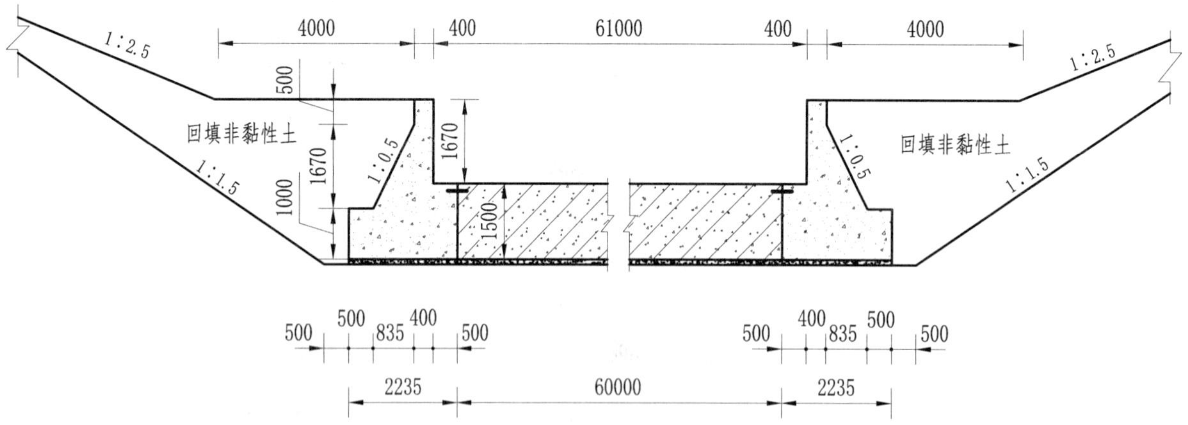

说明：

1. 图中尺寸单位以mm计，高程单位以m计。
2. 混凝土强度等级为C25。

结构类型	陡坡
图　　名	陡坡剖面图
图　　号	4/11

1—1 1∶50

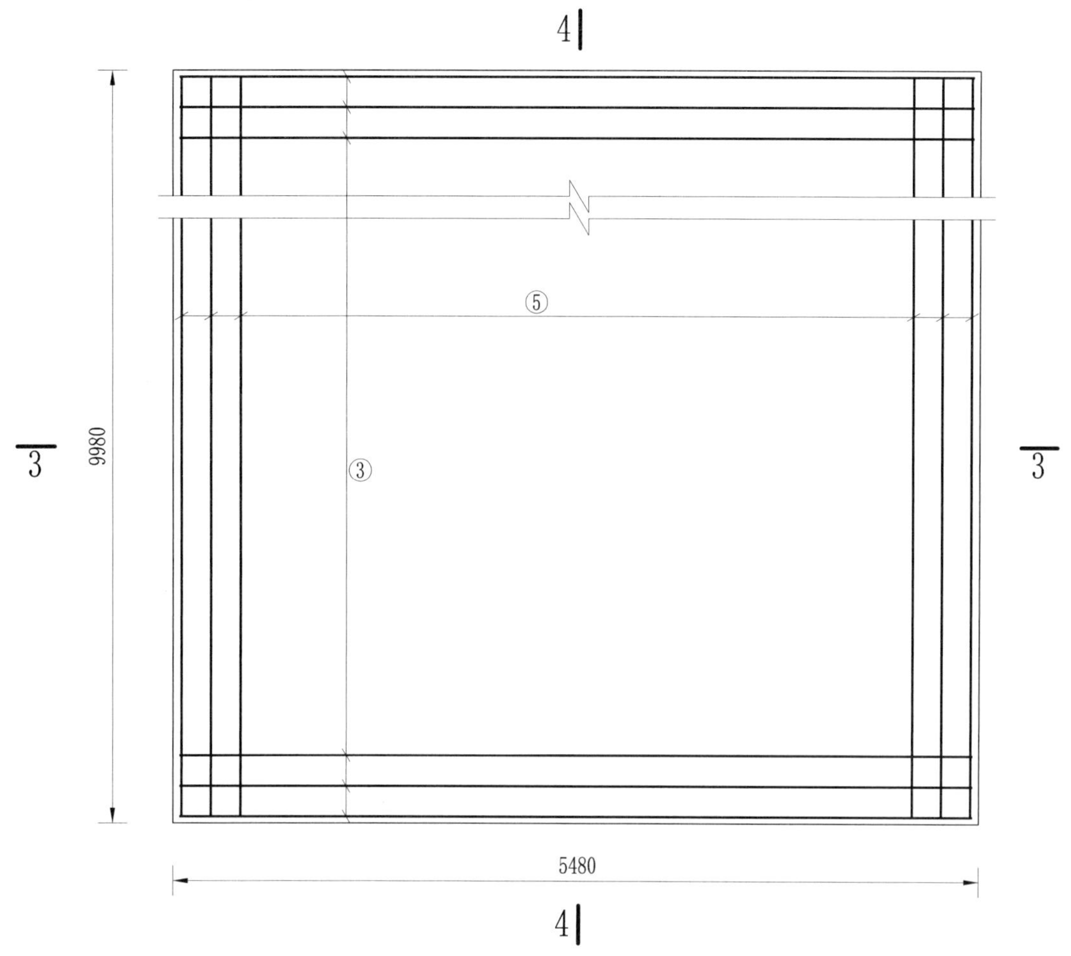

2—2 1∶50

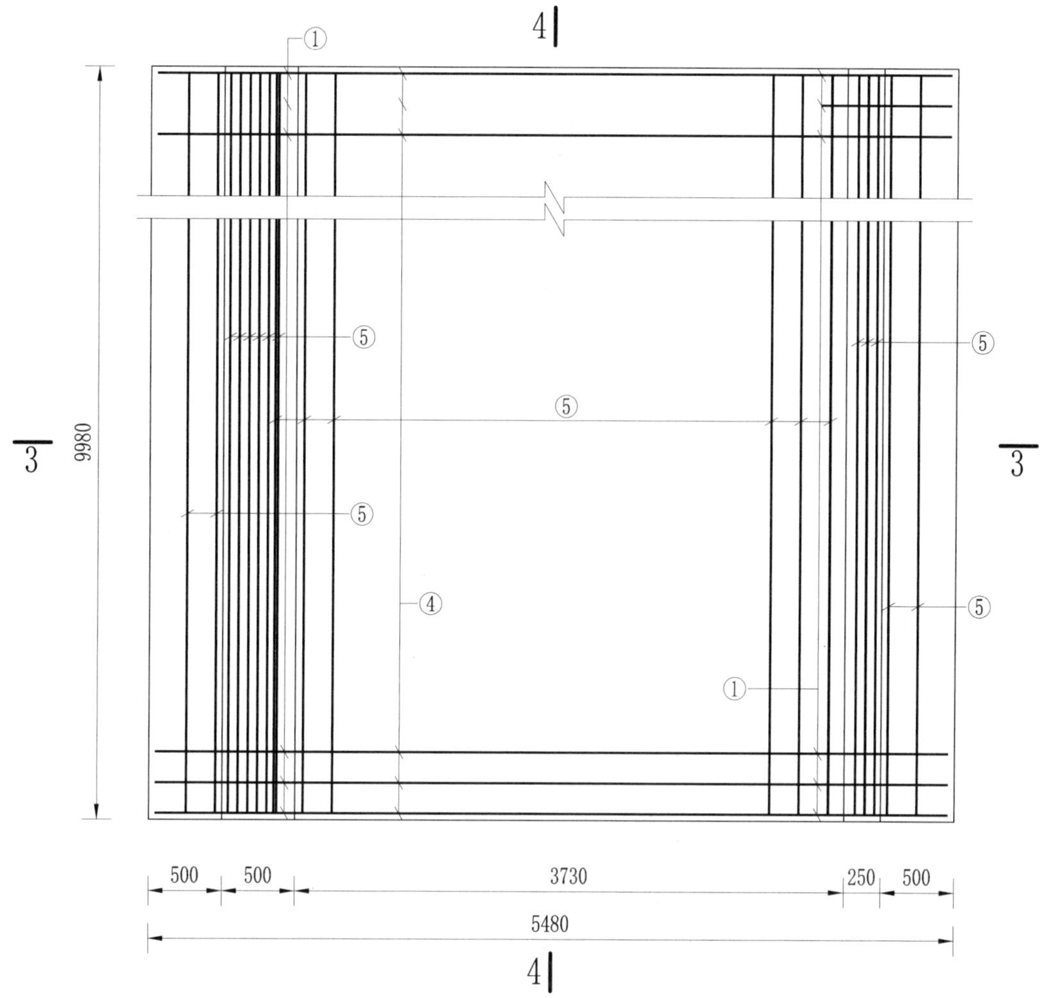

3—3 1∶50

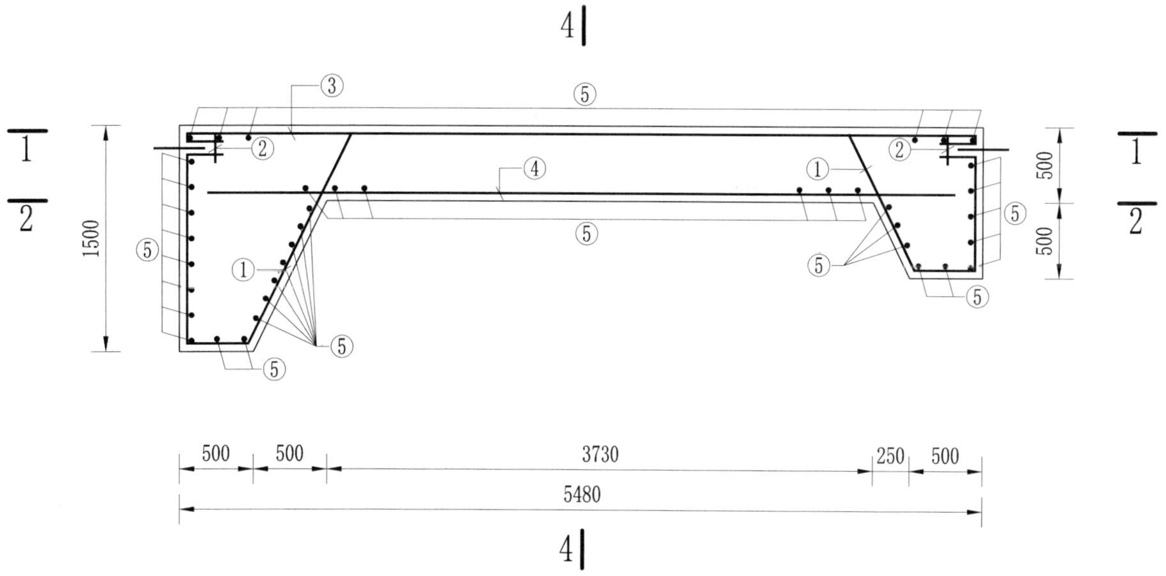

说明：

1.图中尺寸单位以mm计，高程单位以m计。

2.混凝土强度等级为C25，受力钢筋采用HRB400。

结构类型	陡坡
图　　名	铺盖段底板配筋图(一)
图　　号	5/11

4—4 1∶50

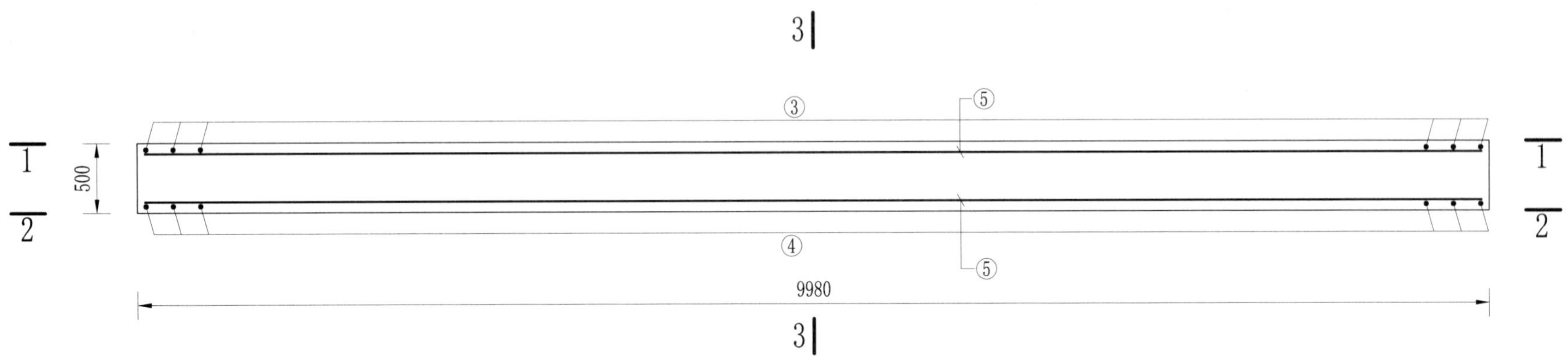

钢筋表

编号	直径(mm)	型式	间距(mm)	单根长(mm)	根数	总长(mm)
①	Φ14	425 116.6° 1560 1250 250	200	3485	50×2	348.50
②	Φ14	200	200	200	50×2	20.00
③	Φ14	50 250 5380 250 50	200	5980	50	299.00
④	Φ14	5100	200	5100	50	255.00
⑤	Φ14	9880	200	9880	75	741.00

铺盖段底板轴测图

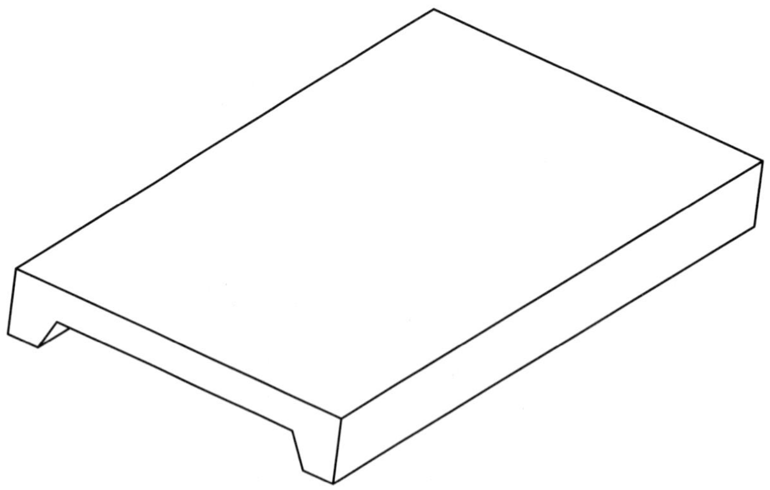

材料表

规格	总长度(m)	单位重(kg/m)	总重(kg)
Φ14	1663.50	1.210	2012.84
合计			2012.84

说明：

1.图中尺寸单位以mm计，高程单位以m计。

2.混凝土强度等级为C25，受力钢筋采用HRB400。

结构类型	陡坡
图　名	铺盖段底板配筋图(二)
图　号	6/11

1—1 1:50

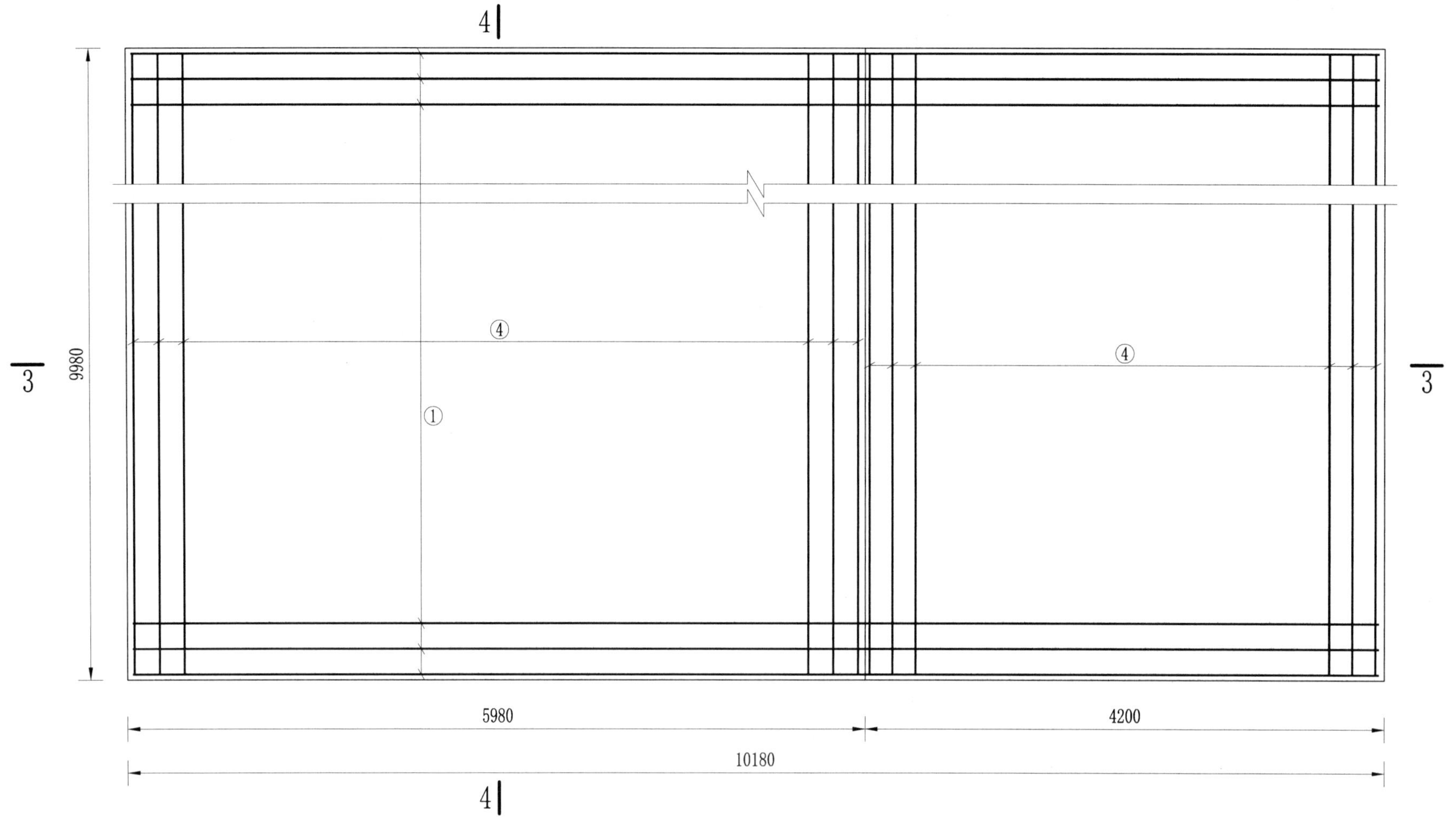

3—3 1:50

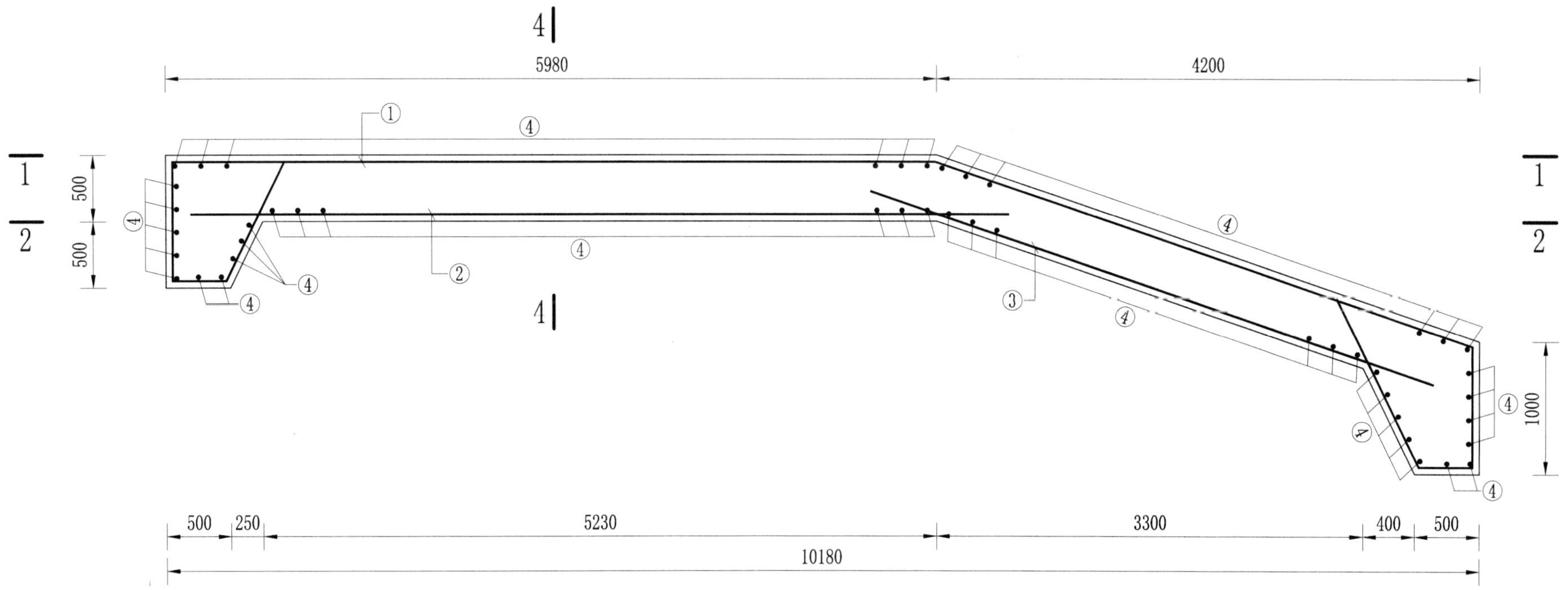

说明：

1. 图中尺寸单位以mm计，高程单位以m计。
2. 混凝土强度等级为C25，受力钢筋采用HRB400。

结构类型	陡坡
图　　名	陡坡段底板配筋图(一)
图　　号	7/11

2—2 1∶50

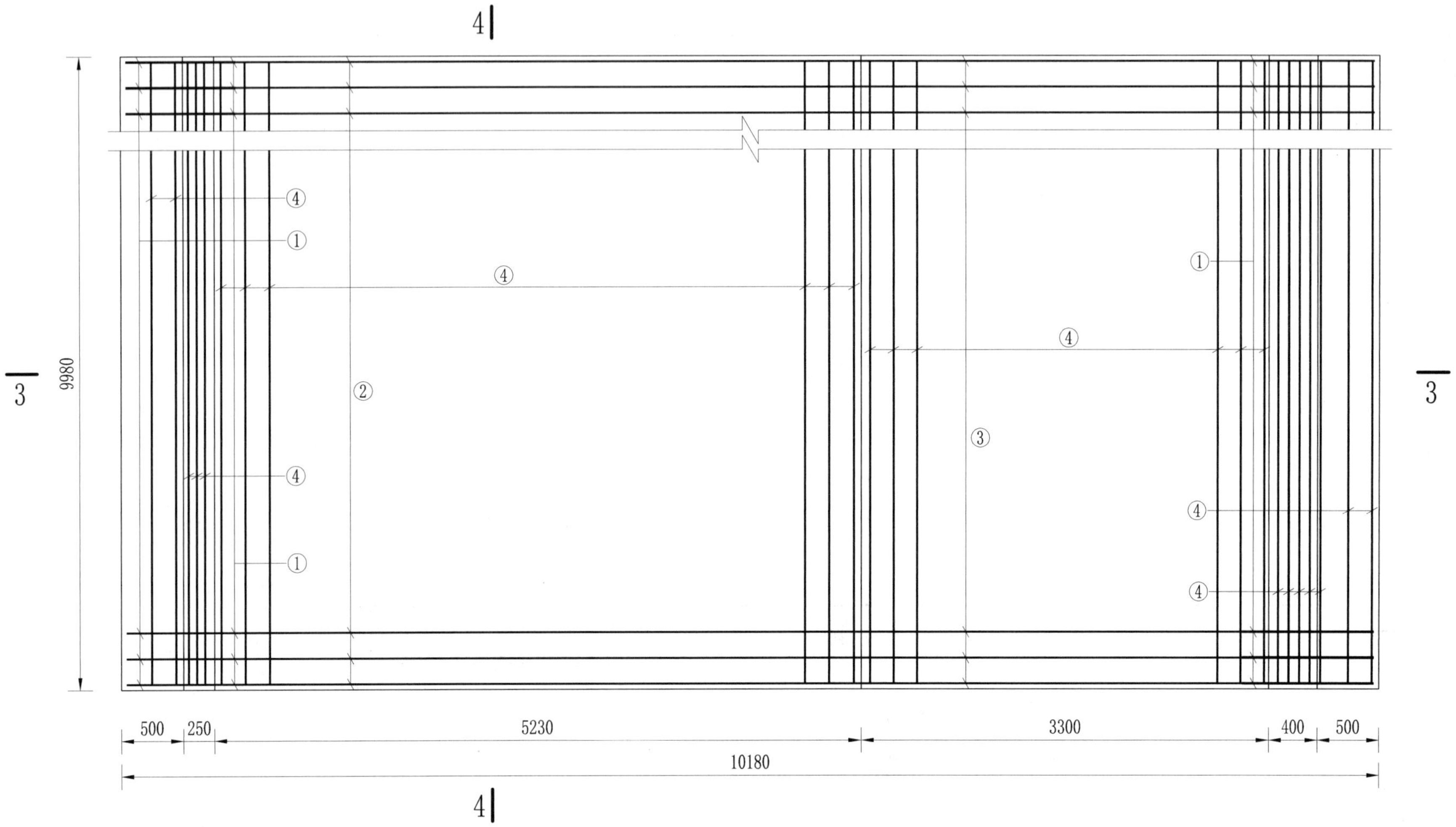

4—4 1∶50

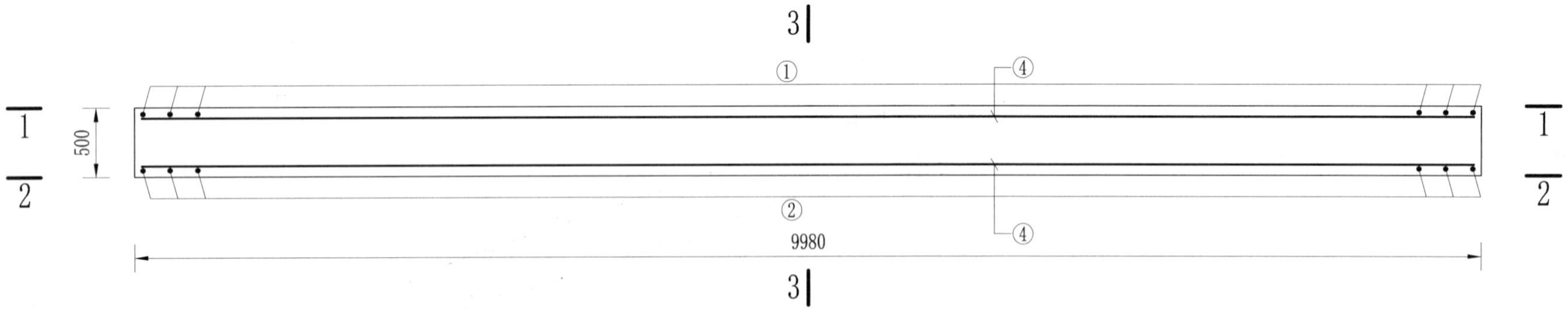

说明：

1.图中尺寸单位以mm计，高程单位以m计。

2.混凝土强度等级为C25，受力钢筋采用HRB400。

结构类型	陡坡
图　　名	陡坡段底板配筋图(二)
图　　号	8/11

钢筋表

编号	直径(mm)	型式	间距(mm)	单根长(mm)	根数	总长(mm)
①	⌀14	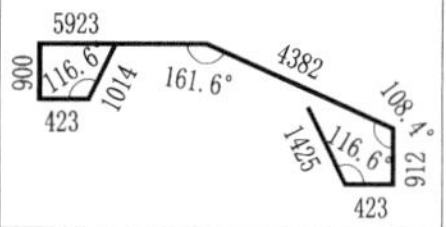 5923 900 116.6° 1014 423 161.6° 4382 108.4° 1425 116.6° 912 423	200	15402	50	770.10
②	⌀14	6350	200	6350	50	317.50
③	⌀14	4599	200	4599	50	229.95
④	⌀14	9880	200	9880	119	1175.72

材料表

规格	总长度(m)	单位重(kg/m)	总重(kg)
⌀14	2493.27	1.210	3016.86
合计			3016.86

陡坡段底板轴测图

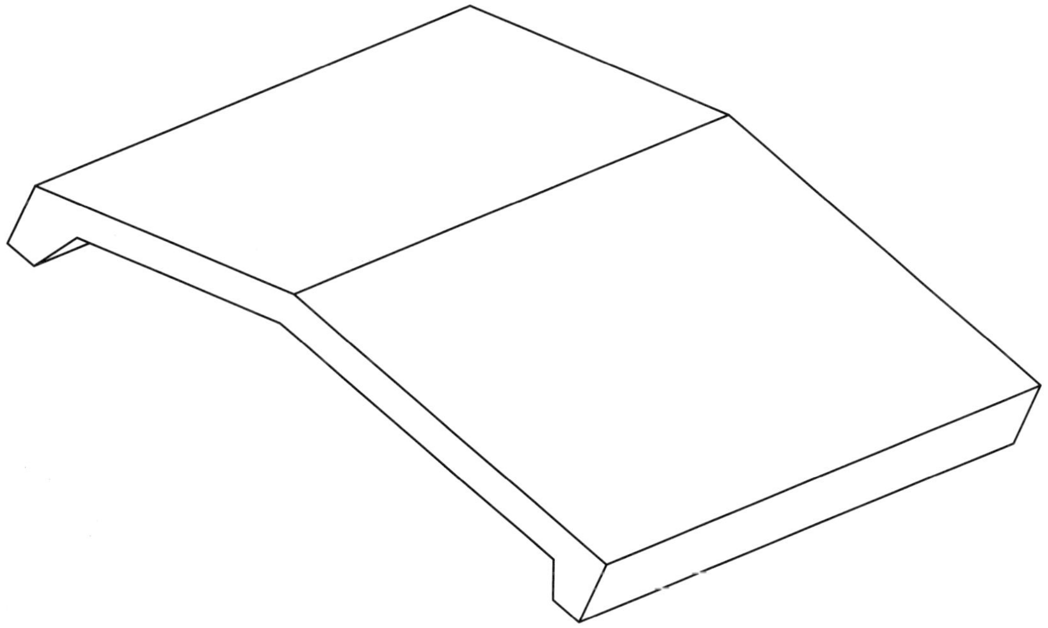

说明:

1. 图中尺寸单位以mm计，高程单位以m计。
2. 混凝土强度等级为C25，受力钢筋采用HRB400。

结构类型	陡坡
图　名	陡坡段底板配筋图(三)
图　号	9/11

1—1 1∶50

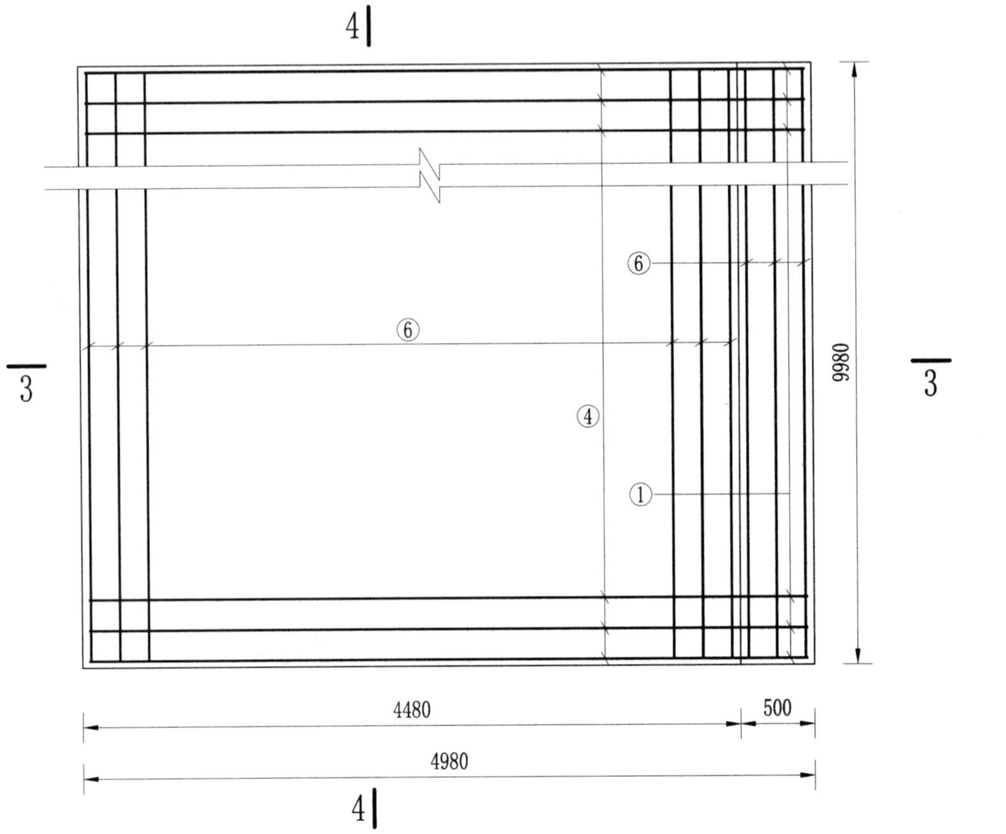

2—2 1∶50

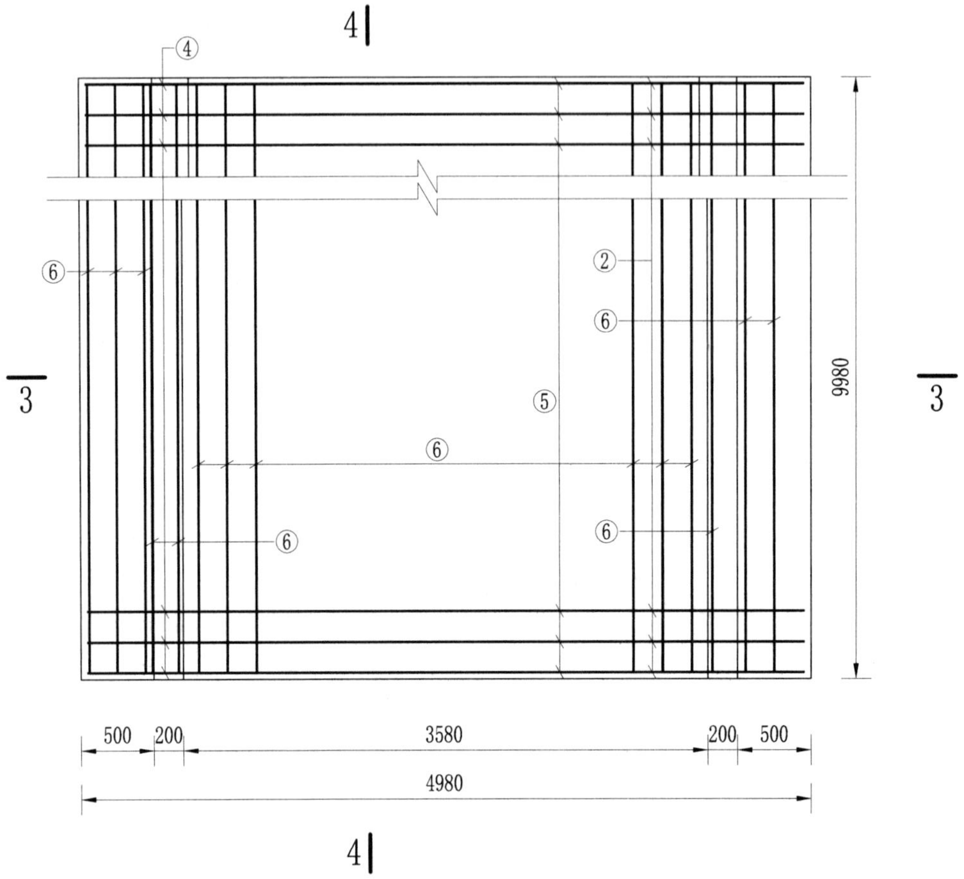

3—3 1∶50

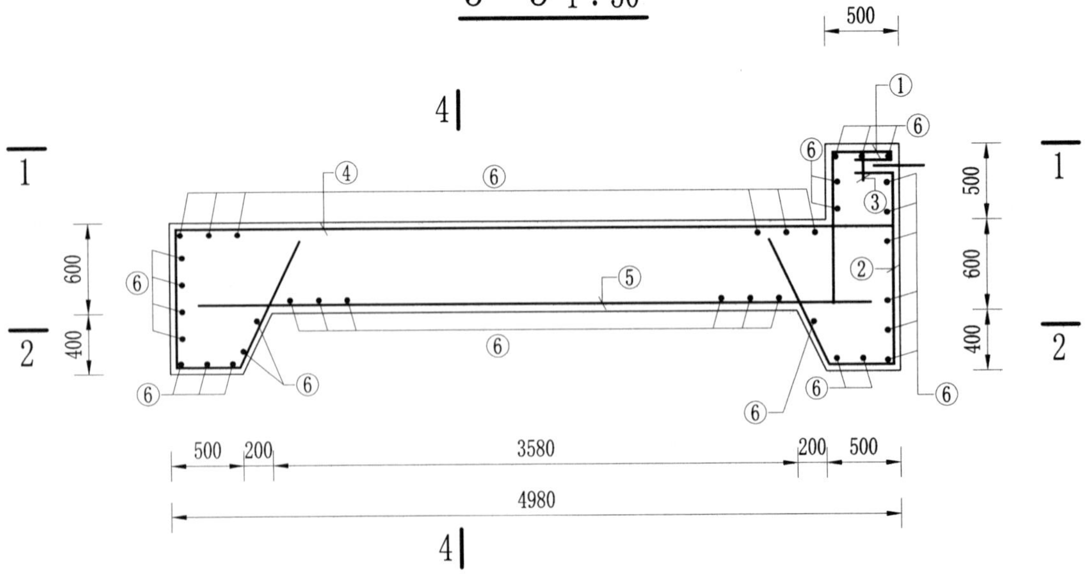

说明:

1. 图中尺寸单位以mm计，高程单位以m计。
2. 混凝土强度等级为C25，受力钢筋采用HRB400。

结构类型	陡坡
图　　名	消力池底板配筋图(一)
图　　号	10/11

4—4 1:50

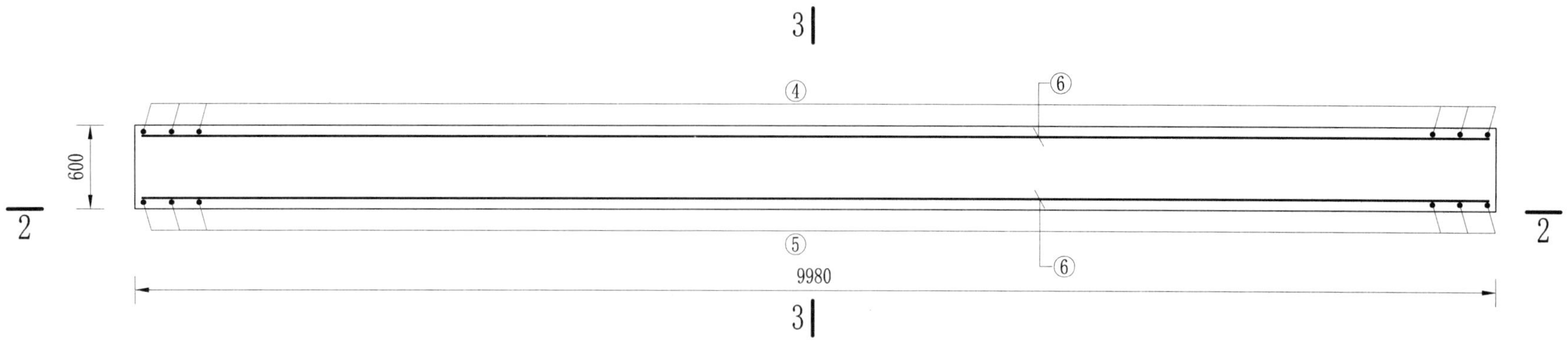

钢筋表

编号	直径(mm)	型式	间距(mm)	单根长(mm)	根数	总长(mm)
①	⌀14	50 / 250 / 400 / 1010	200	1710	50	85.50
②	⌀14	430 / 129.8° / 1250 / 250 / 930	200	2860	50	143.00
③	⌀14	200	200	200	50	10.00
④	⌀14	4880 / 930 / 116.2° / 900 / 430	200	7140	50	357.00
⑤	⌀14	4600	200	4600	50	230.00
⑥	⌀14	9880	200	9880	65	642.20

材料表

规格	总长度(m)	单位重(kg/m)	总重(kg)
⌀14	1467.70	1.210	1775.92
合计			1775.92

消力池底板轴测图

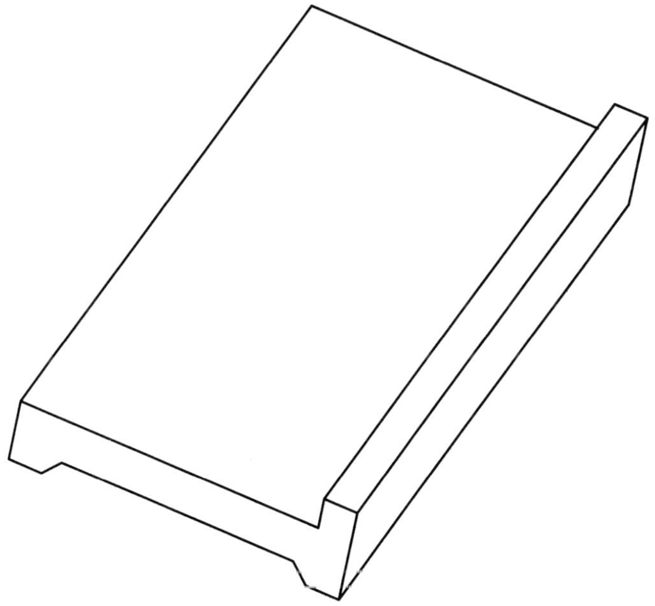

说明：

1.图中尺寸单位以mm计，高程单位以m计。

2.混凝土强度等级为C25，受力钢筋采用HRB400。

结构类型	陡坡
图　名	消力池底板配筋图(二)
图　号	11/11

第九部分

田间装配式建筑物

预制方涵轴测图

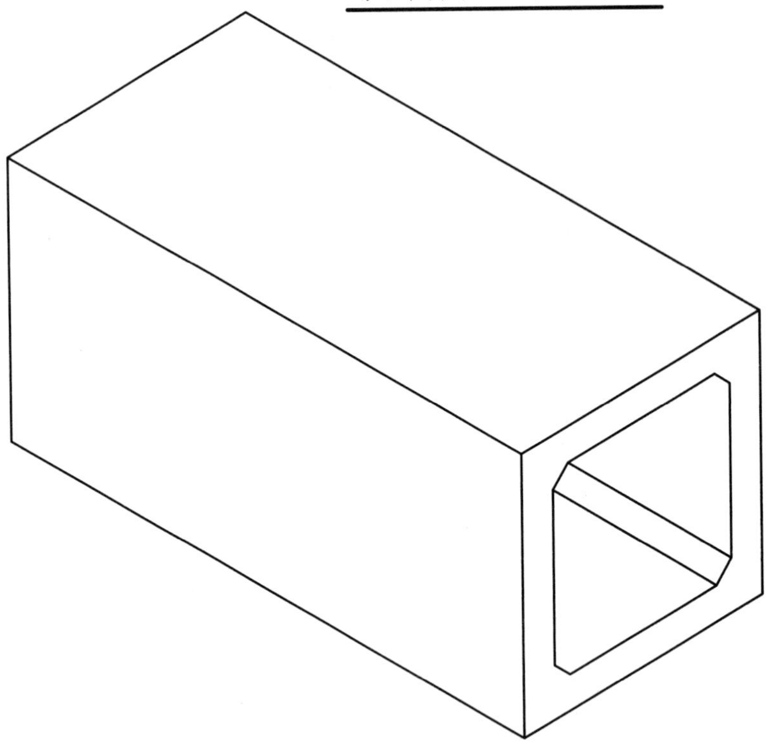

三通700-700-500轴测图

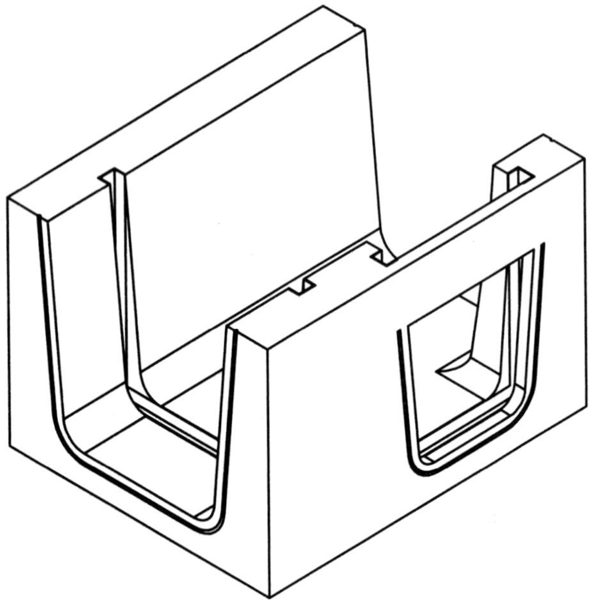

三通700-600-500轴测图

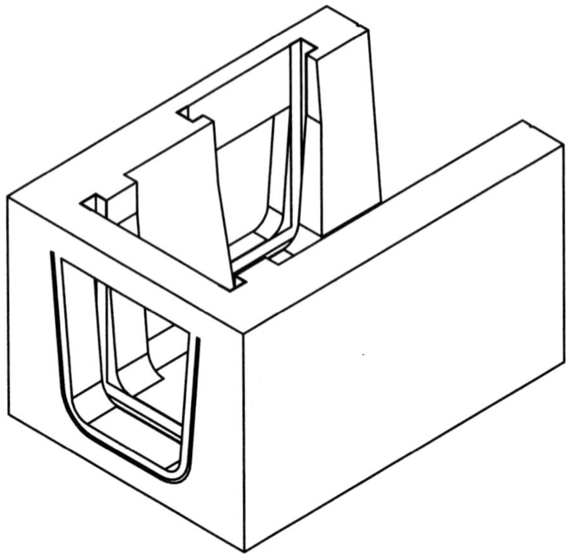

预制调坡(跌差0.3m)轴测图

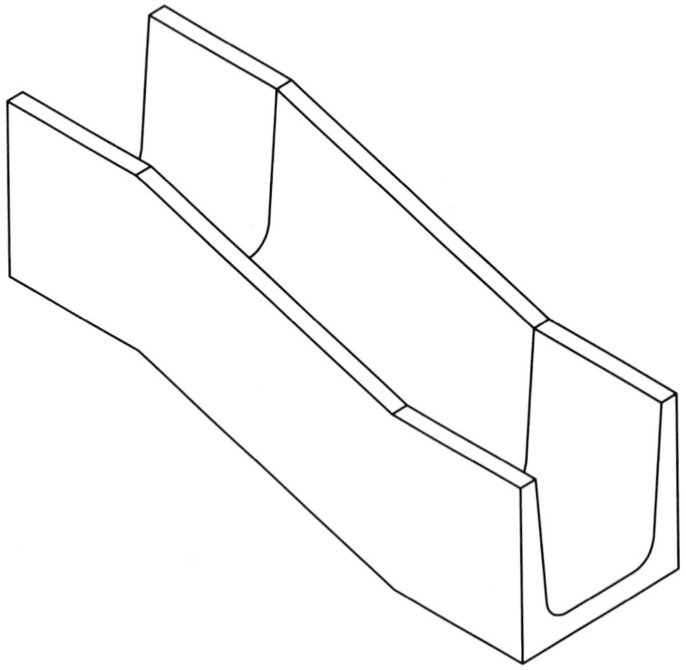

预制渠道转角(90°)轴测图

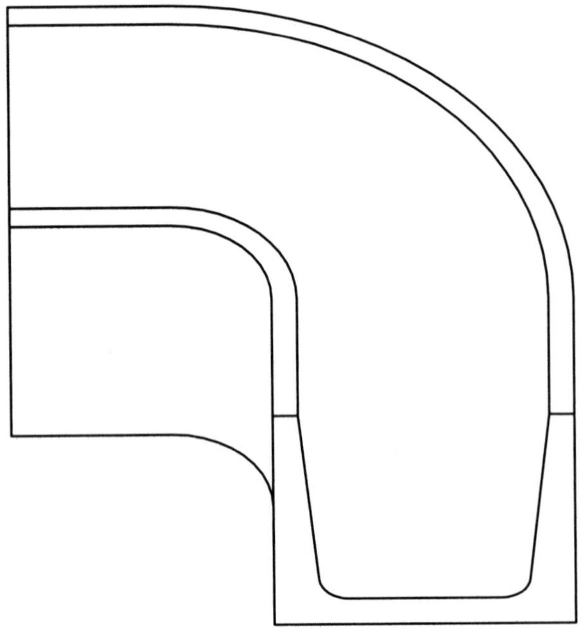

预制渠道轴测图

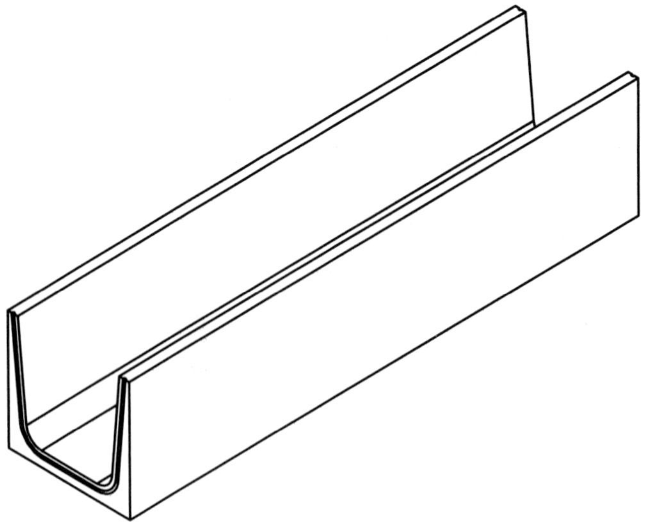

结构类型	田间预制件
图　名	田间预制件轴测图
图　号	1/4

三通俯视图 1:20

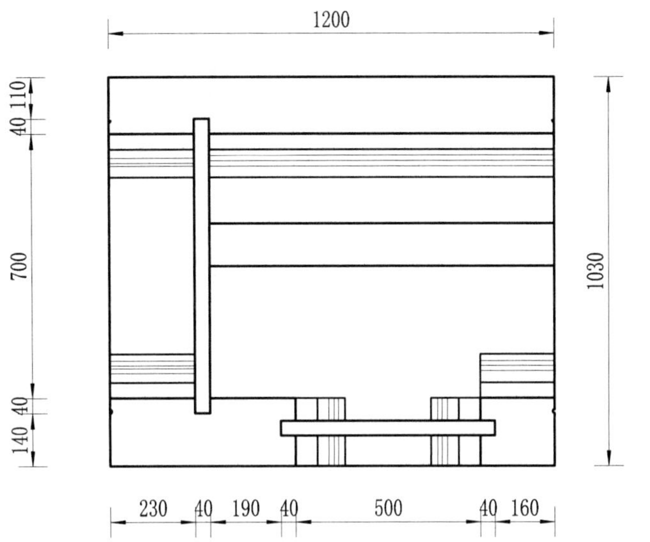

三通侧视图 1:20

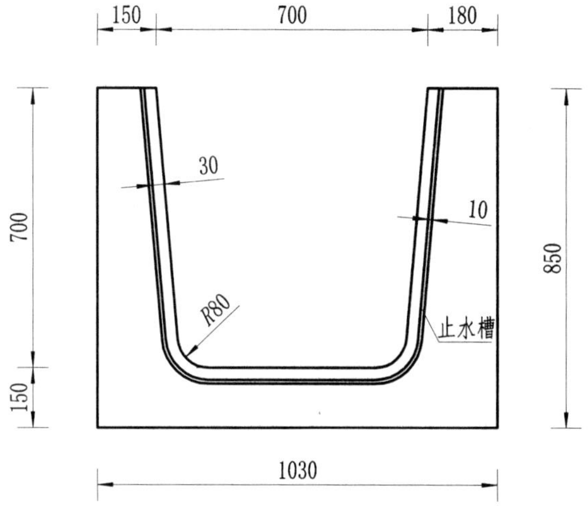

三通700-700-500轴测图

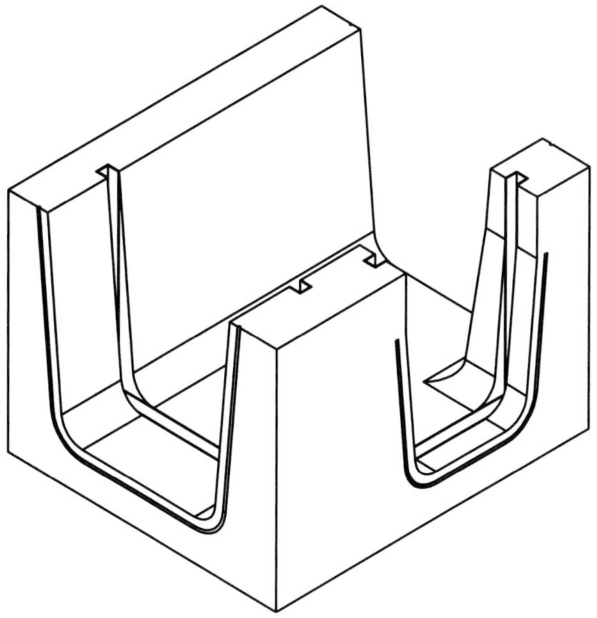

三通正视图 1:20

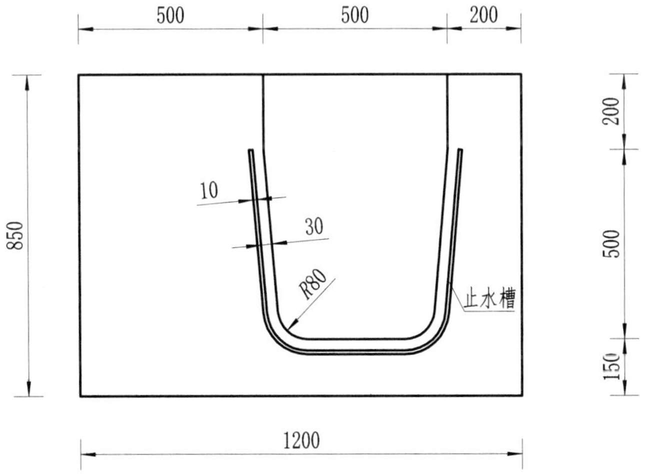

槽钢连接大样图 1:2

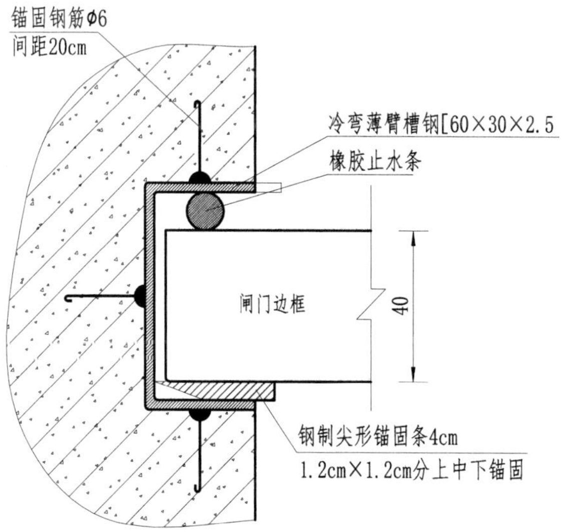

止水条槽大样图 1:5

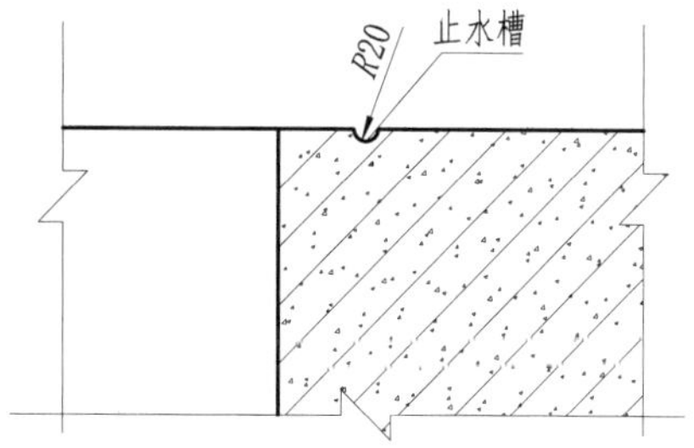

说明:

1. 图中尺寸单位以mm计。
2. 接缝采用M15水泥砂浆填满，缝宽为10mm。
3. 混凝土强度等级为C25。

结构类型	田间预制件
图　名	田间预制件三通结构图
图　号	2/4

底板底面配筋图 1:20

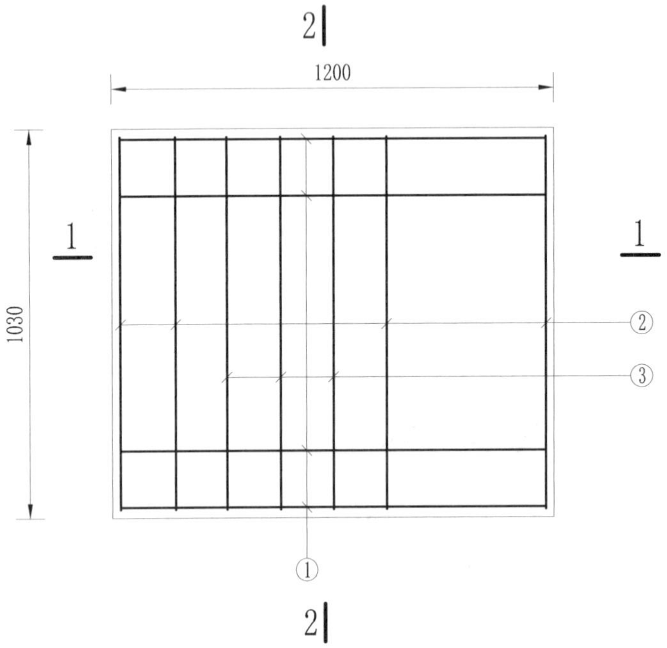

底板顶面配筋图 1:20

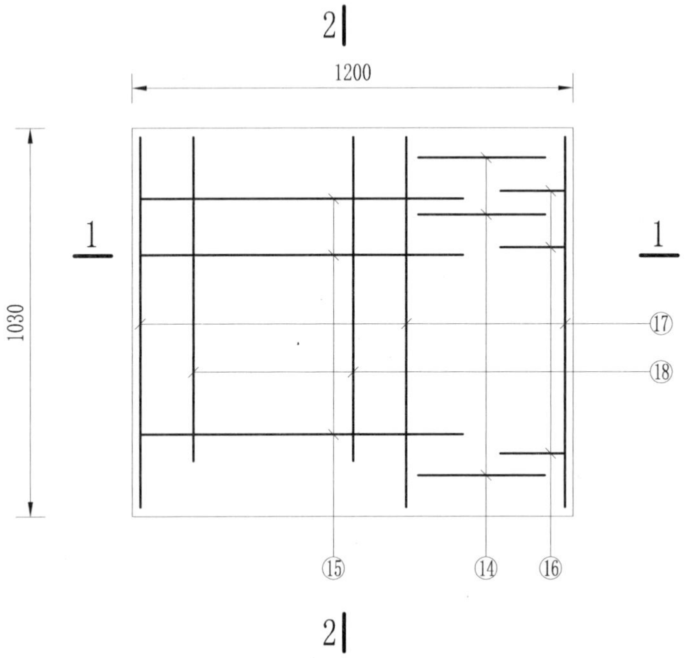

1—1 1:20

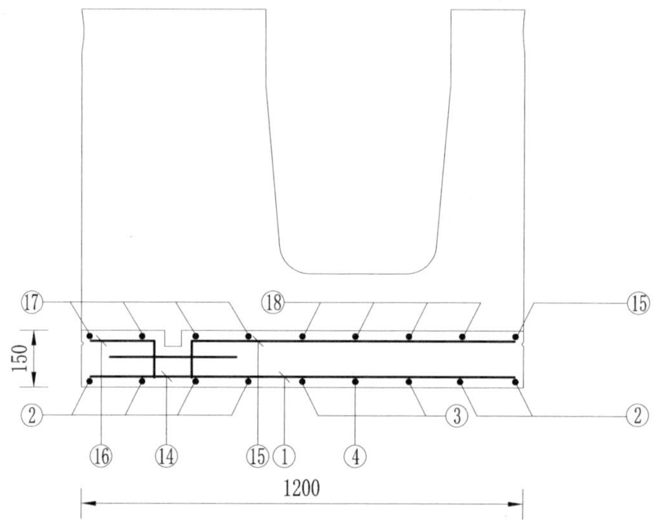

侧墙背水侧配筋图 1:20

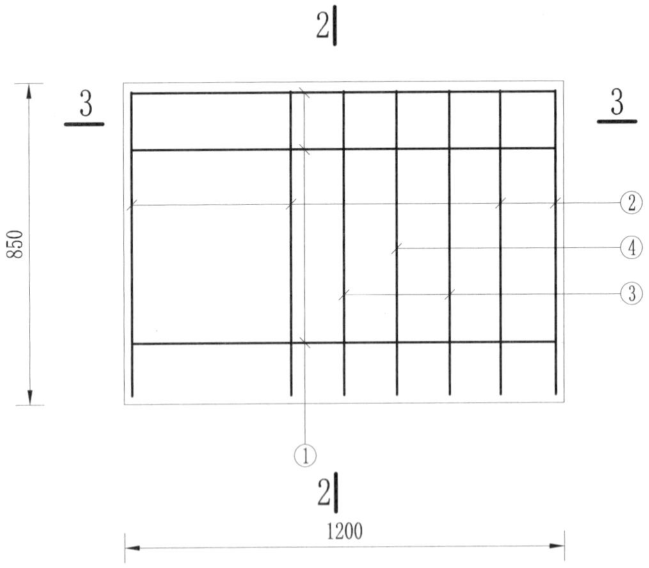

侧墙迎水侧配筋图 1:20

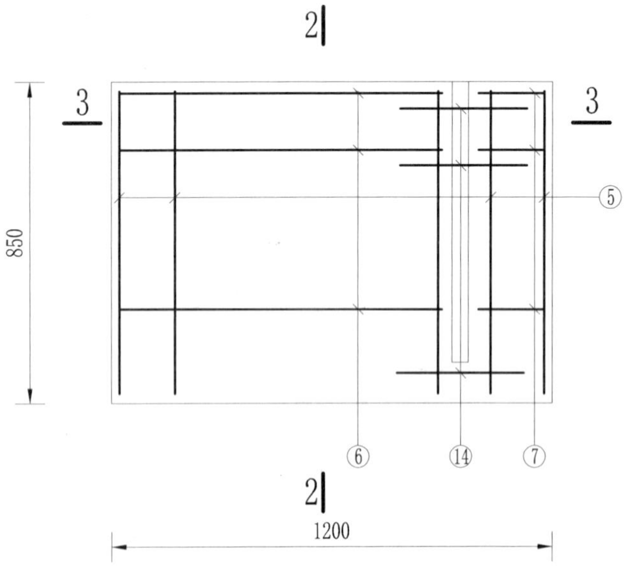

2—2 1:20

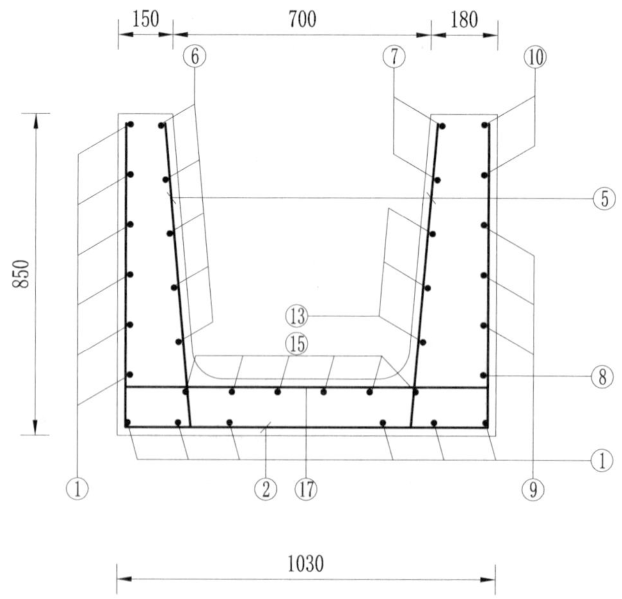

说明：

1. 图中尺寸单位以mm计。
2. 混凝土保护层为2.5cm。
3. 混凝土强度等级为C35。
4. 闸门采用铸铁闸门，门槽预留件根据所订购闸门要求埋设。

结构类型	田间预制件
图　名	田间预制件三通钢筋图（一）
图　号	3/4

引水侧墙背水侧配筋图 1:20

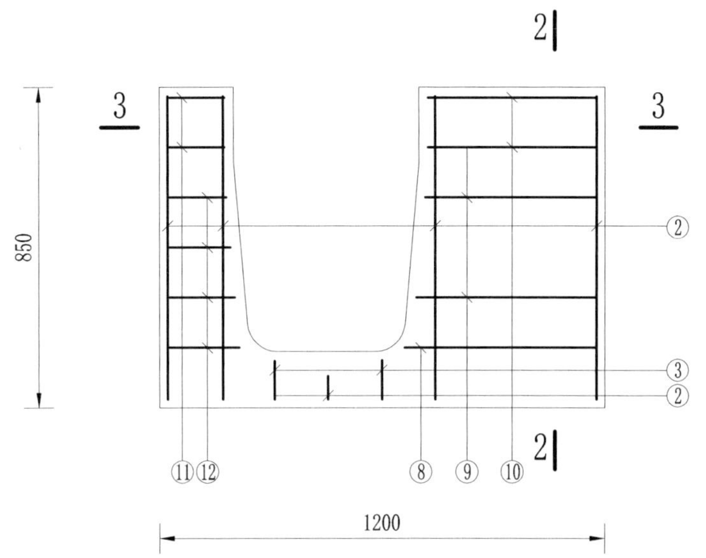

引水侧墙迎水侧配筋图 1:20

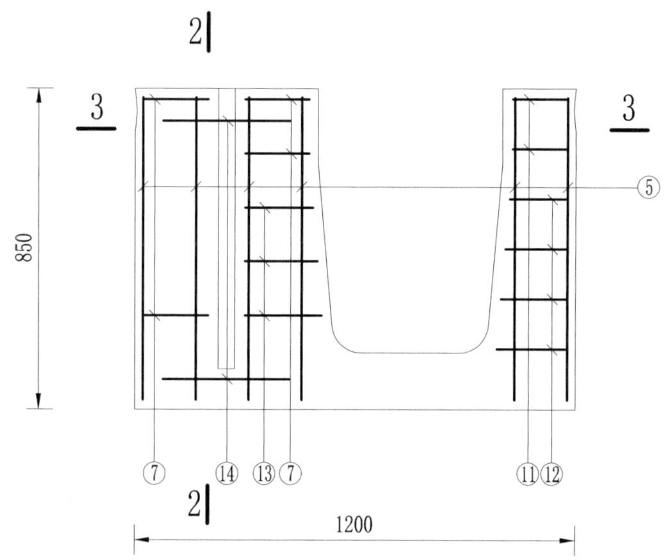

3—3 1:20

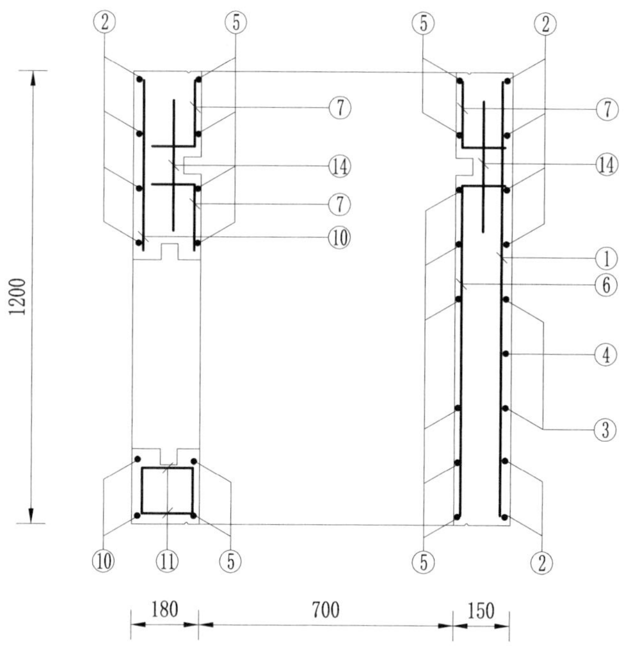

钢筋表

编号	直径(mm)	型式	间距(mm)	单根长(mm)	根数	总长(m)
①	Φ6	1150	150	1225	15	18.38
②	Φ6	800 980 800	150	2655	6	15.93
③	Φ6	800 980 100	150	1955	2	3.91
④	Φ6	800 980 60	150	1915	1	1.92
⑤	Φ6	800	150	875	15	13.13
⑥	Φ6	880 120	150	1075	5	5.38
⑦	Φ6	120 180	150	375	12	4.50
⑧	Φ6	510	150	585	1	0.58
⑨	Φ6	460~480 Δ100	150	平均545	3	1.64
⑩	Φ6	450	150	525	2	1.05
⑪	Φ6	150 150 150 150	150	720	2	1.44
⑫	Φ6	160~190 Δ10 180 160~190 Δ10 160~190 Δ10	150	平均825	4	3.30
⑬	Φ6	190~210 Δ10 200	150	395	3	1.19
⑭	Φ6	350	150	425	18	7.65
⑮	Φ6	880 100	150	980	6	5.88
⑯	Φ6	180 100	150	280	6	1.68
⑰	Φ6	980	150	980	5	4.90
⑱	Φ6	860	150	860	4	3.44

材料表

规格	总长度(m)	单位重(kg/m)	总重(kg)
Φ6	95.88	0.222	21.28
合计	95.88		21.28

说明：

1. 图中尺寸单位以mm计。
2. 混凝土保护层为2.5cm。
3. 混凝土强度等级为C35。
4. 闸门采用铸铁闸门，门槽预留件根据所订购闸门要求埋设。

三通轴测图（上游700×下游700×引水500）

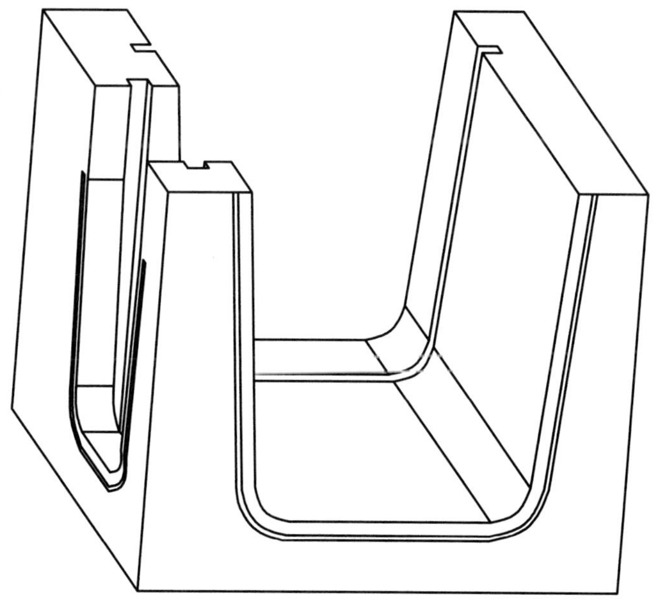

结构类型	田间预制件
图　名	田间预制件三通钢筋图（二）
图　号	4/4

责任编辑　冯红春

灌区典型建筑物BIM数字化图集

销售分类：水利水电工程

ISBN 978-7-5226-1191-4

9 787522 611914 >

定价: 288.00 元